现代数学基础丛书·典藏版　71

椭圆与抛物型方程引论

伍卓群　尹景学　王春朋　著

科学出版社

北　京

内 容 简 介

本书将椭圆型方程与抛物型方程这两个偏微分方程领域的重要分支融为一体，涵盖了这两类方程有关的基本理论和基本方法，既突出了两者的共性，又揭示了其各自的特性，使读者在联系和对比当中能更有效地同时掌握这两类方程的有关知识。

本书可供从事偏微分方程领域研究的学者和工作者参考研究，也可作为本专业研究生教材和参考书。

图书在版编目(CIP)数据

椭圆与抛物型方程引论 / 伍卓群，尹景学，王春朋著. 北京：科学出版社， 2003

(现代数学基础丛书·典藏版；71)

ISBN 978-7-03-011435-8

Ⅰ. 椭 ··· Ⅱ. ①伍 ··· ②尹 ··· ③王 ··· Ⅲ. ①椭圆型方程 ②抛物型方程 Ⅳ. O175.2

中国版本图书馆 CIP 数据核字 (2003) 第 029568 号

责任编辑：吕 虹 陈玉琢／责任校对：刘小梅

责任印制：赵 博／封面设计：黄华斌

科学出版社 出版

北京东黄城根北街 16 号

邮政编码：100717

http://www.sciencep.com

固安县铭成印刷有限公司印刷

科学出版社发行 各地新华书店经销

*

2003 年 9 月第 一 版 开本：720×1000 1/16

2025 年 2 月 印 刷 印张：18

字数：320 000

定价：98.00 元

(如有印装质量问题，我社负责调换)

《现代数学基础丛书》序

对于数学研究与培养青年数学人才而言，书籍与期刊起着特殊重要的作用. 许多成就卓著的数学家在青年时代都曾钻研或参考过一些优秀书籍，从中汲取营养，获得教益.

20 世纪 70 年代后期，我国的数学研究与数学书刊的出版由于文化大革命的浩劫已经破坏与中断了十余年，而在这期间国际上数学研究却在迅猛地发展着. 1978 年以后，我国青年学子重新获得了学习、钻研与深造的机会. 当时他们的参考书籍大多还是 50 年代甚至更早期的著述. 据此，科学出版社陆续推出了多套数学丛书，其中尤以《纯粹数学与应用数学专著》丛书与《现代数学基础丛书》更为突出，前者出版约 40 卷，后者则逾 70 卷. 它们质量甚高，影响颇大，对我国数学研究、交流与人才培养发挥了显著效用.

《现代数学基础丛书》的宗旨是面向大学数学专业的高年级学生、研究生以及青年学者，针对一些重要的数学领域与研究方向，作较系统的介绍. 既注意该领域的基础知识，又反映其新发展，力求深入浅出，简明扼要，注重创新.

近年来，数学在各门科学、高新技术、经济、管理等方面取得了更加广泛与深入的应用，还形成了一些交叉学科. 我们希望这套丛书的内容由基础数学拓展到应用数学、计算数学以及数学交叉学科的各个领域.

这套丛书得到了许多数学家长期的大力支持，编辑人员也为其付出了艰辛的劳动. 它获得了广大读者的喜爱. 我们诚挚地希望大家更加关心与支持它的发展，使它越办越好，为我国数学研究与教育水平的进一步提高作出贡献.

杨　乐

2003 年 8 月

前　　言

椭圆型方程与抛物型方程是偏微分方程领域内的两个重要分支。在许多实际应用中，这两类方程往往同时出现。历史上这两类方程的理论几乎是平行发展的。迄今分别论述这两类方程的著作已经很多，熟知的有 O. A. Ladyženskaja, H. H. Ural'ceva[1] 和 D. Gilbarg, N. S. Trudinger[2] 关于椭圆型方程的著作，以及 O. A. Ladyženskaja, V. A. Solonnikov, H. H. Ural'ceva[3], A. Friedman[4] 和 G. M. Lieberman[5] 关于抛物型方程的著作，国内则有陈亚浙、吴兰成 [6] 和辜联昆 [7] 等人的著作。然而，将两类方程融合在一起的著作则很少见。 O. A. Oleǐnik 和 E. V. Radkevič[8] 关于具非负特征形式的二阶微分方程的著作虽然既涵盖了椭圆型方程，又涵盖了抛物型方程，甚至涵盖了退化抛物型方程，但那是把空间变量 x 和时间变量 t 平等对待，视抛物型方程为退化的椭圆型方程，而着眼于它们的共性。由于涵盖面越宽，共性的部分就必然越少，书中不可能涉及两类方程各自的理论和方法。我们从自己的教学和科研实践中感到很有必要编纂一本融两类方程于一体，涵盖有关的基本理论和基本方法的书籍。本书就是按照这种想法作出的一种尝试，它是根据作者在吉林大学为偏微分方程方向的研究生所开课程的讲义整理而成的。我们的设想是，这样一本书将既有利于突出两类方程的共性，又有利于揭示各自的特性，使读者在联系和对比当中更有效地同时掌握这两类方程的有关知识。

我们把这本书定位于供研究生和青年学者踏进偏微分方程研究领域的入门书，因而不打算对这两类方程的理论做全面而完整的介绍。篇幅过大显然不是我们的初衷，篇幅过小又难以反映所论领域的基本面貌。我们采取以典型方程为主的叙述方式，首先详细讨论典型方程，然后简要地讨论一般方程，有时对一般方程甚至只是简单地提一下。这样做是想避免由于方程的形式过于一般而带来的复杂运算掩盖和模糊了推理的精神实质。

作为一本入门书，理应在理论和方法两方面都为研究生和青年学者提供必要的准备。因此我们始终不忘介绍关于两类方程的基本理论结果（虽然有时不给出详细证明）。在注意介绍这些理论结果的同时，我们力求使读者掌握更多的方法和技巧，而不满足于用一种方法得到所希望的结果。我们认为掌握更多的方法比了解更多的理论结果来得重要。

全书共分 12 章。

在第 1 章里，我们汇总了以后各章常常要用到的一些预备知识，主要是关于

Sobolev 空间和 Hölder 空间的基础知识。

第 2 章到第 9 章讨论线性方程。第 2 章和第 3 章分别讨论线性椭圆型方程和线性抛物型方程的弱解，建立它们的 L^2 理论。第 4 章和第 5 章讨论弱解的性质。在第 4 章里，我们介绍两种重要的方法，即 De Giorgi 迭代和 Moser 迭代，但只论及典型方程，并且只用来做弱解的最大模估计。第 5 章论述 Harnack 不等式。第 6 章和第 7 章分别建立线性椭圆型方程和线性抛物型方程的 Schauder 估计。基于这种估计，我们在第 8 章中证明了两类方程古典解的存在性。Schauder 估计的证明我们采用的是 Campanato 空间的框架，它基于如下的重要事实，即 Hölder 连续函数可以用等价的积分形式来刻画。这种处理方法不仅可以简化证明，而且既适用于二阶方程，也适用于高阶方程，既可用于方程式也可用于方程组。第 9 章是关于 L^p 估计的论述。基于这种估计，我们讨论了正则性介乎弱解与古典解之间的强解的存在性。

第 10 章到第 12 章讨论拟线性方程。我们先后介绍了三种方法，即不动点方法（第 10 章），半群方法（第 11 章）和拓扑度方法（第 12 章）。和线性方程的情形一样，在这几章里，我们也都是主要针对典型方程来讨论的。

由于篇幅所限，本书完全没有关于椭圆和抛物方程组的讨论，也没有论及完全非线性方程。

限于作者的学识和经验，本书难免有错误和不妥之处。如蒙赐教，不胜感激。

作　者

2002 年夏于长春

目 录

第1章 预 备 知 识 1

§1.1 常用不等式和某些基本技术 1

1.1.1 几个常用不等式 1

1.1.2 L^p中的列紧性 2

1.1.3 空间 $C^k(\Omega)$和 $C_0^k(\Omega)$ 2

1.1.4 磨光算子 3

1.1.5 切断因子 4

1.1.6 单位分解 5

1.1.7 区域边界的局部拉平 6

§1.2 Sobolev 空间和 Hölder 空间 6

1.2.1 弱导数 6

1.2.2 Sobolev 空间 $W^{k,p}(\Omega)$和 $W_0^{k,p}(\Omega)$ 6

1.2.3 弱导数的运算法则 7

1.2.4 Sobolev 空间的内插不等式 8

1.2.5 Hölder 空间 $C^{k,\alpha}(\overline{\Omega})$和$C^{k,\alpha}(\Omega)$ 9

1.2.6 Hölder 空间的内插不等式 10

1.2.7 Sobolev 嵌入定理 12

1.2.8 Poincaré 不等式 13

§1.3 t 向异性 Sobolev 空间和 Hölder 空间 16

1.3.1 t 向异性 Sobolev 空间 16

1.3.2 t 向异性 Hölder 空间 18

1.3.3 t 向异性嵌入定理 19

1.3.4 t 向异性 Poincaré 不等式 20

§1.4 $H^1(\Omega)$ 中函数的迹 21

1.4.1 $H^1(Q^+)$中函数的几个命题 21

1.4.2 $H^1(\Omega)$中函数的迹 25

1.4.3 $H^1(Q_T)=W_2^{1,1}(Q_T)$中函数的迹 26

第2章 线性椭圆型方程的 L^2理论 28

§2.1 解 Poisson 方程的变分方法 28

2.1.1 弱解的概念 28

2.1.2 将问题转化为求相应泛函的极值元 30

2.1.3 泛函极值元的存在性 31

2.1.4 弱解的存在惟一性 33
§2.2 Poisson 方程弱解的正则性 33
2.2.1 差分算子 34
2.2.2 内部正则性 36
2.2.3 近边正则性 38
2.2.4 全局正则性 41
§2.3 一般线性椭圆方程的 L^2 理论 43
2.3.1 变分方法 44
2.3.2 Riesz 表示定理的应用 45
2.3.3 Lax-Milgram 定理及其应用 46
2.3.4 Fredholm 二择一定理及其应用 49

第3章 线性抛物型方程的 L^2理论 51

§3.1 能量方法 51
3.1.1 弱解的定义 51
3.1.2 Lax-Milgram 定理的一个变体 53
3.1.3 弱解的存在惟一性 55
3.1.4 弱解的正则性 57
§3.2 Rothe 方法 60
§3.3 Galerkin 方法 66
§3.4 一般线性抛物方程的 L^2 理论 69
3.4.1 能量方法 70
3.4.2 Rothe 方法 72
3.4.3 Galerkin 方法 72

第4章 De Giorgi 迭代和 Moser 迭代技术 76

§4.1 Poisson 方程弱解的整体有界性估计 76
4.1.1 Laplace 方程解的弱极值原理 76
4.1.2 Poisson 方程解的弱极值原理 77
§4.2 热方程弱解的整体有界性估计 80
4.2.1 齐次热方程解的弱极值原理 80
4.2.2 非齐次热方程解的弱极值原理 82
§4.3 Poisson 方程弱解的局部有界性估计 85
4.3.1 弱下 (上) 解 85
4.3.2 Laplace 方程弱解的局部有界性估计 86
4.3.3 Poisson 方程弱解的局部有界性估计 89

4.3.4 Poisson 方程弱解的近边估计 90
§4.4 非齐次热方程弱解的局部有界性估计 90
4.4.1 弱下 (上) 解 90
4.4.2 齐次热方程弱解的局部有界性估计 91
4.4.3 非齐热方程弱解的局部有界性估计 94

第5章 Harnack 不等式 96

§5.1 Laplace 方程解的 Harnack 不等式 96
5.1.1 平均值不等式 96
5.1.2 经典的 Harnack 不等式 97
5.1.3 $\sup\limits_{B_R} u$的估计 98
5.1.4 $\inf\limits_{B_R} u$的估计 99
5.1.5 Harnack 不等式 104
5.1.6 Hölder 估计 105
§5.2 齐次热方程解的 Harnack 不等式 107
5.2.1 $\sup\limits_{\Theta_R} u$的估计 107
5.2.2 $\inf\limits_{Q_{\theta R}} u$的估计 108
5.2.3 Harnack 不等式 115
5.2.4 Hölder 估计 116

第6章 线性椭圆型方程解的 Schauder 估计 118

§6.1 Campanato 空间 118
§6.2 半空间上的 Poisson 方程解的 Schauder 估计 123
6.2.1 Caccioppoli 不等式 126
6.2.2 非齐项局部为零时解的内估计 130
6.2.3 非齐项局部为零时解的近边估计 132
6.2.4 迭代引理 134
6.2.5 Poisson 方程解的内估计 135
6.2.6 Poisson 方程解的近边估计 138
§6.3 一般线性椭圆型方程解的 Schauder 估计 143
6.3.1 问题的简化 143
6.3.2 内估计 144
6.3.3 近边估计 147
6.3.4 全局估计 149

第7章 线性抛物型方程解的 Schauder 估计 **151**
§7.1 t 向异性 Campanato 空间 . . . 151
§7.2 线性抛物型方程解的 Schauder 估计 . . . 152
7.2.1 内估计 . . . 153
7.2.2 近底边估计 . . . 161
7.2.3 近侧边估计 . . . 166
7.2.4 近底 - 侧边估计 . . . 179
7.2.5 一般线性抛物型方程解的 Schauder 估计 . . . 182

第8章 线性方程古典解的存在性理论 **183**
§8.1 极值原理和比较原理 . . . 183
8.1.1 椭圆型方程的情形 . . . 183
8.1.2 抛物型方程的情形 . . . 186
§8.2 线性椭圆型方程古典解的存在惟一性 . . . 189
8.2.1 Poisson 方程古典解的存在惟一性 . . . 189
8.2.2 连续性方法 . . . 194
8.2.3 一般线性椭圆型方程 $C^{2,\alpha}(\overline{\Omega})$解的存在惟一性 . . . 195
§8.3 线性抛物型方程古典解的存在惟一性 . . . 196
8.3.1 热方程古典解的存在惟一性 . . . 197
8.3.2 一般线性抛物型方程 $C^{2+\alpha,1+\alpha/2}(\overline{Q}_T)$解的存在惟一性 . . . 197

第9章 线性方程解的 L^p估计和强解的存在性理论 **199**
§9.1 线性椭圆型方程解的 L^p 估计与强解的存在惟一性 . . . 199
9.1.1 立方体上的 Poisson 方程解的 L^p估计 . . . 199
9.1.2 一般线性椭圆型方程解的 L^p估计 . . . 204
9.1.3 线性椭圆方程强解的存在惟一性 . . . 206
§9.2 线性抛物型方程解的 L^p 估计与强解的存在惟一性 . . . 208
9.2.1 立方体上的热方程解的 L^p估计 . . . 208
9.2.2 一般线性抛物型方程解的 L^p估计 . . . 213
9.2.3 线性抛物方程强解的存在惟一性 . . . 214

第10章 不动点方法 **217**
§10.1 解拟线性方程的不动点框架 . . . 217
10.1.1 Leray-Schauder 不动点定理 . . . 217
10.1.2 拟线性椭圆方程的可解性 . . . 217
10.1.3 拟线性抛物方程的可解性 . . . 219
10.1.4 先验估计的步骤 . . . 220

§10.2 最大模估计 221
§10.3 Hölder 内估计 222
§10.4 Poisson 方程解的近边 Hölder 估计与梯度估计 225
§10.5 近边 Hölder 估计与梯度估计 227
§10.6 梯度的全局估计 233
§10.7 一个线性方程解的 Hölder 估计 237
10.7.1 迭代引理 237
10.7.2 Morrey 定理 238
10.7.3 Hölder 估计 239
§10.8 梯度的 Hölder 估计 242
10.8.1 梯度的内部 Hölder 估计 242
10.8.2 梯度的近边 Hölder 估计 243
10.8.3 梯度的全局 Hölder 估计 245
§10.9 更一般的拟线性方程的可解性 245
10.9.1 更一般的拟线性椭圆方程的可解性 245
10.9.2 更一般的拟线性抛物方程的可解性 246

第11章 压缩半群方法 248
§11.1 Banach 空间上的压缩半群 248
11.1.1 集值映射与耗散集 248
11.1.2 压缩半群 249
11.1.3 指数公式 249
§11.2 二阶拟线性退化抛物方程的 Cauchy 问题 250
11.2.1 弱解的定义 250
11.2.2 弱解的存在性 250

第12章 拓扑度方法 258
§12.1 拓 扑 度 258
12.1.1 C^2映射的 Brouwer 度 258
12.1.2 连续函数的 Brouwer 度 259
12.1.3 Brouwer 度的基本性质 259
12.1.4 Leray-Schauder 度 259
12.1.5 Leray-Schauder 度的基本性质 260
§12.2 具强非线性源的热方程解的存在性 261

参考文献 266

第1章　预 备 知 识

作为全书的预备知识，本章主要介绍关于 Sobolev 空间和 Hölder 空间的基本理论. 为了紧缩篇幅，大部分结果没有给出证明，但将指出有详细证明的参考书. 为方便读者，关于某些 Sobolev 空间中函数在边界上的迹给出了比较详细的讨论. 我们假设读者了解泛函分析的基本知识；某些需要用到的结果将在各章的适当地方加以介绍.

§1.1　常用不等式和某些基本技术

本节介绍偏微分方程理论中一些常用的不等式，以及磨光，切断，单位分解和局部拉平等基本技术.

1.1.1　几个常用不等式

Young 不等式　设 $a>0$, $b>0$, $p>1$, $q>1$, 且 $\dfrac{1}{p}+\dfrac{1}{q}=1$. 则有

$$ab\leqslant\frac{a^p}{p}+\frac{b^q}{q}.$$

特别地，当 $p=q=2$ 时，上述不等式也称为 Cauchy 不等式.

设 $\varepsilon>0$, 在上述不等式中用 $\varepsilon^{1/p}a$ 和 $\varepsilon^{-1/p}b$ 代替 a 和 b, 可得

带 ε 的 Young 不等式　设 $a>0$, $b>0$, $\varepsilon>0$, $p>1$, $q>1$, 且 $\dfrac{1}{p}+\dfrac{1}{q}=1$. 则有

$$ab\leqslant\frac{\varepsilon a^p}{p}+\frac{\varepsilon^{-q/p}b^q}{q}\leqslant\varepsilon a^p+\varepsilon^{-q/p}b^q.$$

特别地，当 $p=q=2$ 时，它变为

$$ab\leqslant\frac{\varepsilon}{2}a^2+\frac{1}{2\varepsilon}b^2,$$

称之为带 ε 的 Cauchy 不等式.

设 $\Omega\subset\mathbb{R}^n$ 为一可测集. 下面是 L^p 空间中的几个最常用的不等式.

Hölder 不等式　设 $p>1$, $q>1$, 且 $\dfrac{1}{p}+\dfrac{1}{q}=1$. 若 $f\in L^p(\Omega)$, $g\in L^q(\Omega)$, 则 $f\cdot g\in L^1(\Omega)$, 且

$$\int_\Omega|f(x)g(x)|dx\leqslant\|f(x)\|_{L^p(\Omega)}\cdot\|g(x)\|_{L^q(\Omega)}.$$

特别地，当 $p=q=2$ 时，它变成

$$\int_\Omega |f(x)g(x)|dx \leqslant \|f\|_{L^2(\Omega)} \cdot \|g\|_{L^2(\Omega)},$$

称之为 Schwarz 不等式.

Minkowski 不等式 设 $1 \leqslant p < +\infty$, $f, g \in L^p(\Omega)$, 则 $f+g \in L^p(\Omega)$, 且

$$\|f+g\|_{L^p(\Omega)} \leqslant \|f\|_{L^p(\Omega)} + \|g\|_{L^p(\Omega)}.$$

1.1.2 L^p中的列紧性

设 $\Omega \subset \mathbb{R}^n$ 为一可测集.

命题 1.1.1 当 $1<p<+\infty$ 时，$L^p(\Omega)$ 中一集合为 (相对) 弱列紧 (即从其中任一序列内都能抽出弱收敛的子序列) 的充要条件是：范数有界.

命题 1.1.2 若 $1 \leqslant p < +\infty$ 时，则函数族 $X \subset L^p(\Omega)$ 为 (相对) 强列紧 (即从其中任一序列内都能抽出强收敛的子序列) 的充要条件为：

(i) $\left\{\|f\|_{L^p(\Omega)}; f \in X\right\}$ 有界；

(ii) X 同等整体连续，即对 $f \in X$ 一致地有

$$\lim_{h \to 0} \int_\Omega |f(x+h) - f(x)|^p dx = 0;$$

(iii) 对$f \in X$ 一致地有

$$\lim_{R \to +\infty} \int_{\{x \in \Omega; |x| \geqslant R\}} |f(x)|^p dx = 0.$$

注意：假如 Ω 有界，则条件 (iii) 天然满足.

(见文献 [9] 第 2 章)

1.1.3 空间 $C^k(\Omega)$和 $C_0^k(\Omega)$

设 $\Omega \subset \mathbb{R}^n$ 为一开集，k 为非负整数或 ∞.

定义 1.1.1 $C^k(\Omega)$ 和 $C^k(\overline{\Omega})$ 分别表示 Ω 和 $\overline{\Omega}$ 上 k 次连续可微函数的全体所构成的集合. 特别地，$C^0(\Omega)$ 和 $C^0(\overline{\Omega})$ 也简记为 $C(\Omega)$ 和 $C(\overline{\Omega})$. 在 $C^k(\overline{\Omega})$ 中引进范数

$$|u|_{k;\Omega} = \sum_{|\alpha| \leqslant k} \sup_\Omega |D^\alpha u|,$$

其中 $\alpha = (\alpha_1, \cdots, \alpha_n)$ 称为多重指标，$\alpha_1, \cdots, \alpha_n$ 为非负整数，$|\alpha| = \alpha_1 + \cdots + \alpha_n$,

$$D^\alpha u = \frac{\partial^{|\alpha|} u}{\partial x_1^{\alpha_1} \cdots \partial x_n^{\alpha_n}}.$$

不难验证, 按照上面定义的范数, $C^k(\overline{\Omega})$ 是一完备的线性赋范空间, 即 Banach 空间 (见文献 [6, 9]).

定义 1.1.2 设 $u(x)$ 为定义在 Ω 上的函数, 我们记

$$\text{supp}u = \overline{\{x \in \Omega; u(x) \neq 0\}},$$

称之为 $u(x)$ 的支集.

定义 1.1.3 $C_0^k(\Omega)$ 表示 $C^k(\Omega)$ 中支集为 Ω 的紧子集的函数全体所构成的集合. 特别地, 将 $C_0^0(\Omega)$ 简记为 $C_0(\Omega)$.

1.1.4 磨光算子

用光滑函数去逼近一给定的函数, 是偏微分方程研究中常用的一种基本技术. 构造光滑逼近函数的途径很多, 下面介绍今后常用的一种, 称为磨光法.

设 $j(x) \in C_0^\infty(\mathbb{R}^n)$ 为一非负函数, 在单位球 $B_1(0) = \{x \in \mathbb{R}^n; |x| < 1\}$ 以外的地方为零, 且满足 $\displaystyle\int_{\mathbb{R}^n} j(x)dx = 1$. 这种函数的典型例子是

$$j(x) = \begin{cases} \dfrac{1}{A}\mathrm{e}^{1/(|x|^2-1)}, & |x| < 1, \\ 0, & |x| \geqslant 1, \end{cases}$$

其中

$$A = \int_{B_1(0)} \mathrm{e}^{1/(|x|^2-1)} dx.$$

对任意给定的 $\varepsilon > 0$, 记

$$j_\varepsilon(x) = \frac{1}{\varepsilon^n} j\left(\frac{x}{\varepsilon}\right),$$

则 $j_\varepsilon(x)$ 在球 $B_\varepsilon(0) = \{x \in \mathbb{R}^n; |x| < \varepsilon\}$ 以外的地方为零, 且 $\displaystyle\int_{\mathbb{R}^n} j_\varepsilon(x)dx = 1$.

定义 1.1.4 对函数 $u \in L^1_{\text{loc}}(\mathbb{R}^n)$, 令

$$J_\varepsilon u(x) = (j_\varepsilon * u)(x) \equiv \int_{\mathbb{R}^n} j_\varepsilon(x-y)u(y)dy.$$

而称 J_ε 为磨光算子, $J_\varepsilon u(x)$ 为 $u(x)$ 的磨光, $j_\varepsilon(x)$ 为磨光核. 这里和以后我们用 $L^1_{\text{loc}}(\mathbb{R}^n)$ 表示 $\mathbb{R}^n$ 中全体局部可积函数所构成的集合.

命题 1.1.3 设 u 为定义在 $\mathbb{R}^n$ 上的函数, 在有界区域 Ω 外为零.

(i) 若$u \in L^1_{\text{loc}}(\Omega)$, 则 $J_\varepsilon u \in C^\infty(\mathbb{R}^n)$.

(ii) 若$\text{supp}u \subset \Omega$, 又 $\text{dist}(\text{supp}u, \partial\Omega) > \varepsilon$, 则 $J_\varepsilon u \in C_0^\infty(\Omega)$.

(iii) 若$u \in L^p(\Omega)(1 \leqslant p < +\infty)$, 则 $J_\varepsilon u \in L^p(\Omega)$, 且

$$\|J_\varepsilon u\|_{L^p(\Omega)} \leqslant \|u\|_{L^p(\Omega)}, \quad \lim_{\varepsilon \to 0^+} \|J_\varepsilon u - u\|_{L^p(\Omega)} = 0.$$

(iv) 若$u\in C(\Omega)$, $\overline{G}\subset\Omega$, 则在 G 上一致地有

$$\lim_{\varepsilon\to 0^+} J_\varepsilon u(x)=u(x).$$

(v) 若 $u\in C(\overline{\Omega})$, 则在 Ω 上一致地有

$$\lim_{\varepsilon\to 0^+} J_\varepsilon u(x)=u(x).$$

推论 1.1.1 设 $p\geqslant 1$, Ω 是 $\mathbb{R}^n$ 中的开集, 则 $C_0^\infty(\Omega)$ 在 $L^p(\Omega)$ 中稠密.

命题 1.1.3 和推论 1.1.1 的证明可参看文献 [9] 第 2 章.

由磨光算子的定义, 我们可以看出: 磨光函数在某点的值依赖于函数本身在这点附近的值. 因此当我们考虑用光滑函数在边界附近去逼近一给定函数时, 上面引进的磨光法并不合适. 为此, 我们可以先延拓给定的函数然后磨光, 有时也可以采用下面的修正磨光法 (上面引进的磨光法也称为标准磨光法). 作为例子, 我们取区域为

$$Q=\{x\in\mathbb{R}^n;|x_i|<1,i=1,2,\cdots,n\},$$

而考虑 Q 的顶边

$$\{x\in\mathbb{R}^n;x_n=1,|x_i|<1,i=1,\cdots,n-1\}$$

和底边

$$\{x\in\mathbb{R}^n;x_n=-1,|x_i|<1,i=1,\cdots,n-1\}$$

附近的磨光.

定义 1.1.5 设 $u\in L^1(Q)$, 定义

$$J_\varepsilon^- u(x)=\int_Q j_\varepsilon(x_1-y_1)\cdots j_\varepsilon(x_{n-1}-y_{n-1})j_\varepsilon(x_n-y_n-2\varepsilon)u(y)dy,$$

$$J_\varepsilon^+ u(x)=\int_Q j_\varepsilon(x_1-y_1)\cdots j_\varepsilon(x_{n-1}-y_{n-1})j_\varepsilon(x_n-y_n+2\varepsilon)u(y)dy,$$

其中 $j_\varepsilon(\tau)$ 为一维磨光核.

容易验证, $J_\varepsilon^- u(x)$ 在 Q 的顶边上有定义, 而 $J_\varepsilon^+ u(x)$ 在 Q 的底边上有定义.

1.1.5 切断因子

设 $\Omega\subset\mathbb{R}^n$ 为边界适当光滑的有界区域, $\Omega'\subset\subset\Omega$(即 Ω' 为 Ω 的子区域, 满足 $\overline{\Omega'}\subset\Omega$). 令 $d=\dfrac{1}{4}\mathrm{dist}(\Omega',\partial\Omega)$, 则 $d>0$. 又设

$$\Omega''=\{x\in\Omega;\mathrm{dist}(x,\Omega')<d\},$$

则 $\mathrm{dist}(\Omega'', \partial\Omega) = 3d$. 用 $\chi_{\Omega''}(x)$ 表示 Ω'' 的特征函数，并考虑 $\chi_{\Omega''}(x)$ 的磨光函数

$$\eta(x) = J_d(\chi_{\Omega''}(x)),$$

其中 d 为磨光半径. 易见 $\eta(x)$ 具有如下性质:

$$\eta \in C_0^\infty(\Omega), \quad 0 \leqslant \eta(x) \leqslant 1, \quad \eta(x) \equiv 1 \text{ 于}\Omega', \quad |\nabla\eta| \leqslant \frac{C}{d},$$

其中 C 仅依赖于 Ω. 有时我们可能还会用到 Ω 以外 η 的值，这时如无特殊说明，都认为 η 在 Ω 外取零值. 我们把具有上述性质的函数称为 Ω 上的相对于子区域 Ω' 的切断函数 (因子).

在以后的应用中，我们经常考虑球域 $B_R(x^0) = \{x \in \mathbb{R}^n; |x - x^0| < R\}$ 上的切断函数. 设 $0 < \rho < R$, $\eta(x)$ 为 $B_R(x^0)$ 上按上述方式得到的相对于 $B_\rho(x^0)$ 的切断函数，则 $\eta(x)$ 除了具备上述的性质以外，还满足

$$|\nabla\eta(x)| \leqslant \frac{C}{R - \rho},$$

进一步，容易验证

$$|D^k\eta(x)| \leqslant \frac{C}{|R - \rho|^k}, \quad [D^k\eta]_\alpha \leqslant \frac{C}{|R - \rho|^{k+\alpha}},$$

其中 C 为与 R, ρ 无关的绝对常数 ($[D^k\eta]_\alpha$ 的定义见 §1.2).

在研究诸如正则性在内的解的性质时，我们经常希望在一点的局部小邻域内来考虑问题. 引进切断因子就是使问题局部化的一种重要手段. 利用切断因子既能完整地保留被切断函数的局部性质，又能有效地避免小邻域以外各种因素的影响.

1.1.6 单位分解

如上所述，引进切断因子可将问题局部化. 在偏微分方程的研究中，我们常常希望将局部化后所得结果整合而得全局性结果. 为此，需要借助另一种手段，即所谓的单位分解. 以下是关于单位分解的基本定理，其证明可参看文献 [9] 第 2 章或文献 [11] 第 1 章.

定理 1.1.1 设 K 为 $\mathbb{R}^n$ 中的紧集，$U_1, \cdots, U_N$ 为 K 的一个开覆盖. 则存在函数 $\eta_1 \in C_0^\infty(U_1), \cdots, \eta_N \in C_0^\infty(U_N)$, 使得

(i) $0 \leqslant \eta_i(x) \leqslant 1, \quad \forall x \in U_i \quad (i = 1, \cdots, N)$;

(ii) $\displaystyle\sum_{i=1}^N \eta_i(x) = 1, \quad \forall x \in K$.

我们称 $\eta_1, \cdots, \eta_N$ 为从属于 $U_1, \cdots, U_N$ 的单位分解.

1.1.7 区域边界的局部拉平

在边值问题, 特别是它的古典解的研究中总要涉及到所论域的边界的光滑性. 边界的光滑性, 通常是通过边界的局部拉平按下述方式来定义的:

定义 1.1.6 设 $\Omega\subset\mathbb{R}^n$ 为一有界区域. 称 $\partial\Omega$ 具有 C^k 光滑性, 记为 $\partial\Omega\in C^k$, 如果对任意的 $x^0\in\partial\Omega$, 存在 x^0 的一个邻域 U 和一个属于 C^k 的可逆映射 $\Psi: U\to B_1(0)$, 使得

$$\Psi(U\cap\Omega)=B_1^+(0)=\{y\in B_1(0); y_n>0\},$$

$$\Psi(U\cap\partial\Omega)=\partial B_1^+(0)\cap\{y\in\mathbb{R}^n; y_n=0\}.$$

今后我们将会看到, 当研究函数在边界附近的性质时, 总是通过边界的局部拉平将问题转化为在一个底边为超平面的域上去讨论.

§1.2 Sobolev 空间和 Hölder 空间

本节介绍在偏微分方程的研究中有重要应用的两类函数空间, 即 Sobolev 空间和 Hölder 空间.

1.2.1 弱导数

定义 1.2.1 设 Ω 是 $\mathbb{R}^n$ 中的开集, $u\in L^1_{\mathrm{loc}}(\Omega)$, $1\leqslant i\leqslant n$. 如果存在 $g_i\in L^1_{\mathrm{loc}}(\Omega)$, 使得

$$\int_\Omega g_i\varphi dx=-\int_\Omega u\frac{\partial\varphi}{\partial x_i}dx,\quad \forall\varphi\in C_0^\infty(\Omega),$$

则称 g_i 为 u 关于变量 x_i 的弱导数, 仍用通常的记号记为

$$\frac{\partial u}{\partial x_i}=g_i,$$

有时也记为 $D_iu=g_i$. 如果对所有的 $1\leqslant i\leqslant n$, u 关于变量 x_i 的弱导数 g_i 都存在, 则称 $\boldsymbol{g}=(g_1,\cdots,g_n)$ 为 u 的弱梯度, 记为 $\nabla u=\boldsymbol{g}$, 有时也记为 $Du=\boldsymbol{g}$. 这时我们也称函数 u 是弱可微的, 并记 $u\in W^1(\Omega)$. 类似地可引进 k 阶弱导数和 k 次弱可微. 如果函数 u 在 Ω 上是 k 次弱可微的, 则记 $u\in W^k(\Omega)$.

1.2.2 Sobolev 空间 $W^{k,p}(\Omega)$和 $W_0^{k,p}(\Omega)$

定义 1.2.2 设 k 为非负整数, $p\geqslant 1$, Ω 是 $\mathbb{R}^n$ 中的开集. 我们称集合

$$\left\{u\in W^k(\Omega); D^\alpha u\in L^p(\Omega), \text{对满足}|\alpha|\leqslant k\text{的任意}\alpha\right\}$$

赋以范数

$$\|u\|_{W^{k,p}(\Omega)} = \left(\int_\Omega \sum_{|\alpha| \leqslant k} |D^\alpha u|^p dx \right)^{1/p} \tag{1.2.1}$$

后得到的线性赋范空间为 Sobolev 空间 $W^{k,p}(\Omega)$.

可以证明, $W^{k,p}(\Omega)$ 在上述范数下是一个 Banach 空间. 当 $p=2$ 时, 常将 $W^{k,p}(\Omega)$ 记作 $H^k(\Omega)$.

定义 1.2.3 $W_0^{k,p}(\Omega)$ 表 $C_0^\infty(\Omega)$ 在 $W^{k,p}(\Omega)$ 中的闭包.

命题 1.2.1 $W^{k,p}(\mathbb{R}^n) = W_0^{k,p}(\mathbb{R}^n)$, $W^{0,p}(\Omega) = W_0^{0,p}(\Omega) = L^p(\Omega)$, 但对有界区域 Ω, 当 $k \geqslant 1$ 时 $W_0^{k,p}(\Omega)$ 是 $W^{k,p}(\Omega)$ 的真子空间.

命题 1.2.2 $C^\infty(\Omega) \cap W^{k,p}(\Omega)$ 在 $W^{k,p}(\Omega)$ 中是稠密的.

这个命题表明: $W^{k,p}(\Omega)$ 可以用 $C^\infty(\Omega)$ 在范数 (1.2.1) 下的完备化来刻画.

应该指出: 在命题 1.2.2 中我们一般不能用 $C^\infty(\overline{\Omega})$ 来代替 $C^\infty(\Omega)$. 然而对于包括具 Lipschitz 连续边界的区域在内的一大类区域 Ω, $C^\infty(\overline{\Omega})$ 在 $W^{k,p}(\Omega)$ 中是稠密的.

定义 1.2.4 我们说区域 Ω 具有线段性质, 如果存在 $\partial\Omega$ 的一个有限开覆盖 $\{U_i\}$ 和相应的非零向量 $\{y^i\}$, 使得对所有 $x \in \overline{\Omega} \cap U_i$, $t \in (0,1)$, 有 $x + ty^i \in \Omega$.

命题 1.2.3 若区域 Ω 具有线段性质, 则 $C^\infty(\overline{\Omega})$ 在 $W^{k,p}(\Omega)$ 中是稠密的.

命题 1.2.2 和命题 1.2.3 的证明可参看文献 [2] 第 7 章和文献 [9] 第 3 章.

作为命题 1.1.1 和命题 1.1.2 的推论, 我们有

命题 1.2.4 当 $1 < p < +\infty$ 时, $W^{k,p}(\Omega)$ 中一集合为 (相对) 弱列紧的充要条件是: 范数有界.

命题 1.2.5 设 $\Omega \subset \mathbb{R}^n$ 为一有界区域, $1 \leqslant p < +\infty$. 若函数族 $X \subset L^p(\Omega)$ 在 $W^{k+1,p}(\Omega)$ 中是有界的, 则 X 在 $W^{k,p}(\Omega)$ 中是 (相对) 强列紧的.

这里我们只针对以后的需要, 就 Ω 为有界区域的情形叙述了 $W^{k+1,p}(\Omega)$ 中函数族 X 为 (相对) 强列紧的充分条件.

1.2.3 弱导数的运算法则

利用逼近定理 (命题 1.1.3), 可以将微积分中的一些运算法则推广到弱导数. 例如

命题 1.2.6 (乘积运算) 设 $u, v \in H^1(\Omega)$, 则

$$\frac{\partial(uv)}{\partial x_i} = u\frac{\partial v}{\partial x_i} + v\frac{\partial u}{\partial x_i}, \quad i = 1, \cdots, n.$$

命题 1.2.7 (变量替换) 设 Ω, D 是 $\mathbb{R}^n$ 中的开集, $u(x) \in W^1(\Omega)$, $\Phi(y) : D \to$

Ω 为一连续可微映射. 则

$$\frac{\partial u(\Phi(y))}{\partial y_k}=\sum_{i=1}^{n}\frac{\partial \Phi_i}{\partial y_k}\cdot\frac{\partial u}{\partial x_i},\quad k=1,\cdots,n,$$

其中 $\Phi=(\Phi_1,\cdots,\Phi_n)$.

命题 1.2.8 (复合运算) 设 $f(s)$ 是 $\mathbb{R}$ 上的连续函数, $f'(s)$ 分段连续, 其间断点的集合记为 L, 且存在常数 K, 使得 $|f'(s)|\leqslant K$. 又设 $u\in W^1(\Omega)$, 则 $f(u)\in W^1(\Omega)$, 且

$$\frac{\partial f(u)}{\partial x_i}=\begin{cases} f'(u)\dfrac{\partial u}{\partial x_i}, & \text{若 } u\notin L,\\ 0, & \text{若 } u\in L.\end{cases}$$

1.2.4 Sobolev 空间的内插不等式

定义 1.2.5 我们说区域 Ω 具有一致内锥性质, 如果存在有限锥 V, 使得每一点 $x\in\Omega$ 是一个包含于 Ω 内且全等于 V 的有限锥 V_x 的顶点.

定理 1.2.1 (Ehrling-Nirenberg-Gagliardo 插值不等式) 设 $\Omega\subset\mathbb{R}^n$ 为具有一致内锥性质的有界区域, 则对任意 $\varepsilon>0$, 恒存在只依赖于 $p\geqslant 1$, k, ε 与区域 Ω 的常数 $C>0$, 使得对任何 $u\in W^{k,p}(\Omega)$, 有

$$\sum_{|\beta|\leqslant k-1}\int_\Omega |D^\beta u|^p dx\leqslant \varepsilon\sum_{|\alpha|=k}\int_\Omega |D^\alpha u|^p dx+C\int_\Omega |u|^p dx.$$

这个不等式揭示的是这样一个重要事实: $W^{k,p}(\Omega)$ 中函数的中间导数的 L^p 模可通过它本身及其最高阶导数的 L^p 模估出.

定理的详细证明可参看文献 [9] 第 4 章. 证明的基本精神从如下特殊情形的讨论即可看出: $k=2$, $n=1$, $\Omega=(0,1)$, 且 $u\in C^2[0,1]$.

设 $0<\xi<\dfrac{1}{3}$, $\dfrac{2}{3}<\eta<1$. 由中值定理知, 存在 $\lambda\in(\xi,\eta)$, 使得

$$|u'(\lambda)|=\left|\frac{u(\eta)-u(\xi)}{\eta-\xi}\right|\leqslant 3|u(\xi)|+3|u(\eta)|.$$

因此对任意的 $x\in(0,1)$, 有

$$|u'(x)|=\left|u'(\lambda)+\int_\lambda^x u''(t)dt\right|\leqslant 3|u(\xi)|+3|u(\eta)|+\int_0^1 |u''(t)|dt.$$

对 ξ 在 $(0,1/3)$ 上, 对 η 在 $(2/3,1)$ 上积分上述不等式, 可得

$$\frac{1}{9}|u'(x)|\leqslant\int_0^{1/3}|u(\xi)|d\xi+\int_{2/3}^1 |u(\eta)|d\eta+\frac{1}{9}\int_0^1 |u''(t)|dt$$

$$\leqslant \int_0^1 |u(t)|dt + \frac{1}{9}\int_0^1 |u''(t)|dt.$$

由 Hölder 不等式进而有

$$|u'(x)|^p \leqslant 2^{p-1}\cdot 9^p \int_0^1 |u(t)|^p dt + 2^{p-1}\int_0^1 |u''(t)|^p dt.$$

故

$$\int_0^1 |u'(t)|^p dt \leqslant K_p \int_0^1 |u''(t)|^p dt + K_p \int_0^1 |u(t)|^p dt,$$

其中 $K_p = 2^{p-1}\cdot 9^p$. 对任意区间 (a,b), 经变量替换, 利用上面的不等式就可得到

$$\begin{aligned}\int_a^b |u'(t)|^p dt \leqslant & K_p(b-a)^p \int_a^b |u''(t)|^p dt \\ & + K_p(b-a)^{-p}\int_a^b |u(t)|^p dt. \qquad (1.2.2)\end{aligned}$$

不妨设 $\varepsilon \in (0,1)$. 取正整数 N, 使得

$$\frac{1}{2}\left(\frac{\varepsilon}{K_p}\right)^{1/p} \leqslant \frac{1}{N} \leqslant \left(\frac{\varepsilon}{K_p}\right)^{1/p}.$$

对 $j=0,1,\cdots,N$, 令 $a_j = \frac{j}{N}$, 则 $a_j - a_{j-1} = \frac{1}{N}$. 对区间 (a_{j-1},a_j) 利用式 (1.2.2), 然后对 j 从 1 到 N 求和就得到

$$\begin{aligned}&\int_0^1 |u'(t)|^p dt = \sum_{j=1}^N \int_{a_{j-1}}^{a_j} |u'(t)|^p dt \\ \leqslant & K_p \sum_{j=1}^N \left\{\frac{1}{N^p}\int_{a_{j-1}}^{a_j} |u''(t)|^p dt + N^p \int_{a_{j-1}}^{a_j} |u(t)|^p dt\right\} \\ \leqslant & \varepsilon \int_0^1 |u''(t)|^p dt + \frac{2^p K_p^2}{\varepsilon}\int_0^1 |u(t)|^p dt.\end{aligned}$$

1.2.5 Hölder 空间 $C^{k,\alpha}(\overline{\Omega})$和$C^{k,\alpha}(\Omega)$

下面介绍可以看做是分数次可微的函数类, 即 Hölder 函数空间, 这类空间在偏微分方程的研究中也是非常有用的.

定义 1.2.6 设 $u(x)$ 是定义于 $\Omega \subset \mathbb{R}^n$ 上的函数. 对于 $0 < \alpha < 1$, 引入 Hölder 半范数

$$[u]_{\alpha;\Omega} = \sup_{x,y\in\Omega, x\neq y} \frac{|u(x)-u(y)|}{|x-y|^\alpha}.$$

用 $C^\alpha(\overline{\Omega})$ 表示 Ω 上满足 $[u]_{\alpha;\Omega}<+\infty$ 的函数全体，并定义范数如下：

$$|u|_{\alpha;\Omega}=|u|_{0;\Omega}+[u]_{\alpha;\Omega},$$

其中 $|u|_{0;\Omega}$ 表示 $u(x)$ 在 Ω 上的最大模，即

$$|u|_{0;\Omega}=\sup_{x\in\Omega}|u(x)|.$$

进一步，可对非负整数 k, 定义函数空间

$$C^{k,\alpha}(\overline{\Omega})=\{u;D^\beta u\in C^\alpha(\overline{\Omega}),\text{对满足}|\beta|\leqslant k\text{的任意}\beta\},$$

并定义半范数

$$[u]_{k,\alpha;\Omega}=\sum_{|\beta|=k}[D^\beta u]_{\alpha;\Omega},$$

$$[u]_{k,0;\Omega}=[u]_{k;\Omega}=\sum_{|\beta|=k}|D^\beta u|_{0;\Omega}$$

和范数

$$|u|_{k,\alpha;\Omega}=\sum_{|\beta|\leqslant k}|D^\beta u|_{\alpha;\Omega},$$

$$|u|_{k,0;\Omega}=|u|_{k;\Omega}=\sum_{|\beta|\leqslant k}|D^\beta u|_{0;\Omega}.$$

如果对任意的 $\Omega'\subset\subset\Omega$, 都有 $u\in C^{k,\alpha}(\overline{\Omega'})$, 则称 $u\in C^{k,\alpha}(\Omega)$. 在不引起混淆的情况下，我们有时省略 Hölder 半范数和范数的下标中的集合 Ω.

不难证明， $C^{k,\alpha}(\overline{\Omega})$ 为 Banach 空间. 在上述定义中如果 $\alpha=1$, 则得到的空间称为 Lipschitz 空间.

由 Hölder 半范数和范数的定义，可直接得到

命题 1.2.9 设 $\Omega\subset\mathbb{R}^n$, $u,v\in C^\alpha(\overline{\Omega})$, 则

(i) $[uv]_{\alpha;\Omega}\leqslant|u|_{0;\Omega}[v]_{\alpha;\Omega}+[u]_{\alpha;\Omega}|v|_{0;\Omega}$;

(ii) $|uv|_{\alpha;\Omega}\leqslant|u|_{\alpha;\Omega}|v|_{\alpha;\Omega}$.

1.2.6 Hölder 空间的内插不等式

Hölder 空间最重要的性质之一是下面的内插不等式，它使我们在做先验估计时可以集中讨论最关键的因素，从而可以简化证明的过程.

定理 1.2.2 设 B_ρ 为 $\mathbb{R}^n$ 中半径为 ρ 的球， $u\in C^{1,\alpha}(\overline{B}_\rho)$. 则对任意的 $0<\sigma\leqslant\rho$, 有

$$[u]_{1;B_\rho}\leqslant\sigma^\alpha[u]_{1,\alpha;B_\rho}+\frac{C(n)}{\sigma}|u|_{0;B_\rho}, \tag{1.2.3}$$

$$[u]_{\alpha;B_\rho}\leqslant\sigma[u]_{1,\alpha;B_\rho}+\frac{C(n)}{\sigma^\alpha}|u|_{0;B_\rho}. \tag{1.2.4}$$

证明 对任一 $y \in B_\rho$, 选取 $\overline{x} \in B_\rho$, 使得 $y \in B_{\sigma/2}(\overline{x}) \subset B_\rho$. 在 $B_{\sigma/2}(\overline{x})$ 上对 $D_i u$ 积分，由 Green 公式可得

$$\int_{B_{\sigma/2}} D_i u dx = \int_{\partial B_{\sigma/2}} u \cos(\boldsymbol{n}, x_i) ds,$$

其中 $\boldsymbol{n}$表示 $\partial B_{\sigma/2}$ 的单位外法向量. 对上式左端用中值定理，可知存在 $\bar{y} \in B_{\sigma/2}$, 使得

$$D_i u(\bar{y}) |B_{\sigma/2}| = \int_{B_{\sigma/2}} D_i u dx.$$

于是

$$|D_i u(\bar{y})| = \frac{1}{|B_{\sigma/2}|} \left| \int_{\partial B_{\sigma/2}} u \cos(\boldsymbol{n}, x_i) ds \right| \leqslant \frac{|\partial B_{\sigma/2}|}{|B_{\sigma/2}|} |u|_0 = \frac{2n}{\sigma} |u|_0,$$

又

$$\begin{aligned} |D_i u(y)| &\leqslant |D_i u(y) - D_i u(\bar{y})| + |D_i u(\bar{y})| \\ &\leqslant \frac{|D_i u(y) - D_i u(\bar{y})|}{|y - \bar{y}|^\alpha} |y - \bar{y}|^\alpha + \frac{2n}{\sigma} |u|_0 \\ &\leqslant \sigma^\alpha [u]_{1,\alpha} + \frac{2n}{\sigma} |u|_0, \end{aligned}$$

由于 y 是任意的，故有 $[u]_1 \leqslant \sigma^\alpha [u]_{1,\alpha} + \dfrac{C(n)}{\sigma} |u|_0$. 于是式 (1.2.3) 得到了证明.

注意到，当 $|x - y| < \sigma$ 时，有

$$\frac{|u(x) - u(y)|}{|x - y|^\alpha} = \frac{|u(x) - u(y)|}{|x - y|} |x - y|^{1-\alpha} < \sigma^{1-\alpha} [u]_1,$$

而当 $|x - y| \geqslant \sigma$ 时，有

$$\frac{|u(x) - u(y)|}{|x - y|^\alpha} \leqslant \frac{2}{\sigma^\alpha} |u|_0.$$

可见不论在哪种情形下，都有

$$\frac{|u(x) - u(y)|}{|x - y|^\alpha} \leqslant \sigma^{1-\alpha} [u]_1 + \frac{2}{\sigma^\alpha} |u|_0.$$

再结合式 (1.2.3) 就可得到式 (1.2.4).

类似地，我们还有下面的内插不等式.

定理 1.2.3 设 B_ρ 为 $\mathbb{R}^n$ 中半径为 ρ 的球， $u \in C^{2,\alpha}(\overline{B}_\rho)$, 则对任意的 $0 < \sigma \leqslant \rho$, 有

$$\begin{aligned} &\sigma^\alpha [u]_{\alpha;B_\rho} + \sigma [u]_{1;B_\rho} + \sigma^{1+\alpha} [u]_{1,\alpha;B_\rho} + \sigma^2 [u]_{2;B_\rho} \\ \leqslant &\sigma^{2+\alpha} [u]_{2,\alpha;B_\rho} + C(n) |u|_{0;B_\rho}. \end{aligned}$$

注 1.2.1 在上述内插不等式中令 σ 取特殊的值，可得到一些特殊的内插不等式. 例如在式 (1.2.3) 中取 $\sigma=\varepsilon^{1/\alpha}\rho$, 则得

$$[u]_{1;B_\rho}\leqslant\varepsilon\rho^\alpha[u]_{1,\alpha;B_\rho}+\frac{C(n)}{\varepsilon^{1/\alpha}}\rho^{-1}|u|_{0;B_\rho}.$$

1.2.7 Sobolev 嵌入定理

现在介绍 Sobolev 空间理论中最重要的定理 —— 嵌入定理，其证明可以参见文献 [9].

定理 1.2.4 (嵌入定理) 设 $\Omega\subset\mathbb{R}^n$ 为一有界区域，$1\leqslant p\leqslant+\infty$.

(i) 若Ω 满足一致内锥条件，则当 $p=n$ 时，有

$$W^{1,p}(\Omega)\subset L^q(\Omega),\quad 1\leqslant q<+\infty,$$

而且对任意的 $u\in W^{1,p}(\Omega)$, 有

$$\|u\|_{L^q(\Omega)}\leqslant C(n,q,\Omega)\|u\|_{W^{1,p}(\Omega)},\quad 1\leqslant q<+\infty;$$

当 $p<n$ 时，有

$$W^{1,p}(\Omega)\subset L^q(\Omega),\quad 1\leqslant q\leqslant p^*=\frac{np}{n-p},$$

而且对任意 $u\in W^{1,p}(\Omega)$, 有

$$\|u\|_{L^q(\Omega)}\leqslant C(n,p,\Omega)\|u\|_{W^{1,p}(\Omega)},\quad 1\leqslant q\leqslant p^*;$$

(ii) 若$\partial\Omega$ 适当光滑，则当 $p>n$ 时，有

$$W^{1,p}(\Omega)\subset C^\alpha(\overline{\Omega}),\quad 0<\alpha\leqslant 1-\frac{n}{p},$$

而且对任意 $u\in W^{1,p}(\Omega)$, 有

$$|u|_{\alpha;\Omega}\leqslant C(n,p,\Omega)\|u\|_{W^{1,p}(\Omega)},\quad 0<\alpha\leqslant 1-\frac{n}{p}.$$

这里，我们称 p^* 为 p 的 Sobolev 共轭指数，而称上述三个不等式中的常数 C 为嵌入常数.

注 1.2.2 上述嵌入定理可简记作

$$W^{1,p}(\Omega)\hookrightarrow\begin{cases}L^q(\Omega), & 1\leqslant q\leqslant p^*=\dfrac{np}{n-p}, \quad p<n,\\ L^q(\Omega), & 1\leqslant q<+\infty, \quad p=n,\\ C^\alpha(\overline{\Omega}), & 0<\alpha\leqslant 1-\dfrac{n}{p}, \quad p>n.\end{cases}$$

注 1.2.3 需要说明的是上面的第三个嵌入，即

$$W^{1,p}(\Omega) \hookrightarrow C^{\alpha}(\overline{\Omega}),$$

其含义是，对任意的 $u \in W^{1,p}(\Omega)$，总可以通过修改 u 在一个零测度集上的函数值，使 u 为 $C^{\alpha}(\overline{\Omega})$ 中的函数.

重复应用定理 1.2.4 的结论 k 次，可得

推论 1.2.1

$$W^{k,p}(\Omega) \hookrightarrow \begin{cases} L^q(\Omega), & 1 \leqslant q \leqslant \dfrac{np}{n-kp}, & kp < n, \\ L^q(\Omega), & 1 \leqslant q < +\infty, & kp = n, \\ C^{\alpha}(\overline{\Omega}), & 0 < \alpha \leqslant 1 - \dfrac{n}{kp}, & kp > n. \end{cases}$$

定理 1.2.5 (紧嵌入定理) 设 $\Omega \subset \mathbb{R}^n$ 为一有界区域， $1 \leqslant p \leqslant +\infty$.

(i) 若Ω 满足一致内锥条件，则当 $p \leqslant n$ 时下列嵌入是紧的：

$$W^{1,p}(\Omega) \hookrightarrow L^q(\Omega), \quad 1 \leqslant q < p^*, \quad p < n,$$

$$W^{1,p}(\Omega) \hookrightarrow L^q(\Omega), \quad 1 \leqslant q < +\infty, \quad p = n;$$

(ii) 若$\partial\Omega$ 适当光滑，则当 $p > n$ 时下列嵌入是紧的：

$$W^{1,p}(\Omega) \hookrightarrow C^{\alpha}(\overline{\Omega}), \quad 0 < \alpha < 1 - \frac{n}{p}.$$

注 1.2.4 对于空间 $W_0^{1,p}(\Omega)$, 同样也有定理 1.2.4 和定理 1.2.5 所述的嵌入关系和紧嵌入关系. 而且结论对任意区域 Ω 都成立，嵌入常数也不依赖于 Ω.

注 1.2.5 上面所述的紧嵌入是指, 对被嵌入空间的任何有界序列, 总存在一个在嵌入空间强收敛的子序列，即嵌入算子是紧的.

1.2.8 Poincaré 不等式

定理 1.2.6 (Poincaré不等式) 设 $1 \leqslant p < +\infty$, $\Omega \subset \mathbb{R}^n$ 为一有界区域.

(i) 若$u \in W_0^{1,p}(\Omega)$, 则

$$\int_{\Omega} |u|^p dx \leqslant C \int_{\Omega} |Du|^p dx; \tag{1.2.5}$$

(ii) 若$\partial\Omega$ 满足局部 Lipschitz 条件， $u \in W^{1,p}(\Omega)$, 则

$$\int_{\Omega} |u - u_{\Omega}|^p dx \leqslant C \int_{\Omega} |Du|^p dx, \tag{1.2.6}$$

其中 C 是仅依赖于 n, p 和 Ω 的常数,

$$u_\Omega = \frac{1}{|\Omega|}\int_\Omega u(x)dx,$$

这里我们用 $|\Omega|$ 表示 Ω 的测度.

证明 先证明式 (1.2.5). 由 $C_0^\infty(\Omega)$ 在 $W_0^{1,p}(\Omega)$ 中的稠密性 (定义 1.2.3) 知, 只须对 $u \in C_0^\infty(\Omega)$ 来证明.

作一个包含 Ω 的方体

$$Q = \{x \in \mathbb{R}^n; a_i < x_i < a_i + d, i = 1, 2, \cdots, n\},$$

其中 $d = \mathrm{diam}\Omega$. 在 Ω 外补充定义 $u = 0$, 则 $u \in C_0^\infty(Q)$, 且对任意的 $x \in Q$, 有

$$\begin{aligned}|u(x)|^p &= \left|\int_{a_1}^{x_1} D_1u(s, x_2, \cdots, x_n)ds\right|^p \\ &= \left|\int_{a_1}^{a_1+d} D_1u(s, x_2, \cdots, x_n)ds\right|^p \\ &\leqslant d^{p-1}\int_{a_1}^{a_1+d} |D_1u(s, x_2, \cdots, x_n)|^p ds.\end{aligned}$$

关于 x 在 Q 上积分, 进而得

$$\begin{aligned}\int_\Omega |u(x)|^p dx &= \int_Q |u(x)|^p dx \\ &\leqslant d^{p-1}\int_Q\int_{a_1}^{a_1+d} |D_1u(s, x_2, \cdots, x_n)|^p dsdx \\ &\leqslant d^p \int_Q |D_1u(x_1, x_2, \cdots, x_n)|^p dx \\ &\leqslant d^p \int_Q |Du|^p dx.\end{aligned}$$

取 $C = d^p$ 就得到式 (1.2.5).

为简单起见, 我们仅就 $p > 1$ 的情形证明式 (1.2.6), 至于 $p = 1$ 的情形, 可参看文献 [10].

由于在 u 上加一个常数后, 式 (1.2.6) 不变, 故不妨设 $u_\Omega = 0$. 现在假设式 (1.2.6) 不真, 则对任意正整数 $k \geqslant 1$, 都存在 $u_k \in W^{1,p}(\Omega)$, 满足 $\int_\Omega u_k(x)dx = 0$, 但

$$\int_\Omega |u_k|^p dx > k\int_\Omega |Du_k|^p dx.$$

令

$$w_k(x) = \frac{u_k(x)}{\|u_k\|_{L^p(\Omega)}}, \quad x \in \Omega \quad (k = 1, 2, \cdots),$$

则 $w_k \in W^{1,p}(\Omega)$ 满足

$$\int_\Omega w_k(x)dx = 0 \qquad (k = 1, 2, \cdots), \tag{1.2.7}$$

$$\|w_k\|_{L^p(\Omega)} = 1 \qquad (k = 1, 2, \cdots) \tag{1.2.8}$$

和

$$\int_\Omega |Dw_k|^p dx < \frac{1}{k} \qquad (k = 1, 2, \cdots). \tag{1.2.9}$$

式 (1.2.8) 和式 (1.2.9) 蕴含 $\|w_k\|_{W^{1,p}(\Omega)}$ 有界，故利用 $W^{1,p}(\Omega)$ 中有界集的弱列紧性和紧嵌入定理，知存在 $\{w_k\}$ 的子列，不妨设为其本身，和 $w \in W^{1,p}(\Omega)$, 使得

$$w_k \to w \quad (k \to \infty) \quad 在L^p(Q) 中, \tag{1.2.10}$$

$$Dw_k \rightharpoonup Dw \quad (k \to \infty) \quad 在L^p(Q, \mathbb{R}^n) 中, \tag{1.2.11}$$

这里 "$\rightharpoonup$" 表弱收敛，由式 (1.2.9) 和式 (1.2.11) 知 $Dw(x) = 0$ a.e. $x \in \Omega$, 因而

$$w(x) = 常数, \quad \text{a.e. } x \in \Omega,$$

又由式 (1.2.7) 和式 (1.2.10) 知 $\int_\Omega w(x)dx = 0$, 故

$$w(x) = 0, \quad \text{a.e. } x \in \Omega. \tag{1.2.12}$$

但由式 (1.2.8) 和式 (1.2.10) 知 $\|w\|_{L^p(\Omega)} = 1$, 这与式 (1.2.12) 矛盾.

推论 1.2.2 设 B_R 是 $\mathbb{R}^n$ 中以 R 为半径的球.

(i) 若$u \in W_0^{1,p}(B_R)$, $1 \leqslant p < +\infty$, 则

$$\int_{B_R} |u|^p dx \leqslant C(n,p)R^p \int_{B_R} |Du|^p dx;$$

(ii) 若$u \in W^{1,p}(B_R)$, $1 \leqslant p < +\infty$, 则

$$\int_{B_R} |u - u_R|^p dx \leqslant C(n,p)R^p \int_{B_R} |Du|^p dx,$$

其中

$$u_R = \frac{1}{|B_R|} \int_{B_R} u(x)dx.$$

证明 使用 Rescaling 技术，即作变换 $y = x/R$, 可以归结为单位球 B_1 上的不等式. 利用定理 1.2.6, 不难给出它的证明.

注 1.2.6 利用嵌入定理可知，当 $1 \leqslant p < n$ 时，在定理 1.2.6 中不等式左端的指数 p 可以换成任何满足条件 $1 \leqslant q \leqslant p^* = \dfrac{np}{n-p}$ 的实数 q，即我们有

(i) 若$u \in W_0^{1,p}(\Omega)$, $1 \leqslant p < n$, 则对任何 $1 \leqslant q \leqslant p^*$, 有

$$\left(\int_\Omega |u|^q dx\right)^{1/q} \leqslant C(n,p,\Omega)\left(\int_\Omega |Du|^p dx\right)^{1/p};$$

(ii) 若$\partial\Omega$ 满足局部 Lipschitz 条件，$u \in W^{1,p}(\Omega)$, $1 \leqslant p < n$, 则对任何 $1 \leqslant q \leqslant p^*$, 有

$$\left(\int_\Omega |u-u_\Omega|^q dx\right)^{1/q} \leqslant C(n,p,\Omega)\left(\int_\Omega |Du|^p dx\right)^{1/p}.$$

注 1.2.7 同理，推论 1.2.2 中不等式左端的指数 p 也可以换成任何满足 $1 \leqslant q \leqslant p^* = \dfrac{np}{n-p}$ 的任何实数 q. 这时我们有

(i) 若$u \in W_0^{1,p}(B_R)$, $1 \leqslant p < n$, 则对任何 $1 \leqslant q \leqslant p^*$, 有

$$\left(\int_{B_R} |u|^q dx\right)^{1/q} \leqslant C(n,p)R^{1+n/q-n/p}\left(\int_{B_R} |Du|^p dx\right)^{1/p};$$

(ii) 若$u \in W^{1,p}(B_R)$, $1 \leqslant p < n$, 则对任何 $1 \leqslant q \leqslant p^*$, 有

$$\left(\int_{B_R} |u-u_R|^q dx\right)^{1/q} \leqslant C(n,p)R^{1+n/q-n/p}\left(\int_{B_R} |Du|^p dx\right)^{1/p}.$$

在利用嵌入定理时，为了确定不等式右端常数 C 对 R 的依赖关系，可以像推论 1.2.2 的证明那样使用 Rescaling 技术.

当 $p \geqslant n$ 时，注 1.2.6 和注 1.2.7 中的不等式左端的指数 q 可以取为任何不小于 1 的实数. 但当 $p = n$ 时，不等式右端的常数 C 还依赖于 q.

§1.3 t 向异性 Sobolev 空间和 Hölder 空间

由于抛物型方程中空间变量 x 和时间变量 t 的“地位”不同，所以在研究抛物型方程时所借助的函数空间与在研究椭圆型方程时所借助的函数空间有一定的差别. 本节介绍适合于抛物型方程特点的 t 向异性 Sobolev 空间和 Hölder 空间.

1.3.1 t 向异性 Sobolev 空间

设 Ω 是 $\mathbb{R}^n$ 中的开集， $T > 0$, $Q_T = \Omega \times (0,T)$.

定义 1.3.1 设 k 为非负整数， $1 \leqslant p < +\infty$. 我们称集合

$$\left\{u; D^\alpha D_t^r u \in L^p(Q_T), \text{对满足}|\alpha| + 2r \leqslant 2k\text{的任意}\alpha\text{和}r\right\}$$

赋以范数

$$\|u\|_{W_p^{2k,k}(Q_T)} = \sum_{|\alpha|+2r\leqslant 2k} \|D^\alpha D_t^r u\|_{L^p(Q_T)}$$

后得到的线性赋范空间为 Sobolev 空间 $W_p^{2k,k}(Q_T)$.

可以证明，$W_p^{2k,k}(Q_T)$ 在上述范数下是一个 Banach 空间. $W_p^{2k,k}(Q_T)$ 中元素的 t 向弱导数的阶低于 x 向弱导数的阶.

我们还需要引进如下的

定义 1.3.2 设 m, k 为 0 或 1, $1 \leqslant p < +\infty$. 我们称集合

$$\left\{u; D^\alpha u, D_t^r u \in L^p(Q_T), \text{对满足}|\alpha| \leqslant m\text{和}r \leqslant k\text{的任意}\alpha\text{和}r\right\}$$

赋以范数

$$\|u\|_{W_p^{m,k}(Q_T)} = \sum_{|\alpha|\leqslant m} \|D^\alpha u\|_{L^p(Q_T)} + \sum_{r\leqslant k} \|D_t^r u\|_{L^p(Q_T)}$$

后得到的线性赋范空间为 Sobolev 空间 $W_p^{m,k}(Q_T)$.

当 $p = 2$ 时，上面引进的函数空间中都可以定义内积而成为 Hilbert 空间. 特别地，当 $p = 2$, $m = k = 1$ 时的空间 $W_2^{1,1}(Q_T)$ 就是 §1.2 中所引进的 $H^1(Q_T)$.

我们总约定 Du 表示函数 u 关于空间变量的梯度，有时也记为 ∇u, 而函数 u 关于时间 t 的弱导数，则记为 $D_t u$, 有时也记为 U_t.

设 $\partial_l Q_T$ 和 $\partial_p Q_T$ 分别表示 Q_T 的侧边界 $\partial\Omega \times (0,T)$ 和抛物边界 $\partial_l Q_T \cup \{(x,t); x \in \overline{\Omega}, t = 0\}$. 用 $\overset{\circ}{C}{}^\infty(\overline{Q}_T)$ 表示在 Q_T 的侧边界 $\partial_l Q_T$ 附近为 0 而在 $\overline{Q}_T$ 上无穷次可微的函数构成的集合，用 $\overset{\bullet}{C}{}^\infty(\overline{Q}_T)$ 表示在 Q_T 的抛物边界 $\partial_p Q_T$ 附近为 0 而在 $\overline{Q}_T$ 上无穷次可微的函数构成的集合.

定义 1.3.3 用 $\overset{\circ}{W}{}_p^{2k,k}(Q_T)$ 表示 $\overset{\circ}{C}{}^\infty(\overline{Q}_T)$ 在 $W_p^{2k,k}(Q_T)$ 中的闭包；用 $\overset{\circ}{W}{}_p^{m,k}(Q_T)$ 表示 $\overset{\circ}{C}{}^\infty(\overline{Q}_T)$ 在 $W_p^{m,k}(Q_T)$ 中的闭包；用 $\overset{\bullet}{W}{}_p^{2k,k}(Q_T)$ 表示 $\overset{\bullet}{C}{}^\infty(\overline{Q}_T)$ 在 $W_p^{2k,k}(Q_T)$ 中的闭包；用 $\overset{\bullet}{W}{}_p^{m,k}(Q_T)$ 表示 $\overset{\bullet}{C}{}^\infty(\overline{Q}_T)$ 在 $W_p^{m,k}(Q_T)$ 中的闭包.

定义 1.3.4 用 $V_2(Q_T)$ 表示集合 $L^\infty(0,T;L^2(\Omega)) \cap W_2^{1,0}(Q_T)$ 赋以范数

$$\|u\|_{V_2(Q_T)} = \sup_{0\leqslant t\leqslant T} \|u(\cdot,t)\|_{L^2(\Omega)} + \left(\iint_{Q_T} |Du|^2 dxdt\right)^{1/2}$$

后所得到的 Banach 空间.

定义 1.3.5 记

$$V(Q_T) = \left\{u \in \overset{\bullet}{W}{}_2^{1,1}(Q_T); Du_t \in L^2(Q_T, \mathbb{R}^n)\right\},$$

其中的内积定义为

$$(u,v)_{V(Q_T)} = (u,v)_{W_2^{1,1}(Q_T)} + (Du_t, Dv_t)_{L^2(Q_T)}.$$

容易验证

命题 1.3.1 $V(Q_T)$ 在 $\overset{\bullet}{W}{}_2^{1,1}(Q_T)$ 中稠密.

注 1.3.1 $\overset{\bullet}{W}{}_2^{0,1}(Q_T)$ 中的"$\bullet$"只在底边上起作用. 实际上, $\overset{\bullet}{W}{}_2^{0,1}(Q_T)$ 可以看做在 Q_T 的底边 $\overline{\Omega}\times\{t=0\}$ 附近为 0 的无穷次可微函数在 $W_2^{0,1}(Q_T)$ 中的闭包.

1.3.2 t 向异性 Hölder 空间

我们先引进抛物距离的概念. 设 $\Omega\subset\mathbb{R}^n$, $Q_T=\Omega\times(0,T)$. 对任意两点 $P(x,t)$, $Q(y,s)\in Q_T$, 定义 P,Q 之间的抛物距离为

$$d(P,Q)=\left(|x-y|^2+|t-s|\right)^{1/2}.$$

定义 1.3.6 设 $u(x,t)$ 是定义于 Q_T 上的函数. 对于 $0<\alpha<1$, 引入 Hölder 半范数

$$[u]_{\alpha,\alpha/2;Q_T}=\sup_{P,Q\in Q_T,P\neq Q}\frac{|u(P)-u(Q)|}{d^\alpha(P,Q)}.$$

用 $C^{\alpha,\alpha/2}(\overline{Q}_T)$ 表示 Q_T 上满足 $[u]_{\alpha,\alpha/2;Q_T}<+\infty$ 的函数全体, 并定义范数如下

$$|u|_{\alpha,\alpha/2;Q_T}=|u|_{0;Q_T}+[u]_{\alpha,\alpha/2;Q_T},$$

其中 $|u|_{0;Q_T}$ 表示 $u(x,t)$ 在 Q_T 上的最大模, 即

$$|u|_{0;Q_T}=\sup_{(x,t)\in Q_T}|u(x,t)|.$$

进一步, 对非负整数 k, 定义函数空间

$$\begin{aligned}&C^{2k+\alpha,k+\alpha/2}(\overline{Q}_T)\\=&\left\{u;D^\beta D_t^r u\in C^{\alpha,\alpha/2}(\overline{Q}_T),\text{对满足}|\beta|+2r\leqslant 2k\text{的任意}\beta\text{和}r\right\},\end{aligned}$$

并定义半范数

$$\begin{aligned}[u]_{2k+\alpha,k+\alpha/2;Q_T}&=\sum_{|\beta|+2r=2k}[D^\beta D_t^r u]_{\alpha,\alpha/2;Q_T},\\ [u]_{2k,k;Q_T}&=\sum_{|\beta|+2r=2k}|D^\beta D_t^r u|_{0;Q_T}\end{aligned}$$

和范数

$$\begin{aligned}|u|_{2k+\alpha,k+\alpha/2;Q_T}&=\sum_{|\beta|+2r\leqslant 2k}|D^\beta D_t^r u|_{\alpha,\alpha/2;Q_T},\\ |u|_{2k,k;Q_T}&=\sum_{|\beta|+2r\leqslant 2k}|D^\beta D_t^r u|_{0;Q_T}.\end{aligned}$$

不难证明， $C^{2k+\alpha,k+\alpha/2}(\overline{Q}_T)$ 为 Banach 空间．当 $k=1$ 时，有

$$|u|_{2,1;Q_T}=|u|_{0;Q_T}+|Du|_{0;Q_T}+|D^2u|_{0;Q_T}+|u_t|_{0;Q_T},$$

$$\begin{aligned}&|u|_{2+\alpha,1+\alpha/2;Q_T}\\=&|u|_{\alpha,\alpha/2;Q_T}+|Du|_{\alpha,\alpha/2;Q_T}+|D^2u|_{\alpha,\alpha/2;Q_T}+|u_t|_{\alpha,\alpha/2;Q_T},\end{aligned}$$

其中 $|D^2u|_{0;Q_T}$, $|D^2u|_{\alpha,\alpha/2;Q_T}$ 表示对 u 所有关于空间变量 x 的二阶导数所取的范数之和．在不引起混淆的情况下，有时我们省略 Hölder 半范数和范数的下标中的集合 Q_T.

1.3.3　t 向异性嵌入定理

关于 t 向异性 Sobolev 空间的性质，同样有相应的嵌入定理，其证明可参看文献 [7].

定理 1.3.1 (t 向异性嵌入定理) 设 $\Omega\subset\mathbb{R}^n$ 为一有界区域， $1\leqslant p<+\infty$.

(i) 若Ω 满足一致内锥条件，则当 $p=(n+2)/2$ 时，

$$W_p^{2,1}(Q_T)\subset L^q(Q_T),\quad 1\leqslant q<+\infty,$$

而且对任意的 $u\in W_p^{2,1}(Q_T)$, 有

$$\|u\|_{L^q(Q_T)}\leqslant C(n,q,Q_T)\|u\|_{W_p^{2,1}(Q_T)},\quad 1\leqslant q<+\infty;$$

当 $p<(n+2)/2$ 时，有

$$W_p^{2,1}(Q_T)\subset L^q(Q_T),\quad 1\leqslant q\leqslant\frac{(n+2)p}{n+2-2p},$$

而且对任意的 $u\in W_p^{2,1}(Q_T)$, 有

$$\|u\|_{L^q(Q_T)}\leqslant C(n,p,Q_T)\|u\|_{W_p^{2,1}(Q_T)},\quad 1\leqslant q\leqslant\frac{(n+2)p}{n+2-2p};$$

(ii) 若$\partial\Omega$ 适当光滑，则当 $p>(n+2)/2$ 时，

$$W_p^{2,1}(Q_T)\subset C^{\alpha,\alpha/2}(\overline{Q}_T),\quad 0<\alpha\leqslant 2-\frac{n+2}{p},$$

而且对任意的 $u\in W_p^{2,1}(Q_T)$, 有

$$|u|_{\alpha,\alpha/2;Q_T}\leqslant C(n,p,Q_T)\|u\|_{W_p^{2,1}(Q_T)},\quad 0<\alpha\leqslant 2-\frac{n+2}{p}.$$

注 1.3.2 上述嵌入定理可简记作

$$W_p^{2,1}(Q_T)\hookrightarrow\begin{cases}L^q(Q_T), & 1\leqslant q\leqslant\dfrac{(n+2)p}{n+2-2p}, \quad p<\dfrac{n+2}{2},\\ L^q(Q_T), & 1\leqslant q<+\infty, \quad p=\dfrac{n+2}{2},\\ C^{\alpha,\alpha/2}(\overline{Q}_T), & 0<\alpha\leqslant 2-\dfrac{n+2}{p}, \quad p>\dfrac{n+2}{2}.\end{cases}$$

重复应用定理 1.3.1 的结论 k 次，可得

推论 1.3.1

$$W_p^{2k,k}(Q_T)\hookrightarrow\begin{cases}L^q(Q_T), & 1\leqslant q\leqslant\dfrac{(n+2)p}{n+2-2kp}, \quad kp<\dfrac{n+2}{2},\\ L^q(Q_T), & 1\leqslant q<+\infty, \quad kp=\dfrac{n+2}{2},\\ C^{\alpha,\alpha/2}(\overline{Q}_T), & 0<\alpha\leqslant 2-\dfrac{n+2}{kp}, \quad kp>\dfrac{n+2}{2}.\end{cases}$$

对空间 $V_2(Q_T)$, 也可建立嵌入定理. 为便于应用，取区域为标准圆柱体

$$Q_\rho=B_\rho\times(-\rho^2,\rho^2),\quad B_\rho=\{x\in\mathbb{R}^n;|x|<\rho\}.$$

定理 1.3.2 设 $u\in V_2(Q_\rho)$, 则

$$\begin{aligned}&\left(\frac{1}{\rho^{n+2}}\iint_{Q_\rho}|u|^{2q}dxdt\right)^{1/q}\\ \leqslant&C(n)\rho^{-n}\left(\sup_{-\rho^2\leqslant t\leqslant\rho^2}\int_{B_\rho}u^2dx+\iint_{Q_\rho}|Du|^2dxdt\right),\end{aligned}$$

其中

$$q=\begin{cases}\dfrac{5}{3}, & 当n=1,2;\\ 1+\dfrac{2}{n}, & 当n>2.\end{cases}$$

1.3.4 t 向异性 Poincaré 不等式

对 t 向异性的 Sobolev 空间 $W_p^{1,1}(Q_T)$, 也可以建立相应的 Poincaré 不等式. 为便于应用，这里我们也取区域为标准圆柱体 Q_ρ.

定理 1.3.3 (t 向异性 Poincaré 不等式) 设 $1\leqslant p<+\infty$, $\rho>0$.

(i) 若$u\in\overset{\bullet}{W}{}_p^{1,1}(Q_\rho)$, 则

$$\iint_{Q_\rho}|u|^pdxdt\leqslant C(n,p)\Big(\rho^p\iint_{Q_\rho}|Du|^pdxdt$$

$$+\rho^{2p}\iint_{Q_\rho}|D_tu|^pdxdt\Big);$$

(ii) 若$u\in W_p^{1,1}(Q_\rho)$, 则

$$\iint_{Q_\rho}|u-u_\rho|^pdxdt$$
$$\leqslant C(n,p)\Big(\rho^p\iint_{Q_\rho}|Du|^pdxdt+\rho^{2p}\iint_{Q_\rho}|D_tu|^pdxdt\Big),$$

其中

$$u_\rho=\frac{1}{|Q_\rho|}\iint_{Q_\rho}u(x,t)dxdt.$$

证明 利用标准的 Poincaré 不等式 (定理 1.2.6) 可得 $\rho=1$ 时的结论. 对 $\rho>0$ 的一般情形, 使用 Rescaling 技术就可得到所要证明的结论.

§1.4 $H^1(\Omega)$ 中函数的迹

本节讨论 $H^1(\Omega)$ 和 $H^1(Q_T)=W_2^{1,1}(Q_T)$ 中的函数是否可以定义边值, 以及在什么意义下取这个边值.

1.4.1 $H^1(Q^+)$中函数的几个命题

记

$$Q=\{x\in\mathbb{R}^n;|x_i|<1,i=1,\cdots,n\},\quad Q^+=\{x\in Q;x_n>0\},$$
$$x=(x',x_n),\quad x'=(x_1,\cdots,x_{n-1}),$$
$$\Gamma=\{x\in Q;x_n=0\}=\{x'\in\mathbb{R}^{n-1};|x_i|<1,i=1,\cdots,n-1\}.$$

命题 1.4.1 对任意 $u\in H^1(Q^+)$, 恒存在惟一函数 $w\in L^2(\Gamma)$, 使得

$$\operatorname{ess}\lim_{x_n\to0^+}\int_\Gamma|u(x',x_n)-w(x')|^2dx'=0.$$

我们称 $w(x')$ 为 u 在 Γ 上的迹, 记成 $\gamma u(x',0)$.

证明 迹的惟一性是显然的. 为证迹的存在性, 首先注意, 按命题 1.2.3, 存在 $u_m\in C^\infty(\overline{Q}^+)$, 使得

$$\lim_{m\to\infty}\|u_m-u\|_{H^1(Q^+)}=0.$$

设 $0<\delta<1$, 任取光滑函数 $\eta(x_n)\in C^1[0,1]$, 使得 $\eta(x_n)=1$ 当 $0\leqslant x_n\leqslant\delta$ 时, 而 $\eta(x_n)=0$ 当 $x_n\leqslant1$ 靠近 1 时. 显然

$$\lim_{m\to\infty}\|\eta u_m-\eta u\|_{H^1(Q^+)}=0,\tag{1.4.1}$$

而当 $0\leqslant\varepsilon\leqslant\delta$ 时，有

$$u_m(x',\varepsilon)=-\int_\varepsilon^1\frac{\partial(\eta u_m)}{\partial x_n}dx_n,$$

从而

$$|u_m(x',\varepsilon)-u_k(x',\varepsilon)|^2\leqslant\int_0^1\left|\frac{\partial(\eta u_m)}{\partial x_n}-\frac{\partial(\eta u_k)}{\partial x_n}\right|^2dx_n,$$

$$\begin{aligned}&\int_\Gamma|u_m(x',\varepsilon)-u_k(x',\varepsilon)|^2dx'\\ \leqslant&\int_{Q^+}\left|\frac{\partial(\eta u_m)}{\partial x_n}-\frac{\partial(\eta u_k)}{\partial x_n}\right|^2dx\\ \leqslant&\|\eta u_m-\eta u\|_{H^1(Q^+)}.\end{aligned}\tag{1.4.2}$$

由式 (1.4.1) 和式 (1.4.2) 知, 对任何固定的 $\varepsilon\in[0,\delta]$, $\{u_m(\cdot,\varepsilon)\}$ 是 $L^2(\Gamma)$ 中的 Cauchy 序列，设其极限函数为 $v(\cdot,\varepsilon)$. 另一方面，由于 $\{u_m\}$ 在 $L^2(Q^+)$ 中收敛于 u, 故存在零测度集 $E\subset(0,\delta)$, 使得对任意的 $\varepsilon\in(0,\delta)\backslash E$, 有

$$v(x',\varepsilon)=u(x',\varepsilon),\quad \text{a.e. } x'\in\Gamma.$$

因此，由式 (1.4.2) 可得

$$\int_\Gamma|u_m(x',0)-v(x',0)|^2dx'\leqslant\|\eta u_m-\eta u\|_{H^1(Q^+)},\tag{1.4.3}$$

$$\int_\Gamma|u_m(x',\varepsilon)-u(x',\varepsilon)|^2dx'\leqslant\|\eta u_m-\eta u\|_{H^1(Q^+)},\tag{1.4.4}$$

其中 $\varepsilon\in(0,\delta)\backslash E$. 此外，显然还有

$$\int_\Gamma|u_m(x',\varepsilon)-u_m(x',0)|^2dx'\leqslant\varepsilon\int_{Q^+}\left|\frac{\partial u_m}{\partial x_n}\right|^2dx.\tag{1.4.5}$$

记 $w(x')=v(x',0)$. 联合式 (1.4.3), 式 (1.4.4), 式 (1.4.5) 和

$$\begin{aligned}&\int_\Gamma|u(x',\varepsilon)-w(x')|^2dx'\\ \leqslant&\int_\Gamma|u(x',\varepsilon)-u_m(x',\varepsilon)|^2dx'\\ &+\int_\Gamma|u_m(x',\varepsilon)-u_m(x',0)|^2dx'\\ &+\int_\Gamma|u_m(x',0)-w(x')|^2dx'\end{aligned}\tag{1.4.6}$$

便知

$$\lim_{\substack{\varepsilon\in(0,\delta)\backslash E\\ \varepsilon\to0}}\int_\Gamma|u(x',\varepsilon)-w(x')|^2dx'=0.$$

注 1.4.1 由式 (1.4.3), 我们有

$$\lim_{m\to\infty}\int_\Gamma |u_m(x',0)-w(x')|^2dx'=0. \tag{1.4.7}$$

利用这一事实, 我们可以定义 u 在 Γ 上的迹为满足条件式 (1.4.7) 的函数 $w(x')$, 其中 $u_m\in C^\infty(\overline{Q}^+)$ 为在 $H^1(Q^+)$ 中收敛于 u 的任一序列. 易见这样定义的迹与命题 1.4.1 中所述是等价的. 由于 $C^\infty(\overline{Q}^+)$ 在 $C^1(\overline{Q}^+)$ 中是稠密的, 在迹的定义式 (1.4.7) 中, u_m 可换成在 $H^1(Q^+)$ 中收敛于 u 的任一 $C^1(\overline{Q}^+)$ 函数列.

注 1.4.2 从命题 1.4.1 的证明可以看出: Q^+ 换成其底位于超平面 $x_n=0$ 上的任一柱形域 $D\times(0,\delta)$ ($\delta>0$, D 为 $\mathbb{R}^{n-1}$中的有界区域), 命题 1.4.1 的结论仍然成立, 只要 ∂D 是 Lipschitz 连续的, 或满足更一般的条件, 能够保证 $C^\infty(\overline{D\times(0,\delta)})$ 在 $H^1(D\times(0,\delta))$ 中稠密 (见命题1.2.3).

推论 1.4.1 若 $u\in H^1(Q^+)\cap C(\overline{Q}^+)$, 则 $\gamma u(x',0)=u(x',0)$ a.e. 于 Γ.

命题 1.4.2 设 $u\in H^1(Q^+)\cap C(\overline{Q}^+)$, 且 u 在 Q^+ 的顶边和侧边附近为零, 在 Q^+ 的底边 Γ 上也取零值, 则 $u\in H_0^1(Q^+)$.

证明 先将 u 零延拓到 Q 上, 并记所得到的函数为 $\tilde{u}$. 以下分两步来证明.

第一步 证明 $\tilde{u}\in H^1(Q)$.

首先显然 $\tilde{u}\in L^2(Q)$. 其次, 对 $i=1,\cdots,n-1$, 弱导数 $\dfrac{\partial\tilde{u}}{\partial x_i}$ 显然存在, 且当 $x\in Q^+$ 时 $\dfrac{\partial\tilde{u}}{\partial x_i}=\dfrac{\partial u}{\partial x_i}$, 当 $x\in Q\backslash Q^+$ 时 $\dfrac{\partial\tilde{u}}{\partial x_i}=0$, 因而 $\dfrac{\partial\tilde{u}}{\partial x_i}\in L^2(Q)$. 余下只须证明

$$\int_{Q^+}u\frac{\partial\varphi}{\partial x_n}dx=-\int_{Q^+}\frac{\partial u}{\partial x_n}\varphi dx,\quad \forall\varphi\in C_0^\infty(Q). \tag{1.4.8}$$

为此, 对充分小的 $\varepsilon>0$, 取切断函数 $\eta(x_n)\in C_0^\infty(-1,1)$, 满足如下条件:

$$\eta(x_n)=1\ \text{当}|x_n|\leqslant\varepsilon\text{时},\quad \eta(x_n)=0\ \text{当}|x_n|\geqslant 2\varepsilon\text{时},$$

$$0\leqslant\eta\leqslant 1,\quad |\eta'(x_n)|\leqslant\frac{C}{\varepsilon}.$$

将 $\displaystyle\int_{Q^+}u\frac{\partial\varphi}{\partial x_n}dx$ 分解成:

$$\begin{aligned}&\int_{Q^+}u\frac{\partial\varphi}{\partial x_n}dx\\ =&\int_{Q^+}u\frac{\partial}{\partial x_n}(\eta(x_n)\varphi+(1-\eta(x_n))\varphi)dx\\ =&\int_{Q^+}u\eta'(x_n)\varphi dx+\int_{Q^+}u\eta(x_n)\frac{\partial\varphi}{\partial x_n}dx\\ &+\int_{Q^+}u\frac{\partial((1-\eta(x_n))\varphi)}{\partial x_n}dx\end{aligned}$$

$$=I_1^\varepsilon + I_2^\varepsilon + I_3^\varepsilon. \tag{1.4.9}$$

显然

$$\lim_{\varepsilon\to 0} I_2^\varepsilon = 0. \tag{1.4.10}$$

又由于当 $\varepsilon > 0$ 适当小时， $(1-\eta(x_n))\varphi \in C_0^\infty(Q^+)$, 故

$$I_3^\varepsilon = -\int_{Q^+} \frac{\partial u}{\partial x_n}((1-\eta(x_n))\varphi)dx.$$

由此知

$$\lim_{\varepsilon\to 0} I_3^\varepsilon = -\int_{Q^+} \frac{\partial u}{\partial x_n}\varphi dx. \tag{1.4.11}$$

最后，注意到 $u \in C(\overline{Q}^+)$ 且 $u\Big|_{x_n=0} = 0$, 由

$$\begin{aligned}|I_1^\varepsilon| \leqslant & \int_{Q^+ \cap \{x;|x_n|\leqslant 2\varepsilon\}} |u\eta'(x_n)\varphi|dx \\ \leqslant & \frac{C}{\varepsilon}\int_{Q^+ \cap \{x;|x_n|\leqslant 2\varepsilon\}} |u|dx.\end{aligned}$$

便知

$$\lim_{\varepsilon\to 0} I_1^\varepsilon = 0. \tag{1.4.12}$$

在式 (1.4.9) 中令 $\varepsilon \to 0$ 取极限，利用式 (1.4.10), 式 (1.4.11) 和式 (1.4.12) 便得到式 (1.4.8).

第二步 证明 $u \in H_0^1(Q^+)$.

为此，对 $\tilde{u}$ 做如下的修正磨光:

$$J_\varepsilon^- \tilde{u}(x) = \int_Q j_\varepsilon(x_1-y_1)\cdots j_\varepsilon(x_{n-1}-y_{n-1})j_\varepsilon(x_n-y_n-2\varepsilon)\tilde{u}(y)dy,$$

其中 $\varepsilon > 0$ 充分小， $j_\varepsilon(\tau)$ 为一维磨光核. 注意到 $j_\varepsilon(\tau)$ 仅当 $|\tau| < \varepsilon$ 时不为零，而 $\tilde{u}$ 在 Q 的顶边和侧边附近以及 $Q\backslash Q^+$ 上为零，就知 $J_\varepsilon^- \tilde{u} \in C_0^\infty(\overline{Q}^+)$. 又由证明的第一步， $u \in H^1(Q)$, 故类似于标准的磨光算子的情形，可以证明

$$\lim_{\varepsilon\to 0} \|J_\varepsilon^- \tilde{u} - u\|_{H^1(Q^+)} = 0.$$

这表明 $u \in H_0^1(Q^+)$.

命题 1.4.3 设 $u \in H^1(Q^+) \cap C(\overline{Q}^+)$, 以 $\tilde{u}$ 表 u 在 Q 上的延拓， $\tilde{u}(x) = u(x',0)$ 当 $x \in Q^- = Q\backslash\overline{Q}^+$ 时，则 $u \in H^1(Q)$.

证明 与命题 1.4.2 证明的第一步完全一样，只是切断函数 $\eta(x_n)$ 的选取还要求是偶函数，请读者自行完成.

1.4.2 $H^1(\Omega)$中函数的迹

定理 1.4.1 设 $\Omega \subset \mathbb{R}^n$ 为具有光滑边界的有界区域，则 $u \in H^1(\Omega)$ 在 $\partial\Omega$ 上有迹 $\gamma u \in L^2(\partial\Omega)$，即存在惟一满足条件

$$\lim_{m\to\infty}\int_{\partial\Omega}|u_m-\gamma u|^2 d\sigma = 0 \tag{1.4.13}$$

的函数 $\gamma u \in L^2(\partial\Omega)$，其中 $u_m \in C^1(\overline{\Omega})$ 为在 $H^1(\Omega)$ 中收敛于 u 的任一序列.

证明 由于 $\partial\Omega$ 是光滑的，其中每一点都存在一个小邻域 U，具有下列性质：存在光滑映射 Ψ，将 $Q=\{y\in\mathbb{R}^n; |y_i|<1, i=1,\cdots,n\}$ 映入 U，将 $Q^+=\{y\in Q; y_n>0\}$ 映入 $U\cap\Omega$，而 $\Psi(\Gamma)=U\cap\partial\Omega$，这里 $\Gamma=\{y\in Q; y_n=0\}$.

设 $u_m \in C^1(\overline{\Omega})$ 为在 $H^1(\Omega)$ 中收敛于 u 的任一序列， $\eta(x)\in C_0^\infty(U)$. 记 $v_m=(\eta u_m)\circ\Psi$，则 $v_m\in C^1(\overline{Q}^+)$，$v_m$ 在 Q^+ 的顶边和侧边附近为零，且

$$\lim_{m\to\infty}\|v_m-(\eta u)\circ\Psi\|_{H^1(Q^+)}=0.$$

根据命题 1.4.1, 存在 $h\in L^2(\Gamma)$，使得

$$\lim_{m\to\infty}\int_\Gamma |v_m(y',0)-h(y')|^2 dy' = 0.$$

显然 h 在 Γ 的边界附近为零. 回到变量 x，便得到

$$\lim_{m\to\infty}\int_{U\cap\partial\Omega}|\eta u_m - w|^2 d\sigma = 0,$$

其中 $w = h\circ\Phi\Big|_{\Phi_n(x)=0}$，$\Phi=(\Phi_1,\cdots,\Phi_n)$ 为 Ψ 之逆. 在 $U\cap\partial\Omega$ 的边界附近，$w=0$. 经被积函数的零延拓后，上式可写成

$$\lim_{m\to\infty}\int_{\partial\Omega}|\eta u_m - w|^2 d\sigma = 0.$$

根据有限覆盖定理，存在有限个具有上述性质的邻域 $U_i\,(i=1,2,\cdots,N)$，使得 $\partial\Omega\subset\bigcup_{i=1}^N U_i$. 设 $\eta_i(x)\,(i=1,\cdots,N)$ 为从属于 $U_i\,(i=1,\cdots,N)$ 的单位分解 (见 1.1.6 节)，w_i 为按上述方式得到的与 U_i, η_i 对应的函数，即 $w_i\in L^2(\partial\Omega)$，且满足

$$\lim_{m\to\infty}\int_{\partial\Omega}|\eta_i u_m - w_i|^2 d\sigma = 0. \tag{1.4.14}$$

记 $w=\sum_{i=1}^N w_i$，则 $w\in L^2(\partial\Omega)$，且由式 (1.4.14) 和

$$u_m - w = \sum_{i=1}^N(\eta_i u_m - w_i),\quad x\in\partial\Omega$$

可知

$$\lim_{m\to\infty}\int_{\partial\Omega}|u_m-w|^2d\sigma=0.$$

这就证明了迹 $\gamma u\Big|_{\partial\Omega}$ 的存在性. 通过在 $\partial\Omega$ 上任一点的小邻域内采用局部拉平的方法，可知迹是惟一确定的.

推论 1.4.2 设 $\Omega\subset\mathbb{R}^n$ 为具有光滑边界的有界区域. 若 $u\in H^1(\Omega)\cap C(\overline{\Omega})$, 则 $\gamma u\Big|_{\partial\Omega}=u\Big|_{\partial\Omega}$.

证明 局部拉平，利用推论 1.4.1.

推论 1.4.3 设 $\Omega\subset\mathbb{R}^n$ 为具有光滑边界的有界区域. 若 $u\in H_0^1(\Omega)$, 则 $\gamma u\Big|_{\partial\Omega}=0$.

证明 因为 $C_0^\infty(\Omega)$ 在 $H_0^1(\Omega)$ 中稠密，故存在 $H^1(\Omega)$ 中收敛于 u 的序列 $u_m\in C_0^\infty(\Omega)$. 于是由式 (1.4.13) 便知 $\gamma u\Big|_{\partial\Omega}=0$.

推论 1.4.4 设 $\Omega\subset\mathbb{R}^n$ 为具有光滑边界的有界区域. 若 $u\in H_0^1(\Omega)\cap C(\overline{\Omega})$, 则 $u\Big|_{\partial\Omega}=0$.

证明 联合推论 1.4.2 和推论 1.4.3 就可得到所要证明的结论.

定理 1.4.2 设 $\Omega\subset\mathbb{R}^n$ 为具有光滑边界的有界区域. 若 $u\in H^1(\Omega)\cap C(\overline{\Omega})$, 且 $u\Big|_{\partial\Omega}=0$, 则 $u\in H_0^1(\Omega)$.

证明 在 $\partial\Omega$ 上每一点的小邻域 U 内，将 u 切断成 ηu, 而将 $U\cap\partial\Omega$ 拉平 (像定理 1.4.1 的证明那样), 并在拉平后以它为底边的方柱 Q^+ 上应用命题 1.4.2, 便知存在于 $H^1(\Omega)$ 中收敛于 ηu 的序列 $u_m\in C_0^1(U\cap\Omega)$.

取有限个这样的邻域 $U_i\,(i=1,\cdots,N)$, 使得 $\partial\Omega\subset\bigcup\limits_{i=1}^N U_i$. 再取开集 $U_0\supset\Omega\backslash\bigcup\limits_{i=1}^N U_i$. 设 $\eta_i(x)\,(i=0,1,\cdots,N)$ 为从属于 $U_i\,(i=0,1,\cdots,N)$ 的单位分解, $u_m^i\,(i=1,\cdots,N)$ 为与 $U_i,\eta_i\,(i=1,\cdots,N)$ 相应的按上述方式得到的函数列. 显然存在 $H^1(\Omega)$ 中收敛于 $\eta_0 u$ 的函数列 $u_m^0\in C_0^\infty(\Omega)$. 记 $u_m=\sum\limits_{i=0}^N u_m^i$, 则 $u_m\in C_0^1(\Omega)$, 且 u_m 于 $H^1(\Omega)$ 中收敛于 u. 再注意到 $C_0^\infty(\Omega)$ 于 $C_0^1(\Omega)$ 中稠密，就知 $u\in H_0^1(\Omega)$.

1.4.3 $H^1(Q_T)=W_2^{1,1}(Q_T)$中函数的迹

定理 1.4.3 设 $\Omega\subset\mathbb{R}^n$ 为具有光滑边界的有界区域, 则 $u\in H^1(Q_T)$ 在 ∂_pQ_T 上有迹 $\gamma u\in L^2(\partial_p\Omega)$.

证明 根据命题 1.4.1 及注 1.4.1, 存在于 $H^1(Q_T)$ 中收敛于 u 的序列 $u_m\in C^\infty(\overline{Q}_T)$ 和函数 $v(x)\in L^2(\Omega)$, 使得

$$\lim_{m\to\infty}\int_{\Omega}|u_m(x,0)-v(x)|^2dx=0.$$

类似定理 1.4.1 的证明, 对 $\partial_l Q_T$ 采用局部拉平, 有限覆盖和单位分解的技巧, 可进一步断言, 存在函数 $w(x,t) \in L^2(\partial_l Q_T)$, 使得

$$\lim_{m\to\infty}\int_{\partial_l Q_T}|u_m - w|^2 d\sigma = 0.$$

注 1.4.3 其实 $u \in H^1(Q_T)$ 在顶边上也有迹, 不过针对以后的应用, 我们只关心 u 在 $\partial_p Q_T$ 上的迹.

推论 1.4.5 设 $\Omega \subset \mathbb{R}^n$ 为具有光滑边界的有界区域. 若 $u \in H^1(Q_T)\cap C(\overline{Q}_T)$, 则 $\gamma u\Big|_{\partial_p Q_T} = u\Big|_{\partial_p Q_T}$.

推论 1.4.6 设 $\Omega \subset \mathbb{R}^n$ 为具光滑边界的有界域, $u \in \overset{\bullet}{W}{}_2^{1,1}(Q_T)$, 则 $\gamma u\Big|_{\partial_p Q_T} = 0$; 若 $u \in \overset{\circ}{W}{}_2^{1,1}(Q_T)$, 则 $\gamma u\Big|_{\partial_l Q_T} = 0$.

推论 1.4.7 设 $\Omega \subset \mathbb{R}^n$ 为具光滑边界的有界域, $u \in \overset{\bullet}{W}{}_2^{1,1}(Q_T)\cap C(\overline{Q}_T)$, 则 $u\Big|_{\partial_p Q_T} = 0$; 若 $u \in \overset{\circ}{W}{}_2^{1,1}(Q_T)\cap C(\overline{Q}_T)$, 则 $u\Big|_{\partial_l Q_T} = 0$.

定理 1.4.4 设 $\Omega \subset \mathbb{R}^n$ 为具有光滑边界的有界区域. 若 $u \in H^1(Q_T)\cap C(\overline{Q}_T)$, 且 $u\Big|_{\partial_p Q_T} = 0$, 则 $u \in \overset{\bullet}{W}{}_2^{1,1}(Q_T)$; 若 $u \in H^1(Q_T)\cap C(\overline{Q}_T)$, 且 $u\Big|_{\partial_l Q_T} = 0$, 则 $u \in \overset{\circ}{W}{}_2^{1,1}(Q_T)$.

证明 为证后一部分, 先将 u 按命题 1.4.3 的方式延拓到 $t<0$ 和 $t>T$ 的部分, 然后对 $\partial_l Q_T$ 采用局部拉平, 有限覆盖和单位分解的技巧, 拉平后局部应用命题 1.4.2. 为证前一部分, 将 u 零延拓到 $t<0$ 的部分, 同时按命题 1.4.3 的方式延拓到 $t>T$ 的部分, 延拓后的函数仍记为 u. 先以 u 关于 x_n 的如下修正磨光

$$v_\varepsilon(x,t) = J_\varepsilon^- u(x,t) = \int_{\mathbb{R}} j_\varepsilon(t-s-2\varepsilon)u(x,s)ds \quad (\varepsilon>0)$$

在 $H^1(Q_T)$ 中去逼近 u. 再对 $\partial_l Q_T$ 采用局部拉平, 有限覆盖和单位分解的技巧, 去构造 v_ε 在 $H^1(Q_T)$ 中的光滑逼近, 它在 $\partial_p Q_T$ 附近为零.

第2章　线性椭圆型方程的 L^2理论

本章介绍线性椭圆型方程的 L^2 理论. 首先详细讨论典型的椭圆方程, 即 Poisson 方程，然后转向一般的散度型线性椭圆方程.

§2.1　解 Poisson 方程的变分方法

设 $\Omega \subset \mathbb{R}^n$ 是一有界区域，其边界 $\partial\Omega$ 分片光滑. 在 Ω 上考虑 Poisson 方程

$$-\Delta u = f(x), \tag{2.1.1}$$

其中 $x = (x_1, \cdots, x_n)$, Δ 为 n 维 Laplace 算子，即

$$\Delta = \frac{\partial^2}{\partial x_1^2} + \frac{\partial^2}{\partial x_2^2} + \cdots + \frac{\partial^2}{\partial x_n^2},$$

而 $f \in L^2(\Omega)$. 为简单计，我们只讨论方程 (2.1.1) 之具齐边值条件

$$u\Big|_{\partial\Omega} = 0 \tag{2.1.2}$$

的 Dirichlet 问题. 假如所给边值条件为

$$u\Big|_{\partial\Omega} = g(x), \tag{2.1.3}$$

而 $g(x)$ 在 $\overline{\Omega}$ 上适当光滑，则可代替方程 (2.1.1) 而考虑关于 $u(x) - g(x)$ 的方程，它仍是一个 Poisson 方程，只不过右端换成了另一个函数.

2.1.1　弱解的概念

假设 $u \in C^2(\Omega)$ 是方程 (2.1.1) 的解，$\varphi \in C_0^\infty(\Omega)$ 是任一函数. 将 u 代入方程 (2.1.1), 两端同乘以 φ, 然后在 Ω 上积分，便得

$$-\int_\Omega \Delta u \cdot \varphi dx = \int_\Omega f \varphi dx. \tag{2.1.4}$$

通过分部积分可将左端积分中加在 u 上的导数运算部分地或全部地转移到 φ 上. 事实上，由于 φ 的支集含在 Ω 内，我们有

$$\begin{aligned} & -\int_\Omega \Delta u \cdot \varphi dx \\ = & -\int_{\partial\Omega} \varphi \frac{\partial u}{\partial \boldsymbol{n}} ds + \int_\Omega \nabla u \cdot \nabla \varphi dx = \int_\Omega \nabla u \cdot \nabla \varphi dx \end{aligned}$$

$$= \int_{\partial\Omega} u \frac{\partial \varphi}{\partial \boldsymbol{n}} ds - \int_{\Omega} u \Delta \varphi dx = - \int_{\Omega} u \Delta \varphi dx,$$

其中 $\boldsymbol{n}$为 $\partial\Omega$ 的单位外法向量. 因此，式 (2.1.4) 可改写为

$$\int_{\Omega} \nabla u \cdot \nabla \varphi dx = \int_{\Omega} f \varphi dx, \tag{2.1.5}$$

或

$$- \int_{\Omega} u \Delta \varphi dx = \int_{\Omega} f \varphi dx. \tag{2.1.6}$$

这表明：若 $u \in C^2(\Omega)$ 是方程 (2.1.1) 的解，则对任何 $\varphi \in C_0^\infty(\Omega)$, 积分等式 (2.1.5) 和 (2.1.6) 都成立.

反之，若对任何 $\varphi \in C_0^\infty(\Omega)$, 函数 $u \in C^2(\Omega)$ 满足积分等式 (2.1.5) 或 (2.1.6), 倒推回去便可得到式 (2.1.4), 即

$$\int_{\Omega} (-\Delta u - f) \varphi dx = 0.$$

由于此式对任何 $\varphi \in C_0^\infty(\Omega)$ 都成立，根据 φ 的这种任意性，由此便可推断 (读者可自行证明): 在 Ω 内， $-\Delta u - f = 0$, 即函数 u 是方程 (2.1.1) 的解.

值得注意的是，为使积分式 (2.1.5) 有意义，只须 $u \in H^1(\Omega)$, 而为使积分式 (2.1.6) 有意义，则只须 $u \in L^2(\Omega)$. 我们自然把对任何 $\varphi \in C_0^\infty(\Omega)$ 满足积分等式 (2.1.5) 或 (2.1.6) 的函数 $u \in H^1(\Omega)\big(u \in L^2(\Omega)\big)$ 理解为方程 (2.1.1) 的一种广义的解.

定义 2.1.1 称函数 $u \in H^1(\Omega)$ 为 Poisson 方程 (2.1.1) 的弱解，如果对任何 $\varphi \in C_0^\infty(\Omega)$, 积分等式 (2.1.5) 都成立.

注 2.1.1 因为 $C_0^\infty(\Omega)$ 在 $H_0^1(\Omega)$ 中还是稠密的，故若对任何 $\varphi \in C_0^\infty(\Omega)$, 积分等式 (2.1.5) 都成立，则对任何 $\varphi \in H_0^1(\Omega)$, 式 (2.1.5) 也成立.

利用积分等式 (2.1.6), 我们可以定义一种更弱的解，即在分布意义 (广义函数意义) 下满足方程 (2.1.1) 的函数. 我们不准备讨论这种弱解.

为了定义 Poisson 方程的 Dirichlet 问题 (2.1.1), (2.1.2) 的弱解，自然应该要求它在某种意义下同时还满足边值条件 (2.1.2). 我们在 1.4.1 节中已经知道， $H_0^1(\Omega)$ 中的函数广义地取零边值，可见下面的定义是很自然的：

定义 2.1.2 称函数 $u \in H_0^1(\Omega)$ 为 Poisson 方程的 Dirichlet 问题 (2.1.1), (2.1.2) 的弱解，如果对任何 $\varphi \in C_0^\infty(\Omega)$, 积分等式 (2.1.5) 成立.

注 2.1.2 具非齐边值条件的 Dirichlet 问题 (2.1.1), (2.1.3) 的弱解可定义为 $H^1(\Omega)$ 中这样的函数 u, 它对任何 $\varphi \in C_0^\infty(\Omega)$, 满足积分等式 (2.1.5), 且 $u - g \in H_0^1(\Omega)$. 若 $g \in H^1(\Omega)$, 则由式 (2.1.5) 知，对任何 $\varphi \in C_0^\infty(\Omega)$, 函数 $w = u - g$ 满足

$$\int_{\Omega} \nabla w \cdot \nabla \varphi dx = \int_{\Omega} (f\varphi - \nabla g \cdot \nabla \varphi) dx.$$

对于某些特殊形状的区域 Ω, 我们可以通过构造 Green 函数来求得 Dirichlet 问题 (2.1.1), (2.1.2) 的显式解. 但这种情形毕竟很少. 对于一般的区域 Ω, 我们只能从理论上来探讨它的可解性. 论证可解性的方法很多, 本节介绍其中的一种, 称之为变分方法. 应用变分方法得到的是弱解. 然而, 在关于 $\partial\Omega$ 和 f 的更强的条件下, 可以证明弱解的正则性, 从而进一步得到古典解 (见 §2.2).

2.1.2 将问题转化为求相应泛函的极值元

先让我们考察如下的有限方程

$$h(x)-\alpha=0,$$

其中 $h(x)$ 为 $\mathbb{R}$ 上一连续函数, $\alpha\in\mathbb{R}$ 为一给定常数. 设 $H(x)$ 为 $h(x)$ 的原函数. 令

$$\Phi(x)=H(x)-\alpha x,$$

则原方程的解恰是 $\Phi(x)$ 的稳定点 (临界点). 如果 $\lim\limits_{x\to\infty}\Phi(x)=+\infty$, 则 $\Phi(x)$ 在 $\mathbb{R}$ 上必有极小值点 x_0, 它便是原方程的一个解.

上述例子表明: 解有限方程的问题可归结为求相应函数的极值点 (其实只须求其稳定点). 数学上一个重要发现是, 这一思想适用于某些微分方程的边值问题. 按照这一思想, 为了求解 Dirichlet 问题 (2.1.1), (2.1.2), 首先 (也是关键) 就要找出与之相应的泛函, 而将问题转化为求这一泛函的极值元, 也就是使这一泛函取极值的函数. 这一泛函正是

$$J(v)=\frac{1}{2}\int_\Omega|\nabla v|^2dx-\int_\Omega fvdx,$$

其中 ∇ 为 n 维梯度算子, 即

$$\nabla=\left(\frac{\partial}{\partial x_1},\frac{\partial}{\partial x_2},\cdots,\frac{\partial}{\partial x_n}\right).$$

泛函 $J(v)$ 对所有 $v\in H^1(\Omega)$ 有定义. 由于我们要求的是满足齐边值条件 (2.1.2) 的解, 因此我们在 $H_0^1(\Omega)$ 中去求 $J(v)$ 的极值元.

假设 $u\in H_0^1(\Omega)$ 为泛函 $J(v)$ 在 $H_0^1(\Omega)$ 上的极值元, 比如极小元, 让我们来观察它将满足什么条件. 对任一 $\varphi\in C_0^\infty(\Omega)$ 和 $\varepsilon\in\mathbb{R}$, 有 $u+\varepsilon\varphi\in H_0^1(\Omega)$. 记

$$F(\varepsilon)=J(u+\varepsilon\varphi)=\frac{1}{2}\int_\Omega|\nabla(u+\varepsilon\varphi)|^2dx-\int_\Omega f(u+\varepsilon\varphi)dx.$$

因为 u 是泛函 $J(v)$ 在 $H_0^1(\Omega)$ 上的极小元, 作为 ε 的普通函数, $F(\varepsilon)$ 便在 $\varepsilon=0$ 时取极小值. 于是应有

$$F'(0)=0.$$

经简单计算便知

$$F'(0)=\int_\Omega \nabla u\cdot\nabla\varphi dx-\int_\Omega f\varphi dx.$$

这表明对任何 $\varphi\in C_0^\infty(\Omega)$, u 满足积分等式 (2.1.5), 即 u 为问题 (2.1.1), (2.1.2) 的弱解.

假如极值元 $u\in C^2(\Omega)$, 则如前所指出， u 在通常意义下满足 Poisson 方程 (2.1.1).

综上所述，我们证明了

命题 2.1.1 若 $u\in H_0^1(\Omega)$ 为泛函 $J(v)$ 在 $H_0^1(\Omega)$ 上的极值元, 则 u 是 Poisson 方程的 Dirichlet 问题 (2.1.1),(2.1.2) 的弱解; 若极值元 $u\in C^2(\Omega)$, 则 u 在通常意义下满足 Poisson 方程 (2.1.1); 若极值元 $u\in C^2(\Omega)\cap C(\overline{\Omega})$, 则 u 是 Poisson 方程的 Dirichlet 问题 (2.1.1),(2.1.2) 的古典解.

2.1.3 泛函极值元的存在性

为证泛函 $J(v)$ 在 $H_0^1(\Omega)$ 上取得极小值，首先证明

引理 2.1.1 设 $f\in L^2(\Omega)$, 则泛函 $J(v)$ 在 $H_0^1(\Omega)$ 上有下界.

证明 由 Poincaré 不等式 (1.2.8 节) 和带 ε 的 Cauchy 不等式 (1.1.1 节) 知, 对 $v\in H_0^1(\Omega)$, 有

$$\begin{aligned}J(v)=&\frac{1}{2}\int_\Omega|\nabla v|^2dx-\int_\Omega fvdx\\ \geqslant&\frac{1}{2\mu}\int_\Omega v^2dx-\int_\Omega\left(\frac{\varepsilon}{2}v^2+\frac{1}{2\varepsilon}f^2\right)dx\\ =&\frac{1}{2}\left(\frac{1}{\mu}-\varepsilon\right)\int_\Omega v^2dx-\frac{1}{2\varepsilon}\int_\Omega f^2dx,\end{aligned}$$

其中 $\mu>0$ 是 Poincaré 不等式中的常数， $\varepsilon>0$ 为可任取的常数. 假如取 $\varepsilon\leqslant\dfrac{1}{\mu}$, 则由上式得

$$J(v)\geqslant-\frac{1}{2\varepsilon}\int_\Omega f^2dx.$$

泛函 $J(v)$ 的下方有界性于是得到了证明.

泛函 $J(v)$ 既然有下界，就有下确界. 按下确界的定义，必存在 $u_k\in H_0^1(\Omega)$, 使得

$$\lim_{k\to\infty}J(u_k)=\inf_{H_0^1(\Omega)}J(v).$$

$\{u_k\}$ 称为泛函 $J(v)$ 的极小序列.

引理 2.1.2 泛函 $J(v)$ 的极小序列 $\{u_k\}$ 中存在弱收敛子序列 $\{u_{k_i}\}$:

$$u_{k_i}\rightharpoonup u\quad(i\to\infty)\ 于H_0^1(\Omega),$$

这里"$\rightharpoonup$"表弱收敛，u 为 $H_0^1(\Omega)$ 中某一函数.

证明 因为极限 $\lim\limits_{k\to\infty} J(u_k)$ 存在，故存在常数 $M>0$, 使得 $|J(u_k)|\leqslant M$. 利用带 ε 的 Cauchy 不等式和 Poincaré 不等式，我们有

$$\begin{aligned}\int_\Omega |\nabla u_k|^2dx =&2\int_\Omega fu_kdx+2J(u_k)\\ \leqslant&\varepsilon\int_\Omega u_k^2dx+\frac{1}{\varepsilon}\int_\Omega f^2dx+2M\\ \leqslant&\varepsilon\mu\int_\Omega |\nabla u_k|^2dx+\frac{1}{\varepsilon}\int_\Omega f^2dx+2M.\end{aligned}$$

取 $\varepsilon=\dfrac{1}{2\mu}$ 便得到

$$\int_\Omega |\nabla u_k|^2dx\leqslant\frac{1}{2}\int_\Omega |\nabla u_k|^2dx+2\mu\int_\Omega f^2dx+2M.$$

从而

$$\int_\Omega |\nabla u_k|^2dx\leqslant 4\mu\int_\Omega f^2dx+4M.$$

再利用 Poincaré 不等式，进而又得到

$$\int_\Omega u_k^2dx\leqslant 4\mu^2\int_\Omega f^2dx+4\mu M.$$

上面二式表明，$\{u_k\}$ 含在 $H_0^1(\Omega)$ 的一个闭球中，而 $H_0^1(\Omega)$ 中的任何闭球都是弱紧的，故 $\{u_k\}$ 中存在 $H_0^1(\Omega)$ 中弱收敛的子序列.

引理 2.1.3 *$J(v)$ 在 $H_0^1(\Omega)$ 中是弱下半连续的，即对 $H_0^1(\Omega)$ 中任何弱收敛序列 $\{v_k\}$, 若*

$$v_k\rightharpoonup v\quad (k\to\infty)\ \text{于}\, H_0^1(\Omega),$$

则

$$J(v)\leqslant \varliminf_{k\to\infty} J(v_k).$$

证明 由 L^2 范数的弱下半连续性，我们有

$$\int_\Omega |\nabla v|^2dx\leqslant \varliminf_{k\to\infty}\int_\Omega |\nabla v_k|^2dx.$$

又由 $\{v_k\}$ 的弱收敛性，有

$$\lim_{k\to\infty}\int_\Omega fv_kdx=\int_\Omega fvdx.$$

故

$$\varliminf_{k\to\infty} J(v_k)=\frac{1}{2}\varliminf_{k\to\infty}\int_\Omega |\nabla v_k|^2dx-\lim_{k\to\infty}\int_\Omega fv_kdx$$

$$\geqslant \frac{1}{2}\int_{\Omega}|\nabla v|^2 dx - \int_{\Omega} f v dx = J(v).$$

命题 2.1.2 对任何 $f \in L^2(\Omega)$, 泛函 $J(v)$ 在 $H_0^1(\Omega)$ 上有极小元存在.

证明 根据引理 2.1.1, $J(v)$ 在 $H_0^1(\Omega)$ 上有下界. 设 $\{u_k\}$ 为 $J(v)$ 在 $H_0^1(\Omega)$ 上的极小序列. 由引理 2.1.2 知, $\{u_k\}$ 中存在弱收敛子序列 $\{u_{k_i}\}$, 设其弱极限为 u. $J(v)$ 在 $H_0^1(\Omega)$ 中的弱下半连续性包含

$$\inf_{H_0^1(\Omega)} J(v) \leqslant J(u) \leqslant \varliminf_{i\to\infty} J(u_{k_i}) = \lim_{i\to\infty} J(u_{k_i}) = \inf_{H_0^1(\Omega)} J(v),$$

故 $J(u) = \inf\limits_{H_0^1(\Omega)} J(v)$.

2.1.4 弱解的存在惟一性

定理 2.1.1 对任何 $f \in L^2(\Omega)$, Poisson 方程的 Dirichlet 问题 (2.1.1), (2.1.2) 恒存在惟一的弱解.

证明 弱解的存在性联合命题 2.1.1 和命题 2.1.2 即知. 只须再证弱解的惟一性. 设 $u_1, u_2 \in H_0^1(\Omega)$ 为 Dirichlet 问题 (2.1.1), (2.1.2) 的两个弱解, 则由弱解的定义及 $C_0^\infty(\Omega)$ 在 $H_0^1(\Omega)$ 中的稠密性, 有

$$\int_{\Omega} \nabla u_i \cdot \nabla \varphi dx = \int_{\Omega} f \varphi dx, \quad \varphi \in H_0^1(\Omega) \quad (i = 1, 2).$$

令 $u = u_1 - u_2$, 则

$$\int_{\Omega} \nabla u \cdot \nabla \varphi dx = 0, \quad \varphi \in H_0^1(\Omega).$$

特别取 $\varphi = u$ 便得

$$\int_{\Omega} |\nabla u|^2 dx = 0.$$

由此知 $\nabla u = 0$ a.e. 于 Ω. 进而利用齐边值条件可推出 $u = 0$ a.e. 于 Ω. 此事也可利用 Poincaré 不等式

$$\int_{\Omega} u^2 dx \leqslant C(n, \Omega) \int_{\Omega} |\nabla u|^2 dx = 0$$

来推断.

§2.2 Poisson 方程弱解的正则性

通过变分方法得到的弱解, 只是 $H_0^1(\Omega)$ 中的一个函数. 本节研究弱解的正则性. 差分方法是研究解的正则性的一种重要方法, 其基本精神就是通过研究函数的差商来得到函数的可微性. 尽管这种方法可用于一般线性椭圆型方程, 但为了使叙述更简明, 以便读者更清晰地掌握方法的基本思路, 我们仅就 Poisson 方程来讨论.

2.2.1 差分算子

我们先来介绍差分算子的概念.

定义 2.2.1 设 $u(x)$ 为 $\mathbb{R}^n$ 上的函数. 记

$$\Delta_h^i u(x) = \frac{u(x+h\mathrm{e}_i)-u(x)}{h},$$

其中 e_i 为 x_i 方向的单位方向向量, 而称 Δ_h^i 为沿着 x_i 方向的差分算子.

命题 2.2.1 差分算子具有如下的基本性质:

(i) Δ_h^i 的共轭算子 ${\Delta_h^i}^* = -\Delta_{-h}^i$, 即对任何具紧支集的 L^2 可积函数 $f(x)$, $g(x)$, 有积分等式

$$\int_{\mathbb{R}^n} f(x)\Delta_h^i g(x)dx = -\int_{\mathbb{R}^n} g(x)\Delta_{-h}^i f(x)dx;$$

(ii) Δ_h^i 与微分算子是可交换的, 即对任何弱可微函数 u, 都有

$$D_j\Delta_h^i u = \Delta_h^i D_j u \quad (j=1,2,\cdots,n);$$

(iii) 乘积的差分可以表示为

$$\Delta_h^i(f(x)g(x)) = \Delta_h^i f(x)T_h^i g(x) + f(x)\Delta_h^i g(x),$$

其中 T_h^i 为 x_i 方向的移位算子, 即

$$T_h^i u(x) = u(x+h\mathrm{e}_i).$$

证明留给读者.

我们还需要关于 Sobolev 空间函数差商的下列重要性质.

命题 2.2.2 设 $\Omega\subset\mathbb{R}^n$ 是一区域, $p>1$, $1\leqslant i\leqslant n$.

(i) 设$u\in W^{1,p}(\Omega)$, $\Omega'\subset\subset\Omega$. 则对充分小的 $|h|>0$, 有 $\Delta_h^i u\in L^p(\Omega')$, 且有如下估计式

$$\|\Delta_h^i u\|_{L^p(\Omega')} \leqslant \|D_i u\|_{L^p(\Omega)};$$

(ii) 设$u\in L^p(\Omega)$, 并假定存在常数 K, 使得对 $\Omega'\subset\subset\Omega$, 当 $|h|>0$ 充分小时, 有

$$\|\Delta_h^i u\|_{L^p(\Omega')} \leqslant K,$$

其中 K 与 h 无关. 则 $D_i u\in L^p(\Omega')$, 且有如下估计式

$$\|D_i u\|_{L^p(\Omega')} \leqslant K.$$

证明 (i) 先假设 $u \in C^1(\Omega) \cap W^{1,p}(\Omega)$. 我们有

$$\begin{aligned}
\Delta_h^i u(x) = & \frac{u(x+he_i)-u(x)}{h} \\
= & \frac{1}{h}\int_0^h D_i u(x_1,\cdots,x_{i-1},x_i+\theta,x_{i+1},\cdots,x_n)d\theta.
\end{aligned}$$

利用 Hölder 不等式，可得

$$|\Delta_h^i u(x)|^p \leqslant \frac{1}{|h|}\left|\int_0^h |D_i u(x_1,\cdots,x_{i-1},x_i+\theta,x_{i+1},\cdots,x_n)|^p d\theta\right|.$$

在 Ω' 上积分便得到

$$\begin{aligned}
&\int_{\Omega'} |\Delta_h^i u(x)|^p dx \\
\leqslant & \frac{1}{|h|}\left|\int_0^h \int_{\Omega'} |D_i u(x_1,\cdots,x_{i-1},x_i+\theta,x_{i+1},\cdots,x_n)|^p dxd\theta\right| \\
\leqslant & \frac{1}{|h|}\left|\int_0^h \int_{\Omega'_{|h|}} |D_i u(x_1,\cdots,x_{i-1},x_i,x_{i+1},\cdots,x_n)|^p dxd\theta\right| \\
= & \int_{\Omega'_{|h|}} |D_i u(x_1,\cdots,x_{i-1},x_i,x_{i+1},\cdots,x_n)|^p dx \\
\leqslant & \int_{\Omega} |D_i u(x)|^p dx,
\end{aligned}$$

式中 $\Omega'_{|h|} = \{x \in \mathbb{R}^n; \mathrm{dist}(x,\Omega') \leqslant |h|\} \subset \Omega$, 当 $|h|$ 充分小时. 于是, 当 $u \in C^1(\Omega) \cap W^{1,p}(\Omega)$ 时我们证明了结论. 通过逼近就可推广到任意 $u \in W^{1,p}(\Omega)$.

(ii) 由$L^p(\Omega')$ 中有界集的弱紧性知, 存在序列 $\{h_k\}$ 和满足条件 $\|v\|_{L^p(\Omega')} \leqslant K$ 的函数 $v \in L^p(\Omega')$, 使得对任何 $\varphi \in C_0^\infty(\Omega')$, 有

$$\int_{\Omega'} \varphi \Delta_{h_k}^i u dx \to \int_{\Omega'} \varphi v dx.$$

但

$$\int_{\Omega'} \varphi \Delta_{h_k}^i u dx = -\int_{\Omega'} u \Delta_{-h_k}^i \varphi dx \to -\int_{\Omega'} u D_i \varphi dx,$$

故

$$\int_{\Omega'} \varphi v dx = -\int_{\Omega'} u D_i \varphi dx,$$

即 $v = D_i u$.

类似地可以证明

命题 2.2.3 设 $\Omega\subset\mathbb{R}^n$ 是一区域，$p>1,\ 1\leqslant i<n$.

(i) 设 $u\in W^{1,p}(\mathbb{R}^n_+\cap\Omega)$, $\Omega'\subset\subset\Omega$. 则对充分小的 $|h|>0$, 有 $\Delta_h^i u\in L^p(\mathbb{R}^n_+\cap\Omega')$, 且有如下估计式

$$\|\Delta_h^i u\|_{L^p(\mathbb{R}^n_+\cap\Omega')}\leqslant\|D_i u\|_{L^p(\mathbb{R}^n_+\cap\Omega)};$$

(ii) 设 $u\in L^p(\mathbb{R}^n_+\cap\Omega)$, 并假定存在常数 K, 使得对 $\Omega'\subset\subset\Omega$, 当 $|h|>0$ 充分小时，有

$$\|\Delta_h^i u\|_{L^p(\mathbb{R}^n_+\cap\Omega')}\leqslant K,$$

其中 K 与 h 无关. 则 $D_i u\in L^p(\mathbb{R}^n_+\cap\Omega')$, 且有如下估计式

$$\|D_i u\|_{L^p(\mathbb{R}^n_+\cap\Omega')}\leqslant K.$$

2.2.2 内部正则性

现在我们讨论 Poisson 方程弱解的正则性. 先讨论内部正则性.

定理 2.2.1 设 $f\in L^2(\Omega)$, $u\in H_0^1(\Omega)$ 为 Poisson 方程的 Dirichlet 问题 (2.1.1), (2.1.2) 的弱解，则对任意的子区域 $\Omega'\subset\subset\Omega$, 有 $u\in H^2(\Omega')$, 且有估计式

$$\|u\|_{H^2(\Omega')}\leqslant C\left(\|u\|_{H^1(\Omega)}+\|f\|_{L^2(\Omega)}\right),$$

其中 C 为仅依赖于空间维数 n 和 Ω' 到 $\partial\Omega$ 的距离 $\mathrm{dist}\{\Omega',\partial\Omega\}$ 的常数.

证明 对固定的 $\Omega'\subset\subset\Omega$, 记 $d=\dfrac{1}{4}\mathrm{dist}(\Omega',\partial\Omega)$. 取 Ω 上相对于 Ω' 的切断因子 $\eta(x)\in C_0^\infty(\Omega)$, 满足

$$0\leqslant\eta(x)\leqslant 1,\quad \eta(x)\equiv 1\ \text{于}\ \Omega',\quad \mathrm{dist}(\mathrm{supp}\eta,\partial\Omega)\geqslant 2d.$$

由弱解的定义及 $C_0^\infty(\Omega)$ 在 $H_0^1(\Omega)$ 中的稠密性，我们有

$$\int_\Omega\nabla u\cdot\nabla\varphi dx=\int_\Omega f\varphi dx,\quad \forall\varphi\in H_0^1(\Omega).$$

取 h 满足 $0<|h|<d$, 并令 $\varphi=\Delta_h^{i\,*}(\eta^2\Delta_h^i u)$, 则 $\mathrm{dist}(\mathrm{supp}\varphi,\partial\Omega)\geqslant d$, 而 $u\in H_0^1(\Omega)$, 故 $\varphi\in H_0^1(\Omega)$. 代入到上面的积分等式中，得

$$\int_\Omega\nabla u\cdot\nabla\Delta_h^{i\,*}(\eta^2\Delta_h^i u)dx=\int_\Omega f\Delta_h^{i\,*}(\eta^2\Delta_h^i u)dx.$$

利用差分算子与微分算子的可交换性，以及差分算子与它的共轭算子的关系 (命题 2.2.1), 可以将上述积分等式改写成

$$\int_\Omega\nabla\Delta_h^i u\cdot\nabla(\eta^2\Delta_h^i u)dx=\int_\Omega f\Delta_h^{i\,*}(\eta^2\Delta_h^i u)dx. \tag{2.2.1}$$

由命题 2.2.2 (i), 有

$$\begin{aligned}
&\int_\Omega |\Delta_h^{i\,*}(\eta^2\Delta_h^i u)|^2dx = \int_{\mathrm{supp}\varphi} |\Delta_{-h}^i(\eta^2\Delta_h^i u)|^2dx\\
\leqslant&\int_\Omega |D_i(\eta^2\Delta_h^i u)|^2dx \leqslant \int_\Omega |\nabla(\eta^2\Delta_h^i u)|^2dx\\
=&\int_\Omega |\eta^2\nabla\Delta_h^i u+2\eta\Delta_h^i u\nabla\eta|^2dx\\
\leqslant&2\int_\Omega |\eta^2\nabla\Delta_h^i u|^2dx+2\int_\Omega |2\eta\Delta_h^i u\nabla\eta|^2dx\\
\leqslant&2\int_\Omega \eta^2|\nabla\Delta_h^i u|^2dx+8\int_\Omega |\nabla\eta|^2|\Delta_h^i u|^2dx.
\end{aligned}$$

于是由式 (2.2.1) 并利用带 ε 的 Cauchy 不等式，便可得到

$$\begin{aligned}
&\int_\Omega \eta^2|\nabla\Delta_h^i u|^2dx\\
=&-2\int_\Omega \eta\Delta_h^i u\nabla\eta\cdot\nabla\Delta_h^i u dx+\int_\Omega f\Delta_h^{i\,*}(\eta^2\Delta_h^i u)dx\\
\leqslant&\frac{1}{4}\int_\Omega \eta^2|\nabla\Delta_h^i u|^2dx+4\int_\Omega |\nabla\eta|^2|\Delta_h^i u|^2dx\\
&\quad+\frac{1}{8}\int_\Omega |\Delta_h^{i\,*}(\eta^2\Delta_h^i u)|^2dx+2\int_\Omega f^2dx\\
\leqslant&\frac{1}{2}\int_\Omega \eta^2|\nabla\Delta_h^i u|^2dx+5\int_\Omega |\nabla\eta|^2|\Delta_h^i u|^2dx+2\int_\Omega f^2dx.
\end{aligned}$$

从而

$$\int_\Omega \eta^2|\nabla\Delta_h^i u|^2dx\leqslant 10\int_\Omega |\nabla\eta|^2|\Delta_h^i u|^2dx+4\int_\Omega f^2dx. \tag{2.2.2}$$

再利用命题 2.2.2 (i), 可得

$$\begin{aligned}
&\int_\Omega |\nabla\eta|^2|\Delta_h^i u|^2dx\leqslant C\int_{\mathrm{supp}\eta} |\Delta_h^i u|^2dx\\
\leqslant&C\int_\Omega |D_i u|^2dx\leqslant C\int_\Omega |\nabla u|^2dx.
\end{aligned}\tag{2.2.3}$$

这里及以后，我们经常用 C 代表仅与某些已知量有关的常数，它可以在不同的地方取不同的值. 联合式 (2.2.2) 和式 (2.2.3), 我们得到

$$\int_{\Omega'} |\Delta_h^i\nabla u|^2dx\leqslant C\int_\Omega |\nabla u|^2dx+C\int_\Omega f^2dx.$$

最后，再应用命题 2.2.2 (ii), 即可得到定理的结论.

推论 2.2.1 设 $u \in H_0^1(\Omega)$ 为 Poisson 方程的 Dirichlet 问题 (2.1.1),(2.1.2) 的弱解. 若对某非负整数 k, $f \in H^k(\Omega)$, 则对任意的子区域 $\Omega' \subset\subset \Omega$, $u \in H^{k+2}(\Omega')$, 且有估计式

$$\|u\|_{H^{k+2}(\Omega')} \leqslant C\left(\|u\|_{H^1(\Omega)} + \|f\|_{H^k(\Omega)}\right),$$

其中 C 为仅依赖于非负整数 k, 空间维数 n 和 Ω' 到 $\partial\Omega$ 的距离 $\mathrm{dist}\{\Omega', \partial\Omega\}$ 的常数.

证明 设 $k=1$. 由弱解的定义, 有

$$\int_\Omega \nabla u \cdot \nabla D_i\varphi dx = \int_\Omega f D_i\varphi dx \quad (i=1,\cdots,n), \quad \forall \varphi \in C_0^\infty(\Omega).$$

既然由定理 2.2.1 知对任何 $\Omega' \subset\subset \Omega$, 有 $u \in H^2(\Omega')$, 又由假设 $f \in H^1(\Omega)$, 我们就可对上式实行分部积分, 而得到

$$\int_\Omega \nabla D_i u \cdot \nabla \varphi dx = \int_\Omega D_i f \cdot \varphi dx \quad (i=1,\cdots,n), \quad \forall \varphi \in C_0^\infty(\Omega).$$

这表明 $D_i u$ 是方程

$$-\Delta v = D_i f, \quad x \in \Omega \quad (i=1,\cdots,n)$$

的弱解. 于是对 $D_i u$ 应用定理 2.2.1 就可断定对任何 $\Omega' \subset\subset \Omega$, $D_i u \in H^2(\Omega')$, 且有估计式

$$\|u\|_{H^3(\Omega')} \leqslant C\left(\|u\|_{H^1(\Omega)} + \|f\|_{H^1(\Omega)}\right).$$

依次类推, 利用归纳法即可完成推论的证明.

推论 2.2.2 若 $f \in H^k(\Omega)$, 而 $k > \dfrac{n}{2}$, 则 Dirichlet 问题 (2.1.1),(2.1.2) 的弱解 u 于 Ω 内在通常的意义下满足方程 $-\Delta u = f(x)$.

证明 根据推论 2.2.1, 对任意的子域 $\Omega' \subset\subset \Omega$, $u \in H^{k+2}(\Omega')$, 而根据嵌入定理, 当 $k > \dfrac{n}{2}$ 时 $H^{k+2}(\Omega') \hookrightarrow C^{2,\alpha}(\Omega')$, 其中 $0 < \alpha \leqslant 1 - \dfrac{n}{2k}$.

2.2.3 近边正则性

命题 2.2.4 设 $\Omega \subset \mathbb{R}^n$ 是一有界区域, $\partial\Omega \in C^2$, 又设 $x^0 \in \partial\Omega$, $y = \Psi(x)$ 为局部拉平映射 (见 1.1.7 节), u 为 Poisson 方程 (2.1.1) 的弱解. 则 $\hat{u}(y) = u(\Psi^{-1}(y))$ 是方程

$$-\frac{\partial}{\partial y_j}\left(\hat{a}_{ij}(y)\frac{\partial \hat{u}}{\partial y_i}\right) = \hat{f}(y), \quad y \in B_1^+ = B_1^+(0) \tag{2.2.4}$$

的弱解, 即对任何 $\varphi \in C_0^\infty(B_1^+)$, 如下积分等式成立

$$\int_{B_1^+} \hat{a}_{ij}(y)\frac{\partial \hat{u}}{\partial y_i} \cdot \frac{\partial \varphi}{\partial y_j} dy = \int_{B_1^+} \hat{f}(y)\varphi(y)dy. \tag{2.2.5}$$

这里重复指标代表从 1 到 n 求和,

$$(\hat{a}_{ij}(y))_{n\times n}=J(y)\Psi'(\Psi^{-1}(y))\Psi'(\Psi^{-1}(y))^T,$$

$$\hat{f}(y)=J(y)f(\Psi^{-1}(y)),$$

其中 $x=\Psi^{-1}(y)$ 表示映射 $y=\Psi(x)$ 的逆映射, $J(y)$ 表示映射 $x=\Psi^{-1}(y)$ 的 Jacobi 行列式, $\Psi'(x)$ 表示映射 $y=\Psi(x)$ 的导映射矩阵, $\Psi'(x)^T$ 为 $\Psi'(x)$ 的转置.

证明留给读者.

定理 2.2.2 设 $f\in L^2(\Omega)$, $u\in H_0^1(\Omega)$ 为 Poisson 方程的 Dirichlet 问题 (2.1.1),(2.1.2) 的弱解. 若 $\partial\Omega\in C^2$, 则对任意的 $x^0\in\partial\Omega$, 存在 x^0 的一个邻域 U, 使得 $u\in H^2(U\cap\Omega)$, 且有估计式

$$\|u\|_{H^2(U\cap\Omega)}\leqslant C\left(\|u\|_{H^1(\Omega)}+\|f\|_{L^2(\Omega)}\right),$$

其中 C 为仅依赖于空间维数 n 和 $\Omega\cap U$ 的常数.

证明 由命题 2.2.4 知, 存在 x^0 的一个邻域 U_1 和一个 C^2 的可逆映射 $\Psi: U_1\to B_1(0)$, 使得

$$\Psi(U_1\cap\Omega)=B_1^+=B_1^+(0),$$

$$\Psi(U_1\cap\partial\Omega)=\partial B_1^+\cap\{y\in\mathbb{R}^n;y_n=0\},$$

且 $\hat{u}(y)=u(\Psi^{-1}(y))$ 是方程 (2.2.4) 的弱解, 即对任何 $\varphi\in C_0^\infty(B_1^+)$, 式 (2.2.5) 成立.

先对切向导数 $D_i\hat{u}(1\leqslant i<n)$ 进行估计. 考虑 B_1 上相对于 $B_{1/2}$ 的切断因子 $\eta(y)$, 并令 $\varphi=\Delta_h^{i\,*}(\eta^2\Delta_h^i\hat{u})$. 则由 $u(x)\in H_0^1(\Omega)$ 可知当 $|h|$ 充分小时 $\varphi(y)\in H_0^1(B_1^+)$. 因此, 我们可以在式 (2.2.5) 中取 φ 作为检验函数, 即

$$\begin{aligned}&\int_{B_1^+}\hat{a}_{ij}\frac{\partial\hat{u}}{\partial y_i}\cdot\frac{\partial}{\partial y_j}\left[\Delta_h^{i\,*}(\eta^2\Delta_h^i\hat{u})\right]dy\\=&\int_{B_1^+}\hat{f}(y)\Delta_h^{i\,*}(\eta^2\Delta_h^i\hat{u})dy.\end{aligned}$$

利用差分算子与微分算子的可交换性, 以及差分算子与其共轭算子的关系, 我们有

$$\begin{aligned}&\int_{B_1^+}\Delta_h^i\left(\hat{a}_{ij}\frac{\partial\hat{u}}{\partial y_i}\right)\frac{\partial}{\partial y_j}\left(\eta^2\Delta_h^i\hat{u}\right)dy\\=&\int_{B_1^+}\hat{f}(y)\Delta_h^{i\,*}(\eta^2\Delta_h^i\hat{u})dy.\end{aligned}$$

由差分算子的乘积性质，有

$$\Delta_h^i\left(\hat{a}_{ij}\frac{\partial \hat{u}}{\partial y_i}\right)=T_h^i(\hat{a}_{ij})\frac{\partial \Delta_h^i\hat{u}}{\partial y_i}+\Delta_h^i(\hat{a}_{ij})\frac{\partial \hat{u}}{\partial y_i}.$$

由于 $\partial\Omega\in C^2$, 故 $\hat{a}_{ij}\in C^1$, 从而存在常数 $M>0$, 使得 $|\Delta_h^i(\hat{a}_{ij})|\leqslant M$. 利用类似于内估计的方法，我们可以证明

$$\int_{B_{1/2}^+}|\Delta_h^i\nabla\hat{u}|^2dy\leqslant C\int_{B_1^+}|\nabla\hat{u}|^2dy+C\int_{B_1^+}\hat{f}^2dy.$$

于是由命题 2.2.3 可知，对任何 $1\leqslant i<n,\ 1\leqslant j\leqslant n,\ \dfrac{\partial^2\hat{u}}{\partial y_i\partial y_j}\in L^2(B_{1/2}^+)$, 且有估计

$$\int_{B_{1/2}^+}\left|\frac{\partial^2\hat{u}}{\partial y_i\partial y_j}\right|^2dy\leqslant C\int_{B_1^+}|\nabla\hat{u}|^2dy+C\int_{B_1^+}\hat{f}^2dy. \tag{2.2.6}$$

将式 (2.2.5) 改写为

$$\begin{aligned}&\int_{B_1^+}\hat{a}_{nn}\frac{\partial\hat{u}}{\partial y_n}\cdot\frac{\partial\varphi}{\partial y_n}dy\\=&\int_{B_1^+}\hat{f}(y)\varphi(y)dy-\sum_{i+j<2n}\int_{B_1^+}\hat{a}_{ij}\frac{\partial\hat{u}}{\partial y_i}\cdot\frac{\partial\varphi}{\partial y_j}dy,\end{aligned}$$

右端第二项经分部积分，可得

$$\begin{aligned}&\int_{B_1^+}\hat{a}_{nn}\frac{\partial\hat{u}}{\partial y_n}\cdot\frac{\partial\varphi}{\partial y_n}dy\\=&\int_{B_1^+}\left(\hat{f}(y)+\sum_{i+j<2n}\frac{\partial}{\partial y_j}\left(\hat{a}_{ij}\frac{\partial\hat{u}}{\partial y_i}\right)\right)\varphi(y)dy.\end{aligned}$$

利用 $\varphi\in C_0^\infty(B_1^+)$ 的任意性和式 (2.2.6) 便可推知

$$\frac{\partial}{\partial y_n}\left(\hat{a}_{nn}\frac{\partial\hat{u}}{\partial y_n}\right)\in L^2(B_{1/2}^+).$$

从而 $\dfrac{\partial^2\hat{u}}{\partial y_n^2}\in L^2(B_{1/2}^+)$, 且有估计

$$\int_{B_{1/2}^+}\left|\frac{\partial^2\hat{u}}{\partial y_n^2}\right|^2dy\leqslant C\int_{B_1^+}|\nabla\hat{u}|^2dy+C\int_{B_1^+}\hat{f}^2dy.$$

这表明 $\hat{u}(y)\in H^2(B_{1/2}^+)$. 再将坐标变量还原成 x, 并且令 $U=\Psi^{-1}(B_{1/2}^+)$, 则有 $u\in H^2(U\cap\Omega)$, 且满足定理中的估计式.

类似于内部正则性，我们也有

推论 2.2.3 设 $u \in H_0^1(\Omega)$ 为 Poisson 方程的 Dirichlet 问题 (2.1.1), (2.1.2) 的弱解. 若对某非负整数 k, $\partial\Omega \in C^{k+2}$, $f \in H^k(\Omega)$. 则对任意的 $x^0 \in \partial\Omega$, 存在 x^0 的一个邻域 U, 使得 $u \in H^{k+2}(U \cap \Omega)$, 且有估计式

$$\|u\|_{H^{k+2}(U\cap\Omega)} \leqslant C\left(\|u\|_{H^1(\Omega)} + \|f\|_{H^k(\Omega)}\right),$$

其中 C 为仅依赖于非负整数 k, 空间维数 n 和 $\Omega \cap U$ 的常数.

推论 2.2.4 若 $\partial\Omega \in C^{k+2}$, $f \in H^k(\Omega)$, 而 $k > \dfrac{n}{2}$, 则对任意的 $x^0 \in \partial\Omega$, 存在 x^0 的一个邻域 U, 使得 Dirichlet 问题 (2.1.1), (2.1.2) 的弱解 $u \in C^{2,\alpha}(\overline{U \cap \Omega})$, 其中 $0 < \alpha \leqslant 1 - \dfrac{n}{2k}$.

2.2.4 全局正则性

为了得到弱解的全局正则性, 我们适当选取 $\overline{\Omega}$ 的有限开覆盖, 并依据这个开覆盖对解进行分解. 为此, 我们要用到单位分解定理 (1.1.4 节).

定理 2.2.3 设 $f \in L^2(\Omega)$, $u \in H_0^1(\Omega)$ 为 Poisson 方程的 Dirichlet 问题 (2.1.1), (2.1.2) 的弱解. 若 $\partial\Omega \in C^2$, 则 $u \in H^2(\Omega)$, 且有估计式

$$\|u\|_{H^2(\Omega)} \leqslant C\left(\|u\|_{H^1(\Omega)} + \|f\|_{L^2(\Omega)}\right), \tag{2.2.7}$$

其中 C 为仅依赖于空间维数 n 和 Ω 的常数.

证明 对每一个 $x^0 \in \partial\Omega$, 由定理 2.2.2 知, 存在 x^0 的一个邻域 $U(x^0)$, 使得 $u \in H^2(U(x^0) \cap \Omega)$, 且有估计式

$$\|u\|_{H^2(U(x^0)\cap\Omega)} \leqslant C\left(\|u\|_{H^1(\Omega)} + \|f\|_{L^2(\Omega)}\right).$$

根据有限开覆盖定理, 在所有这些邻域中存在 $\partial\Omega$ 的一个有限开覆盖 $U_1, \cdots, U_N$. 令 $K = \Omega \setminus \bigcup\limits_{i=1}^{N} U_i$. 则 K 为闭集. 于是存在子区域 $U_0 \subset\subset \Omega$, 使得 $U_0 \supset K$. 根据定理 2.2.1, 有 $u \in H^2(U_0)$, 且有估计式

$$\|u\|_{H^2(U_0)} \leqslant C\left(\|u\|_{H^1(\Omega)} + \|f\|_{L^2(\Omega)}\right).$$

由单位分解定理, 我们可以选取从属于 $U_0, U_1, \cdots, U_N$ 的单位分解 $\eta_0, \eta_1, \cdots, \eta_N$, 使得

$$0 \leqslant \eta_i(x) \leqslant 1, \quad \forall x \in U_i \quad (i = 0, 1, \cdots, N),$$

$$\sum_{i=1}^{N} \eta_i(x) = 1, \quad x \in \overline{\Omega}.$$

于是

$$\|u\|_{H^2(\Omega)} = \left\|\sum_{i=0}^{N} \eta_i u\right\|_{H^2(\Omega)} \leqslant \sum_{i=0}^{N} \|\eta_i u\|_{H^2(\Omega)}$$

$$\leqslant C\left(\|u\|_{H^1(\Omega)}+\|f\|_{L^2(\Omega)}\right).$$

注 2.2.1 在定理 2.2.3 的条件下，进一步有

$$\|u\|_{H^2(\Omega)}\leqslant C\|f\|_{L^2(\Omega)}, \tag{2.2.8}$$

其中 C 为仅依赖于空间维数 n 和 Ω 的常数.

证明 由弱解的定义及 $C_0^\infty(\Omega)$ 在 $H_0^1(\Omega)$ 中的稠密性，我们有

$$\int_\Omega \nabla u\cdot\nabla\varphi dx=\int_\Omega f\varphi dx,\quad \forall\varphi\in H_0^1(\Omega).$$

取 $\varphi=u$, 并利用带 ε 的 Cauchy 不等式和 Poincaré 不等式，可得

$$\begin{aligned}\int_\Omega|\nabla u|^2dx=&\int_\Omega fudx\\ \leqslant&\frac{\varepsilon}{2}\int_\Omega u^2dx+\frac{1}{2\varepsilon}\int_\Omega f^2dx\\ \leqslant&\frac{\varepsilon\mu}{2}\int_\Omega|\nabla u|^2dx+\frac{1}{2\varepsilon}\int_\Omega f^2dx,\end{aligned}$$

其中 $\mu>0$ 是 Poincaré 不等式中的常数. 取 $\varepsilon=\dfrac{1}{\mu}$ 便得到

$$\int_\Omega|\nabla u|^2dx\leqslant\mu\int_\Omega f^2dx.$$

利用 Poincaré 不等式，还有

$$\int_\Omega u^2dx\leqslant\mu^2\int_\Omega f^2dx.$$

联合上述两个不等式，便得

$$\|u\|_{H^1(\Omega)}\leqslant C\|f\|_{L^2(\Omega)}.$$

代入式 (2.2.7) 就导出式 (2.2.8).

在定理 2.2.2 的证明中，对于法方向的二阶导数 $\dfrac{\partial^2u}{\partial x_n^2}$ 的估计，我们是利用方程和切向导数的估计而得到的. 对于更高阶的导数的估计，我们也可以反复地应用方程来得到关于法方向的高阶导数的估计. 这样便可以证明

定理 2.2.4 设 $u\in H_0^1(\Omega)$ 为 Poisson 方程的 Dirichlet 问题 (2.1.1), (2.1.2) 的弱解. 若对某非负整数 k, $\partial\Omega\in C^{k+2}$, $f\in H^k(\Omega)$, 则 $u\in H^{k+2}(\Omega)$, 且有估计式

$$\|u\|_{H^{k+2}(\Omega)}\leqslant C\left(\|u\|_{H^1(\Omega)}+\|f\|_{H^k(\Omega)}\right),$$

其中 C 为仅依赖于非负整数 k, 空间维数 n 和 Ω 的常数.

作为这个定理的一个直接推论，我们有

定理 2.2.5 设 $u\in H_0^1(\Omega)$ 为 Poisson 方程的 Dirichlet 问题 (2.1.1), (2.1.2) 的弱解. 若 $\partial\Omega\in C^\infty$, $f\in C^\infty(\overline{\Omega})$, 则 $u\in C^\infty(\overline{\Omega})$.

§2.3 一般线性椭圆方程的 L^2 理论

现在转到如下的一般散度型线性椭圆方程

$$Lu = -D_j(a_{ij}D_iu) + b_iD_iu + cu = f + D_if^i, \tag{2.3.1}$$

其中 $a_{ij}, b_i, c \in L^\infty(\Omega)$, $f \in L^2(\Omega)$, $f^i \in L^2(\Omega)$, $a_{ij} = a_{ji}$, (a_{ij}) 满足一致椭圆性条件，即存在常数 $0 < \lambda \leqslant \Lambda$, 使得

$$\lambda|\xi|^2 \leqslant a_{ij}(x)\xi_i\xi_j \leqslant \Lambda|\xi|^2, \quad \forall \xi \in \mathbb{R}^n,\ x \in \Omega.$$

这时, 我们称方程 (2.3.1) 为一致椭圆型方程. 和前两节一样, 我们只讨论方程 (2.3.1) 之带齐边值条件

$$u\Big|_{\partial\Omega} = 0 \tag{2.3.2}$$

的 Dirichlet 问题.

注 2.3.1 若给定的边值条件为

$$u\Big|_{\partial\Omega} = g,$$

其中 $g \in H^1(\Omega)$, 则令 $w = u - g$, 而由方程 (2.3.1) 可得到关于 w 的方程

$$Lw = \tilde{f} + D_i\tilde{f}^i,$$

其中

$$\tilde{f} = f - b_iD_ig - cg, \quad \tilde{f}^i = f^i + a_{ij}D_jg.$$

而 w 满足的就是齐边值条件了.

若 $u \in C^2(\Omega)$ 为方程 (2.3.1) 的解，以任意 $\varphi \in C_0^\infty(\Omega)$ 乘 (2.3.1) 两端，然后在 Ω 上积分，经分部积分可得

$$\begin{aligned}&\int_\Omega (a_{ij}D_iu \cdot D_j\varphi + b_iD_iu \cdot \varphi + cu\varphi)\,dx\\ =&\int_\Omega (f\varphi - f^iD_i\varphi)dx.\end{aligned} \tag{2.3.3}$$

反之，若 $u \in C^2(\Omega)$, 且对任何 $\varphi \in C_0^\infty(\Omega)$, 积分等式 (2.3.3) 都成立，则在通常意义下 u 满足方程 (2.3.1).

类似 Poisson 方程的情形，我们可引进方程 (2.3.1) 的弱解的概念.

定义 2.3.1 称函数 $u \in H^1(\Omega)$ 为方程 (2.3.1) 的弱解, 如果对任何 $\varphi \in C_0^\infty(\Omega)$, 积分等式 (2.3.3) 都成立. 如果还有 $u \in H_0^1(\Omega)$, 则称 u 为 Dirichlet 问题 (2.3.1), (2.3.2) 的弱解.

2.3.1 变分方法

前面对 Poisson 方程的 Dirichlet 问题使用过的变分方法，可推广应用于 $b_i = 0\,(i=1,\cdots,n)$ 时的方程 (2.3.1), 即方程

$$-D_j(a_{ij}D_iu) + cu = f + D_if^i, \tag{2.3.4}$$

此时相应的泛函为

$$J(v) = \frac{1}{2}\int_\Omega \left(a_{ij}D_iv\cdot D_jv + cv^2\right)dx - \int_\Omega \left(fv - f^iD_iv\right)dx.$$

类似命题 2.1.1, 容易证明

命题 2.3.1 若 $u \in H_0^1(\Omega)$ 为泛函 $J(v)$ 在 $H_0^1(\Omega)$ 上的极值元，则 u 是 Dirichlet 问题 (2.3.4), (2.3.2) 的弱解. 若极值元 $u \in C^2(\Omega)$, 则 u 是 Poisson 方程 (2.3.4) 的古典解.

还可以证明与命题 2.1.2 类似的

命题 2.3.2 存在常数 $c_0 \leqslant 0$, 使得当 $c \geqslant c_0$ 时，对任何 $f \in L^2(\Omega)$ 和 $f^i \in L^2(\Omega)$, 泛函 $J(v)$ 在 $H_0^1(\Omega)$ 上有极小元存在.

为证命题 2.3.2, 首先要证明泛函 $J(v)$ 在 $H_0^1(\Omega)$ 上有下界. 根据椭圆性条件, Poincaré 不等式和带 ε 的 Cauchy 不等式，对 $v \in H_0^1(\Omega)$, 有

$$\begin{aligned}
J(v) \geqslant& \frac{\lambda}{2}\int_\Omega |\nabla v|^2dx + \frac{c_0}{2}\int_\Omega v^2dx - \frac{\varepsilon}{2}\int_\Omega v^2dx \\
&- \frac{1}{2\varepsilon}\int_\Omega f^2dx - \frac{\varepsilon}{2}\int_\Omega |\nabla v|^2dx - \frac{1}{2\varepsilon}\int_\Omega f^if^idx \\
\geqslant& \frac{1}{2\mu}(\lambda-\varepsilon)\int_\Omega v^2dx + \frac{1}{2}(c_0-\varepsilon)\int_\Omega v^2dx \\
&- \frac{1}{2\varepsilon}\int_\Omega f^2dx - \frac{1}{2\varepsilon}\int_\Omega f^if^idx \\
=& \frac{1}{2}\left(\frac{\lambda-\varepsilon}{\mu} + c_0 - \varepsilon\right)\int_\Omega v^2dx \\
&- \frac{1}{2\varepsilon}\int_\Omega f^2dx - \frac{1}{2\varepsilon}\int_\Omega f^if^idx,
\end{aligned}$$

其中 $\mu > 0$ 为 Poincaré 不等式中的常数. 可见只要 $\varepsilon > 0$ 取得适当小, 使得 $\dfrac{\lambda-\varepsilon}{\mu} - \varepsilon > 0$, 而 $c_0 \leqslant 0$ 满足 $\dfrac{\lambda-\varepsilon}{\mu} + c_0 - \varepsilon > 0$, 则上式右端第一项是非负的，从而知 $J(v)$ 在 $H_0^1(\Omega)$ 上有下界.

此外还要证明 $J(v)$ 的弱下半连续性. 这可由下面的引理得到，而这一引理可由文献 [15] 的第 3 章定理 3.1 推出.

引理 2.3.1 设 $p>1$, ψ 是 $\mathbb{R}^n$ 上的下方有界的凸函数, 且满足

$$\sup_{\xi\in\mathbb{R}^n}\frac{\psi(\xi)}{1+|\xi|^p}<+\infty.$$

又设 u_k 在 $W^{1,p}(\Omega)$ 中弱收敛于 u, 则

$$\int_\Omega \psi(\nabla u)dx \leqslant \varliminf_{k\to\infty}\int_\Omega \psi(\nabla u_k)dx.$$

联合命题 2.3.1 和命题 2.3.2 便得到 Dirichlet 问题 (2.3.4), (2.3.2) 弱解的存在性. 类似于 Poisson 方程的情形, 弱解的惟一性也容易证明. 总之我们有

定理 2.3.1 存在常数 $c_0\leqslant 0$, 使得当 $c\geqslant c_0$ 时, 对任何 $f\in L^2(\Omega)$ 和 $f^i\in L^2(\Omega)$, Dirichlet 问题 (2.3.4), (2.3.2) 恒存在惟一的弱解.

注 2.3.2 当 $c\geqslant 0$ 时, 定理 2.3.1 的条件自然满足.

2.3.2 Riesz 表示定理的应用

关于 Dirichlet 问题 (2.3.4), (2.3.2) 弱解的存在性定理 (定理 2.3.1) 也可以应用 Riesz 表示定理来证明.

Riesz 表示定理 设 $F(u)$ 为 Hilbert 空间 H 上的有界线性泛函. 则存在惟一的 $u\in H$, $\|u\|=\|F\|$, 使得

$$F(v)=(u,v),\quad \forall v\in H,$$

其中 $(\cdot\,,\,\cdot)$ 为空间 H 中的内积.

为了应用这一定理来证明 Dirichlet 问题 (2.3.4), (2.3.2) 弱解的存在性, 我们在 $H_0^1(\Omega)$ 中引进新的内积:

$$\langle u,v\rangle=\int_\Omega (a_{ij}D_iu\cdot D_jv+cuv)\,dx,$$

相应的范数记为 $|||\cdot|||$. 容易验证: 存在常数 $c_0\leqslant 0$, 使得当 $c\geqslant c_0$ 时, $(\cdot\,,\,\cdot)$ 关于内积的所有条件都满足. 例如根据椭圆性条件和 Poincaré 不等式, 对 $u\in H_0^1(\Omega)$, 有

$$\begin{aligned}|||u|||^2=&\langle u,u\rangle=\int_\Omega\left(a_{ij}D_iu\cdot D_ju+cu^2\right)dx\\ \geqslant&\lambda\int_\Omega|\nabla u|^2dx+c_0\int_\Omega u^2dx\\ \geqslant&\frac{\lambda}{2}\int_\Omega|\nabla u|^2dx+\left(\frac{\lambda}{2\mu}+c_0\right)\int_\Omega u^2dx\\ \geqslant&\alpha\|u\|^2_{H^1(\Omega)},\end{aligned}$$

只须取 $c_0 \leqslant 0$, 使得 $\dfrac{\lambda}{2\mu} + c_0 > 0$, 这里 $\mu > 0$ 是 Poincaré 不等式中的常数, $\alpha = \min\left\{\dfrac{\lambda}{2}, \dfrac{\lambda}{2\mu} + c_0\right\}$. 由此知当 $u \neq 0$ 时, $\langle u, u\rangle > 0$. 关于内积的其他条件显然满足.

又显然存在常数 $\beta > 0$, 使得

$$|||u|||^2 \leqslant \beta\|u\|^2_{H^1(\Omega)}.$$

故

$$\alpha\|u\|^2_{H^1(\Omega)} \leqslant |||u|||^2 \leqslant \beta\|u\|^2_{H^1(\Omega)}, \tag{2.3.5}$$

即两种范数是等价的. 带有新内积的空间记为 $\tilde{H}^1_0(\Omega)$.

由式 (2.3.5) 知

$$F(v) = \int_\Omega \left(fv - f^i D_i v\right) dx$$

是 $\tilde{H}^1_0(\Omega)$ 上的有界线性泛函. 故按 Riesz 表示定理, 存在惟一的 $u \in \tilde{H}^1_0(\Omega)$, 使得

$$\begin{aligned}\langle u, v\rangle =& \int_\Omega (a_{ij} D_i u \cdot D_j v + cuv)\, dx \\ =& F(v) = \int_\Omega \left(fv - f^i D_i v\right) dx, \quad \forall v \in \tilde{H}^1_0(\Omega).\end{aligned}$$

由于两种范数是等价的, 故 $u \in H^1_0(\Omega)$, 而上式即表明 u 是 Dirichlet 问题 (2.3.4), (2.3.2) 的弱解.

2.3.3 Lax-Milgram 定理及其应用

应该指出的是, 并非形如式 (2.3.1) 的任何椭圆方程都可找到与之相应的泛函, 从而应用变分方法证明其 Dirichlet 问题的可解性. 当 $b_i\,(i = 1, \cdots, n)$ 不全为零时, 我们也不能直接应用 Riesz 表示定理. 这时需要将 Riesz 表示定理略加推广, Lax-Milgram 定理就是沿着这一方向得到的一个颇为有用的结果.

定义 2.3.2 设 $a(u, v)$ 是 Hilbert 空间 H 上的双线性型, 即关于 u 和 v 分别都是线性的.

(i) $a(u, v)$ 称为有界的, 如果存在常数 $M \geqslant 0$, 使得

$$|a(u, v)| \leqslant M\|u\| \cdot \|v\|, \quad \forall u, v \in H;$$

(ii) $a(u, v)$ 称为强制的, 如果存在常数 $\delta > 0$, 使得

$$a(u, u) \geqslant \delta\|u\|^2, \quad \forall u \in H.$$

Lax-Milgram 定理 设 $a(u,v)$ 为 Hilbert 空间 H 上有界强制的双线性型，则对 H 上任一有界线性泛函 $F(v)$，恒存在惟一的 $u\in H$，使得

$$F(v)=a(u,v),\quad \forall v\in H, \tag{2.3.6}$$

且有估计

$$\|u\|\leqslant\frac{1}{\delta}\|F\|.$$

证明 由于 $a(u,v)$ 是双线性的，且有界，故对任一固定的 $u\in H$，$a(u,\cdot)$ 是 H 上的有界线性泛函．按 Riesz 表示定理，存在惟一的 $Au\in H$，使得

$$a(u,v)=(Au,v),\quad \forall v\in H. \tag{2.3.7}$$

因为 $a(u,v)$ 是双线性型，易见如此定义的算子 A 是线性的．它的有界性由 $a(u,v)$ 的有界性即可推知：

$$\|Au\|\leqslant M\|u\|,\quad \forall u\in H.$$

此外，由 $a(u,v)$ 的强制性可得

$$\delta\|u\|^2\leqslant a(u,u)=(Au,u)\leqslant\|Au\|\cdot\|u\|,\quad \forall u\in H.$$

从而

$$\delta\|u\|\leqslant\|Au\|,\quad \forall u\in H,$$

这表明 A^{-1} 存在．

下面证明算子 A 的值域 $R(A)$ 是整个空间 H．首先证明 $R(A)$ 是闭集．设 $\{Au_k\}$ 为 $R(A)$ 中的 Cauchy 序列，

$$\lim_{k\to\infty}Au_k=v.$$

由

$$\delta\|u_j-u_k\|\leqslant\|Au_j-Au_k\|$$

知 $\{u_k\}$ 也是一 Cauchy 序列，因而也是 H 中一收敛序列．设

$$\lim_{k\to\infty}u_k=u,$$

则由算子 A 的连续性可知

$$\lim_{k\to\infty}Au_k=Au.$$

故 $Au=v$，即 $v\in R(A)$．

假设 $R(A)\neq H$, 则存在非零元素 $w\in H$, 使得

$$(Au,w)=0,\quad \forall u\in H.$$

特别取 $u=w$, 便得到

$$(Aw,w)=a(w,w)=0,$$

从而由 $a(u,v)$ 的强制性知，必有 $w=0$, 矛盾. 故 $R(A)=H$.

对 H 上任一有界线性泛函 $F(v)$, 由 Riesz 表示定理知，存在惟一的 $w\in H$, 使得 $\|w\|=\|F\|$, 且

$$F(v)=(w,v),\quad v\in H.$$

取 $u=A^{-1}w$, 则有

$$\|u\|\leqslant\|A^{-1}\|\cdot\|w\|\leqslant\frac{1}{\delta}\|F\|,$$

且

$$F(v)=(Au,v),\quad v\in H.$$

与式 (2.3.7) 联合便得式 (2.3.6).

作为 Lax-Milgram 定理的一个应用，我们有

定理 2.3.2 *存在常数 c_0, 使得当 $c\geqslant c_0$ 时，对任何 $f\in L^2(\Omega)$, $f^i\in L^2(\Omega)$ $(i=1,\cdots,n)$, Dirichlet 问题 (2.3.1), (2.3.2) 存在惟一弱解 $u\in H_0^1(\Omega)$.*

证明 记

$$a(u,v)=\int_\Omega(a_{ij}D_iu\cdot D_jv+b_iD_iu\cdot vdx+cuv)\,dx,$$
$$\forall u,v\in H_0^1(\Omega).$$

显然 $a(u,v)$ 是双线性的. 由 a_{ij}, b_i, c 的有界性容易推出 $a(u,v)$ 的有界性:

$$\begin{aligned}&|a(u,v)|\\ \leqslant&C\int_\Omega(|\nabla u|\cdot|\nabla v|+|\nabla u|\cdot|v|+|u|\cdot|v|)dx\\ \leqslant&C\big(\|\nabla u\|_{L^2(\Omega)}\cdot\|\nabla v\|_{L^2(\Omega)}+\|\nabla u\|_{L^2(\Omega)}\cdot\|v\|_{L^2(\Omega)}\\ &\qquad+\|u\|_{L^2(\Omega)}\cdot\|v\|_{L^2(\Omega)}\big)\\ \leqslant&C\|u\|_{H_0^1(\Omega)}\cdot\|v\|_{H_0^1(\Omega)}.\end{aligned}$$

此外，利用椭圆性条件和带 ε 的 Cauchy 不等式，对 $u\in H_0^1(\Omega)$, 有

$$a(u,u)\geqslant\lambda\|\nabla u\|_{L^2(\Omega)}^2-C\int_\Omega|\nabla u|\cdot|u|dx+c_0\|u\|_{L^2(\Omega)}^2$$

$$
\begin{aligned}
&\geqslant\lambda\|\nabla u\|^2_{L^2(\Omega)}-\frac{\varepsilon}{2}\|\nabla u\|^2_{L^2(\Omega)}\\
&\quad-\frac{C^2}{2\varepsilon}\|u\|^2_{L^2(\Omega)}+c_0\|u\|^2_{L^2(\Omega)}\\
&=\left(\lambda-\frac{\varepsilon}{2}\right)\|\nabla u\|^2_{L^2(\Omega)}+\left(c_0-\frac{C^2}{2\varepsilon}\right)\|u\|^2_{L^2(\Omega)}.
\end{aligned}
$$

取 $0<\varepsilon<2\lambda$, $c_0\geqslant\dfrac{C^2}{2\varepsilon}$, 则对某常数 $\delta>0$, 有

$$
a(u,u)\geqslant\delta\|u\|^2_{H^1_0(\Omega)},\quad \forall u\in H^1_0(\Omega),
$$

即 $a(u,v)$ 是强制的.

如 2.3.2 节中所指出，泛函

$$
F(v)=\int_\Omega\left(fv-f^iD_iv\right)dx
$$

是 $H^1_0(\Omega)$ 上的有界线性泛函. 故按 Lax-Milgram 定理，存在惟一的 $u\in H^1_0(\Omega)$, 使得

$$
\|u\|_{H^1_0(\Omega)}\leqslant\frac{1}{\delta}\|F\|,
$$

且

$$
a(u,v)=F(v),\quad \forall u\in H^1_0(\Omega),
$$

即 $u\in H^1_0(\Omega)$ 是 Dirichlet 问题 (2.3.1), (2.3.2) 的惟一弱解.

2.3.4 Fredholm 二择一定理及其应用

定理 2.3.2 只确立了当 $c\geqslant c_0$(某常数) 时 Dirichlet 问题 (2.3.1), (2.3.2) 的弱可解性. 其他情形又是怎样呢？为了回答这个问题，我们要借助于如下的 (可参看文献 [14])

Fredholm 二择一定理 *设 V 是一线性赋范空间， $A:V\to V$ 是一紧线性算子， I 是 V 上的恒等算子，则以下两种可能有且仅有一种发生:*

(i) *存在 $x\in V$, $x\neq 0$, 使得*

$$
x-Ax=0; \tag{2.3.8}
$$

(ii) *对于任意 $y\in V$, 存在惟一的 $x\in V$, 使得*

$$
x-Ax=y. \tag{2.3.9}
$$

换言之，如果齐方程 (2.3.8) 只有平凡解，则非齐方程 (2.3.9) 对任何 $y\in V$ 存在惟一解，或者说，如果对某一 $y\in V$, 非齐方程 (2.3.9) 的解是惟一的，则对任何 $y\in V$, 非齐方程 (2.3.9) 的解存在且惟一.

作为这一定理的直接应用，我们得到

定理 2.3.3 以下两种可能仅有一种发生:

(i) 齐方程的边值问题

$$Lu = 0, \quad u\Big|_{\partial\Omega} = 0$$

存在非平凡弱解;

(ii) 对任何 $f \in L^2(\Omega)$, $f^i \in L^2(\Omega)\,(i = 1, \cdots, n)$, 非齐方程的边值问题

$$Lu = f + D_i f^i, \quad u\Big|_{\partial\Omega} = 0$$

存在惟一弱解.

证明 根据定理 2.3.2, 存在常数 ν_0, 使得当 $\nu \geqslant \nu_0$ 时, 对任何 $f \in L^2(\Omega)$, $f^i \in L^2(\Omega)\,(i = 1, \cdots, n)$, 方程

$$Lu + \nu u = f + D_i f^i$$

在 $H_0^1(\Omega)$ 中有惟一弱解, 即算子 $L + \nu$ 有逆 $(L + \nu)^{-1}$. 方程

$$Lu = h = f + D_i f^i$$

于是等价于

$$u = (L + \nu)^{-1} h + \nu (L + \nu)^{-1} u,$$

即

$$u - \nu (L + \nu)^{-1} u = (L + \nu)^{-1} h$$

或

$$u - Au = w,$$

其中 $A = \nu (L + \nu)^{-1}$, $w = (L + \nu)^{-1} h \in H_0^1(\Omega)$.

为了应用二择一定理, 只须验证算子 $A : H_0^1(\Omega) \to H_0^1(\Omega)$ 的紧性. 事实上, A 可看作是 $L^2(\Omega)$ 到 $H_0^1(\Omega)$ 的线性算子, 如果以 E 表 $H_0^1(\Omega)$ 到 $L^2(\Omega)$ 的嵌入算子, 则我们有 $A = AE : H_0^1(\Omega) \to H_0^1(\Omega)$. 由于 $H_0^1(\Omega)$ 到 $L^2(\Omega)$ 的嵌入算子是紧的, 而由定理 2.3.2 的证明可知 A 是一有界线性算子, 故 $A = AE : H_0^1(\Omega) \to H_0^1(\Omega)$ 也是紧的. 应用 Fredholm 二择一定理, 即可得到定理的结论.

第3章 线性抛物型方程的 L^2理论

本章介绍线性抛物型方程的 L^2 理论. 类似于对椭圆型方程的处理, 我们将首先详细研究抛物方程的一个典型, 即非齐次热方程, 最后简略地讨论一般的散度型线性抛物方程.

§3.1 能量方法

本节介绍研究抛物型方程的一种基本方法 —— 能量方法. 设 $\Omega\subset\mathbb{R}^n$ 是一有界区域, 其边界 $\partial\Omega$ 分片光滑, $T>0$ 为一常数, 在区域 $Q_T=\Omega\times(0,T)$ 上考虑非齐次热方程

$$\frac{\partial u}{\partial t}-\Delta u=f(x,t). \tag{3.1.1}$$

与椭圆型方程不同的是, 对这种方程我们不能在 Q_T 的全部边界上加定解条件. 一种典型的定解条件是

$$u\Big|_{\partial pQ_T}=g(x,t),$$

其中 ∂pQ_T 表 Q_T 的抛物边界, 即 Q_T 的边界去掉 $\Omega\times\{t=T\}$ 那一部分. 求方程 (3.1.1) 之满足这种条件的问题称为第一初边值问题. 为简单计, 我们只考虑 $g(x,t)\Big|_{\partial_l Q_T}\equiv 0$ 的情形, 即定解条件为

$$u(x,t)=0, \qquad (x,t)\in\partial\Omega\times(0,T), \tag{3.1.2}$$

$$u(x,0)=u_0(x), \qquad x\in\Omega \tag{3.1.3}$$

的情形, 有时甚至只考虑 $g(x,t)\equiv 0$ 的情形, 即零初边值条件

$$u\Big|_{\partial pQ_T}=0 \tag{3.1.4}$$

的情形. 当 $g(x,t)$ 在 Q_T 上适当光滑时, 我们可以考虑关于 $u-g$ 的方程, 而 $u-g$ 便满足零初边值条件.

3.1.1 弱解的定义

定义 3.1.1 称函数 $u\in\overset{\circ}{W}{}_2^{1,1}(Q_T)$ 为第一初边值问题 (3.1.1), (3.1.2), (3.1.3) 的弱解, 如果对任意的 $\varphi\in\overset{\circ}{C}{}^\infty(\overline{Q}_T)$, 下面的积分等式成立

$$\iint_{Q_T}(u_t\varphi+\nabla u\cdot\nabla\varphi)dxdt=\iint_{Q_T}f\varphi dxdt, \tag{3.1.5}$$

且 $\gamma u(x,0)=u_0(x)$ a.e. 于 Ω.

注 3.1.1　由于 $\overset{\circ}{C}^\infty(\overline{Q}_T)$ 在 $\overset{\circ}{W}{}_2^{1,0}(Q_T)$ 中稠密，积分等式 (3.1.5) 中的检验函数 φ 可取为 $\overset{\circ}{W}{}_2^{1,0}(Q_T)$ 中的任意函数.

有的时候，我们只关心方程的解而不涉及初边值条件，因此有必要给出方程弱解的定义.

定义 3.1.2　称函数 $u \in W_2^{1,1}(Q_T)$ 为方程 (3.1.1) 的弱解，如果对任意的 $\varphi \in C_0^\infty(Q_T)$，积分等式 (3.1.5) 成立.

注 3.1.2　不难证明，若 $u \in W_2^{1,1}(Q_T)$ 为方程 (3.1.1) 的弱解，则对任意 $\varphi \in \overset{\circ}{C}^\infty(\overline{Q}_T)$，从而对任意 $\varphi \in \overset{\circ}{W}{}_2^{1,0}(Q_T)$，积分等式 (3.1.5) 恒成立.

为了方便，我们常常要应用定义 3.1.1 的一些等价形式. 下面的命题给出了弱解的几种等价描述.

命题 3.1.1　$u \in \overset{\circ}{W}{}_2^{1,1}(Q_T)$ 对任意的 $\varphi \in \overset{\circ}{C}^\infty(\overline{Q}_T)$ 满足积分等式 (3.1.5)，当且仅当对任意的 $\varphi \in \overset{\circ}{C}^\infty(\overline{Q}_T)$ 满足

$$\iint_{Q_T}(u_t\varphi_t + \nabla u \cdot \nabla\varphi_t)dxdt = \iint_{Q_T} f\varphi_t dxdt. \tag{3.1.6}$$

证明　设 $u \in \overset{\circ}{W}{}_2^{1,1}(Q_T)$ 满足积分恒等式 (3.1.5). 对任给的 $\varphi \in \overset{\circ}{C}^\infty(\overline{Q}_T)$，由于 $\varphi_t \in \overset{\circ}{C}^\infty(\overline{Q}_T)$，故积分等式 (3.1.6) 成立.

反之，如果 $u \in \overset{\circ}{W}{}_2^{1,1}(Q_T)$ 满足积分恒等式 (3.1.6)，则对任给的 $\psi \in \overset{\circ}{C}^\infty(\overline{Q}_T)$，由于 $\int_0^t \psi(x,s)ds \in \overset{\circ}{C}^\infty(\overline{Q}_T)$，故 $\int_0^t \psi(x,s)ds$ 可取作式 (3.1.6) 中的检验函数，从而得到

$$\iint_{Q_T}(u_t\psi + \nabla u \cdot \nabla\psi)dxdt = \iint_{Q_T} f\psi dxdt.$$

由于 ψ 是任给的，故 u 满足积分恒等式 (3.1.5).

命题 3.1.2　$u \in \overset{\circ}{W}{}_2^{1,1}(Q_T)$ 对任意的 $\varphi \in \overset{\circ}{C}^\infty(\overline{Q}_T)$ 满足积分等式 (3.1.5)，当且仅当对任意的 $\varphi \in \overset{\circ}{C}^\infty(\overline{Q}_T)$ 满足

$$\iint_{Q_T}(u_t\varphi_t + \nabla u \cdot \nabla\varphi_t)\mathrm{e}^{-\theta t}dxdt = \iint_{Q_T} f\varphi_t \mathrm{e}^{-\theta t}dxdt, \tag{3.1.7}$$

其中 θ 为任意给定常数.

证明　设 $u \in \overset{\circ}{W}{}_2^{1,1}(Q_T)$ 满足积分恒等式 (3.1.5). 对任给的 $\varphi \in \overset{\circ}{C}^\infty(\overline{Q}_T)$，由于 $\varphi_t\mathrm{e}^{-\theta t} \in \overset{\circ}{C}^\infty(\overline{Q}_T)$，故

$$\iint_{Q_T}(u_t\varphi_t\mathrm{e}^{-\theta t} + \nabla u \cdot \nabla\varphi_t\mathrm{e}^{-\theta t})dxdt = \iint_{Q_T} f\varphi_t\mathrm{e}^{-\theta t}dxdt,$$

即积分等式 (3.1.7) 成立.

反之，设 $u \in \overset{\circ}{W}{}_2^{1,1}(Q_T)$ 满足积分恒等式 (3.1.7). 对任给的 $\psi \in \overset{\circ}{C}{}^\infty(\overline{Q}_T)$, 考虑函数 $\varphi(x,t) = \psi(x,t)\mathrm{e}^{\theta t} - \theta\int_0^t \psi(x,s)\mathrm{e}^{\theta s}ds$. 由于显然有 $\varphi \in \overset{\circ}{C}{}^\infty(\overline{Q}_T)$, 故 φ 可取作式 (3.1.7) 中的检验函数，从而得到

$$\iint_{Q_T}(u_t\psi_t + \nabla u\cdot\nabla\psi_t)dxdt = \iint_{Q_T} f\psi_t dxdt.$$

由 $\psi \in \overset{\circ}{C}{}^\infty(\overline{Q}_T)$ 的任意性和命题 3.1.1, 便知 u 满足积分恒等式 (3.1.5).

注 3.1.3 由于 $V(Q_T) \subset \overset{\circ}{W}{}_2^{1,1}(Q_T)$, 而 $\overset{\circ}{C}{}^\infty(\overline{Q}_T)$ 在 $\overset{\circ}{W}{}_2^{1,1}(Q_T)$ 中是稠密的，故积分恒等式 (3.1.6) 和 (3.1.7) 中的检验函数 φ 可取为 $V(Q_T)$ 中的任意函数.

3.1.2 Lax-Milgram 定理的一个变体

为了证明弱解的存在性，我们将借助于类似 Lax-Milgram 定理的一个定理. 首先我们证明

引理 3.1.1 设 H 为 Hilbert 空间，$V \subset H$ 为 H 的稠子空间，T 为 V 到 H 的有界线性算子，T^{-1} 存在. 则 T 的共轭算子 T^* 的值域为全空间 H, 即 $R(T^*) = H$.

证明 对任意取定的 $h \in H$, 往证存在 $u \in H$, 使得 $T^*u = h$. 为此，考虑定义在 $R(T) = D(T^{-1})$(T^{-1} 的定义域) 上的线性泛函

$$F(z) = (h, T^{-1}z), \quad \forall z \in R(T).$$

由于

$$\|F\| = \sup_{\|z\|=1}|F(z)| \leqslant \|h\|\cdot\|T^{-1}\|,$$

故 $F(z)$ 为 $R(T)$ 上的有界线性泛函，从而也可以扩张成为 $\overline{R(T)}$ 上的有界线性泛函. 因为 $\overline{R(T)}$ 也是 Hilbert 空间，故由 Riesz 表示定理 (2.3.2 节) 可知，存在 $u \in \overline{R(T)}$, 使得

$$(u, z) = F(z) = (h, T^{-1}z), \quad \forall z \in R(T).$$

从而

$$(u, Ty) = (h, y), \quad \forall y \in V,$$

亦即

$$(T^*u, y) = (h, y), \quad \forall y \in V.$$

由于 V 在 H 中稠密，必有

$$(T^*u, y) = (h, y), \quad \forall y \in H.$$

这表明 $T^*u = h$. 所以 $R(T^*) = H$.

Lax-Milgram 定理的一个变体 设 H 为一 Hilbert 空间, $V \subset H$ 为 H 的稠子空间, $a(u, v)$ 为 $H \times V$ 上的双线性型, 且满足下列条件:

(i) 存在常数 $M \geqslant 0$, 使得

$$|a(u,v)| \leqslant M\|u\|_H \cdot \|v\|_V, \quad \forall u \in H, v \in V;$$

(ii) 存在常数 $\delta > 0$, 使得

$$a(v,v) \geqslant \delta\|v\|_H^2, \quad \forall v \in V.$$

则对 H 上任一有界线性泛函 $F(v)$, 恒存在惟一的 $u \in H$, 使得

$$F(v) = a(u,v), \quad \forall v \in V. \tag{3.1.8}$$

证明 因为对任一固定的 $v \in V$, $a(\cdot, v)$ 为 H 上的有界线性泛函, 其有界性包含在条件 (i) 中, 故由 Riesz 表示定理, 存在惟一的 $Av \in H$, 使得

$$a(u,v) = (u, Av)_H, \quad \forall u \in H. \tag{3.1.9}$$

由于 $a(u, v)$ 是双线性的, 又满足条件 (i), 易见如此定义的 A 是从 V 到 H 的有界线性算子. 条件 (ii) 和式 (3.1.9) 包含

$$(v, Av)_H \geqslant \delta\|v\|_H^2, \quad \forall v \in V,$$

从而

$$\|Av\|_H \geqslant \delta\|v\|_H, \quad \forall v \in V,$$

故 A^{-1} 存在. 应用引理 3.1.1 便知 A 的共轭算子 A^* 的值域 $R(A^*) = H$.

对 $F(v)$ 用 Riesz 表示定理知, 存在惟一的 $h \in H$, 使得

$$F(v) = (h, v)_H, \quad \forall v \in H. \tag{3.1.10}$$

因为 $R(A^*) = H$, 故必有 $u \in H$, 使得 $A^*u = h$, 从而

$$(u, Av)_H = (A^*u, v)_H = (h, v)_H, \quad \forall v \in V.$$

与式 (3.1.9), 式 (3.1.10) 联合便得式 (3.1.8), 即

$$F(v) = a(u,v), \quad v \in V.$$

3.1.3 弱解的存在惟一性

为证弱解的惟一性，先证明

引理 3.1.2 设 $u \in \overset{\circ}{W}{}_2^{1,1}(Q_T)$, 则对几乎所有的 $t \in (0,1)$, 有

$$h(t) - \int_\Omega (\gamma u(x,0))^2 dx = 2\int_0^t \int_\Omega u \frac{\partial u}{\partial t} dxds,$$

其中 $h(t) = \int_\Omega u^2(x,t)dx$.

证明 按 $\overset{\circ}{W}{}_2^{1,1}(Q_T)$ 的定义，存在 $u_m \in \overset{\circ}{C}{}^\infty(\overline{Q}_T)$, 使

$$\lim_{m\to\infty} \|u_m - u\|_{W_2^{1,1}(Q_T)} = 0.$$

由此及 Fubini 定理 (见命题 1.4.1 的证明) 便知，对几乎所有的 $t \in (0,1)$, 有

$$\lim_{m\to\infty} h_m(t) = h(t)$$

其中 $h_m(t) = \int_\Omega u_m^2(x,t)dx$. 在

$$h_m(t) - h_m(0) = \int_0^t h_m'(s)ds = 2\int_0^t \int_\Omega u_m \frac{\partial u_m}{\partial t} dxds$$

两端令 $m \to \infty$ 取极限，注意到

$$\lim_{m\to\infty} \int_0^t \int_\Omega u_m \frac{\partial u_m}{\partial t} dxds = \int_0^t \int_\Omega u \frac{\partial u}{\partial t} dxds$$

以及注 1.4.1

$$\lim_{m\to\infty} h_m(0) = \lim_{m\to\infty} \int_\Omega u_m^2(x,0)dx = \lim_{m\to\infty} \int_\Omega (\gamma u(x,0))^2 dx$$

就知引理的结论成立.

定理 3.1.1 设 $f \in L^2(Q_T)$, 则第一初边值问题 (3.1.1), (3.1.2), (3.1.3) 的弱解是惟一的.

证明 设 u_1 和 u_2 为第一初边值问题 (3.1.1), (3.1.2), (3.1.3) 的两个弱解，并记 $u = u_1 - u_2$, 则由弱解的定义 (定义 3.1.1) 和注 3.1.1 可知， $u \in \overset{\circ}{W}{}_2^{1,1}(Q_T)$, $\gamma u(x,0) = 0$, 且

$$\iint_{Q_T} (u_t\varphi + \nabla u \cdot \nabla\varphi)dxdt = 0, \quad \forall \varphi \in \overset{\circ}{W}{}_2^{1,0}(Q_T).$$

特别取 $\varphi = u\chi[0,s]$, 便得到

$$\iint_{Q_S} (u_t u + |\nabla u|^2)dxdt = 0,$$

其中 $0 < S \leqslant T, \chi_{[0,S]}$ 为区间 $[0,S]$ 的特征函数. 从而

$$\iint_{Q_S} uu_t dxdt \leqslant 0.$$

利用引理 3.1.2, 注意到 $\gamma u(x,0) = 0$, 由此推出

$$\int_\Omega u^2(x,s)dx \leqslant 0, \quad \text{a.e. } s \in (0,T).$$

故必有 $u = 0$ a.e. 于 Q_T, 即 $u_1 = u_2$ a.e. 于 Q_T.

下面讨论弱解的存在性. 本节只考虑初值 $u_0(x)$ 也为零的情形, 即具零初边值条件 (3.1.4) 的情形. 我们将借助于前述 Lax-Milgram 定理的变体证明第一初边值问题 (3.1.1), (3.1.4) 弱解的存在性. §3.2 和 §3.3 将用其他方法对具一般初值的第一初边值问题 (3.1.1), (3.1.2), (3.1.3) 证明弱解的存在性.

定理 3.1.2 *设 $f \in L^2(Q_T)$, 则第一初边值问题 (3.1.1),(3.1.4) 存在弱解 $u \in \overset{\bullet}{W}{}_2^{1,1}(Q_T)$.*

证明 令

$$a(u,v) = \iint_{Q_T} (u_t v_t + \nabla u \cdot \nabla v_t)\mathrm{e}^{-\theta t} dxdt,$$
$$u \in \overset{\bullet}{W}{}_2^{1,1}(Q_T),\ v \in V(Q_T),$$

其中 $\theta > 0$ 为常数. 显然

$$|a(u,v)| \leqslant \|u\|_{W_2^{1,1}(Q_T)} \cdot \|v\|_{V(Q_T)},$$
$$\forall u \in \overset{\bullet}{W}{}_2^{1,1}(Q_T), \quad \forall v \in V(Q_T). \tag{3.1.11}$$

对 $v \in V(Q_T)$, 我们有

$$\begin{aligned}
&\iint_{Q_T} \nabla v \cdot \nabla v_t \mathrm{e}^{-\theta t} dxdt \\
=&\frac{1}{2}\iint_{Q_T} \mathrm{e}^{-\theta t}\frac{\partial}{\partial t}|\nabla v|^2 dxdt \\
=&\frac{1}{2}\iint_{Q_T} \frac{\partial}{\partial t}\left(|\nabla v|^2 \mathrm{e}^{-\theta t}\right) dxdt + \frac{\theta}{2}\iint_{Q_T} |\nabla v|^2 \mathrm{e}^{-\theta t} dxdt \\
=&\frac{\mathrm{e}^{-\theta T}}{2}\int_\Omega |\nabla v|^2\Big|_{t=T} dx - \frac{1}{2}\int_\Omega |\nabla v|^2\Big|_{t=0} dx \\
&+ \frac{\theta}{2}\iint_{Q_T} |\nabla v|^2 \mathrm{e}^{-\theta t} dxdt.
\end{aligned}$$

因为 $v \in V(Q_T)$, 故在迹的意义下 $\nabla v\Big|_{t=0} = 0$, 从而

$$\int_\Omega |\nabla v|^2\Big|_{t=0} dx = 0.$$

于是

$$\iint_{Q_T} \nabla v \cdot \nabla v_t \mathrm{e}^{-\theta t} dxdt \geqslant \frac{\theta \mathrm{e}^{-\theta T}}{2} \iint_{Q_T} |\nabla v|^2 dxdt. \tag{3.1.12}$$

另一方面，由于 $\overset{\bullet}{C}^{\infty}(\overline{Q}_T)$ 在 $V(Q_T)$ 中稠密，如下形式的 Poincaré 不等式仍然成立

$$\iint_{Q_T} v^2 dxdt \leqslant \mu \iint_{Q_T} |\nabla v|^2 dxdt.$$

故由式 (3.1.12) 进而可得到

$$\begin{aligned}&\iint_{Q_T} \nabla v \cdot \nabla v_t \mathrm{e}^{-\theta t} dxdt\\ \geqslant&\frac{\theta \mathrm{e}^{-\theta T}}{4} \iint_{Q_T} |\nabla v|^2 dxdt + \frac{\theta \mathrm{e}^{-\theta T}}{4\mu} \iint_{Q_T} v^2 dxdt.\end{aligned}$$

于是我们有

$$a(v,v) \geqslant \delta \|v\|^2_{W_2^{1,1}(Q_T)}, \quad \forall v \in V(Q_T), \tag{3.1.13}$$

其中

$$\delta = \min\left\{\mathrm{e}^{-\theta T}, \frac{\theta \mathrm{e}^{-\theta T}}{4}, \frac{\theta \mathrm{e}^{-\theta T}}{4\mu}\right\}.$$

取 $H = \overset{\bullet}{W}{}_2^{1,1}(Q_T)$, $V = V(Q_T)$. 由命题 1.3.1 知 $V \subset H$ 是 H 的稠子空间. 式 (3.1.11) 和式 (3.1.13) 表明： Lax-Milgram 定理的变体中的条件 (i) 和 (ii) 都满足. 显然 $\iint_{Q_T} f v_t \mathrm{e}^{-\theta t} dxdt$ 对 v 是 H 上的有界线性泛函，故存在惟一的 $u \in H = \overset{\bullet}{W}{}_2^{1,1}(Q_T)$, 使得

$$a(u,v) = \iint_{Q_T} f v_t \mathrm{e}^{-\theta t} dxdt, \quad \forall v \in V(Q_T),$$

即

$$\begin{aligned}&\iint_{Q_T} (u_t v_t + \nabla u \cdot \nabla v_t) \mathrm{e}^{-\theta t} dxdt\\ =&\iint_{Q_T} f v_t \mathrm{e}^{-\theta t} dxdt, \qquad \forall v \in V(Q_T).\end{aligned}$$

由命题 3.1.2 便知 u 是问题 (3.1.1), (3.1.4) 的弱解.

3.1.4 弱解的正则性

先讨论内部正则性.

定理 3.1.3 设 $f \in L^2(Q_T)$, $u \in \overset{\bullet}{W}{}_2^{1,1}(Q_T)$ 为问题 (3.1.1), (3.1.4) 的弱解. 令

$$\Omega_\delta = \{x \in \Omega; \mathrm{dist}(x, \partial\Omega) > \delta\}, \quad Q_T^\delta = \Omega_\delta \times (0,T).$$

则 $u \in W_2^{2,1}(Q_T^\delta)$, 且有估计式

$$\|u\|_{W_2^{2,1}(Q_T^\delta)} \leqslant C(\|u\|_{W_2^{1,0}(Q_T)} + \|f\|_{L^2(Q_T)}), \tag{3.1.14}$$

其中 C 仅依赖于 n 和 δ.

证明　由弱解的定义,

$$\iint_{Q_T} (u_t\varphi + \nabla u \cdot \nabla\varphi)dxdt = \iint_{Q_T} f\varphi dxdt, \quad \forall \varphi \in \overset{\circ}{W}{}_2^{1,0}(Q_T).$$

选取切断函数 $\eta(x) \in C_0^\infty(\Omega)$, 使得在 $x \in \Omega_\delta$ 上 $\eta(x) \equiv 1$, 且 $0 \leqslant \eta(x) \leqslant 1$, $|\nabla\eta| \leqslant \dfrac{C}{\delta}$. 令 $\varphi = \Delta_h^{i\,*}(\eta^2\Delta_h^i u)$. 则当 h 充分小时 $\varphi \in \overset{\circ}{W}{}_2^{1,0}(Q_T)$. 代入到上面的积分等式中, 得

$$\begin{aligned}&\iint_{Q_T} \left[u_t\Delta_h^{i\,*}(\eta^2\Delta_h^i u) + \nabla u \cdot \nabla(\Delta_h^{i\,*}(\eta^2\Delta_h^i u))\right]dxdt \\ =&\iint_{Q_T} f\Delta_h^{i\,*}(\eta^2\Delta_h^i u)dxdt.\end{aligned} \tag{3.1.15}$$

利用差分算子的性质和引理 3.1.2, 我们有

$$\begin{aligned}&\iint_{Q_T} u_t\Delta_h^{i\,*}(\eta^2\Delta_h^i u)dxdt \\ =&\iint_{Q_T} \frac{\partial\Delta_h^i u}{\partial t}\eta^2\Delta_h^i u dxdt \\ =&\frac{1}{2}\iint_{Q_T} \frac{\partial}{\partial t}\left(\eta^2(\Delta_h^i u)^2\right)dxdt \\ =&\frac{1}{2}\int_\Omega \eta^2(\Delta_h^i u(x,t))^2 dx\Big|_{t=0}^{t=T} \\ =&\frac{1}{2}\int_\Omega \eta^2(\Delta_h^i u(x,T))^2 dx \\ \geqslant&0.\end{aligned}$$

于是由式 (3.1.15), 得

$$\iint_{Q_T} \nabla u \cdot \nabla(\Delta_h^{i\,*}(\eta^2\Delta_h^i u))dxdt \leqslant \iint_{Q_T} f\Delta_h^{i\,*}(\eta^2\Delta_h^i u)dxdt.$$

此时, 与第 2 章关于 Poisson 方程弱解的内部正则性的讨论相比, 除了积分是关于空间变量和时间变量同时进行的之外, 已没有任何本质区别. 因此, 利用完全类似的推理可以得到

$$\iint_{Q_T^\delta} |\Delta_h^i\nabla u|^2 dxdt \leqslant C\left(\|\nabla u\|_{L^2(Q_T)}^2 + \|f\|_{L^2(Q_T)}^2\right).$$

由命题 2.2.2 可知， $D^2u\in L^2(Q_T^\delta)$ 且满足

$$\iint_{Q_T^\delta}|D^2u|^2dxdt\leqslant C\left(\|\nabla u\|^2_{L^2(Q_T)}+\|f\|^2_{L^2(Q_T)}\right).\tag{3.1.16}$$

再利用方程 $\dfrac{\partial u}{\partial t}=\Delta u+f$, 又可得到

$$\begin{aligned}&\iint_{Q_T^\delta}\left|\frac{\partial u}{\partial t}\right|^2dxdt\\ \leqslant&2\iint_{Q_T^\delta}|\Delta u|^2dxdt+2\iint_{Q_T^\delta}|f|^2dxdt\\ \leqslant&C\left(\|\nabla u\|^2_{L^2(Q_T)}+\|f\|^2_{L^2(Q_T)}\right).\end{aligned}\tag{3.1.17}$$

联合式 (3.1.16) 和式 (3.1.17), 就可得到估计式 (3.1.14).

由于在近侧边的估计中对含有 u_t 的积分项的处理与内部估计完全相同，类似于内估计的讨论，我们可以得到相应于第 2 章关于 Poisson 方程弱解的近边估计的结果. 因此，我们有如下的全局正则性结果

定理 3.1.4 设 $f\in L^2(Q_T)$, $u\in\overset{\bullet}{W}{}_2^{1,1}(Q_T)$ 为问题 (3.1.1),(3.1.4) 的弱解. 若 $\partial\Omega\in C^2$, 则 $u\in W_2^{2,1}(Q_T)$, 且有估计式

$$\|u\|_{W_2^{2,1}(Q_T)}\leqslant C(\|u\|_{W_2^{1,0}(Q_T)}+\|f\|_{L^2(Q_T)}),\tag{3.1.18}$$

其中 C 仅依赖于 n 和 Ω.

注 3.1.4 在定理 3.1.4 的条件下，进一步有

$$\|u\|_{W_2^{2,1}(Q_T)}\leqslant C\|f\|_{L^2(Q_T)},\tag{3.1.19}$$

其中 C 仅依赖于 n 和 Ω.

证明 在弱解的定义式

$$\iint_{Q_T}(u_t\varphi+\nabla u\cdot\nabla\varphi)dxdt=\iint_{Q_T}f\varphi dxdt,\quad\forall\varphi\in\overset{\circ}{W}{}_2^{1,0}(Q_T)$$

中取 $\varphi=u$, 并利用带 ε 的 Cauchy 不等式和空间区域上的 Poincaré 不等式，可得

$$\begin{aligned}&\frac12\int_\Omega u^2(x,t)dx\Big|_{t=0}^{t=T}+\iint_{Q_T}|\nabla u|^2dxdt\\ =&\iint_{Q_T}fudxdt\\ \leqslant&\frac{1}{2\mu}\iint_{Q_T}u^2dxdt+\frac{\mu}{2}\iint_{Q_T}f^2dxdt\\ \leqslant&\frac12\iint_{Q_T}|\nabla u|^2dxdt+\frac{\mu}{2}\iint_{Q_T}f^2dxdt,\end{aligned}$$

其中 $\mu>0$ 是 Poincaré 不等式中的常数. 而 u 满足零初值条件, 因此

$$\iint_{Q_T}|\nabla u|^2dxdt\leqslant \mu\iint_{Q_T}f^2dxdt. \tag{3.1.20}$$

再利用空间区域上的 Poincaré 不等式, 还有

$$\iint_{Q_T}u^2dxdt\leqslant \mu^2\iint_{Q_T}f^2dxdt. \tag{3.1.21}$$

式 (3.1.20) 和式 (3.1.21) 蕴含了

$$\|u\|_{W_2^{1,0}(Q_T)}\leqslant C\|f\|_{L^2(Q_T)},$$

代入式 (3.1.18) 就得到式 (3.1.19).

定理 3.1.5 设 $u\in \overset{\bullet}{W}{}_2^{1,1}(Q_T)$ 为 (3.1.1),(3.1.4) 的弱解. 若对某非负整数 k, $\partial\Omega\in C^{k+2}$, $f\in W_2^{2k,k}(Q_T)$, 则 $u\in W_2^{2k+2,k+1}(Q_T)$, 且有估计式

$$\|u\|_{W_2^{2k+2,k+1}(Q_T)}\leqslant C\left(\|u\|_{W_2^{1,0}(Q_T)}+\|f\|_{W_2^{2k,k}(Q_T)}\right),$$

其中 C 为仅依赖于非负整数 k, 空间维数 n 和 Ω 的常数.

推论 3.1.1 设 $u\in \overset{\bullet}{W}{}_2^{1,1}(Q_T)$ 为问题 (3.1.1),(3.1.4) 的弱解. 若 $\partial\Omega\in C^\infty$, $f\in C^\infty(\overline{Q}_T)$, 则 $u\in C^\infty(\overline{Q}_T)$.

§3.2 Rothe 方法

本节介绍研究抛物方程解的存在性的另外一种重要方法 ——Rothe 方法, 也称为半差方法. 这种方法的基本思想是对时间差分, 利用椭圆方程的理论求解差分方程并对它的解做一些必要的估计, 再以此为基础构造逼近解并完成到真解的极限过程.

设 $\Omega\subset\mathbb{R}^n$ 为一有界区域, 边界 $\partial\Omega$ 分片光滑. 考虑第一初边值问题 (3.1.1), (3.1.2), (3.1.3).

定理 3.2.1 设 $f\in L^2(Q_T)$, $u_0\in H_0^1(\Omega)$. 则非齐次热方程的第一初边值问题 (3.1.1),(3.1.2),(3.1.3) 存在弱解 $u\in \overset{\circ}{W}{}_2^{1,1}(Q_T)$.

证明 先考虑 $f\in C(\overline{Q}_T)$ 的情形. 分以下几步来证明弱解的存在性.

第一步 关于时间 t 离散化, 构造逼近解.

对任一正整数 m 和函数 $w(x,t)$, 记

$$w^{m,j}(x)=w(x,jh)\quad (j=0,1,\cdots,m),$$

其中 $h=\dfrac{T}{m}$. 考虑方程 (3.1.1) 的逼近方程

$$\frac{u^{m,j}-u^{m,j-1}}{h}-\Delta u^{m,j}=f^{m,j}\quad (j=1,2,\cdots,m). \tag{3.2.1}$$

根据定理的条件， $u^{m,0}=u_0\in H_0^1(\Omega)$. 假设已知 $u^{m,j-1}\in H_0^1(\Omega)$, 我们来证明方程 (3.2.1) 存在弱解 $u^{m,j}\in H_0^1(\Omega)$. 记 $v=u^{m,j}$, 则方程 (3.2.1) 可写成

$$-\Delta v+\frac{1}{h}v=f^{m,j}+\frac{u^{m,j-1}}{h}, \tag{3.2.2}$$

它是一个线性椭圆方程. 根据定理 2.3.1, 方程 (3.2.2) 存在惟一弱解 $v=u^{m,j}\in H_0^1(\Omega)$. 按归纳法，我们便可在 $H_0^1(\Omega)$ 中得到

$$u^{m,1},u^{m,2},\cdots,u^{m,m},$$

它们依次是当 $j=1,2,\cdots,m$ 时方程 (3.2.1) 的弱解，即对任何 $\varphi\in H_0^1(\Omega)$, 有

$$\begin{aligned}&\int_\Omega\left(\frac{1}{h}(u^{m,j}-u^{m,j-1})\varphi+\nabla u^{m,j}\cdot\nabla\varphi\right)dx\\=&\int_\Omega f^{m,j}\varphi dx\qquad\qquad (j=1,2,\cdots,m).\end{aligned}\tag{3.2.3}$$

至此，我们还只得到所要求的解在直线 $t=jh=\dfrac{jT}{m}\,(j=1,2,\cdots,m)$ 上的近似解. 为了得到区域 Q_T 上的逼近解，令

$$\begin{aligned}u^m(x,t)=&\sum_{j=1}^m\chi^{m,j}(t)u^{m,j-1}(x)\\&+\sum_{j=1}^m\chi^{m,j}(t)\lambda^{m,j}(t)(u^{m,j}(x)-u^{m,j-1}(x)),\end{aligned}\tag{3.2.4}$$

$$w^m(x,t)=\sum_{j=1}^m\chi^{m,j}(t)u^{m,j}(x),$$

$$f^m(x,t)=\sum_{j=1}^m\chi^{m,j}(t)f^{m,j}(x),$$

其中 $\chi^{m,j}$ 是区间 $[(j-1)h,jh)$ 上的特征函数，而

$$\lambda^{m,j}(t)=\begin{cases}\dfrac{t}{h}-(j-1), & t\in[(j-1)h,jh),\\[2mm] 0, & \text{其他}.\end{cases}$$

则由式 (3.2.3) 可知，对 $\varphi\in H_0^1(\Omega)$, $t\in(0,T)$, 有

$$\int_\Omega\left(\frac{\partial u^m}{\partial t}\varphi+\nabla w^m\cdot\nabla\varphi\right)dx=\int_\Omega f^m\varphi dx. \tag{3.2.5}$$

第二步 对逼近解做估计.

在式 (3.2.3) 中取 $\varphi = u^{m,j} - u^{m,j-1}$, 得

$$\begin{aligned}&\int_\Omega \left(\frac{1}{h}(u^{m,j} - u^{m,j-1})^2 + \nabla u^{m,j} \cdot (\nabla u^{m,j} - \nabla u^{m,j-1})\right) dx \\ =&\int_\Omega f^{m,j}(u^{m,j} - u^{m,j-1})dx.\end{aligned}$$

由此推出

$$\begin{aligned}&\frac{1}{h}\|u^{m,j} - u^{m,j-1}\|^2_{L^2(\Omega)} + \|\nabla u^{m,j}\|^2_{L^2(\Omega)} \\ \leqslant&\|\nabla u^{m,j} \cdot \nabla u^{m,j-1}\|_{L^1(\Omega)} + \|f^{m,j}(u^{m,j} - u^{m,j-1})\|_{L^1(\Omega)} \\ \leqslant&\frac{1}{2}\|\nabla u^{m,j}\|^2_{L^2(\Omega)} + \frac{1}{2}\|\nabla u^{m,j-1}\|^2_{L^2(\Omega)} \\ &+ \frac{1}{2h}\|u^{m,j} - u^{m,j-1}\|^2_{L^2(\Omega)} + \frac{h}{2}\|f^{m,j}\|^2_{L^2(\Omega)},\end{aligned}$$

从而

$$\begin{aligned}&\frac{1}{h}\|u^{m,j} - u^{m,j-1}\|^2_{L^2(\Omega)} + \|\nabla u^{m,j}\|^2_{L^2(\Omega)} \\ \leqslant&\|\nabla u^{m,j-1}\|^2_{L^2(\Omega)} + h\|f^{m,j}\|^2_{L^2(\Omega)} \quad (j = 1, 2, \cdots, m).\end{aligned} \tag{3.2.6}$$

特别就有

$$\|\nabla u^{m,j}\|^2_{L^2(\Omega)} \leqslant \|\nabla u^{m,j-1}\|^2_{L^2(\Omega)} + h\|f^{m,j}\|^2_{L^2(\Omega)}. \tag{3.2.7}$$

记 $M_m = \|\nabla u_0\|^2_{L^2(\Omega)} + \|f^m\|^2_{L^2(Q_T)}$. 由式 (3.2.7) 迭代 j 次便得

$$\|\nabla u^{m,j}\|^2_{L^2(\Omega)} \leqslant \|\nabla u_0\|^2_{L^2(\Omega)} + h\sum_{i=1}^{j}\|f^{m,i}\|^2_{L^2(\Omega)} \leqslant M_m, \tag{3.2.8}$$

而对式 (3.2.6) 求和又可得

$$\begin{aligned}&\frac{1}{h}\sum_{j=1}^{m}\|u^{m,j} - u^{m,j-1}\|^2_{L^2(\Omega)} \\ \leqslant&\|\nabla u_0\|^2_{L^2(\Omega)} + h\sum_{j=1}^{m}\|f^{m,j}\|^2_{L^2(\Omega)} = M_m.\end{aligned} \tag{3.2.9}$$

按 u^m 的定义，我们有

$$\frac{\partial u^m}{\partial t} = \frac{1}{h}\sum_{j=1}^{m}\chi^{m,j}(u^{m,j} - u^{m,j-1}),$$

$$\nabla u^m = \sum_{j=1}^{m}\chi^{m,j}\big(\nabla u^{m,j-1} + \lambda^{m,j}(\nabla u^{m,j} - \nabla u^{m,j-1})\big).$$

故由式 (3.2.9) 得到

$$\left\|\frac{\partial u^m}{\partial t}\right\|_{L^2(Q_T)}^2 = \frac{1}{h^2}\sum_{j=1}^m h\|u^{m,j} - u^{m,j-1}\|_{L^2(\Omega)}^2 \leqslant M_m, \tag{3.2.10}$$

而由式 (3.2.8) 得到

$$\begin{aligned}
&\|\nabla u^m\|_{L^2(Q_T)}^2 \\
=&\sum_{j=1}^m \int_0^T \chi^{m,j} \int_\Omega |(1-\lambda^{m,j})\nabla u^{m,j-1} + \lambda^{m,j}\nabla u^{m,j}|^2 dxdt \\
\leqslant&2\sum_{j=1}^m \int_0^T \chi^{m,j}\left(\|\nabla u^{m,j-1}\|_{L^2(\Omega)}^2 + \|\nabla u^{m,j}\|_{L^2(\Omega)}^2\right) dt \\
\leqslant&2\sum_{j=1}^m h\left(\|\nabla u^{m,j-1}\|_{L^2(\Omega)}^2 + \|\nabla u^{m,j}\|_{L^2(\Omega)}^2\right) \\
\leqslant&4TM_m.
\end{aligned} \tag{3.2.11}$$

第三步 对逼近解取极限.

由于 $f \in C(\overline{Q}_T)$, 故 f^m 在 $L^2(Q_T)$ 中收敛于 f, 从而

$$\lim_{m\to\infty} M_m = \|\nabla u_0\|_{L^2(\Omega)}^2 + \|f\|_{L^2(Q_T)}^2,$$

因此 $\{M_m\}_{m=1}^\infty$ 有界. 于是由式 (3.2.10), 式 (3.2.11) 和 Poincaré 不等式 (关于空间变量)

$$\|u^m\|_{L^2(Q_T)}^2 \leqslant \mu\|\nabla u^m\|_{L^2(Q_T)}^2$$

可知 $\{u^m\}_{m=1}^\infty$ 在 $W_2^{1,1}(Q_T)$ 中有界, 从而存在 $\{u^m\}_{m=1}^\infty$ 的一个子列, 不妨设为其本身, 和 $u \in W_2^{1,1}(Q_T)$, 使得 u^m 在 $L^2(Q_T)$ 中收敛于 u, 而 $\dfrac{\partial u^m}{\partial t}$ 和 ∇u^m 在 $L^2(Q_T)$ 中分别弱收敛于 $\dfrac{\partial u}{\partial t}$ 和 ∇u.

下面证明 u 是第一初边值问题 (3.1.1), (3.1.2), (3.1.3) 的弱解. 先证明 $u \in \overset{\circ}{W}{}_2^{1,1}(Q_T)$, $\gamma u(x,0) = u_0(x)$ a.e. 于 Ω. 为此, 对每一正整数 m, 选取 $\{u_k^m\}_{k=1}^\infty \subset \overset{\circ}{C}{}^\infty(Q_T)$, 使得

$$\lim_{k\to\infty} \|u_k^m - u^m\|_{W_2^{1,1}(Q_T)} = 0.$$

例如, u_k^m 可以这样构造: 先取 $\{u_k^{m,j}\}_{k=1}^\infty \subset C_0^\infty(\Omega)$, 使得

$$\lim_{k\to\infty} \|u_k^{m,j} - u^{m,j}\|_{H^1(\Omega)} = 0 \quad (j = 1, 2, \cdots, m),$$

然后在 u^m 的表达式 (3.2.4) 中将 $u^{m,j}$ 换成 $u_k^{m,j}$, 再将所得函数关于变量 t 磨光. 对每一正整数 l, 取 m_l 使得

$$\|u^{m_l} - u\|_{W_2^{1,1}(Q_T)} < \frac{1}{l}. \tag{3.2.12}$$

再对固定的 m_l, 取 k_l 使得

$$\|u_{k_l}^{m_l} - u^{m_l}\|_{W_2^{1,1}(Q_T)} < \frac{1}{l}. \tag{3.2.13}$$

记 $v_l = u_{k_l}^{m_l}$, 则 $v_l \in \overset{\circ}{C}{}^{\infty}(Q_T)$, 且由式 (3.2.12) 和式 (3.2.13) 知

$$\lim_{l\to\infty} \|v_l - u\|_{W_2^{1,1}(Q_T)} = 0.$$

这表明 $u \in \overset{\circ}{W}{}_2^{1,1}(Q_T)$. 为证 $\gamma u(x,0) = u_0(x)$, 只须注意

$$\int_\Omega |v_l(x,0) - u_0(x)|^2 dx = \int_\Omega |v_l(x,0) - u^{m_l}(x,0)|^2 dx,$$

而由于 v_l 是光滑的, 又 u^{m_l} 对 t 在 $[0,T]$ 是连续的, 故利用式 (3.2.13) (仿命题 1.4.1 的证明) 可知上式右端当 $l\to\infty$ 时趋于零.

下面来证明 u 满足弱解定义中的积分恒等式. 对任意 $\varphi \in \overset{\circ}{C}{}^{\infty}(\overline{Q}_T)$, 式 (3.2.5) 仍然成立, 经对变量 x 的分部积分并关于变量 t 于 $(0,T)$ 上积分可得

$$\iint_{Q_T} \left(\frac{\partial u^m}{\partial t}\varphi - w^m \Delta\varphi\right) dxdt = \iint_{Q_T} f^m \varphi dxdt. \tag{3.2.14}$$

按 w^m 和 u^m 的定义有

$$w^m - u^m = \sum_{j=1}^m \chi^{m,j}(1-\lambda^{m,j})(u^{m,j} - u^{m,j-1}),$$

故

$$\begin{aligned}
&\|w^m - u^m\|_{L^2(Q_T)}^2 \\
\leqslant& \sum_{j=1}^m h\|u^{m,j} - u^{m,j-1}\|_{L^2(\Omega)}^2 \\
\leqslant& h^2 M_m \to 0, \quad m\to\infty,
\end{aligned}$$

而 u^m 在 $L^2(Q_T)$ 中收敛于 u, 因此 w^m 也在 $L^2(Q_T)$ 中收敛于 u, 又 f^m 在 $L^2(Q_T)$ 中收敛于 f, 于是在式 (3.2.14) 中令 $m\to\infty$ 进而有

$$\iint_{Q_T} \left(\frac{\partial u}{\partial t}\varphi - u\Delta\varphi\right) dxdt = \iint_{Q_T} f\varphi dxdt.$$

因为 $u \in \overset{\circ}{W}{}_2^{1,1}(Q_T)$, 上式等价于

$$\iint_{Q_T} \left(\frac{\partial u}{\partial t}\varphi + \nabla u\cdot\nabla\varphi\right) dxdt = \iint_{Q_T} f\varphi dxdt, \quad \varphi \in \overset{\circ}{C}{}^{\infty}(\overline{Q}_T).$$

总之, 我们证明了 u 是问题 (3.1.1), (3.1.2), (3.1.3) 的弱解. 在式 (3.2.10) 和式 (3.2.11) 中令 $m\to\infty$ 取极限，我们还知道，这弱解 u 满足

$$\left\|\frac{\partial u}{\partial t}\right\|^2_{L^2(Q_T)}\leqslant\|\nabla u_0\|^2_{L^2(\Omega)}+\|f\|^2_{L^2(Q_T)},\tag{3.2.15}$$

$$\|\nabla u\|^2_{L^2(Q_T)}\leqslant 4T\left(\|\nabla u_0\|^2_{L^2(\Omega)}+\|f\|^2_{L^2(Q_T)}\right).\tag{3.2.16}$$

现在转到 $f\in L^2(Q_T)$ 的一般情形. 取 $\{f_k\}_{k=1}^{\infty}\subset C(\overline{Q}_T)$ 使得

$$\lim_{k\to\infty}\|f_k-f\|_{L^2(Q_T)}=0.$$

考虑初边值问题

$$\begin{cases}\dfrac{\partial u_k}{\partial t}-\Delta u_k=f_k, & (x,t)\in Q_T,\\ u_k(x,t)=0, & (x,t)\in\partial\Omega\times(0,T),\\ u_k(x,0)=u_0(x), & x\in\Omega.\end{cases}$$

设 $u_k\in\overset{\circ}{W}{}_2^{1,1}(Q_T)$ 为按上面的方法构造的弱解. 于是由式 (3.2.15) 和式 (3.2.16) 有

$$\left\|\frac{\partial u_k}{\partial t}\right\|^2_{L^2(Q_T)}\leqslant\|\nabla u_0\|^2_{L^2(\Omega)}+\|f_k\|^2_{L^2(Q_T)},$$

$$\|\nabla u_k\|^2_{L^2(Q_T)}\leqslant 4T\left(\|\nabla u_0\|^2_{L^2(\Omega)}+\|f_k\|^2_{L^2(Q_T)}\right).$$

这表明 $\{u_k\}_{k=1}^{\infty}$ 在 $\overset{\circ}{W}{}_2^{1,1}(Q_T)$ 中有界, 因而存在 $\{u_k\}_{k=1}^{\infty}$ 的一个子列，不妨设为其本身，和 $u\in\overset{\circ}{W}{}_2^{1,1}(Q_T)$, 使得 u_k 在 $L^2(Q_T)$ 中收敛于 u, 而 $\dfrac{\partial u_k}{\partial t}$ 和 ∇u_k 在 $L^2(Q_T)$ 中分别弱收敛于 $\dfrac{\partial u}{\partial t}$ 和 ∇u. 对任意 $\varphi\in\overset{\circ}{C}{}^{\infty}(\overline{Q}_T)$, 在

$$\iint_{Q_T}\left(\frac{\partial u_k}{\partial t}\varphi+\nabla u_k\cdot\nabla\varphi\right)dxdt=\iint_{Q_T}f_k\varphi dxdt$$

中令 $k\to\infty$ 取极限就知 u 满足弱解定义中的积分等式. 再注意到 $\gamma u_k(x,0)=u_0(x)$, 由

$$\begin{aligned}&\int_{\Omega}|u(x,t)-u_0(x)|^2dx\\ \leqslant&\int_{\Omega}|u(x,t)-u_k(x,t)|^2dx+\int_{\Omega}|u_k(x,t)-\gamma u_k(x,0)|^2dx\end{aligned}$$

还可推断 $\gamma u(x,0)=u_0(x)$.

§3.3 Galerkin 方法

本节再介绍一种研究抛物方程解的存在性的重要方法，即所谓的 Galerkin 方法. 这种方法不仅提供了一种理论证明的手段, 在实际计算中也是很有效的. Galerkin 方法的基本思想是先选取一个适当的基本空间 X 和 X 上的一个标准正交基底 $\{\omega_i(x)\}$, 再设法证明所讨论的问题具有形如 $\sum c_i(t)\omega_i(x)$ 的解.

我们仍然考虑非齐次热方程的第一初边值问题 (3.1.1), (3.1.2), (3.1.3). 为了用 Galerkin 方法证明弱解的存在性，我们需要借助如下的 (见文献 [13])

Hilbert-Schmidt 定理 设 H 为可分的 Hilbert 空间， A 为 H 上的有界自伴紧算子， $\{\lambda_i\}$ 为全部特征值，则有正规正交基 $\{\omega_i\}$, 使得 $A\omega_i = \lambda_i\omega_i$.

我们分以下四步来证明弱解的存在性 (定理 3.2.1).

第一步 构造基底.

定义算子

$$A = (-\Delta)^{-1} : L^2(\Omega) \to L^2(\Omega), f \mapsto Af,$$

其中 Af 为问题

$$\begin{cases} -\Delta u = f, & x \in \Omega, \\ u\Big|_{\partial\Omega} = 0 \end{cases}$$

的惟一弱解.

由椭圆型方程的 L^2 理论 (定理 2.1.1 和定理 2.2.3 的注 2.2.1) 知 $Af \in H^2(\Omega)\cap H_0^1(\Omega)$, 且 $\|Af\|_{H^2(\Omega)} \leqslant C\|f\|_{L^2(\Omega)}$, 故 A 是有界算子. 经分部积分可得

$$\begin{aligned} &\int_\Omega g(Af)dx = -\int_\Omega \Delta(Ag)(Af)dx \\ =& -\int_\Omega \Delta(Af)(Ag)dx = \int_\Omega f(Ag)dx, \quad \forall f, g \in L^2(\Omega), \end{aligned}$$

这表明算子 A 是自伴的. 又因为 $H_0^1(\Omega)$ 可以紧嵌入到 $L^2(\Omega)$ 中, 故 A 还是紧的. 由 Hilbert-Schmidt 定理知，存在 $L^2(\Omega)$ 中的标准正交基底 $\{\omega_i\}_{i=1}^\infty$ 满足 $A\omega_i = \lambda_i\omega_i$. 而问题

$$\begin{cases} -\Delta u = 0, & x \in \Omega, \\ u\Big|_{\partial\Omega} = 0 \end{cases}$$

只有零解，故 $\lambda_i \neq 0$, 因此 $-\Delta\omega_i = \dfrac{1}{\lambda_i}\omega_i$. 利用定理 2.2.4 和嵌入定理就知，在 $\partial\Omega$ 适当光滑的条件下，有 $\omega_i \in C^2(\overline{\Omega})$.

第二步 构造逼近解.

将 u_0 按 $\{\omega_i\}$ 展开成 $u_0=\sum_{i=1}^{\infty}c_i\omega_i$, 并令

$$u_m(x,t)=\sum_{i=1}^{m}c_i^m(t)\omega_i(x),$$

使其满足

$$\left(\frac{\partial u_m}{\partial t},\omega_k\right)=(\Delta u_m,\omega_k)+(f,\omega_k),\quad k=1,2,\cdots,m, \tag{3.3.1}$$

其中 $(\cdot\,,\,\cdot)$ 为 $L^2(\Omega)$ 中的内积. 注意到

$$\left(\frac{\partial u_m}{\partial t},\omega_k\right)=\sum_{i=1}^{m}\frac{d}{dt}c_i^m(t)(\omega_i,\omega_k)=\frac{d}{dt}c_k^m(t),$$

$$(\Delta u_m,\omega_k)=\sum_{i=1}^{m}c_i^m(t)(\Delta\omega_i,\omega_k)=-\frac{1}{\lambda_k}c_k^m(t),$$

记 $f_k(t)=(f,\omega_k)$, 则有

$$\frac{d}{dt}c_k^m(t)=-\frac{1}{\lambda_k}c_k^m(t)+f_k(t). \tag{3.3.2}$$

再令 $c_k^m(0)=c_k$, 则

$$c_k^m(t)=\mathrm{e}^{-t/\lambda_k}\left(c_k+\int_0^t\mathrm{e}^{\tau/\lambda_k}f_k(\tau)d\tau\right).$$

第三步 对逼近解做估计.

为了能够通过抽子列的方法得到所需的解, 我们需要对逼近解做一些估计. 首先, 类似于对方程两端乘 u 的办法, 用 $c_k^m(t)$ 乘式 (3.3.1) 的两端, 然后再求和, 得

$$\left(\frac{\partial u_m}{\partial t},u_m\right)=(\Delta u_m,u_m)+(f,u_m),$$

即

$$\frac{1}{2}\frac{d}{dt}\|u_m(\cdot,t)\|_{L^2(\Omega)}^2=-\|\nabla u_m(\cdot,t)\|_{L^2(\Omega)}^2+(f(\cdot,t),u_m(\cdot,t)).$$

于 $(0,t)$ 上积分, 进而有

$$\begin{aligned}&\frac{1}{2}\|u_m(\cdot,t)\|_{L^2(\Omega)}^2-\frac{1}{2}\|u_m(\cdot,0)\|_{L^2(\Omega)}^2\\=&-\iint_{Q_t}|\nabla u_m|^2dxdt+\iint_{Q_t}fu_mdxdt.\end{aligned}$$

利用 Poincaré 不等式和带 ε 的 Cauchy 不等式，可得

$$\begin{aligned}&\sup_{t\in[0,T]}\|u_m(\cdot,t)\|_{L^2(\Omega)}^2+\iint_{Q_T}|\nabla u_m|^2dxdt\\ \leqslant&\|u_m(\cdot,0)\|_{L^2(\Omega)}^2+\mu\iint_{Q_T}f^2dxdt,\end{aligned}\tag{3.3.3}$$

其中 $\mu>0$ 为 Poincaré 不等式中的常数.

其次，用 $\dfrac{d}{dt}c_k^m(t)$ 乘式 (3.3.1) 的两端，然后再求和，得

$$\left(\frac{\partial u_m}{\partial t},\frac{\partial u_m}{\partial t}\right)=\left(\Delta u_m,\frac{\partial u_m}{\partial t}\right)+\left(f,\frac{\partial u_m}{\partial t}\right).$$

于 $(0,T)$ 上积分，经分部积分并利用 Cauchy 不等式，我们有

$$\begin{aligned}&\iint_{Q_T}\left|\frac{\partial u_m}{\partial t}\right|^2dxdt+\|\nabla u_m(\cdot,T)\|_{L^2(\Omega)}^2\\ \leqslant&\|\nabla u_m(\cdot,0)\|_{L^2(\Omega)}^2+\iint_{Q_T}f^2dxdt.\end{aligned}\tag{3.3.4}$$

联合式 (3.3.3) 和式 (3.3.4), 得

$$\iint_{Q_T}\left(|u_m|^2+|\nabla u_m|^2+\left|\frac{\partial u_m}{\partial t}\right|^2\right)dxdt\leqslant C,\tag{3.3.5}$$

其中 C 是不依赖于 m 的常数.

第四步　对逼近解取极限.

由式 (3.3.5) 知存在 $\{u_m\}$ 的一个子列，仍记为 $\{u_m\}$, 和函数 $u\in W_2^{1,1}(Q_T)$, 使得 u_m 在 $L^2(Q_T)$ 中收敛于 u, 而 $\dfrac{\partial u_m}{\partial t}$ 和 ∇u_m 在 $L^2(Q_T)$ 中分别弱收敛于 $\dfrac{\partial u}{\partial t}$ 和 ∇u.

下面验证 u 为问题 (3.1.1), (3.1.2), (3.1.3) 的弱解.

首先我们有 $u\in\overset{\circ}{W}{}_2^{1,1}(Q_T)$, 这是因为按定理 1.4.4 有 $u_m\in\overset{\circ}{W}{}_2^{1,1}(Q_T)$, 而 u 是 u_m 在 $\overset{\circ}{W}{}_2^{1,1}(Q_T)$ 中的弱极限.

其次，对任给的满足条件 $h\big|_{\partial\Omega}=0$, $\psi(0)=\psi(T)=0$ 的函数 $h\in C^2(\overline{\Omega})$, $\psi\in C^2[0,T]$, 取逼近序列

$$h_j(x)=\sum_{k=1}^{j}\alpha_{jk}\omega_k(x),$$

使得 $\{h_j\}$ 在 $H^1(\Omega)$ 中强收敛于 h. 用 $\psi(t)$ 乘式 (3.3.1) 的两端，对 t 在 $(0,T)$ 上积分，然后关于 x 分部积分，并令 $m\to\infty$, 得

$$\iint_{Q_T}\frac{\partial u}{\partial t}\omega_k\psi dxdt$$

$$= -\iint_{Q_T} \nabla u \cdot \nabla \omega_k \psi dxdt + \iint_{Q_T} f\omega_k \psi dxdt.$$

在上式两端同乘以 α_{jk}, 并对 k 从 1 到 j 求和, 进而有

$$\iint_{Q_T} \frac{\partial u}{\partial t} h_j \psi dxdt = -\iint_{Q_T} \nabla u \cdot \nabla h_j \psi dxdt + \iint_{Q_T} f h_j \psi dxdt.$$

令 $j \to \infty$, 得

$$\iint_{Q_T} \frac{\partial u}{\partial t} h \psi dxdt = -\iint_{Q_T} \nabla u \cdot \nabla h \psi dxdt + \iint_{Q_T} f h \psi dxdt.$$

由 h 和 ψ 的任意性可知, 对任一 $\varphi \in C_0^\infty(Q_T)$, 有 (比如利用 §3.4 的引理 3.4.1)

$$\iint_{Q_T} \frac{\partial u}{\partial t} \varphi dxdt = -\iint_{Q_T} \nabla u \cdot \nabla \varphi dxdt + \iint_{Q_T} f \varphi dxdt.$$

进而易见对任一 $\varphi \in \overset{\circ}{C}{}^\infty(\overline{Q}_T)$, 上式也成立, 即 u 为方程 (3.1.1) 的弱解.

剩下验证 $\gamma u(x,0) = u_0(x)$, 这只须注意

$$\begin{aligned}
&\int_\Omega |u(x,t) - u_0(x)|^2 dx \\
\leqslant &\int_\Omega |u(x,t) - u_m(x,t)|^2 dx + \int_\Omega \left| \sum_{i=1}^m (c_i^m(t) - c_i)\omega_i(x) \right|^2 dx \\
&+ \int_\Omega \left| \sum_{i=m+1}^\infty c_i \omega_i(x) \right|^2 dx \\
= &I_1 + I_2 + I_3,
\end{aligned}$$

当 m 充分大时, I_1, I_3 可任意小, 而对固定的 m, 当 $t > 0$ 充分小时 I_2 也可任意小.

§3.4 一般线性抛物方程的 L^2 理论

现在转到如下的一般线性抛物方程

$$Lu = \frac{\partial u}{\partial t} - D_j(a_{ij} D_i u) + b_i D_i u + cu = f, \tag{3.4.1}$$

其中 $a_{ij}, b_i, c \in L^\infty(Q_T)$, $f \in L^2(Q_T)$, $a_{ij} = a_{ji}$, (a_{ij}) 满足一致抛物性条件

$$\lambda |\xi|^2 \leqslant a_{ij}(x,t)\xi_i \xi_j \leqslant \Lambda |\xi|^2, \quad \forall \xi \in \mathbb{R}^n, (x,t) \in Q_T,$$

这里 $0 < \lambda \leqslant \Lambda$ 为常数. 与前一节一样, 考虑方程 (3.4.1) 之满足如下初边值条件的定解问题

$$u\Big|_{\partial\Omega} = 0, \tag{3.4.2}$$

$$u(x,0) = u_0(x). \tag{3.4.3}$$

在这一节里, 我们研究问题 (3.4.1), (3.4.2), (3.4.3) 弱解的存在性, 弱解的定义式为

$$\begin{aligned}&\iint_{Q_T} (u_t\varphi + a_{ij}D_iu \cdot D_j\varphi + b_iD_iu \cdot \varphi + cu\varphi)\, dxdt \\ =&\iint_{Q_T} f\varphi dxdt, \quad \forall \varphi \in \overset{\circ}{C}{}^{\infty}(\overline{Q}_T).\end{aligned} \tag{3.4.4}$$

我们只打算简略地谈谈前几节介绍的几种方法如何应用到一般方程 (3.4.1) 上.

3.4.1 能量方法

用能量方法证明弱解的存在性基于 Lax-Milgram 定理的一个变体. 这个定理可用于 a_{ij} 仅依赖于空间变量 x 时的方程 (3.4.1). 为了证明这一点, 和 §3.1 的做法一样, 我们需要引出积分恒等式 (3.4.4) 的如下等价形式:

$$\begin{aligned}&\iint_{Q_T} (u_t\varphi_t + a_{ij}D_iu \cdot D_j\varphi_t + b_iD_iu \cdot \varphi_t + cu\varphi_t)\, \mathrm{e}^{-\theta t} dxdt \\ =&\iint_{Q_T} f\varphi_t \mathrm{e}^{-\theta t} dxdt, \quad \forall \varphi \in \overset{\circ}{C}{}^{\infty}(\overline{Q}_T),\end{aligned}$$

其中常数 $\theta > 0$ 可任取. 不妨假设初值 $u_0 = 0$. 于是, 令

$$\begin{aligned}a(u,v) = &\iint_{Q_T} (u_tv_t + a_{ij}D_iu \cdot D_jv_t + b_iD_iu \cdot v_t \\ &+ cuv_t)\mathrm{e}^{-\theta t} dxdt, \quad u \in \overset{\bullet}{W}{}_2^{1,1}(Q_T), v \in V(Q_T).\end{aligned}$$

双线性型 $a(u,v)$ 的有界性是显然的. 为证 $a(u,v)$ 的强制性, 即对某一常数 $\delta > 0$, 有

$$a(v,v) \geqslant \delta \|v\|^2_{W_2^{1,1}(Q_T)}, \quad \forall v \in V(Q_T), \tag{3.4.5}$$

我们需要仔细估计 $a(v,v)$ 的表达式中的各项.

注意到 a_{ij} 与 t 无关, 类似定理 3.1.2 的证明, 利用抛物性条件, 对 $v \in V(Q_T)$, 我们有

$$\iint_{Q_T} a_{ij}D_iv \cdot D_jv_t\mathrm{e}^{-\theta t} dxdt$$

$$
\begin{aligned}
&=\frac{1}{2}\iint_{Q_T}\frac{\partial}{\partial t}\left(a_{ij}D_iv\cdot D_jv\right)\mathrm{e}^{-\theta t}dxdt\\
&=\frac{1}{2}\iint_{Q_T}\frac{\partial}{\partial t}\left(a_{ij}D_iv\cdot D_jv\mathrm{e}^{-\theta t}\right)dxdt\\
&\quad+\frac{\theta}{2}\iint_{Q_T}a_{ij}D_iv\cdot D_jv\mathrm{e}^{-\theta t}dxdt\\
&=\frac{\mathrm{e}^{-\theta T}}{2}\int_{\Omega}a_{ij}D_iv\cdot D_jv\Big|_{t=T}dx\\
&\quad+\frac{\theta}{2}\iint_{Q_T}a_{ij}D_iv\cdot D_jv\mathrm{e}^{-\theta t}dxdt\\
&\geqslant\frac{\lambda\mathrm{e}^{-\theta T}}{2}\int_{\Omega}|\nabla v|^2\Big|_{t=T}dx+\frac{\theta\lambda}{2}\iint_{Q_T}|\nabla v|^2\mathrm{e}^{-\theta t}dxdt\\
&\geqslant\frac{\theta\lambda}{2}\iint_{Q_T}|\nabla v|^2\mathrm{e}^{-\theta t}dxdt.
\end{aligned}\tag{3.4.6}
$$

利用带 ε 的 Cauchy 不等式，又可得

$$
\begin{aligned}
&\left|\iint_{Q_T}b_iD_iv\cdot v_t\mathrm{e}^{-\theta t}dxdt\right|\\
\leqslant&\varepsilon\iint_{Q_T}v_t^2\mathrm{e}^{-\theta t}dxdt+\frac{C}{\varepsilon}\iint_{Q_T}|\nabla v|^2\mathrm{e}^{-\theta t}dxdt,
\end{aligned}\tag{3.4.7}
$$

$$
\begin{aligned}
&\left|\iint_{Q_T}cvv_t\mathrm{e}^{-\theta t}dxdt\right|\\
\leqslant&\varepsilon\iint_{Q_T}v_t^2\mathrm{e}^{-\theta t}dxdt+\frac{C}{\varepsilon}\iint_{Q_T}v^2\mathrm{e}^{-\theta t}dxdt,
\end{aligned}\tag{3.4.8}
$$

其中常数 C 仅依赖于 $|b_i|$ 和 $|c|$ 的上界， $\varepsilon>0$ 可任取.

利用式 (3.4.6), 式 (3.4.7), 式 (3.4.8) 和 Poincaré 不等式，我们得到

$$
\begin{aligned}
a(v,v)\geqslant&(1-2\varepsilon)\iint_{Q_T}v_t^2\mathrm{e}^{-\theta t}dxdt\\
&+\left(\frac{\theta\lambda}{4}-\frac{C}{\varepsilon}\right)\iint_{Q_T}|\nabla v|^2\mathrm{e}^{-\theta t}dxdt\\
&+\left(\frac{\theta\lambda}{4\mu}-\frac{C}{\varepsilon}\right)\iint_{Q_T}v^2\mathrm{e}^{-\theta t}dxdt,
\end{aligned}
$$

其中 $\mu>0$ 是 Poincaré 不等式中的常数. 取 $\varepsilon>0$ 充分小，而 $\theta>0$ 充分大，就知式 (3.4.5) 对某常数 $\delta>0$ 成立.

注 3.4.1 回忆定理 2.3.1, 对椭圆方程，为证弱解的存在性，需要求系数 c 不小于某一指定的非正常数 c_0, 而从上述推理可以看出，对抛物方程，我们除要求系数 c 有界外，不需要附加其他的条件，这是抛物方程与椭圆方程的一个重要的不同点.

3.4.2 Rothe 方法

在 §3.2 中，我们对非齐热方程运用 Rothe 方法，将问题归结为解椭圆方程并对其解做某些必要的估计. 处理椭圆方程时我们用的是变分方法. 所有这些都适用于比较一般的散度型抛物方程. 由于变分法只能用于不含一阶导数项的椭圆方程，这里我们也只讨论 $b_i = 0\,(i = 1, \cdots, n)$ 时的方程 (3.4.1). 值得指出的是，和椭圆方程的情形不同，运用这种方法处理抛物方程时，对系数 c 除有界性外，不需附加其他的条件.

事实上，将方程 (3.4.1) 关于时间 t 离散化后得到的椭圆方程是

$$-D_j(a_{ij}D_iv) + \Big(\frac{1}{h} + c\Big)v = f^{m,j} + \frac{u^{m,j-1}}{h},$$

其相应的泛函为

$$\begin{aligned} J(v) =&\frac{1}{2}\int_\Omega \bigg(a_{ij}D_iv \cdot D_jv + \Big(\frac{1}{h} + c\Big)v^2 \\ &-2\Big(f^{m,j} + \frac{u^{m,j-1}}{h}\Big)v\bigg)\,dx, \quad \forall v \in H_0^1(\Omega). \end{aligned}$$

由于在 $J(v)$ 的表达式中 v^2 的系数为 $\dfrac{1}{h} + c$, 只要系数 c 有界，当 $h > 0$ 充分小时 $\dfrac{1}{h} + c$ 便可非负，这就保证了泛函 $J(v)$ 的下方有界性.

3.4.3 Galerkin 方法

用 Galerkin 方法证明弱解的存在性，首先 (也是关键) 要选取一个适当的基本空间和其中一个标准正交基底. 对于一般的散度型线性抛物方程 (3.4.1), 我们选取 $L^2(\Omega)$ 作为基本空间，下面证明存在所需的基底.

引理 3.4.1 设 $\partial\Omega \in C^2$, 则在 $L^2(\Omega)$ 中存在正规正交基底 $\{\omega_i\}_{i=1}^\infty$ 满足如下条件

(i) $\omega_i \in C^2(\overline{\Omega})$, $\omega_i\Big|_{\partial\Omega} = 0$, $(\omega_i, \omega_j)_{L^2(\Omega)} = \delta_{ij}$;

(ii) 对任意的 $\varphi \in H_0^1(\Omega)$ 和 $\varepsilon > 0$, 存在

$$\varphi_N(x) = \sum_{i=1}^N c_i\omega_i(x), \quad c_i \in \mathbb{R},$$

使得

$$\|\varphi - \varphi_N\|_{H^1(\Omega)} < \varepsilon;$$

(iii) 对任意在 Q_T 的侧边 $\partial_l Q_T$ 上取零值的 $v \in C^2(\overline{Q}_T)$ 和 $\varepsilon > 0$, 存在

$$v_N(x,t) = \sum_{i=1}^N c_i(t)\omega_i(x), \quad c_i(t) \in C^2([0,T]),$$

使得

$$\iint_{Q_T}(|v-v_N|^2+|\nabla v-\nabla v_N|^2)dxdt<\varepsilon.$$

证明 由于 $\partial\Omega\in C^2$, 利用边界的局部拉平, 有限覆盖和单位分解等技巧, 可知存在 $\zeta(x)\in C^2(\overline{\Omega})$, 使得 $\zeta\Big|_{\partial\Omega}=0$, 且 $\zeta(x)>0$ 于 Ω. 设 $\Omega\subset\{x\in\mathbb{R}^n;-l<x_i<l,i=1,2,\cdots,n\}$, 记

$$\bar{\omega}_k(x)=\left(\frac{1}{l}\right)^{n/2}\prod_{j=1}^{n}\sin\left(\frac{\pi k_j x_j}{2l}\right),$$

其中 $k=(k_1,k_2,...,k_n)$, k_j 为正整数.

任给 $\varphi\in C_0^\infty(\Omega)$. 由 ζ 的定义知, $\dfrac{\varphi}{\zeta}\in C_0^2(\Omega)$. 于是当 $h>0$ 充分小时, 有 $\left(\dfrac{\varphi}{\zeta}\right)_h\in C_0^\infty(\Omega)$, 且

$$\left\|\frac{\varphi}{\zeta}-\left(\frac{\varphi}{\zeta}\right)_h\right\|_{H^1(\Omega)}<\frac{\varepsilon}{2},$$

其中 f_h 表 f 的磨光, 磨光半径为 h. 将 $\left(\dfrac{\varphi}{\zeta}\right)_h$ 按函数系 $\{\bar{\omega}_k\}$ 展成 Fourier 级数, 由于此级数及各项取一阶导数后的级数都在 $\overline{\Omega}$ 上一致收敛, 故对任意的 $\varepsilon>0$, 存在形如 $\sum\limits_{1\leqslant k_j\leqslant N}c_k\bar{\omega}_k(x)$ 的函数, 满足

$$\left\|\left(\frac{\varphi}{\zeta}\right)_h-\sum_{1\leqslant k_j\leqslant N}c_k\bar{\omega}_k\right\|_{H^1(\Omega)}<\frac{\varepsilon}{2},$$

亦即

$$\left\|\left(\frac{\varphi}{\zeta}\right)_h-\sum_{1\leqslant k_j\leqslant N}c_k\bar{\omega}_k\right\|_{L^2(\Omega)}+\sum_{i=1}^{n}\left\|\frac{\partial}{\partial x_i}\left(\frac{\varphi}{\zeta}\right)_h-\sum_{1\leqslant k_j\leqslant N}c_k\frac{\partial\bar{\omega}_k}{\partial x_i}\right\|_{L^2(\Omega)}<\frac{\varepsilon}{2}.$$

于是

$$\left\|\frac{\varphi}{\zeta}-\sum_{1\leqslant k_j\leqslant N}c_k\bar{\omega}_k\right\|_{L^2(\Omega)}<\varepsilon,$$

$$\sum_{i=1}^{n}\left\|\frac{\partial}{\partial x_i}\left(\frac{\varphi}{\zeta}\right)-\sum_{1\leqslant k_j\leqslant N}c_k\frac{\partial\bar{\omega}_k}{\partial x_i}\right\|_{L^2(\Omega)}<\varepsilon.$$

令 $\omega_k^*(x)=\zeta(x)\bar{\omega}_k(x)$, 则

$$\left\|\varphi-\sum_{1\leqslant k_j\leqslant N}c_k\omega_k^*\right\|_{L^2(\Omega)}=\left\|\zeta\left(\frac{\varphi}{\zeta}-\sum_{1\leqslant k_j\leqslant N}c_k\bar{\omega}_k\right)\right\|_{L^2(\Omega)}<C\varepsilon,$$

又

$$\begin{aligned}&\sum_{i=1}^n\left\|\frac{\partial\varphi}{\partial x_i}-\sum_{1\leqslant k_j\leqslant N}c_k\frac{\partial\omega_k^*}{\partial x_i}\right\|_{L^2(\Omega)}\\ \leqslant&\sum_{i=1}^n\left\|\frac{\partial\zeta}{\partial x_i}\left(\frac{\varphi}{\zeta}-\sum_{1\leqslant k_j\leqslant N}c_k\bar{\omega}_k\right)\right\|_{L^2(\Omega)}\\ &+\sum_{i=1}^n\left\|\zeta\left(\frac{\partial}{\partial x_i}\left(\frac{\varphi}{\zeta}\right)-\sum_{1\leqslant k_j\leqslant N}c_k\frac{\partial\bar{\omega}_k}{\partial x_i}\right)\right\|_{L^2(\Omega)}\\ \leqslant&C\varepsilon,\end{aligned}$$

故

$$\left\|\varphi-\sum_{1\leqslant k_j\leqslant N}c_k\omega_k^*\right\|_{H^1(\Omega)}\leqslant C\varepsilon,$$

其中常数 C 仅依赖于 ζ, 而与 φ 无关. 注意到 $C_0^\infty(\Omega)$ 在 $H_0^1(\Omega)$ 中是稠密的, 将 $\{\omega_k^*\}$ 在 $L^2(\Omega)$ 中正规正交化便得到满足 (i), (ii) 的 $\{\omega_k\}$.

下面证明 (iii). 将 $v(x,t)$ 在 $\overline{Q}_T$ 中按 $\left\{\sin\dfrac{m\pi}{T}t\right\}$ 展成 Fourier 级数

$$v(x,t)=\sum_{m=1}^\infty\alpha_m(x)\sin\frac{m\pi}{T}t,$$

其中 $\alpha_m\in C^2(\overline{\Omega})$, 且 $\alpha_m\Big|_{\partial\Omega}=0$. 由于此级数及各项取一阶导数后的级数都在 $\overline{Q}_T$ 上一致收敛, 故对任意的 $\varepsilon>0$, 存在 N_1, 使得

$$\iint_{Q_T}\left(|v-\bar{v}_{N_1}|^2+|\nabla v-\nabla\bar{v}_{N_1}|^2\right)dxdt<\varepsilon,$$

其中

$$\bar{v}_{N_1}(x,t)=\sum_{m=1}^{N_1}\alpha_m(x)\sin\frac{m\pi}{T}t.$$

根据 (ii), 存在 N, 使得

$$\left\|\alpha_m-\sum_{1\leqslant k_j\leqslant N}c_{km}\omega_k\right\|_{H_1(\Omega)}^2<\frac{\varepsilon}{N_1},\quad m=1,2,\cdots,N_1.$$

于是

$$\iint_{Q_T} \left(|v-v_N|^2+|\nabla v-\nabla v_N|^2\right) dxdt \leqslant C\varepsilon,$$

其中

$$v_N(x,t)=\sum_{m=1}^{N_1}\sin\frac{m\pi}{T}t\sum_{1\leqslant k_j\leqslant N}c_{km}\omega_k(x)\equiv\sum_{i=1}^{nN}c_i(t)\omega_i(x).$$

利用 Galerkin 方法，我们得到

定理 3.4.1 设 $\partial\Omega\in C^2$, a_{ij}, b_i, c, $\dfrac{\partial a_{ij}}{\partial t}\in L^\infty(\Omega)$, $f\in L^2(\Omega)$, $a_{ij}=a_{ji}$, 且 (a_{ij}) 满足一致抛物性条件， $u_0\in H_0^1(\Omega)$. 则问题 (3.4.1), (3.4.2), (3.4.3) 存在属于 $\overset{\circ}{W}{}_2^{1,1}(Q_T)$ 的弱解.

证明 我们简略地叙述一下证明步骤. 首先考虑系数和非齐项具有一定光滑性的情形，即 $a_{ij}\in C^1(\overline{Q}_T)$, $c,f\in C(\overline{Q}_T)$. 这时可以通过以下几步证明弱解的存在性.

第一步 构造逼近解. 由 $u_0\in H_0^1(\Omega)$ 和引理 3.4.1 (ii), 存在 $u_0^m=\sum\limits_{i=1}^m c_i^m\omega_i$, 使得 u_0^m 在 $H_0^1(\Omega)$ 中收敛于 u_0. 取逼近解为如下形式的函数

$$u_m(x,t)=\sum_{i=1}^m g_i^m(t)\omega_i(x)\quad(m=1,2,\cdots),$$

它满足

$$\begin{aligned}\int_\Omega\Big(&\frac{\partial u_m}{\partial t}\omega_k+a_{ij}\frac{\partial u_m}{\partial x_i}\cdot\frac{\partial\omega_k}{\partial x_j}\\&+b_i\frac{\partial u_m}{\partial x_i}\omega_k+cu_m\omega_k-f\omega_k\Big)dx=0\quad(k=1,2,\cdots,m),\end{aligned}$$

即 $g_i^m(t)\,(i=1,2,\cdots,m)$ 满足

$$\frac{d}{dt}g_i^m(t)=f_i(t,g_1^m(t),\cdots,g_m^m(t))\quad(i=1,2,\cdots,m),\tag{3.4.9}$$

其中 f_i 为 $g_1^m,g_2^m,\cdots,g_m^m$ 的某线性函数. 此外，还要求 g_i^m 满足初值条件

$$g_i^m(0)=c_i^m\quad(i=1,2,\cdots,m).\tag{3.4.10}$$

由常微分方程理论可知初值问题 (3.4.9), (3.4.10) 有解 $g_i^m(t)\in C^1[0,T]$.

第二步 对逼近解做估计，即设法证明下面的估计

$$\|u_m\|_{W_2^{1,1}(Q_T)}\leqslant C\quad(m=1,2,\cdots).$$

第三步 对逼近解取极限.

第四步 通过逼近,进一步证明当系数和非齐项不具有上述光滑性时问题 (3.4.1), (3.4.2), (3.4.3) 弱解的存在性.

第4章　De Giorgi 迭代和 Moser 迭代技术

本章研究弱解的性质. 我们将介绍研究椭圆方程和抛物方程弱解性质的两种重要方法, 即 De Giorgi 迭代和 Moser 迭代. 这两种方法既可用于一般的散度型线性椭圆方程和抛物方程, 也可用于拟线性椭圆方程和抛物方程, 既可用于做弱解的最大模估计, 又可用于研究弱解的其他性质, 比如解的正则性. 为了以尽可能短的篇幅说明两种方法的要领, 我们基本上只讨论 Poisson 方程和非齐次热方程, 并且限于用它们来做弱解的最大模估计.

§4.1　Poisson 方程弱解的整体有界性估计

De Giorgi 迭代是一种做解的 L^∞ 模估计的重要技术. 本节的主要目的就是通过做 Poisson 方程解的最大模估计来介绍这种技术的要点.

4.1.1　Laplace 方程解的弱极值原理

定义 4.1.1　设 $u \in H^1(\Omega)$. 定义 u 在 Ω 和 $\partial\Omega$ 上的上下确界分别为

$$\sup_{\Omega} u = \inf\{l; (u-l)_+ = 0, \text{ a.e. 于}\Omega\},$$

$$\sup_{\partial\Omega} u = \inf\{l; (u-l)_+ \in H_0^1(\Omega)\},$$

$$\inf_{\Omega} u = -\sup_{\Omega}(-u), \quad \inf_{\partial\Omega} u = -\sup_{\partial\Omega}(-u),$$

其中 $s_+ = \max\{s, 0\}$.

当 u 还是 $\overline{\Omega}$ 上的连续函数时, $\sup\limits_{\Omega} u, \inf\limits_{\Omega} u$ 和 $\sup\limits_{\partial\Omega} u, \inf\limits_{\partial\Omega} u$ 都与通常意义下的上下确界的概念相吻合, 前者是显然的, 后者利用 §1.4 关于 $H^1(\Omega)$ 中函数迹的讨论即知.

设 $\Omega \subset \mathbb{R}^n$ 是一有界区域, 考虑 Ω 上的 Laplace 方程

$$-\Delta u = 0, \quad x \in \Omega. \tag{4.1.1}$$

命题 4.1.1　设 $u \in H^1(\Omega)$ 为 Laplace 方程 (4.1.1) 的弱解. 则

$$\sup_{\Omega} u \leqslant \sup_{\partial\Omega} u.$$

证明　由弱解的定义, 积分等式

$$\int_\Omega \nabla u \cdot \nabla \varphi dx = 0 \tag{4.1.2}$$

对任何 $\varphi \in C_0^\infty(\Omega)$ 从而对任何 $\varphi \in H_0^1(\Omega)$ 都成立. 令 $l = \sup\limits_{\partial\Omega} u$. 则对任何 $k > l$, 有 $(u-k)_+ \in H_0^1(\Omega)$. 由命题 1.2.8 知

$$\frac{\partial(u-k)_+}{\partial x_i} = \begin{cases} \dfrac{\partial u}{\partial x_i}, & \text{若 } u > k, \\ 0, & \text{若 } u \leqslant k. \end{cases}$$

在式 (4.1.2) 中取 $\varphi = (u-k)_+$, 便得到

$$\int_\Omega |\nabla(u-k)_+|^2 dx = 0.$$

由 Poincaré 不等式 (定理 1.2.6), 进而可得

$$\int_\Omega |(u-k)_+|^2 dx \leqslant \mu \int_\Omega |\nabla(u-k)_+|^2 dx = 0,$$

其中 $\mu > 0$ 是 Poincaré 不等式中的常数. 因此, $(u-k)_+ = 0$, 即 $u \leqslant k$ a.e. 于 Ω. 由 $k > l$ 的任意性, 即可得命题的结论.

推论 4.1.1 设 $u \in H^1(\Omega)$ 为 Laplace 方程 (4.1.1) 的弱解. 则

$$\inf_\Omega u \geqslant \inf_{\partial\Omega} u.$$

将检验函数选取成形如 $(u-k)_+$ 的函数, 以实现最大模估计, 是一种重要的先验估计方法. 然而, 当我们考虑一般形式的方程时, 上述的简单推理是不能实现的, 而是要通过一种迭代技术, 这就是我们要介绍的 De Giorgi 迭代技术.

4.1.2 Poisson 方程解的弱极值原理

引理 4.1.1 设 $\varphi(t)$ 是定义在 $[k_0, +\infty)$ 上的非负的单调不增函数, 且满足

$$\varphi(h) \leqslant \left(\frac{M}{h-k}\right)^\alpha [\varphi(k)]^\beta, \quad \forall h > k \geqslant k_0, \tag{4.1.3}$$

其中 $\alpha > 0$, $\beta > 1$. 则

$$\varphi(k_0 + d) = 0,$$

这里

$$d = M[\varphi(k_0)]^{(\beta-1)/\alpha} 2^{\beta/(\beta-1)}.$$

证明 定义数列

$$k_s = k_0 + d - \frac{d}{2^s}, \quad s = 0, 1, 2, \cdots.$$

由条件 (4.1.3) 可得递推公式

$$\varphi(k_{s+1}) \leqslant \frac{M^\alpha 2^{(s+1)\alpha}}{d^\alpha}[\varphi(k_s)]^\beta \quad (s=0,1,2,\cdots). \tag{4.1.4}$$

利用归纳法可以证明

$$\varphi(k_s) \leqslant \frac{\varphi(k_0)}{r^s} \quad (s=0,1,2,\cdots), \tag{4.1.5}$$

其中 $r>1$ 待定. 事实上, 若式 (4.1.5) 对于 s 成立, 则由式 (4.1.4), 有

$$\begin{aligned}\varphi(k_{s+1}) \leqslant & \frac{M^\alpha 2^{(s+1)\alpha}}{d^\alpha}[\varphi(k_s)]^\beta \\ \leqslant & \frac{\varphi(k_0)}{r^{s+1}} \cdot \frac{M^\alpha 2^{(s+1)\alpha}}{d^\alpha r^{s(\beta-1)-1}}[\varphi(k_0)]^{\beta-1}.\end{aligned}$$

如选取 $r=2^{\alpha/(\beta-1)}$, 并且还有

$$\frac{M^\alpha 2^{\alpha\beta/(\beta-1)}}{d^\alpha}[\varphi(k_0)]^{\beta-1} \leqslant 1, \tag{4.1.6}$$

则式 (4.1.5) 便对 $s+1$ 也成立. 引理中关于 d 的定义恰好能满足要求式 (4.1.6).

在式 (4.1.5) 中令 $s\to\infty$ 取极限便得到引理的结论.

我们现在考虑 Poisson 方程

$$-\Delta u = f(x), \quad x\in\Omega. \tag{4.1.7}$$

定理 4.1.1 设 $f\in L^\infty(\Omega)$, $u\in H^1(\Omega)$ 为 Poisson 方程 (4.1.7) 的弱解. 则

$$\sup_\Omega u \leqslant \sup_{\partial\Omega} u + C\|f\|_{L^\infty(\Omega)},$$

其中 C 为仅依赖于 n 和 Ω 的正常数.

证明 由弱解的定义, 积分等式

$$\int_\Omega \nabla u\cdot\nabla\varphi dx = \int_\Omega f\varphi dx$$

对任何 $\varphi\in C_0^\infty(\Omega)$ 从而对任何 $\varphi\in H_0^1(\Omega)$ 成立. 令 $l=\sup\limits_{\partial\Omega} u$. 对任何 $k>l$, 在上面的积分等式中取 $\varphi=(u-k)_+$, 得

$$\int_\Omega |\nabla\varphi|^2 dx = \int_\Omega f\varphi dx.$$

从而

$$\int_\Omega |\nabla\varphi|^2 dx \leqslant \int_\Omega |f\varphi| dx. \tag{4.1.8}$$

由嵌入定理，进而可得

$$\left(\int_\Omega |\varphi|^p dx\right)^{2/p} \leqslant C\int_\Omega |f\varphi|dx,$$

其中 C 仅依赖于 n 和 Ω, 而

$$2<p<\begin{cases} +\infty, & n=1,2,\\ \dfrac{2n}{n-2}, & n>2. \end{cases}$$

因此

$$\left(\int_{A(k)} |\varphi|^p dx\right)^{2/p} \leqslant C\int_{A(k)} |f\varphi|dx,$$

其中

$$A(k)=\{x\in\Omega; u(x)>k\}.$$

Hölder 不等式给出

$$\int_{A(k)} |f\varphi|dx \leqslant \left(\int_{A(k)} |\varphi|^p dx\right)^{1/p}\left(\int_{A(k)} |f|^q dx\right)^{1/q},$$

其中 q 为 p 的共轭指数，即

$$\frac{1}{p}+\frac{1}{q}=1.$$

于是

$$\left(\int_{A(k)} |\varphi|^p dx\right)^{1/p} \leqslant C\left(\int_{A(k)} |f|^q dx\right)^{1/q}. \tag{4.1.9}$$

注意到当 $h>k$ 时， $A(h)\subset A(k)$, 而在 $A(h)$ 上 $\varphi\geqslant h-k$, 我们有

$$\int_{A(k)} |\varphi|^p dx \geqslant \int_{A(h)} |\varphi|^p dx \geqslant (h-k)^p|A(h)|,$$

这里和前面一样我们将一集合 E 的测度记成 $|E|$. 故由式 (4.1.9) 得到

$$(h-k)|A(h)|^{1/p}\leqslant C\|f\|_{L^\infty(\Omega)}\cdot|A(k)|^{1/q},$$

即

$$|A(h)|\leqslant\left(\frac{C\|f\|_{L^\infty(\Omega)}}{h-k}\right)^p|A(k)|^{p/q}.$$

因为 $p>2$ 蕴含了 $p>q$, 引理 4.1.1 给出

$$|A(l+d)|=0,$$

其中

$$
\begin{aligned}
d =& C\|f\|_{L^\infty(\Omega)} \cdot |A(l)|^{(p-q)/(pq)} 2^{p/(p-q)} \\
\leqslant & C|\Omega|^{(p-q)/(pq)} 2^{p/(p-q)} \|f\|_{L^\infty(\Omega)}.
\end{aligned}
$$

按 $A(k)$ 的定义，这就是说，在 Ω 上几乎处处有

$$
u \leqslant l + C|\Omega|^{(p-q)/(pq)} 2^{p/(p-q)} \|f\|_{L^\infty(\Omega)}.
$$

推论 4.1.2 设 $f \in L^\infty(\Omega)$, $u \in H^1(\Omega)$ 为 Poisson 方程 (4.1.7) 的弱解. 则

$$
\inf_{\Omega} u \geqslant \inf_{\partial\Omega} u - C\|f\|_{L^\infty(\Omega)},
$$

其中 C 为仅依赖于 n 和 Ω 的正常数.

De Giorgi 迭代技术可应用于一般的散度型椭圆方程以得到弱极值原理. 例如对于比 Poisson 方程稍一般的方程

$$
-\Delta u + c(x)u = f(x) + \mathrm{div}\boldsymbol{f}(x), \quad x \in \Omega, \tag{4.1.10}
$$

我们有

定理 4.1.2 设 $p > n \geqslant 3$, $0 \leqslant c(x) \leqslant M$, $f \in L^{p_*}(\Omega)$, $\boldsymbol{f} \in L^p(\Omega, \mathbb{R}^n)$, $u \in H^1(\Omega)$ 为方程 (4.1.10) 的弱解. 则

$$
\sup_{\Omega} u \leqslant \sup_{\partial\Omega} u_+ + C\left(\|f\|_{L^{p_*}(\Omega)} + \|\boldsymbol{f}\|_{L^p(\Omega)}\right)|\Omega|^{1/n-1/p},
$$

$$
\inf_{\Omega} u \geqslant \inf_{\partial\Omega} u_- - C\left(\|f\|_{L^{p_*}(\Omega)} + \|\boldsymbol{f}\|_{L^p(\Omega)}\right)|\Omega|^{1/n-1/p},
$$

其中 $p_* = np/(n+p)$, $s_- = \min\{s, 0\}$, C 仅依赖于 n, p, M 和 Ω, 但与 $|\Omega|$ 的下界无关.

证明留给读者.

§4.2 热方程弱解的整体有界性估计

本节我们利用 De Giorgi 迭代技术来做热方程弱解的最大模估计.

4.2.1 齐次热方程解的弱极值原理

定义 4.2.1 设 $u \in W_2^{1,1}(Q_T)$, 其中 $Q_T = \Omega \times (0, T)$. 定义 u 在 Q_T 和 $\partial_p Q_T$ 上的上下确界分别为

$$
\sup_{Q_T} u = \inf\{l; (u-l)_+ = 0, \text{ a.e. 于} Q_T\},
$$

$$\sup_{\partial_p Q_T} u = \inf\{l; (u-l)_+ \in \overset{\bullet}{W}{}_2^{1,1}(Q_T)\},$$

$$\inf_{Q_T} u = -\sup_{Q_T}(-u), \quad \inf_{\partial_p Q_T} u = -\sup_{\partial_p Q_T}(-u).$$

首先考虑齐次热方程

$$\frac{\partial u}{\partial t} - \Delta u = 0, \quad (x,t) \in Q_T, \tag{4.2.1}$$

其中 $\Omega \subset \mathbb{R}^n$ 是一有界区域，$T > 0$.

命题 4.2.1 设 $u \in W_2^{1,1}(Q_T)$ 为齐次热方程 (4.2.1) 的弱解. 则

$$\sup_{Q_T} u \leqslant \sup_{\partial_p Q_T} u.$$

证明 按弱解的定义，对任何 $\varphi \in \overset{\circ}{C}{}^\infty(\overline{Q}_T)$, 有

$$\iint_{Q_T} (u_t\varphi + \nabla u \cdot \nabla\varphi)\, dxdt = 0.$$

上式中检验函数 φ 也可以选取为 $\overset{\circ}{W}{}_2^{1,1}(Q_T)$ 中的任意函数. 设 $l = \sup\limits_{\partial_p Q_T} u$, $k > l$. 令 $\varphi = (u-k)_+$, 则

$$\varphi \in \overset{\bullet}{W}{}_2^{1,1}(Q_T) \subset \overset{\circ}{W}{}_2^{1,1}(Q_T).$$

将 φ 代入到上面的积分等式中，并利用弱导数的运算性质 (见命题 1.2.8), 得

$$\iint_{Q_T} (u-k)_t(u-k)_+ dxdt + \iint_{Q_T} \nabla(u-k)\cdot\nabla(u-k)_+ dxdt = 0,$$

即

$$\frac{1}{2}\iint_{Q_T} \frac{\partial}{\partial t}(u-k)_+^2 dxdt + \iint_{Q_T} |\nabla(u-k)_+|^2 dxdt = 0.$$

再利用引理 3.1.2, 便可得到

$$\frac{1}{2}\int_\Omega (u(x,T)-k)_+^2 dx - \frac{1}{2}\int_\Omega (\gamma((u(x,0)-k)_+))^2 dx + \iint_{Q_T} |\nabla(u-k)_+|^2 dxdt = 0.$$

根据推论 1.4.6, 有

$$\int_\Omega (\gamma((u(x,0)-k)_+))^2 dx = 0,$$

于是

$$\iint_{Q_T} |\nabla(u-k)_+|^2 dxdt \leqslant 0.$$

应用 Poincaré 不等式 (对空间变量), 进而可得

$$\iint_{Q_T}(u-k)_+^2dxdt \leqslant \mu\iint_{Q_T}|\nabla(u-k)_+|^2dxdt \leqslant 0,$$

其中 $\mu>0$ 是 Poincaré 不等式中的常数. 故 $u(x,t)\leqslant k$ a.e. 于 Q_T. 再由 $k>l$ 的任意性即得命题的结论.

推论 4.2.1 设 $u\in W_2^{1,1}(Q_T)$ 为齐次热方程 (4.2.1) 的弱解. 则

$$\inf_{Q_T} u \geqslant \inf_{\partial_p Q_T} u.$$

4.2.2 非齐次热方程解的弱极值原理

现在转到非齐次热方程

$$\frac{\partial u}{\partial t}-\Delta u=f(x,t),\quad (x,t)\in Q_T. \tag{4.2.2}$$

定理 4.2.1 设 $f\in L^\infty(Q_T)$, $u\in W_2^{1,1}(Q_T)$ 为非齐次热方程 (4.2.2) 的弱解. 则

$$\sup_{Q_T} u\leqslant \sup_{\partial_p Q_T} u+C\|f\|_{L^\infty(Q_T)},$$

其中 C 为仅依赖于 n 和 Ω 的正常数.

证明 设 $\sup\limits_{\partial_p Q_T} u=l$. 对任意固定的 $k>l$, 记

$$\varphi=(u-k)_+\chi_{[t_1,t_2]},$$

其中 $\chi_{[t_1,t_2]}(t)$ 为区间 $[t_1,t_2]$ 的特征函数, $0\leqslant t_1<t_2\leqslant T$. 则 $\varphi\in \overset{\circ}{W}{}_2^{1,0}(Q_T)$. 由注 3.1.2 知, 在弱解的定义式中可取 $\varphi=(u-k)_+\chi_{[t_1,t_2]}$ 为检验函数, 于是得到

$$\begin{aligned}&\iint_{Q_T}(u-k)_t(u-k)_+\chi_{[t_1,t_2]}dxdt\\&+\iint_{Q_T}\chi_{[t_1,t_2]}|\nabla(u-k)_+|^2dxdt\\=&\iint_{Q_T}f(u-k)_+\chi_{[t_1,t_2]}dxdt.\end{aligned}$$

令

$$I_k(t)=\int_\Omega (u-k)_+^2dx.$$

则 $I_k(t)$ 于 $[0,T]$ 上绝对连续. 设 σ 为 $I_k(t)$ 在 $[0,T]$ 上的最大值点. 由于 $I_k(0)=0$, $I_k(t)\geqslant 0$, 我们不妨设 $\sigma>0$. 对于充分小的 $\varepsilon>0$, 取 $t_1=\sigma-\varepsilon$, $t_2=\sigma$, 则

$$\frac{1}{2\varepsilon}\int_{\sigma-\varepsilon}^{\sigma}\frac{d}{dt}\int_\Omega(u-k)_+^2dxdt+\frac{1}{\varepsilon}\int_{\sigma-\varepsilon}^{\sigma}\int_\Omega|\nabla(u-k)_+|^2dxdt$$

$$\leqslant \frac{1}{\varepsilon}\int_{\sigma-\varepsilon}^{\sigma}\int_{\Omega}|f|(u-k)_{+}dxdt.$$

注意到

$$\frac{1}{2\varepsilon}\int_{\sigma-\varepsilon}^{\sigma}\frac{d}{dt}\int_{\Omega}(u-k)_{+}^{2}dxdt=\frac{1}{2\varepsilon}(I_k(\sigma)-I_k(\sigma-\varepsilon))\geqslant 0,$$

我们有

$$\frac{1}{\varepsilon}\int_{\sigma-\varepsilon}^{\sigma}\int_{\Omega}|\nabla(u-k)_{+}|^{2}dxdt\leqslant\frac{1}{\varepsilon}\int_{\sigma-\varepsilon}^{\sigma}\int_{\Omega}|f|(u-k)_{+}dxdt.$$

令 $\varepsilon\to 0^{+}$, 得

$$\int_{\Omega}|\nabla(u(x,\sigma)-k)_{+}|^{2}dx\leqslant\int_{\Omega}|f(x,\sigma)|(u(x,\sigma)-k)_{+}dx. \tag{4.2.3}$$

估计式 (4.2.3) 和在 Poisson 方程的讨论中所得到的估计式 (4.1.8) 是完全类似的. 仿照 Poisson 方程的处理方法，令

$$A_k(t)=\{x;u(x,t)>k\},\quad \mu_k=\sup_{0<t<T}|A_k(t)|.$$

则

$$\left(\int_{A_k(\sigma)}(u-k)_{+}^{p}dx\right)^{1/p}\leqslant C\left(\int_{A_k(\sigma)}|f|^{q}dx\right)^{1/q}$$
$$\leqslant C\|f\|_{L^{\infty}(Q_T)}\cdot|A_k(\sigma)|^{1/q}\leqslant C\|f\|_{L^{\infty}(Q_T)}{\mu_k}^{1/q},$$

其中

$$2<p<\begin{cases}+\infty, & n=1,2,\\ \dfrac{2n}{n-2}, & n>2,\end{cases}\qquad q=\frac{p}{p-1}.$$

对 $I_k(\sigma)$ 用 Hölder 不等式，由上述估计便得到

$$I_k(\sigma)\leqslant\left(\int_{A_k(\sigma)}(u-k)_{+}^{p}dx\right)^{2/p}|A_k(\sigma)|^{(p-2)/p}$$
$$\leqslant(C\|f\|_{L^{\infty}(Q_T)})^{2}\mu_k^{(3p-4)/p}.$$

因此，对任何 $t\in[0,T]$, 有

$$I_k(t)\leqslant I_k(\sigma)\leqslant(C\|f\|_{L^{\infty}(Q_T)})^{2}\mu_k^{(3p-4)/p}. \tag{4.2.4}$$

由于对任何 $h>k$, $t\in[0,T]$, 有

$$I_k(t)\geqslant\int_{A_h(t)}(u-k)_{+}^{2}dx\geqslant(h-k)^{2}|A_h(t)|,$$

故由式 (4.2.4) 可得到

$$(h-k)^2\mu_h \leqslant (C\|f\|_{L^\infty(Q_T)})^2\mu_k^{(3p-4)/p},$$

即

$$\mu_h \leqslant \left(\frac{C\|f\|_{L^\infty(Q_T)}}{h-k}\right)^2 \mu_k^{(3p-4)/p}.$$

由于 $p>2$, 故

$$\frac{3p-4}{p} = 1+\frac{2p-4}{p} > 1.$$

利用引理 4.1.1 便得到

$$\mu_{l+d} = \sup_{0<t<T} |A_{l+d}(t)| = 0,$$

其中

$$\begin{aligned} d =& C\|f\|_{L^\infty(Q_T)}\mu_l^{1-2/p}2^{(3p-4)/(2p-4)} \\ \leqslant& C|\Omega|^{1-2/p}2^{(3p-4)/(2p-4)}\|f\|_{L^\infty(Q_T)}. \end{aligned}$$

按 $A(k)$ 的定义，这就是说，在 Q_T 上几乎处处有

$$u \leqslant l + C|\Omega|^{1-2/p}2^{(3p-4)/(2p-4)}\|f\|_{L^\infty(Q_T)}.$$

推论 4.2.2 设 $f\in L^\infty(Q_T)$, $u\in W_2^{1,1}(Q_T)$ 为非齐次热方程 (4.2.2) 的弱解. 则

$$\inf_{Q_T} u \geqslant \inf_{\partial_p Q_T} u - C\|f\|_{L^\infty(Q_T)},$$

其中 C 为仅依赖于 n 和 Ω 的正常数.

De Giorgi 迭代技术可应用于一般的散度型抛物方程以得到弱极值原理. 例如对于方程

$$\frac{\partial u}{\partial t} - \Delta u + c(x,t)u = f(x,t) + \mathrm{div}\boldsymbol{f}(x,t), \quad (x,t)\in Q_T, \tag{4.2.5}$$

我们有

定理 4.2.2 设 $p>n\geqslant 3$, $0\leqslant c(x,t)\leqslant M$, $f\in L^\infty(0,T;L^{p*}(\Omega))$, $\boldsymbol{f}\in L^\infty(0,T;L^p(\Omega,\mathbb{R}^n))$, $u\in W_2^{1,1}(Q_T)$ 为非齐次热方程 (4.2.5) 的弱解. 则

$$\begin{aligned} \sup_{Q_T} u \leqslant& \sup_{\partial_p Q_T} u_+ \\ &+ C\left(\sup_{0<t<T}\|f\|_{L^{p*}(\Omega)} + \sup_{0<t<T}\|\boldsymbol{f}\|_{L^p(\Omega)}\right)|\Omega|^{1/n-1/p}, \end{aligned}$$

$$\inf_{Q_T} u \geqslant \inf_{\partial_p Q_T} u_-$$

$$-C\left(\sup_{0<t<T}\|f\|_{L^{p_*}(\Omega)}+\sup_{0<t<T}\|\boldsymbol{f}\|_{L^p(\Omega)}\right)|\Omega|^{1/n-1/p},$$

其中 $p_*=np/(n+p)$, C 仅依赖于 n, p, M 和 Ω, 但与 $|\Omega|$ 的下界无关.

证明留给读者.

注 4.2.1 在定理 4.2.2 的假设中， $c(x,t)\geqslant 0$ 的条件不是必须的. 如果改成假设 $|c(x,t)|\leqslant M$, 类似的结论也是成立的，但其中的常数 C 还依赖于 T. 事实上，可以令 $w=\mathrm{e}^{-\lambda t}u$, 其中 $\lambda>0$ 待定，而将原方程化成

$$\frac{\partial w}{\partial t}-\Delta w+(\lambda+c)w=\mathrm{e}^{-\lambda t}(f+\mathrm{div}\boldsymbol{f}).$$

只需取 $\lambda=\|c\|_{L^\infty(Q_T)}$ 就可以保证 $c(x,t)+\lambda\geqslant 0$. 因此，将定理 4.2.2 的结论应用于 w 所满足的方程，就可以得到所要的估计.

§4.3 Poisson 方程弱解的局部有界性估计

Moser 迭代是做解的 L^∞ 模估计的另一种重要技术. 本节的主要目的就是通过做 Poisson 方程解的局部有界性估计来介绍这种技术的要点.

4.3.1 弱下 (上) 解

为了进一步讨论 Poisson 方程弱解的局部有界性估计，我们对方程 (4.1.10) 引入弱下 (上) 解的概念.

定义 4.3.1 称 $u\in H^1(\Omega)$ 为方程 (4.1.10) 的弱下 (上) 解，如果对任意的 $0\leqslant\varphi\in C_0^\infty(\Omega)$, 有

$$\int_\Omega(\nabla u\cdot\nabla\varphi+cu\varphi)\,dx\leqslant(\geqslant)\int_\Omega(f\varphi-\boldsymbol{f}\cdot\nabla\varphi)\,dx.$$

有时我们也说方程 (4.1.10) 的弱下 (上) 解是在弱的意义下满足

$$-\Delta u+c(x)u\leqslant(\geqslant)f(x)+\mathrm{div}\boldsymbol{f}(x)$$

的函数.

命题 4.3.1 设 $f\equiv 0,\boldsymbol{f}\equiv\boldsymbol{0},c(x)\geqslant 0$, $u\in H^1(\Omega)\cap L^\infty(\Omega)$ 为方程 (4.1.10) 的弱下解. 又设 $g''(s)\geqslant 0$, $g'(s)\geqslant 0$, $g(0)=0$. 则 $w=g(u)$ 也是方程 (4.1.10) 的弱下解.

证明 由弱解的定义，对任一 $0\leqslant\varphi\in C_0^\infty(\Omega)$, 有

$$\int_\Omega(\nabla u\cdot\nabla\varphi+cu\varphi)dx\leqslant 0.$$

因为 $g'(s) \geqslant 0$, $u \in L^\infty(\Omega)$, 故 $0 \leqslant g'(u)\varphi \in H_0^1(\Omega)$. 因此，我们可以将 $g'(u)\varphi$ 取作检验函数，代入到上面的不等式中，得

$$\int_\Omega \left(g'(u)\nabla u \cdot \nabla\varphi + g''(u)|\nabla u|^2\varphi + cug'(u)\varphi\right) dx \leqslant 0.$$

从而，注意到 $g''(s) \geqslant 0$, 我们有

$$\begin{aligned}&\int_\Omega (\nabla w \cdot \nabla\varphi + cw\varphi)dx\\ \leqslant& -\int_\Omega g''(u)|\nabla u|^2\varphi dx + \int_\Omega c(g(u) - ug'(u))\varphi dx\\ \leqslant& \int_\Omega c(g(u) - ug'(u))\varphi dx.\end{aligned}$$

由于 $c \geqslant 0$, $\varphi \geqslant 0$, 故为证 $w = g(u)$ 是方程 (4.1.10) 的弱下解，只须注意，由假设 $g(0) = 0$ 和 $g''(s) \geqslant 0$, 可知

$$g(s) - sg'(s) \leqslant 0, \quad \forall s \in \mathbb{R}.$$

注 4.3.1 命题 4.3.1 中的条件 $g''(s) \geqslant 0$, $g'(s) \geqslant 0$, 可以换成 $g(s)$ 为下凸的单调不减的 Lipschitz 函数，其典型情形为

$$g(s) = s_+^p, \quad p \geqslant 1.$$

证明留给读者.

4.3.2 Laplace 方程弱解的局部有界性估计

定理 4.3.1 设 $x^0 \in \Omega$, $B_R = B_R(x^0) \subset \Omega$, $u \in H^1(\Omega) \cap L^\infty(\Omega)$ 为 Laplace 方程 (4.1.1) 的弱下解. 则

$$\sup_{B_{R/2}} u \leqslant C\left(\frac{1}{R^n}\int_{B_R} u_+^2 dx\right)^{1/2},$$

其中 C 为仅依赖于 n 的正常数.

证明 由命题 4.3.1, u_+ 也是 Laplace 方程 (4.1.1) 的弱下解. 因此，我们不妨假设 $u \geqslant 0$. 为了清楚起见，我们将整个证明分为以下三个步骤进行.

第一步 证明反向 Poincaré 不等式：对任何 $p \geqslant 2$, 有

$$\int_{B_R} \eta^2|\nabla u^{p/2}|^2 dx \leqslant C\int_{B_R} u^p|\nabla\eta|^2 dx, \tag{4.3.1}$$

其中 $\eta(x)$ 为 $B_{\rho'}$ 上相对于 $B_\rho (0 < \rho < \rho' \leqslant R)$ 的切断函数的零延拓, 即 $\eta \in C_0^\infty(B_{\rho'})$, $0 \leqslant \eta(x) \leqslant 1$, $\eta(x) = 1$ 于 B_ρ, $\eta(x) = 0$ 于 $\Omega \backslash B_{\rho'}$, 且 $|\nabla\eta| \leqslant \dfrac{C}{\rho' - \rho}$.

在弱下解的定义式中选取 η^2u^{p-1}(注意 u 是非负的) 为检验函数，得

$$\int_{\Omega}\nabla u\cdot\nabla(\eta^2u^{p-1})dx\leqslant 0,$$

即

$$(p-1)\int_{B_R}\eta^2u^{p-2}|\nabla u|^2dx+2\int_{B_R}\eta u^{p-1}\nabla u\cdot\nabla\eta dx\leqslant 0.$$

从而

$$\frac{p-1}{p}\int_{B_R}\eta^2|\nabla u^{p/2}|^2dx+\int_{B_R}\eta u^{p/2}\nabla u^{p/2}\cdot\nabla\eta dx\leqslant 0.$$

利用带 ε 的 Cauchy 不等式，我们有

$$\int_{B_R}\eta u^{p/2}\nabla u^{p/2}\cdot\nabla\eta dx\leqslant\frac{\varepsilon}{2}\int_{B_R}\eta^2|\nabla u^{p/2}|^2dx+\frac{1}{2\varepsilon}\int_{B_R}u^p|\nabla\eta|^2dx,$$

故适当选取 $\varepsilon>0$ 可得式 (4.3.1).

第二步 证明反向 Hölder 不等式：对任何 $p\geqslant 2$, 有

$$\left(\frac{1}{R^n}\int_{B_\rho}u^{pq}dx\right)^{1/q}\leqslant C\left(\frac{1}{R^{n-2}(\rho'-\rho)^2}\int_{B_{\rho'}}u^pdx\right),\tag{4.3.2}$$

其中

$$1<q<\begin{cases}+\infty, & n=1,2,\\ \dfrac{n}{n-2}, & n>2.\end{cases}$$

由注 1.2.7, 我们有

$$\begin{aligned}&\left(\frac{1}{R^n}\int_{B_\rho}\eta^{2q}u^{pq}dx\right)^{1/2q}\\ \leqslant & R^{-n/2q}\left(\int_{B_R}(\eta u^{p/2})^{2q}dx\right)^{1/2q}\\ \leqslant & CR^{1-n/2}\left(\int_{B_R}|\nabla(\eta u^{p/2})|^2dx\right)^{1/2},\end{aligned}$$

或写为

$$\left(\frac{1}{R^n}\int_{B_\rho}\eta^{2q}u^{pq}dx\right)^{1/q}\leqslant\frac{C}{R^{n-2}}\int_{B_R}|\nabla(\eta u^{p/2})|^2dx,$$

其中常数 C 仅与 n 有关. 而由反向 Poincaré 不等式 (4.3.1), 又有

$$\int_{B_R}|\nabla(\eta u^{p/2})|^2dx=\int_{B_R}|\eta\nabla u^{p/2}+u^{p/2}\nabla\eta|^2dx$$

$$
\begin{aligned}
&\leqslant 2\int_{B_R}\eta^2|\nabla u^{p/2}|^2dx+2\int_{B_R}u^p|\nabla\eta|^2dx\\
&\leqslant C\int_{B_R}u^p|\nabla\eta|^2dx.
\end{aligned}
$$

故式 (4.3.2) 成立.

第三步 迭代.

令

$$
\rho_k=\frac{R}{2}\left(1+\frac{1}{2^k}\right),\quad k=0,1,\cdots.
$$

在式 (4.3.2) 中取 $p=2q^k$, $\rho=\rho_{k+1}$, $\rho'=\rho_k$, 得

$$
\begin{aligned}
&\left(\frac{1}{R^n}\int_{B_{\rho_{k+1}}}|u|^{2q^{k+1}}dx\right)^{1/(2q^{k+1})}\\
\leqslant &C^{1/(2q^k)}4^{(k+2)/(2q^k)}\left(\frac{1}{R^n}\int_{B_{\rho_k}}|u|^{2q^k}dx\right)^{1/(2q^k)}.
\end{aligned}
$$

反复迭代, 可得

$$
\begin{aligned}
&\left(\frac{1}{R^n}\int_{B_{\rho_{k+1}}}|u|^{2q^{k+1}}dx\right)^{1/(2q^{k+1})}\\
\leqslant &C^{\alpha}4^{\beta}\left(\frac{1}{R^n}\int_{B_R}u^2dx\right)^{1/2},
\end{aligned}
$$

其中

$$
\alpha=\sum_{k=0}^{\infty}\frac{1}{2q^k},\quad \beta=\sum_{k=0}^{\infty}\frac{k+2}{2q^k}.
$$

由于 $q>1$ 保证了上述两个级数的收敛性, 故 α,β 为有限数. 于是对某常数 C(仅与 n 有关), 有

$$
\left(\frac{1}{R^n}\int_{B_{R/2}}|u|^{2q^{k+1}}dx\right)^{1/(2q^{k+1})}\leqslant C\left(\frac{1}{R^n}\int_{B_R}u^2dx\right)^{1/2}.
$$

最后, 令 $k\to\infty$, 就得到所要证明的结论

$$
\sup_{B_{R/2}}u\leqslant C\left(\frac{1}{R^n}\int_{B_R}u^2dx\right)^{1/2}.
$$

4.3.3 Poisson 方程弱解的局部有界性估计

现在转到当 $\boldsymbol{f}\equiv\mathbf{0}$ 时的方程 (4.1.10), 即

$$-\Delta u+c(x)u=f(x),\quad x\in\Omega. \tag{4.3.3}$$

定理 4.3.2 设 $0\leqslant c(x)\leqslant M$, $f\in L^\infty(\Omega)$, $u\in H^1(\Omega)\cap L^\infty(\Omega)$ 为方程 (4.3.3) 的弱下解. 则存在仅依赖于 M 的常数 $R_0>0$, 使当 $0<R\leqslant R_0$ 时, 对任意的 $x^0\in\Omega$, 只要 $B_R=B_R(x^0)\subset\Omega$, 就有

$$\sup_{B_{R/2}}u\leqslant C\left(\frac{1}{R^n}\int_{B_R}u^2dx\right)^{1/2}+C\|f\|_{L^\infty(\Omega)},$$

其中 C 为仅依赖于 n,R_0 和 M 的正常数.

证明 对任意的 $x^0\in\Omega$, 令 $\overline{u}(x)=u(x)+|x-x^0|^2\cdot\|f\|_{L^\infty(\Omega)}$, 则在弱的意义下

$$\begin{aligned}&-\Delta\overline{u}+c\overline{u}\\=&-\Delta u-2n\|f\|_{L^\infty(\Omega)}+cu+c|x-x^0|^2\cdot\|f\|_{L^\infty(\Omega)}\\\leqslant&f+c|x-x^0|^2\cdot\|f\|_{L^\infty(\Omega)}-2n\|f\|_{L^\infty(\Omega)}\\\leqslant&f+M|x-x^0|^2\cdot\|f\|_{L^\infty(\Omega)}-2n\|f\|_{L^\infty(\Omega)}.\end{aligned}$$

取 $R_0>0$ 充分小, 使得 $R_0^2\leqslant\dfrac{1}{M+1}$, 则

$$-\Delta\overline{u}+c\overline{u}\leqslant0,\quad 于B_{R_0}(x^0),$$

即 $\overline{u}$ 为方程 $-\Delta v+cv=0$ 在 $B_{R_0}(x^0)$ 上的弱下解. 由命题 4.3.1, 在弱的意义下, 自然也有

$$-\Delta\overline{u}_++c\overline{u}_+\leqslant0, 于B_{R_0}(x^0),$$

从而

$$-\Delta\overline{u}_+\leqslant0, 于B_{R_0}(x^0),$$

即 $\overline{u}_+$ 为 Laplace 方程在 $B_{R_0}(x^0)$ 上的弱下解. 于是由定理 4.3.1, 可得

$$\sup_{B_{R/2}}\overline{u}_+\leqslant C\left(\frac{1}{R^n}\int_{B_R}|\overline{u}_+|^2dx\right)^{1/2},\quad 0<R\leqslant R_0.$$

从而对任何 $0<R\leqslant R_0$, 有

$$\sup_{B_{R/2}}u\leqslant C\left(\frac{1}{R^n}\int_{B_R}u^2dx\right)^{1/2}+C\|f\|_{L^\infty(\Omega)}.$$

注 4.3.2 定理 4.3.1 和定理 4.3.2 中用来做局部有界性估计的方法通常被称为 Moser 迭代技术. 这是一种非常重要的方法, 它依据的是

$$\|u\|_{L^\infty} = \lim_{p\to\infty} \|u\|_{L^p}.$$

做有界性估计的基本思路是, 选取适当的 ρ_k 和 p_k, 它们满足 $\rho_0 = R$, $\lim\limits_{k\to\infty} \rho_k = R/2$, $\lim\limits_{k\to\infty} p_k = +\infty$, 设法证明

$$A_k = \|u\|_{L^{p_k}(B_{\rho_k})}$$

满足递推公式

$$A_{k+1} \leqslant C^{\alpha_k} A_k.$$

这里要保证级数 $\sum\limits_{k=0}^{\infty} \alpha_k$ 是收敛的.

4.3.4 Poisson 方程弱解的近边估计

以上所做的估计都是针对 Ω 的内点进行的. 我们还要考虑边界点附近的估计. 作为例子, 我们对典型区域 $Q^+ = \{x \in \mathbb{R}^n; |x_i| < 1\,(1 \leqslant i \leqslant n), x_n > 0\}$ 来介绍这种近边估计. 对于一般形状的区域, 我们可以采取 "局部拉平" 的办法, 将边界点的某个邻域化成这种典型区域. 当然, 在做变换时, 方程的形式也要发生变化, 但从处理方法上来看, 并无本质的差别.

定理 4.3.3 假设 $0 \leqslant c(x) \leqslant M$, $f \in L^\infty(Q^+)$, $u \in H^1(Q^+) \cap L^\infty(Q^+)$ 为方程 (4.3.3) 的弱下解, 且 u 在 Q^+ 的底边上的迹为零. 则存在仅依赖于 M 的常数 $R_0 \in (0,1]$, 使当 $0 < R \leqslant R_0$ 时, 对 Q^+ 的底边上的任意一点 x^0, 只要 $B_R^+ = B_R^+(x^0) \subset Q^+$, 就有

$$\sup_{B_{R/2}^+} u \leqslant C\left(\frac{1}{R^n}\int_{B_R^+} u^2 dx\right)^{1/2} + C\|f\|_{L^\infty(Q^+)},$$

其中 $B_R^+(x^0) = B_R(x^0) \cap \{x \in \mathbb{R}^n; x_n > 0\}$, C 为仅依赖于 n, R_0 和 M 的正常数.

§4.4 非齐次热方程弱解的局部有界性估计

本节我们利用 Moser 迭代技术来做非齐次热方程弱解的局部有界性估计.

4.4.1 弱下 (上) 解

我们先对方程 (4.2.5) 引入弱下 (上) 解的概念.

定义 4.4.1 称 $u \in W_2^{1,1}(Q_T)$ 为方程 (4.2.5) 的弱下 (上) 解，如果对任何 $0 \leqslant \varphi \in C_0^\infty(Q_T)$，都有

$$\iint_{Q_T} (u_t\varphi + \nabla u \cdot \nabla\varphi + cu\varphi)\, dxdt \leqslant (\geqslant) \iint_{Q_T} (f\varphi - \boldsymbol{f} \cdot \nabla\varphi)\, dxdt.$$

有时我们也说方程 (4.2.5) 的弱下 (上) 解是在弱的意义下满足

$$\frac{\partial u}{\partial t} - \Delta u + c(x,t)u \leqslant (\geqslant) f(x,t) + \mathrm{div}\boldsymbol{f}(x,t)$$

的函数.

命题 4.4.1 设 $f \equiv 0, \boldsymbol{f} \equiv \boldsymbol{0}$，$c(x,t) \geqslant 0$，$u \in W_2^{1,1}(Q_T) \cap L^\infty(Q_T)$ 为方程 (4.2.5) 的弱下解. 又设 $g''(s) \geqslant 0$，$g'(s) \geqslant 0$，$g(0) = 0$，则 $g(u)$ 也是方程 (4.2.5) 的弱下解.

证明类似于椭圆情形 (命题 4.3.1).

注 4.4.1 命题 4.4.1 中的条件 $g''(s) \geqslant 0$, $g'(s) \geqslant 0$ 可以换成 $g(s)$ 为下凸的单调不减的 Lipschitz 函数，其典型情形为

$$g(s) = s_+^p, \quad p \geqslant 1.$$

4.4.2 齐次热方程弱解的局部有界性估计

定理 4.4.1 设 $(x^0, t_0) \in Q_T$，$Q_R = Q_R(x^0, t_0) = B_R(x^0) \times (t_0 - R^2, t_0 + R^2) \subset Q_T$，$u \in W_2^{1,1}(Q_T) \cap L^\infty(Q_T)$ 为齐次热方程 (4.2.1) 的弱下解. 则

$$\sup_{Q_{R/2}} u \leqslant C \left(\frac{1}{R^{n+2}} \iint_{Q_R} u^2 dxdt \right)^{1/2},$$

其中 C 为仅依赖于 n 的正常数.

证明 类似于对 Poisson 方程的讨论，我们也分三步来完成定理的证明.

第一步 推导类似于反向 Poincaré 不等式的估计.

对任意的 $R/2 \leqslant \rho < \rho' \leqslant R$，选取 $B_{\rho'}$ 上相对于 B_ρ 的切断函数 $\eta(x)$，即 $\eta \in C_0^\infty(B_{\rho'})$，满足 $0 \leqslant \eta(x) \leqslant 1$，$\eta(x) = 1$ 于 B_ρ，且 $|\nabla\eta(x)| \leqslant \dfrac{C}{\rho' - \rho}$；对 η 做零延拓，使其在 Ω 上有定义. 对任意的 $s \in (t_0 - \rho^2, t_0 + \rho^2)$，选取 $\xi \in C^\infty(-\infty, s]$，使得 $\xi(t) = 1$ 于 $[t_0 - \rho^2, s]$，$\xi(t) = 0$ 于 $(-\infty, t_0 - \rho'^2]$，且对任何 $t \leqslant s$，$0 \leqslant \xi'(t) \leqslant \dfrac{C}{(\rho' - \rho)^2}$；将 ξ 零延拓到 $(-\infty, s)$ 以外的地方.

不妨设 $u \geqslant 0$，否则用 u^+ 代替 u. 在弱下解的定义式中选取 $\varphi = \xi^2\eta^2 u$ 为检验函数，得

$$\iint_{Q_T} \left(u_t\xi^2\eta^2 u + \nabla u \cdot \nabla(\xi^2\eta^2 u)\right) dxdt \leqslant 0,$$

即

$$
\begin{aligned}
&\frac{1}{2}\iint_{Q_{\rho'}^{s}}\frac{\partial}{\partial t}(\xi^2\eta^2u^2)dxdt-\iint_{Q_{\rho'}^{s}}\xi\xi'\eta^2u^2dxdt\\
&+\iint_{Q_{\rho'}^{s}}\xi^2\eta^2|\nabla u|^2dxdt\\
&+2\iint_{Q_{\rho'}^{s}}u\xi^2\eta\nabla u\cdot\nabla\eta dxdt\leqslant 0,
\end{aligned}
$$

其中 $Q_\rho^t=B_\rho\times(t_0-\rho^2,t)$. 注意在 $t=t_0-\rho'^2$ 处 $\xi(t)=0$, 故

$$
\iint_{Q_{\rho'}^{s}}\frac{\partial}{\partial t}(\xi^2\eta^2u^2)dxdt=\int_{B_{\rho'}}\xi^2\eta^2u^2\Big|_{t=s}dx.
$$

利用带 ε 的 Cauchy 不等式，我们有

$$
\begin{aligned}
&2\left|\iint_{Q_{\rho'}^{s}}u\xi^2\eta\nabla u\cdot\nabla\eta dxdt\right|\\
\leqslant&\frac{1}{2}\iint_{Q_{\rho'}^{s}}\xi^2\eta^2|\nabla u|^2dxdt+2\iint_{Q_{\rho'}^{s}}\xi^2u^2|\nabla\eta|^2dxdt.
\end{aligned}
$$

因此

$$
\begin{aligned}
&\frac{1}{2}\int_{B_{\rho'}}\xi^2\eta^2u^2\Big|_{t=s}dx+\iint_{Q_{\rho'}^{s}}\xi^2\eta^2|\nabla u|^2dxdt\\
\leqslant&\frac{1}{2}\iint_{Q_{\rho'}^{s}}\xi^2\eta^2|\nabla u|^2dxdt+2\iint_{Q_{\rho'}^{s}}\xi^2u^2|\nabla\eta|^2dxdt\\
&\quad+\iint_{Q_{\rho'}^{s}}\xi\xi'\eta^2u^2dxdt\\
\leqslant&\frac{1}{2}\iint_{Q_{\rho'}^{s}}\xi^2\eta^2|\nabla u|^2dxdt+\frac{C}{(\rho'-\rho)^2}\iint_{Q_{\rho'}^{s}}u^2dxdt.
\end{aligned}
$$

于是

$$
\begin{aligned}
&\sup_{t_0-\rho^2\leqslant t\leqslant t_0+\rho^2}\int_{B_{\rho'}}\eta^2u^2(x,t)dx+\int_{t_0-\rho^2}^{t_0+\rho^2}\int_{B_{\rho'}}\eta^2|\nabla u|^2dxdt\\
\leqslant&\frac{C}{(\rho'-\rho)^2}\iint_{Q_{\rho'}}u^2dxdt.
\end{aligned}
$$

第二步 推导类似于反向 Hölder 不等式的估计.

设 $\chi(t)$ 为区间 $[t_0-\rho^2,t_0+\rho^2]$ 的特征函数，则 $\chi(t)\eta u\in V_2(Q_R)$. 由 t 向异性嵌入定理 (定理 1.3.2), 可得

$$
\left(\frac{1}{R^{n+2}}\iint_{Q_R}|\chi(t)\eta u|^{2q}dxdt\right)^{1/q}
$$

$$
\begin{aligned}
&\leqslant C(n)R^{-n}\Big(\sup_{t_0-R^2\leqslant t\leqslant t_0+R^2}\int_{B_R}|\chi(t)\eta u(x,t)|^2dx \\
&\qquad+\iint_{Q_R}|\chi(t)\nabla(\eta u)|^2dxdt\Big). \\
&=C(n)R^{-n}\Big(\sup_{t_0-\rho^2\leqslant t\leqslant t_0+\rho^2}\int_{B_{\rho'}}\eta^2u^2(x,t)dx \\
&\qquad+\int_{t_0-\rho^2}^{t_0+\rho^2}\int_{B_{\rho'}}|\eta\nabla u+u\nabla\eta|^2dxdt\Big),
\end{aligned}
$$

其中

$$
q=\begin{cases}5/3, & n=1,2,\\ 1+2/n, & n>2.\end{cases}
$$

利用第一步所证明的不等式，进而得到

$$
\begin{aligned}
&\left(\frac{1}{R^{n+2}}\iint_{Q_\rho}|u|^{2q}dxdt\right)^{1/q} \\
\leqslant&\left(\frac{1}{R^{n+2}}\iint_{Q_R}|\chi(t)\eta u|^{2q}dxdt\right)^{1/q} \\
\leqslant& C(n)R^{-n}\Big(\sup_{t_0-\rho^2\leqslant t\leqslant t_0+\rho^2}\int_{B_{\rho'}}\eta^2u^2(x,t)dx \\
&\qquad+\int_{t_0-\rho^2}^{t_0+\rho^2}\int_{B_{\rho'}}|\eta\nabla u+u\nabla\eta|^2dxdt\Big) \\
\leqslant& C(n)R^{-n}\Big(\sup_{t_0-\rho^2\leqslant t\leqslant t_0+\rho^2}\int_{B_{\rho'}}\eta^2u^2(x,t)dx \\
&+2\int_{t_0-\rho^2}^{t_0+\rho^2}\int_{B_{\rho'}}\eta^2|\nabla u|^2dxdt+2\int_{t_0-\rho^2}^{t_0+\rho^2}\int_{B_{\rho'}}u^2|\nabla\eta|^2dxdt\Big) \\
\leqslant&\frac{C}{R^n(\rho'-\rho)^2}\iint_{Q_{\rho'}}u^2dxdt.
\end{aligned}
$$

由命题 4.4.1, u^{q^k} 也是方程 (4.2.1) 的弱下解，故在上式中可用 u^{q^k} 代替 u, 因而有

$$
\begin{aligned}
&\left(\frac{1}{R^{n+2}}\iint_{Q_\rho}u^{2q^{k+1}}dxdt\right)^{1/2q^{k+1}} \\
\leqslant&\left(\frac{C}{R^n(\rho'-\rho)^2}\iint_{Q_{\rho'}}u^{2q^k}dxdt\right)^{1/2q^k}.
\end{aligned}
$$

第三步 迭代.

完全类似于 Poisson 方程的情形.

4.4.3 非齐热方程弱解的局部有界性估计

现在转到当 $f \equiv 0$ 时的方程 (4.2.5), 即

$$\frac{\partial u}{\partial t} - \Delta u + c(x,t)u = f(x,t), \quad (x,t) \in Q_T. \tag{4.4.1}$$

定理 4.4.2 设 $|c(x,t)| \leqslant M$, $f \in L^\infty(Q_T)$, $u \in W_2^{1,1}(Q_T) \cap L^\infty(Q_T)$ 为方程 (4.4.1) 的弱下解. 则对任意的 $(x^0, t_0) \in Q_T$ 和 $R > 0$, 只要 $Q_R = Q_R(x^0, t_0) \subset Q_T$, 就有

$$\sup_{Q_{R/2}} u \leqslant C\left(\frac{1}{R^{n+2}}\iint_{Q_R} u^2 dxdt\right)^{1/2} + C\|f\|_{L^\infty(Q_T)},$$

其中 C 为仅依赖于 n, M 和 T 的正常数.

证明 令 $w = \mathrm{e}^{-Mt}u$, 则 w 在弱的意义下满足

$$\begin{aligned}
&\frac{\partial w}{\partial t} - \Delta w + (M+c)w \\
=&\mathrm{e}^{-Mt}\left(\frac{\partial u}{\partial t} - \Delta u + cu\right) \\
\leqslant&\mathrm{e}^{-Mt}f,
\end{aligned} \tag{4.4.2}$$

故我们不妨假设在方程 (4.4.1) 中 $0 \leqslant c(x,t) \leqslant 2M$. 令 $\overline{u}(x,t) = u(x,t) - t\|f\|_{L^\infty(Q_T)}$, 则 $\overline{u}$ 在弱的意义下满足

$$\begin{aligned}
&\frac{\partial \overline{u}}{\partial t} - \Delta\overline{u} + c\overline{u} \\
=&\frac{\partial u}{\partial t} - \Delta u + cu - \|f\|_{L^\infty(Q_T)} - ct\|f\|_{L^\infty(Q_T)} \\
=&f - \|f\|_{L^\infty(Q_T)} - ct\|f\|_{L^\infty(Q_T)} \\
\leqslant&0,
\end{aligned}$$

即 $\overline{u}$ 为方程 (4.4.1) 的齐方程的弱下解. 于是

$$\frac{\partial \overline{u}_+}{\partial t} - \Delta\overline{u}_+ + c\overline{u}_+ \leqslant 0, \quad (x,t) \in Q_T,$$

从而

$$\frac{\partial \overline{u}_+}{\partial t} - \Delta\overline{u}_+ \leqslant 0, \quad (x,t) \in Q_T,$$

即 $\overline{u}_+$ 为齐次热方程 (4.2.1) 在 Q_T 上的弱下解. 由定理 4.4.1, 我们有

$$\sup_{Q_{R/2}} \overline{u}_+ \leqslant C\left(\frac{1}{R^{n+2}}\int_{Q_R} |\overline{u}_+|^2 dx\right)^{1/2}.$$

因此

$$\sup_{Q_{R/2}} u \leqslant C \left(\frac{1}{R^{n+2}} \int_{Q_R} u^2 dx \right)^{1/2} + C \|f\|_{L^\infty(Q_T)}.$$

类似于 Poisson 方程，我们也可以考虑近边估计，这里我们不再讨论.

第5章　Harnack 不等式

本章继续研究弱解的性质. 在这里, 我们将集中介绍揭示椭圆与抛物型方程解的性质的 Harnack 不等式. Harnack 不等式不仅对散度形式的一般线性椭圆与抛物型方程成立, 而且对拟线性方程也成立 (见第 10 章). 但为简明起见, 我们只就最简单的 Laplace 方程和齐次热方程立论, 这些讨论的基本精神也适用于更一般的线性方程和拟线性方程.

§5.1　Laplace 方程解的 Harnack 不等式

本节考虑 Laplace 方程

$$-\Delta u = 0, \quad x \in \mathbb{R}^n. \tag{5.1.1}$$

5.1.1　平均值不等式

定理 5.1.1　设 $u \in C^2(\mathbb{R}^n)$ 满足方程 (5.1.1). 则对 $\mathbb{R}^n$ 中任意的球 $B_R = B_R(y)$, 有

$$u(y) = \frac{1}{n\omega_n R^{n-1}} \int_{\partial B_R} u(x) ds, \tag{5.1.2}$$

$$u(y) = \frac{1}{\omega_n R^n} \int_{B_R} u(x) dx, \tag{5.1.3}$$

其中 ω_n 是 $\mathbb{R}^n$ 中单位球的测度.

证明　设 $\rho \in (0, R)$, 将方程 (5.1.1) 在球 $B_\rho = B_\rho(y)$ 上积分, 得

$$\int_{B_\rho} \Delta u dx = \int_{\partial B_\rho} \frac{\partial u}{\partial \boldsymbol{n}} ds = 0,$$

其中 $\boldsymbol{n}$表示 ∂B_ρ 的单位外法向量. 引入极坐标变换 $\rho = |x - y|$, $z = \dfrac{x-y}{\rho}$, 则 $u(x) = u(y + \rho z)$. 由上式可得

$$\begin{aligned}
0 &= \int_{\partial B_\rho} \frac{\partial u}{\partial \boldsymbol{n}} ds \\
&= \int_{\partial B_\rho(0)} \frac{\partial}{\partial \rho} u(y + \rho z) ds \\
&= \rho^{n-1} \int_{\partial B_1(0)} \frac{\partial}{\partial \rho} u(y + w) ds \\
&= \rho^{n-1} \frac{\partial}{\partial \rho} \int_{\partial B_1(0)} u(y + w) ds
\end{aligned}$$

$$=\rho^{n-1}\frac{\partial}{\partial\rho}\left[\rho^{1-n}\int_{\partial B_\rho(0)}u(y+\rho z)ds\right].$$

于是

$$\begin{aligned}\rho^{1-n}\int_{\partial B_\rho(0)}u(y+\rho z)ds=&R^{1-n}\int_{\partial B_R(0)}u(y+Rz)ds\\=&R^{1-n}\int_{\partial B_R}u(x)ds.\end{aligned}$$

在上式中令 $\rho\to 0^+$, 并注意到

$$\lim_{\rho\to 0^+}\rho^{1-n}\int_{\partial B_\rho(0)}u(y+\rho z)ds=n\omega_n u(y),$$

便可得到式 (5.1.2).

式 (5.1.2) 对任何 $R>0$ 成立，即对任意 $\rho>0$, 有

$$n\omega_n\rho^{n-1}u(y)=\int_{\partial B_\rho}u(x)ds,$$

关于 ρ 在 $(0,R)$ 上积分即得式 (5.1.3).

5.1.2 经典的 Harnack 不等式

定理 5.1.2 设 $0\leqslant u\in C^2(\mathbb{R}^n)$ 满足方程 (5.1.1). 则对 $\mathbb{R}^n$ 中任意的球 $B_R=B_R(y)$, 有

$$\sup_{B_R}u\leqslant C\inf_{B_R}u,$$

其中 C 只依赖于 n. 实际上可取 $C=3^n$.

证明 在 $B_R(y)$ 中任取两点 x^1 和 x^2, 则有

$$B_R(x^1)\subset B_{2R}(y)\subset B_{3R}(x^2).$$

由均值不等式，有

$$\begin{aligned}u(x^1)=&\frac{1}{\omega_nR^n}\int_{B_R(x^1)}u(x)dx\\\leqslant&\frac{1}{\omega_nR^n}\int_{B_{2R}(y)}u(x)dx\\\leqslant&\frac{1}{\omega_nR^n}\int_{B_{3R}(x^2)}u(x)dx\\=&3^nu(x^2).\end{aligned}$$

由 x^1 和 x^2 的任意性，就得到所要证明的结论.

上述 Harnack 不等式是对古典解建立的，实际上，对于弱解也有 Harnack 不等式. 下面我们分几步来推导弱解的 Harnack 不等式.

5.1.3 $\sup\limits_{B_R} u$的估计

引理 5.1.1 设 $0 \leqslant T_0 < T_1$, $\varphi(t)$ 是 $[T_0, T_1]$ 上的有界非负函数，且对于任意的 $T_0 \leqslant t < s \leqslant T_1$, φ 满足

$$\varphi(t) \leqslant \theta\varphi(s) + \frac{A}{(s-t)^\alpha} + B,$$

其中 θ, A, B 和 α 是非负常数，且 $\theta < 1$. 则

$$\varphi(\rho) \leqslant C\left(\frac{A}{(R-\rho)^\alpha} + B\right), \quad \forall T_0 \leqslant \rho < R \leqslant T_1,$$

这里 C 是仅依赖于 α 和 θ 的正常数.

证明 设 $T_0 \leqslant \rho < R \leqslant T_1$. 令

$$t_0 = \rho, \quad t_{i+1} = t_i + (1-\tau)\tau^i(R-\rho) \quad (i = 0, 1, \cdots),$$

其中 $\tau \in (0,1)$ 待定. 由假设，得

$$\varphi(t_i) \leqslant \theta\varphi(t_{i+1}) + \frac{A}{((1-\tau)\tau^i(R-\rho))^\alpha} + B, \quad i = 0, 1, \cdots.$$

递推之后可知，对任意的 $k \geqslant 1$, 有

$$\varphi(t_0) \leqslant \theta^k\varphi(t_k) + \left(\frac{A}{(1-\tau)^\alpha(R-\rho)^\alpha} + B\right)\sum_{i=0}^{k-1}(\theta\tau^{-\alpha})^i.$$

选取 τ 使得 $\theta\tau^{-\alpha} < 1$, 在上式中令 $k \to \infty$ 就得到所要证明的结论.

定理 5.1.3 设 $u \in H^1_{\mathrm{loc}}(\mathbb{R}^n)$ 为方程 (5.1.1) 的有界弱下解，则对任意的 $p > 0$ 和 $0 < \theta < 1$, 有

$$\sup_{B_{\theta R}} u \leqslant C\left(\frac{1}{|B_R|}\int_{B_R}(u_+)^p dx\right)^{1/p},$$

其中 C 仅依赖于 n, p 和 $(1-\theta)^{-1}$.

证明 由命题 4.3.1 可知，u_+ 也是 Laplace 方程 (4.1.1) 的弱下解. 因此，不妨假设 $u \geqslant 0$. 用定理 4.3.1(那里我们证明了 $\theta = \dfrac{1}{2}$ 的特殊情形，对 $0 < \theta < 1$ 的一般情形可类推) 可以得到 $p = 2$ 的情形下的结论，对 $p > 2$ 的情形可类似证明. 下面我们考虑 $0 < p < 2$ 的情形. 设 $0 < p < 2$, 由 $p = 2$ 时的结果，有

$$\begin{aligned}\sup_{B_{\theta R}} u \leqslant & C((1-\theta)R)^{-n/2}\left(\int_{B_R} u^2 dx\right)^{1/2} \\ \leqslant & C((1-\theta)R)^{-n/2}\big(\sup_{B_R} u\big)^{1-p/2}\left(\int_{B_R} u^p dx\right)^{1/2}.\end{aligned}$$

利用带 ε 的 Young 不等式，得

$$\sup_{B_{\theta R}} u \leqslant \frac{1}{2}\sup_{B_R} u + C((1-\theta)R)^{-n/p}\|u\|_{L^p(B_R)}.$$

记 $\varphi(s)=\sup\limits_{B_s} u$, 在上式中取 $s=\theta R$, $t=R$, 则有

$$\varphi(s) \leqslant \frac{1}{2}\varphi(t) + \frac{C}{(t-s)^{n/p}}\|u\|_{L^p(B_R)}, \quad \forall 0<s<t\leqslant R.$$

由引理 5.1.1, 得

$$\varphi(\theta R) \leqslant \frac{C}{((1-\theta)R)^{n/p}}\|u\|_{L^p(B_R)}.$$

这就是所要证明的.

5.1.4 $\inf\limits_{B_R} u$的估计

引理 5.1.2 设 $\Phi(s)$ 是 $\mathbb{R}$ 上光滑的凸函数， $\Phi''(s)\geqslant 0$, $u\in H^1_{\rm loc}(\mathbb{R}^n)$ 为方程 (5.1.1) 的有界弱解，则 $v=\Phi(u)\in H^1_{\rm loc}(\mathbb{R}^n)$ 为方程 (5.1.1) 的弱下解，即

$$\int_{\mathbb{R}^n} \nabla v\cdot\nabla\varphi \leqslant 0, \quad \forall 0\leqslant\varphi\in C_0^\infty(\mathbb{R}^n).$$

证明 对任意的检验函数 $0\leqslant\varphi\in C_0^\infty(\mathbb{R}^n)$, 有

$$\begin{aligned}
&\int_{R^n} \nabla v\cdot\nabla\varphi dx\\
=&\int_{R^n} \Phi'(u)\nabla u\cdot\nabla\varphi dx\\
=&\int_{R^n} \nabla u\cdot\nabla(\Phi'(u)\varphi)dx - \int_{R^n}\Phi''(u)|\nabla u|^2\varphi dx\\
\leqslant&\int_{R^n} \nabla u\cdot\nabla(\Phi'(u)\varphi)dx\\
=&0.
\end{aligned}$$

注 5.1.1 $\Phi(s)$ 的光滑性可以减弱为局部 Lipschitz 连续.

引理 5.1.3 设 $w\in L^2(B_2)$, 且对任意 $h\geqslant 1$ 和 B_2 上的任意切断函数 η, 满足

$$\left(\int_{B_2}(\eta^2|w|^{2h})^q dx\right)^{1/q} \leqslant Ch^{2h} + Ch^2\int_{B_2}(|\nabla\eta|+\eta)^2\cdot|w|^{2h}dx,$$

其中 $q>1$, 而 C 与 h 和 η 无关. 则存在常数 $C>0$, 使得对任意的整数 $m\geqslant 2$, 都有

$$\left(\int_{B_1}|w|^m dx\right)^{1/m} \leqslant Cm.$$

证明 令

$$h_i = q^{i-1}, \quad \delta_0 = 2, \quad \delta_i = \delta_{i-1} - \frac{1}{2^i}, \quad i = 1, 2, \cdots.$$

取 η 为 $B_{\delta_{i-1}}$ 相对于 B_{δ_i} 的切断函数, 即 $\eta \in C_0^\infty(B_{\delta_{i-1}})$, $0 \leqslant \eta \leqslant 1$, $\eta(x) = 1$ 于 B_{δ_i}, 且 $|\nabla \eta| \leqslant 2^i C$, 则由假设条件, 可知

$$\left(\int_{B_{\delta_i}} |w|^{2q^i} dx \right)^{1/q} \leqslant C q^{2(i-1)q^{i-1}} + C(2q)^{2(i-1)} \int_{B_{\delta_{i-1}}} |w|^{2q^{i-1}} dx.$$

令 $I_i = \left(\int_{B_{\delta_i}} |w|^{2q^i} dx \right)^{1/(2q^i)}$, 进而有

$$I_i \leqslant C^{1/(2q^{i-1})} q^{i-1} + C^{1/(2q^{i-1})} (2q)^{(i-1)/q^{i-1}} I_{i-1}, \quad i = 1, 2, \cdots.$$

迭代之后, 得

$$I_j \leqslant C \sum_{i=1}^{j} q^{i-1} + C^{\alpha_j} (2q)^{\beta_j} I_0, \quad j = 1, 2, \cdots,$$

其中 $\alpha_j = \sum_{i=1}^{j} \frac{1}{2q^{i-1}}$, $\beta_j = \sum_{i=1}^{j} \frac{i-1}{q^{i-1}}$. 注意到 $\sum_{i=1}^{j} q^{i-1} \leqslant C q^j$, 由上式得

$$I_j \leqslant C q^j + C I_0, \quad j = 1, 2, \cdots.$$

对固定的整数 $m \geqslant 2$, 存在自然数 j, 使得 $2q^{j-1} \leqslant m \leqslant 2q^j$, 利用 Hölder 不等式, 便得

$$\left(\int_{B_1} |w|^m dx \right)^{1/m} \leqslant C I_j \leqslant C m + C I_0.$$

换一个不依赖于 m 的常数 C, 就得到

$$\left(\int_{B_1} |w|^m dx \right)^{1/m} \leqslant C m.$$

引理 5.1.4 设 $w \in H^1_{\text{loc}}(\mathbb{R}^n)$, $\int_{B_2} w(x) dx = 0$, 且

$$\Delta w + |\nabla w|^2 \leqslant 0, \quad x \in \mathbb{R}^n$$

在分布意义下成立. 则存在仅依赖于 n 的常数 $p > 0$, 使得

$$\int_{B_1} \frac{(p|w|)^m}{m!} \leqslant 2^{-m}, \quad m = 2, 3, \cdots. \tag{5.1.4}$$

证明 我们分两步来证明. 先证明 $m=2$ 时的结论, 再利用标准的 Moser 迭代证明 $m>2$ 时的结论.

设 $\eta\in C_0^\infty(B_3)$ 满足 $0\leqslant\eta\leqslant 1$, $\eta=1$ 于 B_2, 且 $|\nabla\eta|\leqslant C$. 取 $\varphi=\eta^2$ 为检验函数, 则

$$-\int_{\mathbb{R}^n}\nabla(\eta^2)\cdot\nabla w dx+\int_{\mathbb{R}^n}|\nabla w|^2\eta^2 dx\leqslant 0.$$

经分部积分并利用带 ε 的 Cauchy 不等式, 得

$$\begin{aligned}&\int_{B_3}|\nabla w|^2\eta^2 dx\\&\int_{B_3}\nabla(\eta^2)\cdot\nabla w dx=2\int_{B_3}\eta\nabla\eta\cdot\nabla w dx\\\leqslant&\frac{1}{2}\int_{B_3}|\nabla w|^2\eta^2 dx+2\int_{B_3}|\nabla\eta|^2 dx\end{aligned}$$

于是

$$\int_{B_2}|\nabla w|^2 dx\leqslant C. \tag{5.1.5}$$

再由 $\int_{B_2}w(x)dx=0$ 和 Poincaré 不等式, 得

$$\int_{B_2}w^2(x)dx\leqslant\mu\int_{B_2}|\nabla w|^2 dx\leqslant C,$$

其中 $\mu>0$ 是 Poincaré 不等式中的常数. 取 $p\leqslant(2C)^{-1/2}$, 即得 $m=2$ 时的式 (5.1.4).

下面考虑 $m>2$ 的情形. 取 $\varphi=\eta^2|w|^{2h}$ 为检验函数, 其中 $h\geqslant 1,\eta\in C_0^\infty(B_2)$, 满足 $0\leqslant\eta\leqslant 1$, $\eta=1$ 于 B_1, 且 $|\nabla\eta|\leqslant C$, 则

$$\begin{aligned}&\int_{B_2}\eta^2|w|^{2h}\cdot|\nabla w|^2 dx\\\leqslant&\int_{B_2}\nabla(\eta^2|w|^{2h})\cdot\nabla w dx\\=&2\int_{B_2}\eta|w|^{2h}\nabla\eta\cdot\nabla w dx+2h\int_{B_2}\eta^2|w|^{2h-1}\operatorname{sgn}w|\nabla w|^2 dx.\end{aligned}$$

而由带 ε 的 Cauchy 不等式和 Young 不等式, 有

$$2\eta|\nabla\eta\cdot\nabla w|\leqslant\frac{1}{4h}\eta^2|\nabla w|^2+4h|\nabla\eta|^2,$$

$$2h|w|^{2h-1}\leqslant\frac{2h-1}{2h}|w|^{2h}+(2h)^{2h-1},$$

因此

$$\begin{aligned}
&\int_{B_2}\eta^2|w|^{2h}\cdot|\nabla w|^2dx\\
\leqslant&\frac{1}{4h}\int_{B_2}\eta^2|w|^{2h}\cdot|\nabla w|^2dx+4h\int_{B_2}|\nabla\eta|^2\cdot|w|^{2h}dx\\
&+\frac{2h-1}{2h}\int_{B_2}\eta^2|w|^{2h}\cdot|\nabla w|^2dx\\
&+(2h)^{2h-1}\int_{B_2}\eta^2|\nabla w|^2dx\\
=&\left(1-\frac{1}{4h}\right)\int_{B_2}\eta^2|w|^{2h}\cdot|\nabla w|^2dx\\
&+(2h)^{2h-1}\int_{B_2}\eta^2|\nabla w|^2dx\\
&+4h\int_{B_2}|\nabla\eta|^2\cdot|w|^{2h}dx,
\end{aligned}$$

结合式 (5.1.5), 得

$$\int_{B_2}\eta^2|w|^{2h}\cdot|\nabla w|^2dx\leqslant C(2h)^{2h}+16h^2\int_{B_2}|\nabla\eta|^2\cdot|w|^{2h}dx.$$

于是

$$\begin{aligned}
&\int_{B_2}|\nabla(\eta^2|w|^{2h})|dx\\
\leqslant&2h\int_{B_2}\eta^2|w|^{2h-1}\cdot|\nabla w|dx+2\int_{B_2}\eta|\nabla\eta|\cdot|w|^{2h}dx\\
\leqslant&\int_{B_2}\eta^2|w|^{2h}\cdot|\nabla w|^2dx+h^2\int_{B_2}\eta^2|w|^{2(h-1)}dx\\
&+2\int_{B_2}\eta|\nabla\eta|\cdot|w|^{2h}dx\\
\leqslant&\int_{B_2}\eta^2|w|^{2h}\cdot|\nabla w|^2dx+h^2\int_{B_2}\eta^2\left(\frac{h-1}{h}|w|^{2h}+\frac{1}{h}\right)dx\\
&+2\int_{B_2}\eta|\nabla\eta|\cdot|w|^{2h}dx\\
\leqslant&C(2h)^{2h}+16h^2\int_{B_2}(|\nabla\eta|+\eta)^2\cdot|w|^{2h}dx.
\end{aligned}$$

利用嵌入定理, 进而得

$$\left(\int_{B_2}(\eta^2|w|^{2h})^qdx\right)^{1/q}\leqslant C\int_{B_2}|\nabla(\eta^2|w|^{2h})|dx$$

$$\leqslant C(2h)^{2h} + Ch^2 \int_{B_2} (|\nabla \eta| + \eta)^2 |w|^{2h} dx,$$

其中

$$1 < q < \begin{cases} +\infty, & n = 1, 2, \\ \dfrac{n}{n-2}, & n > 2. \end{cases}$$

由引理 5.1.3, 有

$$\int_{B_1} |w|^m dx \leqslant (Cm)^m, \quad m = 2, 3, \cdots.$$

注意到 $m^m \leqslant \mathrm{e}^m m!$, 故

$$\int_{B_1} |w|^m dx \leqslant (C\mathrm{e})^m m!.$$

取 $p = (2C\mathrm{e})^{-1}$, 则有

$$\int_{B_1} \frac{(p|w|)^m}{m!} \leqslant 2^{-m}, \quad m = 2, 3, \cdots.$$

定理 5.1.4 设 $u \in H^1_{\mathrm{loc}}(\mathbb{R}^n)$ 为方程 (5.1.1) 的非负有界弱解. 则对任意的 $0 < \theta < 1$, 存在仅依赖于 n 和 $(1-\theta)^{-1}$ 的常数 $p_0 > 0$ 和 $C > 0$, 使得

$$\inf_{B_{\theta R}} u \geqslant \frac{1}{C} \left(\frac{1}{|B_R|} \int_{B_R} u^{p_0} dx \right)^{1/p_0}. \tag{5.1.6}$$

证明 不失一般性, 不妨设 $\inf\limits_{\mathbb{R}_n} u > 0$, 否则可以用 $u + \varepsilon\ (\varepsilon > 0)$ 来代替 u. 为简单计, 我们设 $R = 1$, 否则可采取伸缩变换技巧 (rescaling).

对固定的 $p > 0$, 令 $\Phi(s) = \dfrac{1}{s^p}$, 则 $\Phi''(s) \geqslant 0$. 由引理 5.1.2 可知, $\Phi(u)$ 为 $-\Delta u = 0$ 的弱下解. 从而由定理 5.1.3, 有

$$\sup_{B_\theta} \frac{1}{u^p} \leqslant C \int_{B_1} \frac{1}{u^p} dx.$$

于是

$$\left(\inf_{B_\theta} u \right)^p \geqslant \frac{1}{C} \left(\int_{B_1} u^{-p} dx \right)^{-1},$$

即

$$\begin{aligned} \inf_{B_\theta} u \geqslant & \frac{1}{C^{1/p}} \left(\int_{B_1} u^{-p} dx \right)^{-1/p} \\ = & \frac{1}{C^{1/p}} \left(\int_{B_1} u^{-p} dx \int_{B_1} u^p dx \right)^{-1/p} \left(\int_{B_1} u^p dx \right)^{1/p}. \end{aligned}$$

以下只须证明存在 $p_0>0$, 使得

$$\int_{B_1} u^{-p_0}dx\int_{B_1} u^{p_0}dx\leqslant C. \tag{5.1.7}$$

令 $w=\ln u-\beta, \beta=\dfrac{1}{|B_2|}\displaystyle\int_{B_2}\ln udx$, 则 $\displaystyle\int_{B_2}w(x)dx=0$. 于是为使式 (5.1.7) 成立，只须

$$\int_{B_1} \mathrm{e}^{p_0|w|}dx\leqslant C \tag{5.1.8}$$

成立. 事实上，式 (5.1.8) 蕴含了

$$\int_{B_1} \mathrm{e}^{p_0(\beta-\ln u)}dx\leqslant C,\quad \int_{B_1} \mathrm{e}^{p_0(\ln u-\beta)}dx\leqslant C,$$

这两个不等式相乘即得式 (5.1.7).

为证存在 $p_0>0$ 使得式 (5.1.8) 成立，我们应用引理 5.1.4. 为此需要验证引理 5.1.4 的条件，即证明在分布的意义下，有

$$\Delta w+|\nabla w|^2\leqslant 0,\quad x\in\mathbb{R}^n. \tag{5.1.9}$$

由于 u 是方程 (5.1.1) 的有界弱解，而 $\inf\limits_{\mathbb{R}^n}u>0$, 故对任意的 $0\leqslant\varphi\in C_0^\infty(\mathbb{R}^n)$, 有

$$\int_{\mathbb{R}^n}\nabla u\cdot\nabla\left(\frac{\varphi}{u}\right)dx=0,$$

即

$$\int_{\mathbb{R}^n}\frac{1}{u}\nabla u\cdot\nabla\varphi dx-\int_{\mathbb{R}^n}\frac{1}{u^2}\varphi|\nabla u|^2dx=0,$$

也就是

$$\int_{\mathbb{R}^n}\nabla w\cdot\nabla\varphi dx-\int_{\mathbb{R}^n}|\nabla w|^2\varphi dx=0,\quad \forall 0\leqslant\varphi\in C_0^\infty(\mathbb{R}^n),$$

而这就表明 w 在分布的意义下满足式 (5.1.9).

5.1.5 Harnack 不等式

定理 5.1.5 设 $u\in H^1_{\mathrm{loc}}(\mathbb{R}^n)$ 为方程 (5.1.1) 的非负有界弱解，则对任意的 $0<\theta<1$ 和 $R>0$, 有

$$\sup_{B_{\theta R}}u\leqslant C\inf_{B_{\theta R}}u,$$

其中 C 仅依赖于 n 和 $(1-\theta)^{-1}$.

证明 由定理 5.1.3, 对任意的 $p>0$, 有

$$\sup_{B_{\theta R}}u\leqslant C\left(\frac{1}{|B_R|}\int_{B_R}u^pdx\right)^{1/p}.$$

由定理 5.1.4, 存在 $p_0>0$, 使得

$$\inf_{B_{\theta R}} u \geqslant \frac{1}{C}\left(\frac{1}{|B_R|}\int_{B_R} u^{p_0}dx\right)^{1/p_0}$$

结合上述两式即得所要证明的结论.

5.1.6 Hölder 估计

下面的辅助性引理在证明 Hölder 连续性时经常用到.

引理 5.1.5 设 $\omega(R)$ 是 $[0,R_0]$ 上的非负单调不减函数. 如果存在 $0<\theta,\eta<1$, $0<\gamma\leqslant 1$, $K\geqslant 0$, 使得

$$\omega(\theta R)\leqslant \eta\omega(R)+KR^{\gamma},\quad 0<R\leqslant R_0, \tag{5.1.10}$$

则存在仅依赖于 θ,η 和 γ 的常数 $\alpha\in(0,\gamma)$ 和 $C>0$, 使得

$$\omega(R)\leqslant C\left(\frac{R}{R_0}\right)^{\alpha}[\omega(R_0)+KR_0^{\gamma}],\quad 0<R\leqslant R_0. \tag{5.1.11}$$

证明 不妨设 $\theta^{-\alpha}\eta>1$, 否则可取 η 接近于 1 使这一条件满足, 而对这样的 η, (5.1.10) 更成立. 设 $\tilde R_0\in(\theta R_0,R_0]$, 令

$$\tilde R_s=\theta^s\tilde R_0,\quad s=0,1,2,\cdots.$$

由假设式 (5.1.10), 我们有

$$\omega(\tilde R_{s+1})\leqslant \eta\omega(\tilde R_s)+K\tilde R_s^{\gamma},\quad s=0,1,2,\cdots.$$

通过迭代可知, 对 $s=0,1,2,\cdots$, 有

$$\begin{aligned}\omega(\tilde R_s)\leqslant&\eta^s\omega(\tilde R_0)+\sum_{m=0}^{s-1}K\eta^m\tilde R_{s-m-1}^{\gamma}\\ \leqslant&\eta^s\omega(\tilde R_0)+K\tilde R_0^{\gamma}\theta^{\gamma(s-1)}\sum_{m=0}^{s-1}(\theta^{-\gamma}\eta)^m\\ =&\eta^s\omega(\tilde R_0)+K\tilde R_0^{\gamma}\theta^{\gamma(s-1)}\frac{(\theta^{-\gamma}\eta)^s-1}{\theta^{-\gamma}\eta-1}\\ \leqslant&\eta^s\omega(\tilde R_0)+K\tilde R_0^{\gamma}\theta^{\gamma(s-1)}\frac{(\theta^{-\gamma}\eta)^s}{\theta^{-\gamma}\eta-1}\\ \leqslant&\eta^s[\omega(\tilde R_0)+CK\tilde R_0^{\gamma}],\end{aligned}$$

其中 C 仅依赖于 θ,η 和 γ. 而 $s=\log_\theta\dfrac{\tilde R_s}{\tilde R_0}$, 因此

$$\omega(\tilde R_s)\leqslant\left(\frac{\tilde R_s}{\tilde R_0}\right)^{\alpha}[\omega(\tilde R_0)+CK\tilde R_0^{\gamma}]\leqslant C\left(\frac{\tilde R_s}{R_0}\right)^{\alpha}[\omega(R_0)+KR_0^{\gamma}],$$

其中 $\alpha = \dfrac{\ln \eta}{\ln \theta} \in (0, \gamma)$. 当 $\tilde{R}_0$ 取遍 $(\theta R_0, R_0]$ 时，$\tilde{R}_s\,(s = 0, 1, 2, \cdots)$ 就取遍 $(0, R_0]$, 故由上式就可得到式 (5.1.11).

定理 5.1.6 设 $u \in H^1_{\text{loc}}(\mathbb{R}^n)$ 为方程 (5.1.1) 的有界弱解，则存在 $\alpha \in (0, 1)$, 使得对任意的有界区域 $\Omega \subset \mathbb{R}^n$, 有

$$[u]_{\alpha;\Omega} \leqslant C,$$

其中 C 仅依赖于 n 和 Ω.

证明 对任何固定的 $x^0 \in \mathbb{R}^n$ 和 $R > 0$, 令

$$m(R) = \inf_{B_R} u, \quad M(R) = \sup_{B_R} u,$$

其中 $B_R = B_R(x^0)$. 再令 $v(x) = u(x) - m(R)$, $w(x) = M(R) - u(x)$. 则 $v, w \in H^1_{loc}(\mathbb{R}^n)$ 非负有界，且在分布意义下 $-\Delta v = -\Delta w = 0$ 于 $\mathbb{R}^n$. 对 v 和 w 应用 Harnack 不等式，得

$$\sup_{B_{R/2}} v \leqslant C \inf_{B_{R/2}} v, \quad \sup_{B_{R/2}} w \leqslant C \inf_{B_{R/2}} w,$$

即

$$M(R/2) - m(R) \leqslant C[m(R/2) - m(R)],$$

$$M(R) - m(R/2) \leqslant C[M(R) - M(R/2)].$$

不妨设 $C > 1$, 否则用 $C + 1$ 代替 C. 由上面两个不等式，可知

$$M(R/2) - m(R/2) \leqslant \frac{C-1}{C+1}[M(R) - m(R)].$$

令 $f(R) = M(R) - m(R)$, $\eta = \dfrac{C-1}{C+1}$, 则 $f(R)$ 关于 R 非负单调不减，且

$$f(R/2) \leqslant \eta f(R).$$

由迭代引理 5.1.5, 存在 $\alpha \in (0, 1)$, 使得

$$f(R) \leqslant C R^{\alpha},$$

即

$$[u]_{\alpha, B_R(x^0)} \leqslant C.$$

对 $\overline{\Omega}$ 用有限开覆盖定理即可得到定理的结论.

§5.2 齐次热方程解的 Harnack 不等式

在 §5.1 中，我们建立了 Laplace 方程的 Harnack 不等式：设 $u \in H^1_{\rm loc}(\mathbb{R}^n)$ 为 Laplace 方程 (5.1.1) 的非负有界弱解，则

$$\sup_{B_{\theta R}} u \leqslant C(n,\theta) \inf_{B_{\theta R}} u, \quad \forall \theta \in (0,1).$$

对于齐次热方程

$$\frac{\partial u}{\partial t} - \Delta u = 0, \quad (x,t) \in \mathbb{R}^n \times \mathbb{R}_+ \tag{5.2.1}$$

的非负有界弱解，类似的不等式

$$\sup_{Q_{\theta R}} u \leqslant C(n,\theta) \inf_{Q_{\theta R}} u, \quad \forall \theta \in (0,1) \tag{5.2.2}$$

是否成立呢？下面的例子给出否定的回答.

例 5.2.1 在 $(-R,R) \times [0,R^2]$ 中 $u_t - u_{xx} = 0$ 有非负有界解

$$u(x,t) = (t+R^2)^{-1/2}\exp\left\{-\frac{(x+\xi)^2}{4(t+R^2)}\right\},$$

其中 ξ 为常数. 设 $\theta \in (0,1)$, 对固定的 $x \in (-\theta R, 0) \cup (0, \theta R)$ 和 $t \in [0,R^2]$, 有

$$\frac{u(0,t)}{u(x,t)} = \exp\left\{\frac{2x\xi + x^2}{4(t+R^2)}\right\} \to 0, \quad 当 \xi \operatorname{sgn} x \to -\infty,$$

可见式 (5.2.2) 不可能成立.

但对齐次热方程 (5.2.1) 的非负有界弱解成立着另外形式的 Harnack 不等式. 下面我们分几步来建立这样的 Harnack 不等式. 设 $(x^0,t_0) \in \mathbb{R}^n \times \mathbb{R}_+$, $R^2 < t_0$, 记

$$B_R = B_R(x^0) = \{x \in \mathbb{R}^n; |x - x^0| < R\},$$

$$Q_R = Q_R(x^0,t_0) = B_R(x^0) \times (t_0 - R^2, t_0),$$

$$\Theta_{\theta R} = B_{\theta R}(x^0) \times (t_0 - (\theta+3)R^2/4, t_0 + (\theta-3)R^2/4).$$

5.2.1 $\sup\limits_{\Theta_R} u$ 的估计

定理 5.2.1 设 $u \in H^1_{\rm loc}(\mathbb{R}^n \times \mathbb{R}_+)$ 为方程 (5.2.1) 的有界弱下解，$4R^2 < t_0$, 则

$$\sup_{\Theta_R} u \leqslant C\left(\frac{1}{R^{n+2}}\iint_{\Theta_{2R}} u^2 dxdt\right)^{1/2},$$

其中 C 仅依赖于 n.

证明 类似于 §4.4 齐次热方程解的局部有界性估计就可得到定理的结论.

5.2.2 $\inf\limits_{Q_{\theta R}} u$的估计

引理 5.2.1 设 $\Omega \subset \mathbb{R}^n$ 为有界凸区域, $\mathcal{N}$ 为 Ω 的可测子集, $u \in W^{1,p}(\Omega)$, $1 \leqslant p < +\infty$, 则有

$$\|u - u_{\mathcal{N}}\|_{L^p(\Omega)} \leqslant C\frac{1}{|\mathcal{N}|}(\mathrm{diam}\Omega)^{n+1}\|\nabla u\|_{L^p(\Omega)},$$

其中 $u_{\mathcal{N}} = \int_{\mathcal{N}} u(x)dx$, C 是仅依赖于 n 的常数.

证明 由于 $C^\infty(\overline{\Omega})$ 在 $W^{1,p}(\Omega)$ 中稠密, 因此我们可以仅对 $C^\infty(\overline{\Omega})$ 中的函数证明结论.

设 $u \in C^\infty(\overline{\Omega})$. 对任意的 $x, y \in \Omega$, 有

$$u(x) - u(y) = \int_0^{|x-y|} \frac{\partial u(x + r\omega)}{\partial r} dr, \quad \omega = \frac{x-y}{|x-y|}.$$

关于 y 在 $\mathcal{N}$ 上积分, 得

$$|\mathcal{N}|(u(x) - u_{\mathcal{N}}) = \int_{\mathcal{N}} \int_0^{|x-y|} \frac{\partial u(x + r\omega)}{\partial r} drdy.$$

为方便计, 记 $d = \mathrm{diam}\Omega$,

$$V(x + r\omega) = \begin{cases} \left|\dfrac{\partial u(x + r\omega)}{\partial r}\right|, & \text{当} x + r\omega \in \Omega, \\ 0, & \text{当} x + r\omega \in \mathbb{R}^n \backslash \Omega. \end{cases}$$

于是

$$\begin{aligned} |u(x) - u_{\mathcal{N}}| \leqslant & \frac{1}{|\mathcal{N}|} \int_{|x-y|<d} \int_0^d V(x + r\omega) drdy \\ = & \frac{1}{|\mathcal{N}|} \int_0^d \int_{|\omega|=1} \int_0^d \rho^{n-1} V(x + r\omega) d\rho d\omega dr \\ = & \frac{d^n}{n|\mathcal{N}|} \int_0^d \int_{|\omega|=1} V(x + r\omega) d\omega dr \\ \leq & \frac{d^n}{n|\mathcal{N}|} \int_\Omega |x-y|^{1-n} \cdot |\nabla u(y)| dy. \end{aligned}$$

从而

$$\begin{aligned} & \int_\Omega |u(x) - u_{\mathcal{N}}|^p dx \\ \leqslant & \left(\frac{d^n}{n|\mathcal{N}|}\right)^p \int_\Omega \left(\int_\Omega |x-y|^{1-n} \cdot |\nabla u(y)| dy\right)^p dx. \end{aligned} \tag{5.2.3}$$

若 $p=1$, 则对式 (5.2.3) 的右端交换积分次序便可得到引理的结论; 若 $p>1$ 而 $n=1$, 则对式 (5.2.3) 的右端积分利用 Hölder 不等式也可直接得到引理的结论.

下面我们假设 $p>1,\ n\geqslant 2$. 选取 $\mu\in(0,1)$, 使得

$$1-\frac{n}{p(n-1)}<\mu<\frac{n(p-1)}{p(n-1)},$$

即

$$\mu(1-n)\frac{p}{p-1}>-n,\quad (1-\mu)(1-n)p>-n,$$

显然这样的常数 μ 是存在的. 利用 Hölder 不等式, 我们有

$$\begin{aligned}
&\left(\int_\Omega |x-y|^{1-n}\cdot|\nabla u(y)|dy\right)^p\\
=&\left(\int_\Omega (|x-y|^{\mu(1-n)})\cdot(|x-y|^{(1-\mu)(1-n)}\cdot|\nabla u(y)|)dy\right)^p\\
\leqslant&\left(\int_\Omega |x-y|^{\mu(1-n)p/(p-1)}dy\right)^{p-1}\cdot\\
&\quad\cdot\int_\Omega |x-y|^{(1-\mu)(1-n)p}\cdot|\nabla u(y)|^p dy\\
\leqslant&Cd^{\mu(1-n)p+n(p-1)}\int_\Omega |x-y|^{(1-\mu)(1-n)p}\cdot|\nabla u(y)|^p dy.
\end{aligned}$$

关于 x 在 Ω 上积分, 并交换积分次序, 便得到

$$\begin{aligned}
&\int_\Omega\left(\int_\Omega |x-y|^{1-n}\cdot|\nabla u(y)|dy\right)^p dx\\
\leqslant&Cd^{\mu(1-n)p+n(p-1)}\int_\Omega\int_\Omega |x-y|^{(1-\mu)(1-n)p}\cdot|\nabla u(y)|^p dydx\\
=&Cd^{\mu(1-n)p+n(p-1)}\int_\Omega\left(\int_\Omega |x-y|^{(1-\mu)(1-n)p}dx\right)|\nabla u(y)|^p dy\\
\leqslant&Cd^{\mu(1-n)p+n(p-1)}d^{(1-\mu)(1-n)p+n}\int_\Omega |\nabla u(y)|^p dy\\
=&Cd^p\int_\Omega |\nabla u(y)|^p dy.
\end{aligned}$$

将上式代入式 (5.2.3) 的右端即得到要证明的结论.

引理 5.2.2 对任意常数 $\gamma>0$, 存在非负函数 $g(s)\in C^2(0,+\infty)$ 具有如下性质:

(i) 对任意的 $s>0$, $g''(s)\geqslant[g'(s)]^2-\gamma g'(s)$, $g'(s)\leqslant 0$;

(ii) 当 $s\to 0^+$ 时, $g(s)\sim -\ln s$;

(iii) 当 $s\geqslant 1$ 时, $g(s)=0$.

证明 我们先分析 $g(s)$ 的性质. 设

$$f(s) = -\mathrm{e}^{-g(s)},$$

则

$$f'' + \gamma f' = \mathrm{e}^{-g}[g'' - (g')^2 + \gamma g'].$$

为使 g 具性质 (i), 必须有 $f'' + \gamma f' \geqslant 0$, 即 $h(s) = f' + \gamma f$ 在 $(0, +\infty)$ 为非减的. 特别取

$$g_0(s) = \Big(-\ln\frac{1-\mathrm{e}^{-\gamma s}}{1-\mathrm{e}^{-\gamma}}\Big)^+,$$

$$f_0(s) = -\mathrm{e}^{-g_0(s)} = \max\Big\{-\frac{1-\mathrm{e}^{-\gamma s}}{1-\mathrm{e}^{-\gamma}}, -1\Big\}.$$

显然, 当 $s \neq 1$ 时 $f_0'' + \gamma f_0' = 0$, 而当 $s \geqslant 1$ 时 $f_0(s) = -1$, 从而 $h_0(s) \equiv f_0'(s) + \gamma f_0(s)$ 满足

$$h_0(s) = \begin{cases} -\dfrac{\gamma}{1-\mathrm{e}^{-\gamma}}, & \text{当} s \in [0, 1), \\ -\gamma, & \text{当} s \in (1, +\infty), \end{cases}.$$

而 $\lim\limits_{s\to 1^-} h_0(s) < \lim\limits_{s\to 1^+} h_0(s)$, 且

$$\int_0^2 \mathrm{e}^{\gamma s} h_0(s) ds = -\mathrm{e}^{2\gamma}.$$

下面构造 $g(s)$: 先构造 $h_0(s)$ 的光滑逼近 $h(s) \in C^\infty[0, +\infty)$ 满足 $h(s) < 0$, $h'(s) \geqslant 0$, 且

$$h(s) = h_0(s) \quad \text{当} s \in [0, \frac{1}{2}] \cup [2, +\infty), \quad \int_0^2 \mathrm{e}^{\gamma s} h(s) ds = -\mathrm{e}^{2\gamma}.$$

令

$$\tilde{f}(s) = \mathrm{e}^{-\gamma s} \int_0^s \mathrm{e}^{\gamma s} h(s) ds,$$

则 $\tilde{f}' + \gamma \tilde{f} = h$, $\tilde{f}(0) = 0$, 且

$$\tilde{f}(s) = -1, \quad s \geqslant 2.$$

再构造

$$\tilde{g}(s) = -\ln(-\tilde{f}(s)).$$

由于

$$(\tilde{f}' \mathrm{e}^{\gamma s})' = (\tilde{f}'' + \gamma \tilde{f}') \mathrm{e}^{\gamma s} = h'(s) \mathrm{e}^{\gamma s} \geqslant 0,$$

故 $\tilde{f}'(s)\mathrm{e}^{\gamma s}$ 单调不减, 而当 $s \geqslant 2$ 时 $\tilde{f}'(s)\mathrm{e}^{\gamma s} = 0$, 所以当 $s \geqslant 0$ 时 $\tilde{f}'(s)\mathrm{e}^{\gamma s} \leqslant 0$, 即 $\tilde{f}'(s) \leqslant 0$, 从而 $\tilde{g}'(s) = -(\tilde{f}'(s)/\tilde{f}(s)) \leqslant 0$. 令 $g(s) = \tilde{g}(2s)$, 容易验证 $g(s)$ 即为所求的函数.

注 5.2.1 如果 $g(s)$ 具有性质 (i), 则 $G(s)=g(\alpha s+\beta)$ 同样具有性质 (i), 其中常数 $\alpha\geqslant 1$, $\beta>0$.

引理 5.2.3 设 $u\in H^1_{\mathrm{loc}}(\mathbb{R}^n\times\mathbb{R}_+)$ 为方程 (5.2.1) 的非负弱解, 如果

$$\mathrm{mes}\{(x,t)\in Q_R;u(x,t)\geqslant 1\}\geqslant\mu\mathrm{mes}Q_R,\quad 0<\mu<1, \tag{5.2.4}$$

则对满足 $\dfrac{1-\mu}{1-\sigma}\beta^{-n}=\dfrac{2}{3}$ 的 $\sigma\in(0,\mu)$ 和 $\beta\in(\mu,1)$, 存在仅依赖于 n 和 μ 的常数 $h\in(0,1)$ 使得

$$\mathrm{mes}\{x\in B_{\beta R};u(x,t)\geqslant h\}\geqslant\frac{1}{4}\mathrm{mes}B_{\beta R},\quad t_0-\sigma R^2\leqslant t\leqslant t_0.$$

证明 设 ζ 是 B_R 相对于 $B_{\beta R}$ 的切断函数, 即 $\zeta\in C_0^\infty(B_R)$, $0\leqslant\zeta\leqslant 1$, $\zeta=1$ 于 $B_{\beta R}$, $|\nabla\zeta|\leqslant\dfrac{C}{(1-\beta)R}$. 在方程 (5.2.1) 的弱解的定义式中取检验函数 $\varphi=\zeta^2\chi_{[t_1,t_2]}G'(u)$, 其中 $\chi_{[t_1,t_2]}$ 是区间 $[t_1,t_2]$ 的特征函数, $t_0-R^2\leqslant t_1<t_2\leqslant t_0$, $G(s)\in C^2(\mathbb{R})$ 满足 $G'(s)\leqslant 0$, $G''(s)-(G'(s))^2\geqslant 0$, 则有

$$\int_{t_1}^{t_2}\int_{B_R}(\zeta^2G'(u)u_t+\nabla(\zeta^2G'(u))\cdot\nabla u)dxdt=0,$$

即

$$\int_{t_1}^{t_2}\int_{B_R}(\zeta^2G'(u)u_t+\zeta^2G''(u)|\nabla u|^2+G'(u)\nabla u\cdot\nabla(\zeta^2))dxdt=0.$$

令 $w=G(u)$, 则有

$$\begin{aligned}&\int_{t_1}^{t_2}\int_{B_R}(\zeta^2w_t+\zeta^2|\nabla w|^2+\nabla w\cdot\nabla(\zeta^2))dxdt\\=&\int_{t_1}^{t_2}\int_{B_R}\zeta^2[(G'(u))^2-G''(u)]\cdot|\nabla u|^2dxdt\leqslant 0.\end{aligned}$$

利用带 ε 的 Cauchy 不等式, 可得

$$|\nabla w\cdot\nabla(\zeta^2)|=2\zeta|\nabla w\cdot\nabla\zeta|\leqslant\frac{1}{2}\zeta^2|\nabla w|^2+2|\nabla\zeta|^2.$$

因此

$$\begin{aligned}&\int_{t_1}^{t_2}\int_{B_R}\zeta^2w_tdxdt+\frac{1}{2}\int_{t_1}^{t_2}\int_{B_R}\zeta^2|\nabla w|^2dxdt\\\leqslant&2\int_{t_1}^{t_2}\int_{B_R}|\nabla\zeta|^2dxdt\leqslant CR^n\leqslant C\mathrm{mes}B_R.\end{aligned}\tag{5.2.5}$$

特别取 $w=G(u)=g(u+h)$, 其中 g 为引理 5.2.2 中构造的函数, $h\in(0,1/2]$ 待定. 记

$$\overline{\mu}(t)=\text{mes}\{x\in B_R;u(x,t)\geqslant 1\},\quad N_t=\{x\in B_{\beta R};u(x,t)\geqslant h\}.$$

按假设条件, 有

$$\int_{t_0-R^2}^{t_0}\overline{\mu}(t)dt\geqslant \mu\text{mes}Q_R=R^2\mu\text{mes}B_R.$$

另一方面, 显然有

$$\int_{t_0-\sigma R^2}^{t_0}\overline{\mu}(t)dt\leqslant \sigma R^2\text{mes}B_R.$$

故

$$\int_{t_0-R^2}^{t_0-\sigma R^2}\overline{\mu}(t)dt\geqslant (\mu-\sigma)R^2\text{mes}B_R.$$

从而由中值定理知, 存在 $\tau\in[t_0-R^2,t_0-\sigma R^2]$, 使得

$$\overline{\mu}(\tau)\geqslant\frac{\mu-\sigma}{1-\sigma}\text{mes}B_R.$$

在式 (5.2.5) 中取 $t_1=\tau$, $t_2\in[t_0-\sigma R^2,t_0]$, 并注意到 $\beta\in(\mu,1)$, 便得到

$$\int_\tau^{t_2}\int_{B_R}\zeta^2w_tdxdt\leqslant C\text{mes}B_R\leqslant C(\mu)\text{mes}B_{\mu R}\leqslant C(\mu)\text{mes}B_{\beta R}.$$

因此

$$\begin{aligned}&\int_{B_R}\zeta^2(x)w(x,t_2)dx\\=&\int_\tau^{t_2}\int_{B_R}\zeta^2w_tdxdt+\int_{B_R}\zeta^2(x)w(x,\tau)dx\\\leqslant&C(\mu)\text{mes}B_{\beta R}+\int_{B_R}\zeta^2(x)w(x,\tau)dx.\end{aligned}\tag{5.2.6}$$

由于 $w=g(u+h)$, 而 $g'(s)\leqslant 0$, 我们有

$$\begin{aligned}&\int_{B_R}\zeta^2(x)w(x,t_2)dx\\\geqslant&\int_{B_{\beta R}\setminus N_{t_2}}w(x,t_2)dx\geqslant\text{mes}(B_{\beta R}\setminus N_{t_2})g(2h).\end{aligned}\tag{5.2.7}$$

再注意到 $g(s)=0$ 当 $s\geqslant 1$ 时, 又有

$$\int_{B_R}\zeta^2(x)w(x,\tau)dx\leqslant\int_{B_R}w(x,\tau)dx$$

$$
\begin{aligned}
&= \int_{\{x\in B_R;u(x,\tau)<1\}} w(x,\tau)dx \leqslant (\text{mes}B_R - \overline{\mu}(\tau))g(h) \\
&\leqslant \left(1-\frac{\mu-\sigma}{1-\sigma}\right)g(h)\text{mes}B_R = \frac{1-\mu}{(1-\sigma)\beta^n}g(h)\text{mes}B_{\beta R}.
\end{aligned} \tag{5.2.8}
$$

联合式 (5.2.7), 式 (5.2.8) 和式 (5.2.6), 注意到 $\dfrac{1-\mu}{1-\sigma}\beta^{-n}=\dfrac{2}{3}$, 我们得到

$$
\text{mes}(B_{\beta R}\backslash N_{t_2}) \leqslant \frac{3C(\mu)+2g(h)}{3g(2h)}\text{mes}B_{\beta R}.
$$

从而由于 $g(s)\sim -\ln s\,(s\to 0^+)$, 我们可取 h 适当小，使得

$$
\text{mes}(B_{\beta R}\backslash N_{t_2}) \leqslant \frac{3}{4}\text{mes}B_{\beta R}.
$$

于是

$$
\text{mes}N_{t_2} \geqslant \frac{1}{4}\text{mes}B_{\beta R}, \quad \forall t_2\in[t_0-\sigma R^2, t_0],
$$

即

$$
\text{mes}\{x\in B_{\beta R}; u(x,t)\geqslant h\} \geqslant \frac{1}{4}\text{mes}B_{\beta R}, \quad t_0-\sigma R^2\leqslant t\leqslant t_0.
$$

注 5.2.2 如果条件 (5.2.4) 换为

$$
\text{mes}\{(x,t)\in Q_R; u(x,t)\geqslant \varepsilon\} \geqslant \mu\text{mes}Q_R, \quad 0<\mu<1,
$$

则因 $\dfrac{u}{\varepsilon}$ 仍为方程 (5.2.1) 的非负弱解，所以由引理 5.2.3 可以得到

$$
\text{mes}\{x\in B_{\beta R}; u(x,t)\geqslant \varepsilon h\} \geqslant \frac{1}{4}\text{mes}B_{\beta R}, \quad t_0-\sigma R^2\leqslant t\leqslant t_0.
$$

引理 5.2.4 设 $u\in H^1_{\text{loc}}(\mathbb{R}^n\times\mathbb{R}_+)$ 为方程 (5.2.1) 的非负弱解，且满足

$$
\text{mes}\{x\in B_{\beta R}; u(x,t)\geqslant h\} \geqslant \nu\text{mes}B_{\beta R}, \quad t_0-\sigma R^2\leqslant t\leqslant t_0,
$$

其中 $0<\nu<1$, 则对 $\theta=\dfrac{1}{2}\min(\beta,\sqrt{\sigma})$, 存在仅依赖于 n, ν, h 和 θ 的正数 γ, 使得

$$
u(x,t)>\gamma, \quad (x,t)\in Q_{\theta R}.
$$

证明 令 $w=G(u)$, 其中 $G(s)\in C^2(\mathbb{R})$ 满足 $G'(s)\leqslant 0$, $G''(s)-(G'(s))^2\geqslant 0$, 则在分布意义下， w 满足

$$
\begin{aligned}
w_t-\Delta w =& G'(u)u_t - G'(u)\Delta u - G''(u)|\nabla u|^2 \\
=& -G''(u)|\nabla u|^2 \leqslant 0,
\end{aligned}
$$

因此 w 为方程 (5.2.1) 的弱下解. 由定理 5.2.1, 可得

$$\sup_{Q_{\theta R}} w^2 \leqslant \frac{C}{R^{n+2}}\|w\|_{L^2(Q_{2\theta R})}^2, \tag{5.2.9}$$

其中 C 仅依赖于 n 和 θ. 设 ζ 为引理 5.2.3 的证明中所用的函数, 在式 (5.2.5) 中取 $t_1 = t_0 - \sigma R^2$, $t_2 = t_0$, 得到

$$\int_{t_0-\sigma R^2}^{t_0}\int_{B_R}(\zeta^2 w)_t dxdt + \frac{1}{2}\int_{t_0-\sigma R^2}^{t_0}\int_{B_R}\zeta^2|\nabla w|^2 dxdt \leqslant CR^n. \tag{5.2.10}$$

特别取 $w = G(u) = g(\frac{u+k}{h})$ $(0<k<h)$, g 为引理 5.2.2 中构造的函数. 由 $g(u)$ 的单调性知 $w \leqslant g(\frac{k}{h})$, 故

$$\begin{aligned}
&\int_{t_0-\sigma R^2}^{t_0}\int_{B_R}(\zeta^2 w)_t dxdt\\
=&\int_{B_R}\zeta^2(x)w(x,t)dx\Big|_{t=t_0-\sigma R^2}^{t=t_0}\\
\geqslant&-\int_{B_R}\zeta^2(x)w(x,t_0-\sigma R^2)dx \geqslant -CR^n g(\frac{k}{h}).
\end{aligned} \tag{5.2.11}$$

联合式 (5.2.10) 和式 (5.2.11), 得

$$\int_{t_0-\sigma R^2}^{t_0}\int_{B_{\beta R}}|\nabla w|^2 dxdt \leqslant CR^n\left(1+g(\frac{k}{h})\right). \tag{5.2.12}$$

由假设条件并注意当 $s \geqslant 1$ 时 $g(s)=0$, 有

$$\mathrm{mes}\{x\in B_{\beta R}; w(x,t)=0\} \geqslant \nu \mathrm{mes} B_{\beta R}, \quad t_0-\sigma R^2 \leqslant t \leqslant t_0.$$

应用引理 5.2.1, 取对应的 Ω 为 $B_{\beta R}$, $\mathcal{N} = \{x\in B_{\beta R}; w(x,t)=0\}$, 可知对任意的 $t_0-\sigma R^2 \leqslant t \leqslant t_0$, 有

$$\begin{aligned}
\int_{B_{\beta R}} w^2(x,t)dx \leqslant & C\frac{(\beta R)^{2n+2}}{|\mathcal{N}|^2}\int_{B_{\beta R}}|\nabla w(x,t)|^2 dx\\
\leqslant & C\frac{(\beta R)^{2n+2}}{|B_{\beta R}|^2}\int_{B_{\beta R}}|\nabla w(x,t)|^2 dx\\
\leqslant & CR^2\int_{B_{\beta R}}|\nabla w(x,t)|^2 dx.
\end{aligned}$$

利用式 (5.2.12), 进而有

$$\int_{t_0-\sigma R^2}^{t_0}\int_{B_{\beta R}} w^2(x,t)dxdt$$

$$\leqslant CR^2 \int_{t_0-\sigma R^2}^{t_0} \int_{B_{\beta R}} |\nabla w|^2 dxdt$$
$$\leqslant CR^{n+2} \left(1 + g(\frac{k}{h})\right).$$

联合上式和式 (5.2.9), 便得

$$\sup_{Q_{\theta R}} w^2 \leqslant \frac{C}{R^{n+2}} \|w\|^2_{L^2(Q_{2\theta R})} \leqslant C \left(1 + g(\frac{k}{h})\right). \tag{5.2.13}$$

选取 $k = \gamma$ 充分小, 使得 $2\gamma < h$, 且

$$\left(g(\frac{2\gamma}{h})\right)^2 > C \left(1 + g(\frac{\gamma}{h})\right), \tag{5.2.14}$$

则在 $Q_{\theta R}$ 上有 $u \geqslant \gamma$. 事实上, 如果论断不成立, 则存在 $(\tilde{x}, \tilde{t}) \in Q_{\theta R}$, 使得 $u(\tilde{x}, \tilde{t}) < \gamma$. 从而由式 (5.2.13), 我们便有

$$\left(g(\frac{2\gamma}{h})\right)^2 \leqslant \left(g(\frac{u(\tilde{x}, \tilde{t}) + k}{h})\right)^2 = (w(\tilde{x}, \tilde{t}))^2 \leqslant C \left(1 + g(\frac{k}{h})\right),$$

这与式 (5.2.14) 矛盾.

由注 5.2.2 和引理 5.2.4, 可以得到

定理 5.2.2 (弱Harnack不等式) 设 $u \in H^1_{\rm loc}(\mathbb{R}^n \times \mathbb{R}_+)$ 为方程 (5.2.1) 的非负弱解, 且存在 $\varepsilon > 0$ 及 $\mu \in (0, 1)$, 使得

$$\text{mes}\{(x, t) \in Q_R; u(x, t) \geqslant \varepsilon\} \geqslant \mu \text{mes} Q_R.$$

则存在仅依赖于 n 和 μ 的常数 $\theta \in \left(0, \frac{1}{2}\right)$ 和仅依赖于 n, μ, ε 和 θ 的正数 γ, 使得

$$u(x, t) \geqslant \gamma, \quad \forall (x, t) \in Q_{\theta R}.$$

5.2.3 Harnack 不等式

定理 5.2.3 设 $u \in H^1_{\rm loc}(\mathbb{R}^n \times \mathbb{R}_+)$ 为方程 (5.2.1) 的非负有界弱解, $4R^2 < t_0$, 则存在仅依赖于 n 的常数 $\theta \in (0, 1)$, 使得

$$\sup_{\Theta_R} u \leqslant C \inf_{Q_{\theta R}} u,$$

其中 C 仅依赖于 n 和 θ.

证明 假设 $\sup\limits_{\Theta_R} u = 1$. 由定理 5.2.1, 有

$$1 \leqslant C \left(\frac{1}{R^{n+2}} \iint_{\Theta_{2R}} u^2 dxdt\right)^{1/2} \leqslant C \left(\frac{1}{R^{n+2}} \iint_{Q_{2R}} u^2 dxdt\right)^{1/2},$$

其中 C 仅依赖于 n. 故存在仅依赖于 n 而与解 u 无关的常数 $\varepsilon>0$ 及 $\mu\in(0,1)$, 使得

$$\text{mes}\{(x,t)\in Q_{2R};u(x,t)\geqslant\varepsilon\}\geqslant\mu\text{mes}Q_{2R}.$$

由定理 5.2.2, 存在仅依赖于 n 和 μ 的常数 $\theta\in(0,1)$ 和仅依赖于 n,μ 和 θ 的正数 γ, 使得

$$u(x,t)\geqslant\gamma,\quad(x,t)\in Q_{\theta R}.$$

于是

$$\sup_{\Theta_R}u=1\leqslant\frac{1}{\gamma}\inf_{Q_{\theta R}}u,$$

取 $C=\dfrac{1}{\gamma}$ 即得定理的结论.

下面考虑一般情形. 若 $\sup\limits_{\Theta_R}u=0$, 则结论显然成立. 若 $\sup\limits_{\Theta_R}u>0$, 令 $w=\dfrac{1}{\sup\limits_{\Theta_R}u}u$, 则 w 仍为方程 (5.2.1) 的非负有界弱解, 且 $\sup\limits_{\Theta_R}w=1$. 由上述论证, 有

$$\sup_{\Theta_R}w=1\leqslant C\inf_{Q_{\theta R}}w.$$

两端同乘以 $\sup\limits_{\Theta_R}u$, 便得

$$\sup_{\Theta_R}u\leqslant C\inf_{Q_{\theta R}}u.$$

5.2.4 Hölder 估计

利用弱 Harnack 不等式, 可以得到齐次热方程 (5.2.1) 解的 Hölder 内估计.

引理 5.2.5 设 $u\in H^1(Q_{R_0})$ 为方程 (5.2.1) 在 Q_{R_0} 中的有界弱解, 则存在仅依赖于 n 的常数 $\theta\in\left(0,\dfrac{1}{2}\right)$ 和 $\sigma\in(0,1)$, 使得对任意的 $0<R\leqslant R_0/2$, 或者有

(i) $\underset{Q_{\theta R}}{\text{osc}}\,u\leqslant CR$,

或者有

(ii) $\underset{Q_{\theta R}}{\text{osc}}\,u\leqslant\sigma\underset{Q_R}{\text{osc}}\,u$.

证明 设 $\sup\limits_{Q_R}u=M$. 不失一般性, 可设 $\omega(R)=\underset{Q_R}{\text{osc}}\,u=2M$, 否则做变换 $v=u-\dfrac{1}{2}\left(\sup\limits_{Q_R}u+\inf\limits_{Q_R}u\right)$, 则 v 亦为方程 (5.2.1) 在 Q_{R_0} 中的有界弱解, 而

$$\underset{Q_R}{\text{osc}}\,v=\underset{Q_R}{\text{osc}}\,u=2\sup_{Q_R}v.$$

如果 $M<R$, 则对 $\theta\in(0,1)$, 有

$$\underset{Q_{\theta R}}{\text{osc}}\,u\leqslant\underset{Q_R}{\text{osc}}\,u=2M<2R.$$

由此可推得论断 (i).

下面我们证明当 $M \geqslant R$ 时论断 (ii) 成立. 为此注意

$$\text{mes}\{(x,t) \in Q_R, u \geqslant 0\} \geqslant \frac{1}{2}\text{mes}B_R$$

和

$$\text{mes}\{(x,t) \in Q_R, -u \geqslant 0\} \geqslant \frac{1}{2}\text{mes}B_R$$

总有一个成立, 不妨设第一个式子成立. 令 $\bar{u} = 1 + \dfrac{u}{M}$, 则 $\bar{u} \geqslant 0$ 且满足

$$\text{mes}\{(x,t) \in Q_R, \bar{u} \geqslant 1\} \geqslant \frac{1}{2}\text{mes}B_R.$$

由弱 Harnack 不等式 (定理 5.2.2) 知, 存在 $\theta \in \left(0, \dfrac{1}{2}\right)$ 和 $0 < \gamma < 1$, 使得

$$\bar{u}(x,t) \geqslant \gamma, \quad (x,t) \in Q_{\theta R}.$$

于是

$$-M(1-\gamma) \leqslant u(x,t) \leqslant M, \quad (x,t) \in Q_{\theta R}.$$

从而

$$\omega(\theta R) = \sup_{Q_{\theta R}} u - \inf_{Q_{\theta R}} u \leqslant 2M\left(1 - \frac{\gamma}{2}\right) = \sigma\omega(R),$$

其中 $\sigma = 1 - \dfrac{\gamma}{2}$.

利用迭代引理 (引理 5.1.5), 可以得到

推论 5.2.1 设 $u \in H^1(Q_{R_0})$ 为方程 (5.2.1) 在 Q_{R_0} 中的有界弱解, 则存在仅依赖于 n 的常数 $\alpha \in (0,1)$ 和 $C > 0$, 使得

$$\operatorname*{osc}_{Q_R} u \leqslant C\left(\frac{R}{R_0}\right)^{\alpha}\left[\operatorname*{osc}_{Q_{R_0}} u + R_0\right], \quad 0 < R \leqslant R_0.$$

进一步, 我们有

定理 5.2.4 设 $u \in H^1_{\text{loc}}(\mathbb{R}^n \times \mathbb{R}_+)$ 为方程 (5.2.1) 的有界弱解, 则存在仅依赖于 n 的常数 $\alpha \in (0,1)$, 使得对任意的 $Q_R \subset \overline{Q}_R \subset \mathbb{R}^n \times \mathbb{R}_+$, 有

$$[u]_{\alpha, Q_R} \leqslant C,$$

其中 C 仅依赖于 n 和 Q_R.

第6章 线性椭圆型方程解的 Schauder 估计

本章介绍二阶线性椭圆型方程解的 Schauder 型估计. 我们先介绍 Poisson 方程解的 Schauder 型估计, 通过这种典型的方程, 可以比较清晰地阐明 Schauder 型估计的基本思想, 也便于抓住这类估计的本质. 然后基于这种典型方程的估计结果, 完成一般线性椭圆型方程解的 Schauder 型估计.

为了证明 Poisson 方程解的 Schauder 型估计, 我们采用 Campanato 空间的理论. 相对于位势方法和 Trudinger 给出的基于磨光算子的方法, 证明要简洁许多. 另外, 这一方法不仅适用于二阶线性椭圆型方程和方程组, 还适用于高阶方程和方程组.

§6.1 Campanato 空间

在第 1 章中, 我们引进了 Hölder 空间. 这类函数空间在偏微分方程的经典理论中起着十分重要的作用. 按定义, 一个以 $\alpha \in (0,1)$ 为指数的 Hölder 连续函数 u 满足

$$|u(x) - u(y)| \leqslant C|x-y|^\alpha.$$

在许多情形, 直接由微分方程得出这种逐点型的估计是比较困难的. 然而, 对方程进行积分估计总是相对容易一些. 那么, 能否有一种基于积分的描述方法, 来代替上面的逐点估计? 回答是肯定的. 本节引进 Campanato 空间, 并刻画 Hölder 连续函数的积分特征.

定义 6.1.1 设 $\Omega \subset \mathbb{R}^n$ 是一有界区域. 如果存在 $A > 0$, 使得对任意的 $x \in \Omega$ 和任意的 $0 < \rho < \operatorname{diam}\Omega$, 都有

$$|\Omega_\rho(x)| \geqslant A\rho^n,$$

其中 $\Omega_\rho(x) = \Omega \cap B_\rho(x)$, 则称 Ω 是 (A) 型区域.

定义 6.1.2 (Campanato空间) 设 $p \geqslant 1$, $\mu \geqslant 0$, 由 $L^p(\Omega)$ 中满足

$$\begin{aligned}
[u]_{p,\mu} &= [u]_{p,\mu;\Omega} \\
&\equiv \sup_{\substack{x\in\Omega \\ 0<\rho<\operatorname{diam}\Omega}} \left(\rho^{-\mu}\int_{\Omega_\rho(x)} |u(y) - u_{x,\rho}|^p dy\right)^{1/p} < +\infty
\end{aligned}$$

的函数组成的集合赋以范数

$$\|u\|_{\mathcal{L}^{p,\mu}} = \|u\|_{\mathcal{L}^{p,\mu}(\Omega)} = [u]_{p,\mu;\Omega} + \|u\|_{L^p(\Omega)}$$

后得到的线性赋范空间称为 Campanato 空间，记为 $\mathcal{L}^{p,\mu}(\Omega)$，其中

$$u_{x,\rho}=\frac{1}{|\Omega_\rho(x)|}\int_{\Omega_\rho(x)}u(y)dy.$$

注 6.1.1 $[u]_{p,\mu;\Omega}$ 为半范数，它不构成范数，因为 $[u]_{p,\mu;\Omega}=0$ 并不蕴含 $u=0$. 容易验证

命题 6.1.1 $\mathcal{L}^{p,\mu}(\Omega)$ 是完备的，即为 Banach 空间.

命题 6.1.2 (均值的性质) 设 $\Omega\subset\mathbb{R}^n$ 是 (A) 型区域，$u\in\mathcal{L}^{p,\mu}(\Omega)$，则对任意的 $x\in\overline{\Omega}$ 和任意的 $0<\rho<R<\mathrm{diam}\Omega$，有

$$|u_{x,R}-u_{x,\rho}|\leqslant C[u]_{p,\mu;\Omega}\rho^{-n/p}R^{\mu/p},$$

其中常数 C 仅依赖于 A 和 p.

证明 对任意的 $y\in\Omega_\rho(x)$，我们有

$$|u_{x,R}-u_{x,\rho}|^p\leqslant 2^{p-1}(|u_{x,R}-u(y)|^p+|u_{x,\rho}-u(y)|^p).$$

在 $\Omega_\rho(x)\subset\Omega_R(x)$ 上对 y 积分，得

$$\begin{aligned}&|\Omega_\rho(x)|\cdot|u_{x,R}-u_{x,\rho}|^p\\ \leqslant&2^{p-1}\left(\int_{\Omega_R(x)}|u_{x,R}-u(y)|^pdy+\int_{\Omega_\rho(x)}|u_{x,\rho}-u(y)|^pdy\right).\end{aligned}$$

于是

$$A\rho^n|u_{x,R}-u_{x,\rho}|^p\leqslant C[u]^p_{p,\mu;\Omega}(R^\mu+\rho^\mu)\leqslant C[u]^p_{p,\mu;\Omega}R^\mu.$$

从而

$$|u_{x,R}-u_{x,\rho}|\leqslant C[u]_{p,\mu;\Omega}\rho^{-n/p}R^{\mu/p}.$$

定理 6.1.1 (Hölder连续函数的积分特征) 设 Ω 是 (A) 型区域，$n<\mu\leqslant n+p$，则

$$\mathcal{L}^{p,\mu}(\Omega)\simeq C^\alpha(\overline{\Omega}),$$

其中 $\alpha=\dfrac{\mu-n}{p}$.

证明 设 $u\in C^\alpha(\overline{\Omega})$，往证 $u\in\mathcal{L}^{p,\mu}(\Omega)$. 对任意的 $x\in\Omega$，$0<\rho<\mathrm{diam}\Omega$ 和 $y\in\Omega_\rho(x)$，有

$$\begin{aligned}|u(y)-u_{x,\rho}|=&\frac{1}{|\Omega_\rho(x)|}\left|\int_{\Omega_\rho(x)}(u(y)-u(z))dz\right|\\ \leqslant&\frac{1}{|\Omega_\rho(x)|}\int_{\Omega_\rho(x)}|u(y)-u(z)|dz\end{aligned}$$

$$
\begin{aligned}
&\leqslant \frac{[u]_{\alpha;\Omega}}{|\Omega_\rho(x)|}\int_{\Omega_\rho(x)}|y-z|^\alpha dz\\
&\leqslant \frac{[u]_{\alpha;\Omega}}{A\rho^n}\int_{\Omega_{2\rho}(0)}|z|^\alpha dz\\
&=\frac{[u]_{\alpha;\Omega}}{A\rho^n}\int_0^{2\rho} n\omega_n r^{n-1+\alpha}dr\\
&\leqslant C[u]_{\alpha;\Omega}\rho^\alpha,
\end{aligned}
$$

其中 ω_n 是 $\mathbb{R}^n$ 中单位球的测度. 因此

$$
\begin{aligned}
&\rho^{-\mu}\int_{\Omega_\rho(x)}|u(y)-u_{x,\rho}|^p dy\\
\leqslant & C^p[u]^p_{\alpha;\Omega}\rho^{p\alpha-\mu}|\Omega_\rho(x)|\leqslant C^p\omega_n[u]^p_{\alpha;\Omega},
\end{aligned}
$$

换一个仅依赖于 n, A 和 p 的常数 C, 就有

$$
[u]_{p,\mu;\Omega}\leqslant C[u]_{\alpha;\Omega}. \tag{6.1.1}
$$

又 $\|u\|_{L^p(\Omega)}\leqslant C|u|_{0;\Omega}$, 因而 $u\in\mathcal{L}^{p,\mu}(\Omega)$, 且

$$
\|u\|_{\mathcal{L}^{p,\mu}(\Omega)}\leqslant C|u|_{\alpha;\Omega}.
$$

反过来, 设 $u\in\mathcal{L}^{p,\mu}(\Omega)$, 往证 $u\in C^\alpha(\overline{\Omega})$. 这里 $u\in C^\alpha(\overline{\Omega})$ 是指存在函数 $\tilde{u}\in C^\alpha(\overline{\Omega})$ 使得 $\tilde{u}=u$ a.e. $x\in\Omega$. 我们分三步来证明.

第一步 构造 $\tilde{u}$.

对任意固定的 $x\in\overline{\Omega}$ 和 $0<R<\mathrm{diam}\Omega$, 令 $R_i=R/2^i$ $(i=0,1,2,\cdots)$. 由命题 6.1.2, 可得

$$
|u_{x,R_i}-u_{x,R_{i+1}}|\leqslant C[u]_{p,\mu;\Omega}R^{(\mu-n)/p}2^{i(n-\mu)/p+n/p}.
$$

因此对任意的 $0\leqslant j<i$, 有

$$
\begin{aligned}
&|u_{x,R_j}-u_{x,R_i}|\\
\leqslant & C[u]_{p,\mu;\Omega}R^{(\mu-n)/p}\sum_{k=j}^{i-1}2^{k(n-\mu)/p+n/p}\\
=&C2^{n/p}[u]_{p,\mu;\Omega}R^{(\mu-n)/p}2^{j(n-\mu)/p}\frac{1-\left(2^{(n-\mu)/p}\right)^{i-j}}{1-2^{(n-\mu)/p}},
\end{aligned}
$$

换一个仅依赖于 n, A, p 和 μ 的常数 C, 就有

$$
|u_{x,R_j}-u_{x,R_i}|\leqslant C[u]_{p,\mu;\Omega}R_j^{(\mu-n)/p}. \tag{6.1.2}
$$

这表明对固定的 $x \in \overline{\Omega}$ 和 $0 < R < \mathrm{diam}\Omega$, $\{u_{x,R_i}\}_{i=0}^{\infty}$ 为 Cauchy 序列. 记

$$\tilde{u}_R(x) = \lim_{i\to\infty} u_{x,R_i}.$$

对任意的 $0 < r < R$, 令 $r_i = r/2^i$ $(i = 0, 1, 2, \cdots)$. 由命题 6.1.2, 有

$$\begin{aligned}|u_{x,R_i} - u_{x,r_i}| \leqslant & C[u]_{p,\mu;\Omega} r_i^{-n/p} R_i^{\mu/p} \\ = & C[u]_{p,\mu;\Omega} \left(\frac{R_i}{r_i}\right)^{n/p} R_i^{(\mu-n)/p} \\ = & C[u]_{p,\mu;\Omega} \left(\frac{R}{r}\right)^{n/p} R_i^{(\mu-n)/p}.\end{aligned}$$

因为 $\mu > n$, 故 $\lim\limits_{i\to\infty} |u_{x,R_i} - u_{x,r_i}| = 0$. 从而 $\tilde{u}_R(x) = \tilde{u}_r(x)$, 这表明 $\tilde{u}_R(x)$ 不依赖于 R 的取法. 记 $\tilde{u}(x) = \tilde{u}_R(x)$.

第二步 证明 $\tilde{u} = u$ a.e. $x \in \Omega$.

在式 (6.1.2) 中取 $j = 0$, 再令 $i \to \infty$, 得

$$|u_{x,R} - \tilde{u}(x)| \leqslant C[u]_{p,\mu;\Omega} R^{(\mu-n)/p}. \tag{6.1.3}$$

从而

$$\tilde{u}(x) = \lim_{R\to 0^+} u_{x,R}, \quad \forall x \in \overline{\Omega}.$$

另一方面，由 Lebesgue 微分定理知

$$u(x) = \lim_{R\to 0^+} u_{x,R}, \quad \text{a.e. } x \in \Omega.$$

因此， $\tilde{u} = u$ a.e. $x \in \Omega$.

第三步 证明 $\tilde{u} \in C^{\alpha}(\overline{\Omega})$.

对任意的 $x, y \in \overline{\Omega}$, $x \neq y$, 令 $R = |x - y|$, 我们有

$$|\tilde{u}(x) - \tilde{u}(y)| \leqslant |\tilde{u}(x) - u_{x,2R}| + |u_{x,2R} - u_{y,2R}| + |u_{y,2R} - \tilde{u}(y)|.$$

由式 (6.1.3), 知

$$|\tilde{u}(x) - u_{x,2R}| + |u_{y,2R} - \tilde{u}(y)| \leqslant C[u]_{p,\mu;\Omega} R^{(\mu-n)/p}.$$

令 $G = \Omega_{2R}(x) \cap \Omega_{2R}(y)$, 则有

$$\begin{aligned}&\int_G |u_{x,2R} - u_{y,2R}| dz \\ \leqslant & \int_{\Omega_{2R}(x)} |u_{x,2R} - u(z)| dz + \int_{\Omega_{2R}(y)} |u_{y,2R} - u(z)| dz\end{aligned}$$

$$\begin{aligned}
&\leqslant|\Omega_{2R}(x)|^{1-1/p}\left(\int_{\Omega_{2R}(x)}|u_{x,2R}-u(z)|^pdz\right)^{1/p}\\
&\quad+|\Omega_{2R}(y)|^{1-1/p}\left(\int_{\Omega_{2R}(y)}|u_{y,2R}-u(z)|^pdz\right)^{1/p}\\
&\leqslant(2R)^{\mu/p}|\Omega_{2R}(x)|^{1-1/p}[u]_{p,\mu;\Omega}+(2R)^{\mu/p}|\Omega_{2R}(y)|^{1-1/p}[u]_{p,\mu;\Omega}\\
&\leqslant C[u]_{p,\mu;\Omega}R^{(\mu-n)/p+n}.
\end{aligned}$$

由于 $\Omega_R(x)\subset G$, 故 $AR^n\leqslant|\Omega_R(x)|\leqslant|G|$. 因此

$$|u_{x,2R}-u_{y,2R}|\leqslant C[u]_{p,\mu;\Omega}R^{(\mu-n)/p}.$$

于是

$$|\tilde{u}(x)-\tilde{u}(y)|\leqslant C[u]_{p,\mu;\Omega}|x-y|^{(\mu-n)/p}. \tag{6.1.4}$$

从而

$$[\tilde{u}]_{\alpha;\Omega}\leqslant C[u]_{p,\mu;\Omega},$$

其中 C 仅依赖于 n, A 和 p. 我们还需要估计 $\|\tilde{u}\|_{L^\infty(\Omega)}$. 由式 (6.1.4) 知 $\tilde{u}$ 在 $\overline{\Omega}$ 上连续, 因而存在 $z\in\overline{\Omega}$, 使得

$$\frac{1}{|\Omega|}\int_\Omega\tilde{u}(y)dy=\tilde{u}(z).$$

于是, 对任意的 $x\in\overline{\Omega}$, 有

$$\begin{aligned}
|\tilde{u}(x)|&\leqslant|\tilde{u}(x)-\tilde{u}(z)|+|\tilde{u}(z)|\\
&=|\tilde{u}(x)-\tilde{u}(z)|+\frac{1}{|\Omega|}\left|\int_\Omega\tilde{u}(y)dy\right|\\
&\leqslant C[\tilde{u}]_{\alpha;\Omega}|x-z|^\alpha+|\Omega|^{-1/p}\|\tilde{u}\|_{L^p(\Omega)}\\
&\leqslant C(\mathrm{diam}\Omega)^\alpha[u]_{p,\mu;\Omega}+|\Omega|^{-1/p}\|u\|_{L^p(\Omega)}\\
&\leqslant C\left([u]_{p,\mu;\Omega}+\|u\|_{L^p(\Omega)}\right)\\
&=C\|u\|_{\mathcal{L}^{p,\mu}(\Omega)}.
\end{aligned}$$

因此

$$|\tilde{u}|_{0;\Omega}\leqslant C\|u\|_{\mathcal{L}^{p,\mu}(\Omega)}.$$

从而, $\tilde{u}\in C^\alpha(\overline{\Omega})$, 且

$$|\tilde{u}|_{\alpha;\Omega}=[\tilde{u}]_{\alpha;\Omega}+|\tilde{u}|_{0;\Omega}\leqslant C\|u\|_{\mathcal{L}^{p,\mu}(\Omega)}.$$

综上所述, 我们证明了

$$\mathcal{L}^{p,\mu}(\Omega)\simeq C^\alpha(\overline{\Omega}).$$

注 6.1.2 对 $0<\lambda<1$, 定义新的半范数

$$[u]_{p,\mu}^{(\lambda)}=[u]_{p,\mu;\Omega}^{(\lambda)}\equiv\sup_{\substack{x\in\Omega\\0<\rho<\lambda\mathrm{diam}\Omega}}\left(\rho^{-\mu}\int_{\Omega_\rho(x)}|u(y)-u_{x,\rho}|^p dy\right)^{1/p}.$$

从定理 6.1.1 的证明过程中可以看出, 若 $\alpha=\dfrac{\mu-n}{p}\in(0,1)$, 则这些半范数与 Hölder 半范数 $[u]_{\alpha;\Omega}$ 之间都是等价的, 即

$$C_1[u]_{\alpha;\Omega}\leqslant[u]_{p,\mu;\Omega}^{(\lambda)}\leqslant C_2[u]_{\alpha;\Omega},\tag{6.1.5}$$

其中 C_1,C_2 为仅依赖于 n,A,p,μ 和 λ 的正常数.

事实上, 由式 (6.1.1) 和显然成立的不等式

$$[u]_{p,\mu;\Omega}^{(\lambda)}\leqslant[u]_{p,\mu;\Omega}$$

就知式 (6.1.5) 的后一环是成立的, 并且其中的常数 C_2 可取得与 λ 无关. 另一方面, 类似于式 (6.1.4) 的证明, 可得

$$[u]_{\alpha;\Omega}^{(\lambda)}\equiv\sup_{\substack{x,y\in\Omega\\0<|x-y|<\lambda\mathrm{diam}\Omega}}\frac{|u(x)-u(y)|}{|x-y|^\alpha}\leqslant C[u]_{p,\mu;\Omega}^{(\lambda)},$$

又不难证明

$$[u]_{\alpha;\Omega}\leqslant\left(\frac{1}{\lambda}+1\right)[u]_{\alpha;\Omega}^{(\lambda)},$$

故式 (6.1.5) 的前一环也成立, 但其中的常数 C_1 与 λ 有关.

命题 6.1.3 设 Ω 是 (A) 型区域, 则当 $\mu>n+p$ 时, $\mathcal{L}^{p,\mu}(\Omega)$ 中的所有元素均为常数函数.

证明 由定理 6.1.1 的证明中的式 (6.1.4) 知, 对任意的 $x,y\in\overline{\Omega}$, 有

$$|\tilde{u}(x)-\tilde{u}(y)|\leqslant C[u]_{p,\mu;\Omega}|x-y|^{(\mu-n)/p}.$$

按假设 $\mu>n+p$, 即 $\dfrac{\mu-n}{p}>1$, 故 $\dfrac{\partial\tilde{u}}{\partial x_i}$ $(i=1,2,\cdots,n)$ 存在且恒为 0, 因此 $\tilde{u}$ 为常数函数.

§6.2 半空间上的 Poisson 方程解的 Schauder 估计

本节我们建立半空间上的 Poisson 方程解的 Schauder 估计.

考虑问题

$$-\Delta u(x)=f(x),\quad x\in\mathbb{R}_+^n,\tag{6.2.1}$$

$$u(x) = 0, \quad x \in \partial\mathbb{R}^n_+, \tag{6.2.2}$$

其中 $\mathbb{R}^n_+ = \{x \in \mathbb{R}^n; x_n > 0\}$, $f \in C^\alpha(\overline{\mathbb{R}}^n_+)$, $0 < \alpha < 1$.

我们希望得到如下估计:

若 u 为方程 (6.2.1) 的解, $x^0 \in \mathbb{R}^n_+$, $B_R = B_R(x^0) \subset \mathbb{R}^n_+$, 则有内估计

$$[D^2u]_{\alpha;B_{R/2}} \leqslant C\left(\frac{1}{R^{2+\alpha}}|u|_{0;B_R} + \frac{1}{R^\alpha}|f|_{0;B_R} + [f]_{\alpha;B_R}\right); \tag{6.2.3}$$

若 u 还满足条件 (6.2.2), $x^0 \in \partial\mathbb{R}^n_+$, 则有近边估计

$$[D^2u]_{\alpha;B^+_{R/2}} \leqslant C\left(\frac{1}{R^{2+\alpha}}|u|_{0;B^+_R} + \frac{1}{R^\alpha}|f|_{0;B^+_R} + [f]_{\alpha;B^+_R}\right), \tag{6.2.4}$$

其中 $B^+_R = B^+_R(x^0) = \{x \in B_R(x^0); x_n > 0\}$, C 为仅依赖于 n 的常数.

注 6.2.1 由插值不等式 (定理1.2.3) 可知, 估计式 (6.2.3) 和 (6.2.4) 中的 $[D^2u]_\alpha$ 可换成 $|u|_{2,\alpha}$.

注 6.2.2 假如边值条件为 $u\Big|_{\partial\mathbb{R}^n_+} = \varphi$, 而 $\varphi \in C^{2,\alpha}(\overline{\mathbb{R}}^n_+)$, 则可代替方程 (6.2.1) 而考虑关于 $u - \varphi$ 的方程.

注 6.2.3 虽然我们所考虑的域是半空间 $\mathbb{R}^n_+$, 但从以后的证明可以看出, 所得到的内估计对任何域 $D \subset \mathbb{R}^n$ 都成立, 只要 $B_R = B_R(x^0) \subset D$. 同样, 所得到的近边估计对以超平面 $x_n = 0$ 的一部分为其边界的一部分的域 $D \subset \mathbb{R}^n$ 都成立, 只要 $x^0 \in \partial D \cap \{x \in \mathbb{R}^n; x_n = 0\}$, $B^+_R = B^+_R(x^0) \subset D$.

注 6.2.4 以下将要叙述的估计式 (6.2.3) 和 (6.2.4) 的证明中, 为方便计, 我们总假设所论解 u 是充分光滑的. 实际上, 为使估计式 (6.2.3) 和 (6.2.4) 成立, 只须假设所论解 $u \in C^{2,\alpha}(\overline{\mathbb{R}}^n_+)$. 这是因为, 我们可以证明如下的命题:

命题 6.2.1 若对 $\overline{\mathbb{R}}^n_+$ 上方程 (6.2.1) 的充分光滑解 u 有估计式 (6.2.3), 则对 (6.2.1) 的属于 $C^{2,\alpha}(\overline{\mathbb{R}}^n_+)$ 的解 u 也有估计式 (6.2.3). 若对问题 (6.2.1),(6.2.2) 之在 $\overline{\mathbb{R}}^n_+$ 上充分光滑的解 u 有估计式 (6.2.4), 则对问题 (6.2.1),(6.2.2) 之属于 $C^{2,\alpha}(\overline{\mathbb{R}}^n_+)$ 的解 u 也有估计式 (6.2.4).

证明 先假设 $B_R = B_R(x^0) \subset\subset \mathbb{R}^n_+$. 于是存在 $R_0 > R$, 使得 $B_{R_0} = B_{R_0}(x^0) \subset \mathbb{R}^n_+$. 设 $\xi \in C_0^\infty(B_{R_0})$ 为相对于 B_R 的切断函数. 令 $v = \xi u$, 则 $v \in C^{2,\alpha}(\overline{B}_{R_0})$, 且满足

$$-\Delta v = g, \quad x \in B_{R_0}, \tag{6.2.5}$$

$$v\Big|_{\partial B_{R_0}} = 0, \tag{6.2.6}$$

其中 $g = \xi f - u\Delta\xi - \nabla\xi \cdot \nabla u$. 由于 $f \in C^\alpha(\overline{\mathbb{R}}^n_+)$, $u \in C^{2,\alpha}(\overline{\mathbb{R}}^n_+)$, 故 $g \in C^\alpha(\overline{B}_{R_0})$. 于是可选取序列 $\{g_m\} \subset C^\infty(\overline{B}_{R_0})$, 使得当 $m \to \infty$ 时在 $C^\alpha(\overline{B}_{R_0})$ 中收敛于 g. 考虑

逼近问题

$$\begin{cases} -\Delta v_m = g_m, & x \in B_{R_0}, \\ v_m\Big|_{\partial B_{R_0}} = 0. \end{cases}$$

根据 L^2 理论，这一问题有解 $v_m \in C^\infty(\overline{B}_{R_0})$ (参看定理 2.2.5), 且

$$\|v_m - v_l\|_{H^2(B_{R_0})} \leqslant C\|g_m - g_l\|_{L^2(B_{R_0})}, \quad (m, l = 1, 2, \cdots)$$

其中常数 C 仅依赖于 n 和 B_{R_0}(参看注 2.2.1). 由此知，当 $m \to \infty$ 时，$\{v_m\}$ 在 $H^2(B_{R_0})$ 中有极限，极限函数显然是问题 (6.2.5), (6.2.6) 的弱解，按弱解的惟一性，它在 B_{R_0} 上几乎处处等于 v.

另一方面，由于 $v_m \in C^\infty(\overline{B}_{R_0})$, 根据命题的假设和注 6.2.3, 我们有

$$\begin{aligned} &[D^2 v_m]_{\alpha;B_{R/2}} \\ \leqslant &C\left(\frac{1}{R^{2+\alpha}}|v_m|_{0;B_R} + \frac{1}{R^\alpha}|g_m|_{0;B_R} + [g_m]_{\alpha;B_R}\right), \end{aligned} \tag{6.2.7}$$

其中常数 C 仅依赖于 n. 根据 Poisson 方程的极值原理易见 $\{v_m\}$ 在 B_{R_0} 上是一致有界的，且当 $m \to \infty$ 时，在 B_{R_0} 上一致收敛，其极限函数显然就是 v. 由于式 (6.2.7) 的右端是有界的，利用 Arzela-Ascoli 定理知，存在 $\{v_m\}$ 的子列 $\{v_{m_k}\}$ 和函数 $w \in C^{2,\alpha}(\overline{B}_{R/2})$, 使得当 $k \to \infty$ 时在 $\overline{B}_{R/2}$ 上有

$$\begin{aligned} v_{m_k}(x) &\xrightarrow{1} w(x), \\ D_i v_{m_k}(x) &\xrightarrow{1} D_i w(x), \quad 1 \leqslant i \leqslant n, \\ D_{ij} v_{m_k}(x) &\xrightarrow{1} D_{ij} w(x), \quad 1 \leqslant i, j \leqslant n, \end{aligned}$$

(“ $\xrightarrow{1}$ ” 表示一致收敛). 在式 (6.2.7) 中取 $m = m_k$ 而令 $k \to \infty$ 就得到

$$[D^2 w]_{\alpha;B_{R/2}} \leqslant C\left(\frac{1}{R^{2+\alpha}}|v|_{0;B_R} + \frac{1}{R^\alpha}|g|_{0;B_R} + [g]_{\alpha;B_R}\right).$$

由于在 $\overline{B}_{R/2}$ 上显然有 $w = v$, 而在 $\overline{B}_R$ 上，$\xi = 1$, 故上式就是式 (6.2.3). 这样一来，我们就对 $B_R \subset\subset \mathbb{R}^n_+$ 的情形证明了命题的第一个结论.

假如 $B_R \subset \mathbb{R}^n_+$, 则对任意的 $0 < \varepsilon < R$, 有 $B_{R-\varepsilon} \subset\subset \mathbb{R}^n_+$. 从而根据上面已经证明的结论，有

$$\begin{aligned} [D^2 u]_{\alpha;B_{(R-\varepsilon)/2}} \leqslant &C\Big(\frac{1}{(R-\varepsilon)^{2+\alpha}}|u|_{0;B_{R-\varepsilon}} \\ &+ \frac{1}{(R-\varepsilon)^\alpha}|f|_{0;B_{R-\varepsilon}} + [f]_{\alpha;B_{R-\varepsilon}}\Big), \end{aligned}$$

其中常数 C 仅依赖于 n. 而 $u \in C^{2,\alpha}(\overline{\mathbb{R}}^n_+)$, $f \in C^{\alpha}(\overline{\mathbb{R}}^n_+)$, 于是在上式中令 $\varepsilon \to 0^+$ 就可得到式 (6.2.3).

为证命题的后一部分，我们先取域 $D \subset \mathbb{R}^n_+$, 使得 $B^+_{2R}(x^0) \subset D$, 且 ∂D 充分光滑. 再取 $\xi \in C_0^\infty(B_{2R})$ 为相对于 B_R 的切断函数，并作零延拓. 令 $v = \xi u$, 则 $v \in C^{2,\alpha}(\overline{D})$, 且满足

$$\begin{cases} -\Delta v = g, & x \in D, \\ v\Big|_{\partial D} = 0, \end{cases}$$

其中 $g = \xi f - u\Delta\xi - \nabla\xi \cdot \nabla u$. 完全类似于第一部分的证明就可得到所要证明的结论.

6.2.1 Caccioppoli 不等式

先考虑半空间 $\mathbb{R}^n_+$ 的内部估计.

定理 6.2.1 设 u 为方程 (6.2.1) 的解, $x^0 \in \mathbb{R}^n_+$, $B_R = B_R(x^0) \subset \mathbb{R}^n_+$, $w = D_i u\,(1 \leqslant i \leqslant n)$. 则对任意的 $0<\rho<R$ 和 $\lambda \in \mathbb{R}$, 有

$$\int_{B_\rho} |Du|^2 dx \leqslant C\Big[\frac{1}{(R-\rho)^2}\int_{B_R}(u-\lambda)^2 dx + (R-\rho)^2\int_{B_R} f^2 dx\Big], \tag{6.2.8}$$

$$\int_{B_\rho} |Dw|^2 dx \leqslant C\Big[\frac{1}{(R-\rho)^2}\int_{B_R}(w-\lambda)^2 dx + \int_{B_R}(f-f_R)^2 dx\Big], \tag{6.2.9}$$

其中 $f_R = \dfrac{1}{|B_R|}\displaystyle\int_{B_R} f(x)dx$, C 是仅依赖于 n 的正常数.

证明 设 η 为 B_R 上相对于 B_ρ 的切断因子，即 $\eta \in C_0^\infty(B_R)$, 满足

$$0 \leqslant \eta(x) \leqslant 1, \quad \eta(x) = 1 \text{于} B_\rho, \quad |D\eta| \leqslant \frac{C}{R-\rho}.$$

为证式 (6.2.8), 以 $\eta^2(u-\lambda)$ 乘方程 (6.2.1) 两端，在 B_R 上积分，经分部积分，得

$$\int_{B_R} \eta^2|Du|^2 dx = -2\int_{B_R}\eta(u-\lambda)D\eta\cdot Du dx + \int_{B_R}\eta^2(u-\lambda)f dx.$$

对上式右端各项利用带 ε 的 Cauchy 不等式，进而得

$$\begin{aligned}
&\int_{B_R}\eta^2|Du|^2 dx \\
\leqslant&\frac{1}{2}\int_{B_R}\eta^2|Du|^2 dx + 2\int_{B_R}(u-\lambda)^2|D\eta|^2 dx \\
&\quad + \frac{1}{2}(R-\rho)^2\int_{B_R}\eta^2 f^2 dx + \frac{1}{2(R-\rho)^2}\int_{B_R}\eta^2(u-\lambda)^2 dx \\
\leqslant&\frac{1}{2}\int_{B_R}\eta^2|Du|^2 dx + \frac{C}{(R-\rho)^2}\int_{B_R}(u-\lambda)^2 dx
\end{aligned}$$

$$+\frac{1}{2}(R-\rho)^2\int_{B_R}\eta^2f^2dx+\frac{1}{2(R-\rho)^2}\int_{B_R}\eta^2(u-\lambda)^2dx.$$

由此便知式 (6.2.8) 成立.

为证式 (6.2.9), 以 $\eta^2(w-\lambda)$ 乘 w 所满足的方程

$$-\Delta w=D_if=D_i(f-f_R),$$

在 B_R 上积分，经分部积分，得

$$\begin{aligned}&\int_{B_R}\eta^2|Dw|^2dx\\=&-2\int_{B_R}\eta(w-\lambda)D\eta\cdot Dwdx-\int_{B_R}\eta^2(f-f_R)D_iwdx\\&-2\int_{B_R}\eta(w-\lambda)(f-f_R)D_i\eta dx.\end{aligned}$$

对上式右端各项利用带 ε 的 Cauchy 不等式，进而得

$$\begin{aligned}&\int_{B_R}\eta^2|Dw|^2dx\\\leqslant&\frac{1}{2}\int_{B_R}\eta^2|Dw|^2dx+C\int_{B_R}(w-\lambda)^2|D\eta|^2dx\\&+C\int_{B_R}\eta^2(f-f_R)^2dx\\\leqslant&\frac{1}{2}\int_{B_R}\eta^2|Dw|^2dx+\frac{C}{(R-\rho)^2}\int_{B_R}(w-\lambda)^2dx\\&+C\int_{B_R}(f-f_R)^2dx.\end{aligned}$$

由此便知式 (6.2.9) 成立.

推论 6.2.1 设 u 为方程 (6.2.1) 的解, $B_R\subset\mathbb{R}^n_+$. 则

$$\int_{B_{R/2}}|D^2u|^2dx\leqslant C\left(\frac{1}{R^4}\int_{B_R}u^2dx+R^n|f|^2_{0;B_R}+R^{n+2\alpha}[f]^2_{\alpha;B_R}\right),$$

其中 C 是仅依赖于 n 的正常数.

证明 在式 (6.2.9) 中取 ρ 和 R 分别为 $\dfrac{R}{2}$ 和 $\dfrac{3}{4}R$, 取 $\lambda=0$, 得

$$\int_{B_{R/2}}|Dw|^2dx\leqslant\frac{C}{R^2}\int_{B_{3R/4}}w^2dx+C\int_{B_{3R/4}}(f-f_R)^2dx,$$

而在式 (6.2.8) 中取 ρ 和 R 分别为 $\dfrac{3}{4}R$ 和 R, 取 $\lambda=0$, 则得

$$\int_{B_{3R/4}}w^2dx\leqslant\frac{C}{R^2}\int_{B_R}u^2dx+CR^2\int_{B_R}f^2dx.$$

二者联合起来, 可得

$$\begin{aligned}&\int_{B_{R/2}}|D^2u|^2dx\\ \leqslant&\frac{C}{R^4}\int_{B_R}u^2dx+C\int_{B_R}f^2dx+C\int_{B_{3R/4}}(f-f_R)^2dx\\ \leqslant&\frac{C}{R^4}\int_{B_R}u^2dx+CR^n|f|^2_{0;B_R}+CR^{n+2\alpha}[f]^2_{\alpha;B_R}.\end{aligned}$$

推论 6.2.2 如果 $B_1\subset\mathbb{R}^n_+$, 且在 B_1 上 $f\equiv 0$, 则对任意正整数 k, 有

$$\|u\|_{H^k(B_{1/2})}\leqslant C\|u\|_{L^2(B_1)},$$

其中 C 是仅依赖于 n 和 k 的正常数.

证明 $k=1$ 的情形可由 Caccioppoli 不等式 (6.2.8) 直接得出. 下面证明 $k=2$ 的情形. 由 Caccioppoli 不等式 (6.2.8), 我们有

$$\int_{B_\rho}|Du|^2dx\leqslant\frac{C}{(R-\rho)^2}\int_{B_R}u^2dx. \tag{6.2.10}$$

再对 $D_ju\,(j=1,2,\cdots,n)$ 用 Caccioppoli 不等式 (6.2.8), 又可得

$$\int_{B_\rho}|DD_ju|^2dx\leqslant\frac{C}{(R-\rho)^2}\int_{B_R}|D_ju|^2dx. \tag{6.2.11}$$

在式 (6.2.10) 中令 $\rho=\dfrac{3}{4}$, $R=1$, 在式 (6.2.11) 中令 $\rho=\dfrac{1}{2}$, $R=\dfrac{3}{4}$, 我们便得

$$\int_{B_{3/4}}|Du|^2dx\leqslant C\int_{B_1}u^2dx,$$

$$\int_{B_{1/2}}|DD_ju|^2dx\leqslant C\int_{B_{3/4}}|D_ju|^2dx.$$

故

$$\|u\|_{H^2(B_{1/2})}\leqslant C\|u\|_{L^2(B_1)}.$$

$k>2$ 的情形可类推.

推论 6.2.3 如果 $B_R\subset\mathbb{R}^n_+$, 且在 B_R 上 $f\equiv 0$, 则

$$\sup_{B_{R/2}}|u|\leqslant C\left(\frac{1}{R^n}\int_{B_R}u^2dx\right)^{1/2},$$

其中 C 是仅依赖于 n 的正常数.

证明 先假设 $R=1$, 在推论 6.2.2 中取 $k>n/2$, 再利用 Sobolev 嵌入定理, 就可得到

$$\sup_{B_{1/2}}|u|\leqslant C\|u\|_{H^k(B_{1/2})}\leqslant C\|u\|_{L^2(B_1)}.$$

对 $R>0$ 的一般情形，利用 Rescaling 技术即得要证明的结论.

现在转到边界点附近的估计.

定理 6.2.2 设 u 为问题 (6.2.1), (6.2.2) 的解, $w=D_iu\,(1\leqslant i<n)$, $x^0\in\partial\mathbb{R}^n_+$. 则对任意的 $0<\rho<R$, 有

$$\int_{B_\rho^+}|Du|^2dx\leqslant C\Big[\frac{1}{(R-\rho)^2}\int_{B_R^+}u^2dx+(R-\rho)^2\int_{B_R^+}f^2dx\Big], \tag{6.2.12}$$

$$\int_{B_\rho^+}|Dw|^2dx\leqslant C\Big[\frac{1}{(R-\rho)^2}\int_{B_R^+}w^2dx+\int_{B_R^+}(f-f_R)^2dx\Big], \tag{6.2.13}$$

其中 $f_R=\dfrac{1}{|B_R^+|}\displaystyle\int_{B_R^+}f(x)dx$, C 是仅依赖于 n 的正常数.

证明 只证明式 (6.2.13). 证明与定理 6.2.1 类似，不同的是，这里我们用 η^2w 乘 w 所满足的方程

$$-\Delta w=D_if=D_i(f-f_R),$$

然后在 B_R^+ 上积分，得

$$-\int_{B_R^+}\eta^2w\Delta wdx=\int_{B_R^+}\eta^2wD_i(f-f_R)dx.$$

由于 $\eta\in C_0^\infty(B_R)$ 和 $w\Big|_{x_n=0}=0$, 因此对上述积分进行分部积分时边界项为零.

注 6.2.5 在做近边估计时， f_R 表示 f 在半球 B_R^+ 上的均值；而在做内估计时， f_R 表示 f 在球 B_R 上的均值. 为简单计，我们采用了同一个记号，但这显然并不会引起混淆.

注 6.2.6 利用式 (6.2.13), 再结合方程 $D_{nn}u=-\displaystyle\sum_{k=1}^{n-1}D_{kk}u-f$ 可以导出

$$\int_{B_\rho^+}|D^2u|^2dx\leqslant C\left(\sum_{j=1}^{n-1}\int_{B_\rho^+}|DD_ju|^2dx+\int_{B_\rho^+}f^2dx\right)$$

$$
\begin{aligned}
&\leqslant C\left[\frac{1}{(R-\rho)^2}\int_{B_R^+}|Du|^2dx+\int_{B_R^+}(f-f_R)^2dx+\int_{B_\rho^+}f^2dx\right]\\
&\leqslant C\left[\frac{1}{(R-\rho)^2}\int_{B_R^+}|Du|^2dx+\int_{B_R^+}(f-f_R)^2dx+\int_{B_R^+}f^2dx\right],
\end{aligned}
\tag{6.2.14}
$$

其中 C 是仅依赖于 n 的正常数.

注 6.2.7 对 $w=D_nu$ 不能用定理 6.2.2 中的证明方法, 因为由 $u\Big|_{x_n=0}=0$ 无法导出 $w\Big|_{x_n=0}=0$.

注 6.2.8 在定理 6.2.2 的证明中不用 $\eta^2(w-\lambda)$ 作检验函数, 是因为仅当 $\lambda=0$ 时才有 $\eta^2(w-\lambda)\Big|_{x_n=0}=-\lambda\eta^2\Big|_{x_n=0}=0$.

联合式 (6.2.12) 和式 (6.2.14) 可得

推论 6.2.4 设 u 为问题 (6.2.1), (6.2.2) 的解, $x^0\in\partial\mathbb{R}_+^n$. 则

$$
\begin{aligned}
&\int_{B_{R/2}^+}|D^2u|^2dx\\
&\leqslant C\left(\frac{1}{R^4}\int_{B_R^+}u^2dx+R^n|f|_{0;B_R^+}^2+R^{n+2\alpha}[f]_{\alpha;B_R^+}^2\right),
\end{aligned}
$$

其中 C 是仅依赖于 n 的正常数.

推论 6.2.5 如果在 B_1^+ 上 $f\equiv 0$, 则对任意正整数 k, 有

$$\|u\|_{H^k(B_{1/2}^+)}\leqslant C\|u\|_{L^2(B_1^+)},$$

其中 C 是仅依赖于 n 和 k 的正常数.

证明 $k=1$ 的情形可由 Caccioppoli 不等式 (6.2.12) 直接得出. 对 u 和 D_iu $(i=1,2,\cdots,n-1)$ 利用不等式 (6.2.12), 再结合方程, 便知当 $k=2$ 时结论成立. $k>2$ 的情形可类推.

利用推论 6.2.5 和嵌入定理, 类似于推论 6.2.3 的证明, 可得到

推论 6.2.6 如果在 B_R^+ 上 $f\equiv 0$, 则

$$\sup_{B_{R/2}^+}|u|\leqslant C\left(\frac{1}{R^n}\int_{B_R^+}u^2dx\right)^{1/2},$$

其中 C 是仅依赖于 n 的正常数.

6.2.2 非齐项局部为零时解的内估计

定理 6.2.3 设 u 为方程 (6.2.1) 的解, $B_R\subset\mathbb{R}_+^n$, 且在 B_R 上 $f\equiv 0$. 则对任意的 $0<\rho\leqslant R$, 有

$$\int_{B_\rho}u^2dx\leqslant C\left(\frac{\rho}{R}\right)^n\int_{B_R}u^2dx, \tag{6.2.15}$$

$$\int_{B_\rho}(u-u_\rho)^2dx \leqslant C\left(\frac{\rho}{R}\right)^{n+2}\int_{B_R}(u-u_R)^2dx, \tag{6.2.16}$$

其中 $u_\rho=\dfrac{1}{|B_\rho|}\displaystyle\int_{B_\rho}u(x)dx$, C 是仅依赖于 n 的正常数.

证明 首先证明式 (6.2.15). 由推论 6.2.3 可知, 当 $0<\rho<R/2$ 时, 有

$$\int_{B_\rho}u^2dx\leqslant |B_\rho|\sup_{B_\rho}u^2\leqslant C\rho^n\sup_{B_{R/2}}u^2\leqslant C\left(\frac{\rho}{R}\right)^n\int_{B_R}u^2dx.$$

而当 $R/2\leqslant\rho\leqslant R$ 时又显然有

$$\int_{B_\rho}u^2dx\leqslant\int_{B_R}u^2dx\leqslant 2^n\left(\frac{\rho}{R}\right)^n\int_{B_R}u^2dx.$$

结合上述两种情形便知: 对任意的 $0<\rho\leqslant R$, 式 (6.2.15) 成立.

现在证明式 (6.2.16). 由于 $D_ju\,(j=1,2,\cdots,n)$ 在 B_R 上仍然满足 Laplace 方程, 故由式 (6.2.15), 有

$$\int_{B_\rho}(D_ju)^2dx\leqslant C\left(\frac{\rho}{R}\right)^n\int_{B_R}(D_ju)^2dx,\quad j=1,2,\cdots,n.$$

由此知, 如果 $0<\rho<R/2$, 则由 Poincaré 不等式

$$\frac{1}{\rho^2}\int_{B_\rho}(u-u_\rho)^2dx\leqslant C\int_{B_\rho}|Du|^2dx,$$

得到

$$\begin{aligned}\int_{B_\rho}(u-u_\rho)^2dx \leqslant& C\rho^2\int_{B_\rho}|Du|^2dx\\ \leqslant& C\rho^2\left(\frac{\rho}{R}\right)^n\int_{B_{R/2}}|Du|^2dx.\end{aligned}$$

另一方面, 在式 (6.2.8) 中取 $\rho=R/2$, $\lambda=u_R$, 我们有

$$\int_{B_{R/2}}|Du|^2dx\leqslant\frac{C}{R^2}\int_{B_R}(u-u_R)^2dx.$$

故当 $0<\rho<R/2$ 时, 有

$$\int_{B_\rho}(u-u_\rho)^2dx\leqslant C\left(\frac{\rho}{R}\right)^{n+2}\int_{B_R}(u-u_R)^2dx.$$

当 $R/2\leqslant\rho\leqslant R$ 时, 注意到 $g(\lambda)=\displaystyle\int_{B_\rho}(u-\lambda)^2dx$ 在 $\lambda=u_\rho$ 处取最小值, 显然又有

$$\int_{B_\rho}(u-u_\rho)^2dx\leqslant\int_{B_\rho}(u-u_R)^2dx\leqslant\int_{B_R}(u-u_R)^2dx$$

$$\leqslant 2^{n+2}\left(\frac{\rho}{R}\right)^{n+2}\int_{B_R}(u-u_R)^2dx.$$

结合上述两种情形便知：对任意的 $0<\rho\leqslant R$, 式 (6.2.16) 成立.

6.2.3 非齐项局部为零时解的近边估计

定理 6.2.4 设 u 为问题 (6.2.1), (6.2.2) 的解，$x^0\in\partial\mathbb{R}^n_+$, 在 B_R^+ 上 $f\equiv 0$. 则对任意的非负整数 i 和任意的 $0<\rho\leqslant R$, 有

$$\int_{B_\rho^+}|D^iu|^2dx\leqslant C\left(\frac{\rho}{R}\right)^n\int_{B_R^+}|D^iu|^2dx,$$

其中 C 是仅依赖于 n 的正常数.

证明 分五种情形来证明.

(i) $i=0$ 的情形. 类似于内估计 (定理 6.2.3 的式 (6.2.15)) 可得结论.

(ii) $i=1$ 的情形. 取定 $k>n/2+1$, 则当 $0<\rho<R/2$ 时，利用嵌入定理和推论 6.2.5, 可得

$$\begin{aligned}\int_{B_\rho^+}|Du|^2dx\leqslant&C\rho^n\sup_{B_{R/2}^+}|Du|^2\\ \leqslant&C\rho^n\sum_{j=1}^k R^{2(j-1)-n}\int_{B_{R/2}^+}|D^ju|^2dx\\ \leqslant&C\left(\frac{\rho}{R}\right)^nR^{-2}\int_{B_R^+}u^2dx.\end{aligned}$$

由 $u\Big|_{x_n=0}=0$, 可知

$$\int_{B_R^+}u^2dx\leqslant CR^2\int_{B_R^+}(D_nu)^2dx\leqslant CR^2\int_{B_R^+}|Du|^2dx.$$

故当 $0<\rho<R/2$ 时，有

$$\int_{B_\rho^+}|Du|^2dx\leqslant C\left(\frac{\rho}{R}\right)^n\int_{B_R^+}|Du|^2dx.$$

当 $R/2\leqslant\rho\leqslant R$ 时，只须取 $C=2^n$.

(iii) $i=2$ 的情形. 对 $1\leqslant j<n$, 有 $D_ju\Big|_{x_n=0}=0$. 故由 $i=1$ 时的结论，有

$$\int_{B_\rho^+}|DD_ju|^2dx\leqslant C\left(\frac{\rho}{R}\right)^n\int_{B_R^+}|DD_ju|^2dx.$$

由方程 $D_{nn}u=-\sum_{k=1}^{n-1}D_{kk}u$, 进而可得

$$\begin{aligned}\int_{B_\rho^+}(D_{nn}u)^2dx\leqslant&C\left(\frac{\rho}{R}\right)^n\sum_{k=1}^{n-1}\int_{B_R^+}|DD_ku|^2dx\\ \leqslant&C\left(\frac{\rho}{R}\right)^n\int_{B_R^+}|D^2u|^2dx.\end{aligned}$$

所以

$$\int_{B_\rho^+}|D^2u|^2dx\leqslant C\left(\frac{\rho}{R}\right)^n\int_{B_R^+}|D^2u|^2dx.$$

(iv) $i=3$ 的情形. 利用 $i=2$ 时的结论, 对 $1\leqslant j<n$, 有

$$\int_{B_\rho^+}|D^2D_ju|^2dx\leqslant C\left(\frac{\rho}{R}\right)^n\int_{B_R^+}|D^2D_ju|^2dx.$$

由 $D_{nnn}u=-\sum_{k=1}^{n-1}D_{kkn}u$, 进而得

$$\int_{B_\rho^+}|D_{nnn}u|^2dx\leqslant C\left(\frac{\rho}{R}\right)^n\int_{B_R^+}|D^3u|^2dx.$$

所以

$$\int_{B_\rho^+}|D^3u|^2dx\leqslant C\left(\frac{\rho}{R}\right)^n\int_{B_R^+}|D^3u|^2dx.$$

(v) $i>3$ 的情形. 可依次类推.

定理 6.2.5 设 u 为问题 (6.2.1), (6.2.2) 的解, $x^0\in\partial\mathbb{R}_+^n$, 且在 B_R^+ 上 $f\equiv0$. 则对于任何切方向导数 $D^\beta u$ 和 $0<\rho\leqslant R$, 有

$$\int_{B_\rho^+}|D^\beta u|^2dx\leqslant C\left(\frac{\rho}{R}\right)^{n+2}\int_{B_R^+}|D^\beta u|^2dx,\tag{6.2.17}$$

其中 C 是仅依赖于 n 的正常数.

证明 设 $v=D^\beta u$, 则 $-\Delta v=0$ 于 B_R^+ 且 $v\Big|_{x_n=0}=0$. 于是由定理 6.2.4 可得, 当 $0<\rho<R/2$ 时, 有

$$\begin{aligned}\int_{B_\rho^+}v^2dx\leqslant&C\rho^2\int_{B_\rho^+}(D_nv)^2dx\\ \leqslant&C\rho^2\left(\frac{\rho}{R}\right)^n\int_{B_{R/2}^+}|Dv|^2dx.\end{aligned}$$

由 Caccioppoli 不等式 (6.2.12), 有

$$\int_{B^+_{R/2}} |Dv|^2 dx \leqslant \frac{C}{R^2} \int_{B^+_R} v^2 dx.$$

故当 $0 < \rho < R/2$ 时，式 (6.2.17) 成立. 而当 $R/2 \leqslant \rho \leqslant R$ 时，式 (6.2.17) 显然成立，这时只须取 $C = 2^{n+2}$.

6.2.4 迭代引理

引理 6.2.1 设 $\phi(R)$ 是 $[0, R_0]$ 上的非负单调不减函数，且满足

$$\phi(\rho) \leqslant A\left(\frac{\rho}{R}\right)^{\alpha} \phi(R) + BR^{\beta}, \quad 0 < \rho < R \leqslant R_0,$$

其中 $0 < \beta < \alpha$. 则存在仅依赖于 A, α 和 β 的正常数 C, 使得

$$\phi(\rho) \leqslant C\left(\frac{\rho}{R}\right)^{\beta} [\phi(R) + BR^{\beta}], \quad 0 < \rho < R \leqslant R_0.$$

证明 令 $\nu = \dfrac{1}{2}(\alpha + \beta)$, 取 $\tau \in (0, 1)$, 使得 $A\tau^{\alpha-\nu} \leqslant 1$, 则

$$\begin{aligned}
\phi(\tau R) \leqslant& A\tau^{\alpha}\phi(R) + BR^{\beta} \\
=& A\tau^{\alpha-\nu}\tau^{\nu}\phi(R) + BR^{\beta} \leqslant \tau^{\nu}\phi(R) + BR^{\beta}, \\
\phi(\tau^2 R) \leqslant& \tau^{\nu}\phi(\tau R) + B\tau^{\beta}R^{\beta} \\
\leqslant& \tau^{2\nu}\phi(R) + B(\tau^{\nu} + \tau^{\beta})R^{\beta}, \\
\phi(\tau^3 R) \leqslant& \tau^{\nu}\phi(\tau^2 R) + B\tau^{2\beta}R^{\beta} \\
\leqslant& \tau^{3\nu}\phi(R) + B(\tau^{2\nu} + \tau^{\nu+\beta} + \tau^{2\beta})R^{\beta}, \\
\cdots \quad & \cdots \\
\phi(\tau^{k+1} R) \leqslant& \tau^{(k+1)\nu}\phi(R) + B\left(\tau^{k\nu} + \tau^{(k-1)\nu+\beta} + \cdots + \tau^{k\beta}\right)R^{\beta} \\
=& \tau^{(k+1)\nu}\phi(R) \\
& + B\tau^{k\beta}\left(\tau^{k(\nu-\beta)} + \tau^{(k-1)(\nu-\beta)} + \cdots + 1\right)R^{\beta} \\
=& \tau^{(k+1)\nu}\phi(R) + B\frac{\tau^{k\beta}(1 - \tau^{(k+1)(\nu-\beta)})}{1 - \tau^{\nu-\beta}}R^{\beta} \\
\leqslant& C_1\tau^{k\beta}[\phi(R) + BR^{\beta}],
\end{aligned}$$

其中 $C_1 \geqslant 1$ 是一个与 k 无关的常数. 因此

$$\phi(\tau^k R) \leqslant C_1\tau^{(k-1)\beta}[\phi(R) + BR^{\beta}], \quad \forall k \geqslant 0.$$

对任意固定的 $0<\rho<R\leqslant R_0$, 取非负整数 k, 使得 $\tau^{k+1}R<\rho\leqslant\tau^k R$, 则

$$\begin{aligned}\phi(\rho)\leqslant&\phi(\tau^k R)\leqslant C_1\tau^{(k-1)\beta}[\phi(R)+BR^\beta]\\\leqslant&C_1\tau^{-2\beta}\left(\frac{\rho}{R}\right)^\beta[\phi(R)+BR^\beta]\\=&C\left(\frac{\rho}{R}\right)^\beta[\phi(R)+BR^\beta].\end{aligned}$$

6.2.5 Poisson 方程解的内估计

定理 6.2.6 设 u 为方程 (6.2.1) 的解, $w=D_iu\,(1\leqslant i\leqslant n)$, $B_{R_0}\subset\mathbb{R}^n_+$. 则对任意的 $0<\rho\leqslant R\leqslant R_0$, 有

$$\begin{aligned}&\frac{1}{\rho^{n+2\alpha}}\int_{B_\rho}|Dw-(Dw)_\rho|^2dx\\\leqslant&\frac{C}{R^{n+2\alpha}}\int_{B_R}|Dw-(Dw)_R|^2dx+C[f]^2_{\alpha;B_R},\end{aligned}$$

其中 C 是仅依赖于 n 的正常数.

证明 将 w 做如下分解, $w=w_1+w_2$, 其中

$$\begin{cases}-\Delta w_1=0, & \text{于}B_R,\\ w_1\Big|_{\partial B_R}=w,\end{cases}$$

$$\begin{cases}-\Delta w_2=D_if=D_i(f-f_R), & \text{于}B_R,\\ w_2\Big|_{\partial B_R}=0.\end{cases}$$

对 Dw_1 应用非齐项为零时的结果式 (6.2.16), 得

$$\int_{B_\rho}|Dw_1-(Dw_1)_\rho|^2dx\leqslant C\left(\frac{\rho}{R}\right)^{n+2}\int_{B_R}|Dw_1-(Dw_1)_R|^2dx.$$

于是, 对任意的 $0<\rho\leqslant R\leqslant R_0$, 有

$$\begin{aligned}&\int_{B_\rho}|Dw-(Dw)_\rho|^2dx\\\leqslant&2\int_{B_\rho}|Dw_1-(Dw_1)_\rho|^2dx+2\int_{B_\rho}|Dw_2-(Dw_2)_\rho|^2dx\\\leqslant&C\left(\frac{\rho}{R}\right)^{n+2}\int_{B_R}|Dw_1-(Dw_1)_R|^2dx\\&+2\int_{B_R}|Dw_2-(Dw_2)_R|^2dx\end{aligned}$$

$$
\begin{aligned}
&\leqslant C\left(\frac{\rho}{R}\right)^{n+2}\int_{B_R}|Dw-(Dw)_R|^2dx\\
&\qquad +C\int_{B_R}|Dw_2-(Dw_2)_R|^2dx\\
&\leqslant C\left(\frac{\rho}{R}\right)^{n+2}\int_{B_R}|Dw-(Dw)_R|^2dx+C\int_{B_R}|Dw_2|^2dx.
\end{aligned}
$$

用 w_2 乘以 w_2 满足的方程，然后在 B_R 上积分，并注意 $w_2\Big|_{\partial B_R}=0$, 我们得到

$$
\begin{aligned}
&\int_{B_R}|Dw_2|^2dx=-\int_{B_R}w_2\Delta w_2dx\\
=&\int_{B_R}w_2D_i(f-f_R)dx=-\int_{B_R}(f-f_R)D_iw_2dx\\
\leqslant&\frac{1}{2}\int_{B_R}|Dw_2|^2dx+\frac{1}{2}\int_{B_R}(f-f_R)^2dx.
\end{aligned}
$$

故

$$
\int_{B_R}|Dw_2|^2dx\leqslant\int_{B_R}(f-f_R)^2dx\leqslant CR^{n+2\alpha}[f]^2_{\alpha;B_R}. \tag{6.2.18}
$$

从而

$$
\begin{aligned}
&\int_{B_\rho}|Dw-(Dw)_\rho|^2dx\\
\leqslant&C\left(\frac{\rho}{R}\right)^{n+2}\int_{B_R}|Dw-(Dw)_R|^2dx+CR^{n+2\alpha}[f]^2_{\alpha;B_R}.
\end{aligned}
$$

利用迭代引理 (引理 6.2.1), 最后得到

$$
\begin{aligned}
&\int_{B_\rho}|Dw-(Dw)_\rho|^2dx\\
\leqslant&C\left(\frac{\rho}{R}\right)^{n+2\alpha}\left(\int_{B_R}|Dw-(Dw)_R|^2dx+CR^{n+2\alpha}[f]^2_{\alpha;B_R}\right).
\end{aligned}
$$

定理 6.2.7 设 u 为方程 (6.2.1) 的解，$w=D_iu\,(1\leqslant i\leqslant n)$, $B_R\subset\mathbb{R}^n_+$. 则对任意的 $0<\rho\leqslant\frac{R}{2}$, 有

$$
\int_{B_\rho}|Dw-(Dw)_\rho|^2dx\leqslant C\rho^{n+2\alpha}M_R, \tag{6.2.19}
$$

其中 C 是仅依赖于 n 的正常数，而

$$
M_R=\frac{1}{R^{4+2\alpha}}|u|^2_{0;B_R}+\frac{1}{R^{2\alpha}}|f|^2_{0;B_R}+[f]^2_{\alpha;B_R}.
$$

证明 根据定理 6.2.6 和推论 6.2.1, 我们有

$$\begin{aligned}&\int_{B_\rho}|Dw-(Dw)_\rho|^2dx\\ \leqslant& C\rho^{n+2\alpha}\left(\frac{1}{R^{n+2\alpha}}\int_{B_{R/2}}|Dw-(Dw)_{R/2}|^2dx+[f]^2_{\alpha;B_{R/2}}\right)\\ \leqslant& C\rho^{n+2\alpha}\left(\frac{1}{R^{n+2\alpha}}\int_{B_{R/2}}|Dw|^2dx+[f]^2_{\alpha;B_{R/2}}\right)\\ \leqslant& C\rho^{n+2\alpha}\left(\frac{1}{R^{n+4+2\alpha}}\int_{B_R}u^2dx+\frac{1}{R^{2\alpha}}|f|^2_{0;B_R}+[f]^2_{\alpha;B_R}\right).\end{aligned}$$

由此即见定理的结论成立.

定理 6.2.8 设 u 为方程 (6.2.1) 的解, 则对任何 $x^0\in\mathbb{R}^n_+$, $B_R=B_R(x^0)\subset\mathbb{R}^n_+$, 有

$$\begin{aligned}&[D^2u]_{\alpha;B_{R/2}}\\ \leqslant& C\left(\frac{1}{R^{2+\alpha}}|u|_{0;B_R}+\frac{1}{R^\alpha}|f|_{0;B_R}+[f]_{\alpha;B_R}\right),\end{aligned}\tag{6.2.20}$$

其中 C 是仅依赖于 n 的正常数.

证明 根据定理 6.2.7, 对 $x\in B_{R/2}$, $0<\rho\leqslant\dfrac{R}{4}$, 我们有

$$\begin{aligned}&\int_{B_\rho(x)\cap B_{R/2}}|D^2u(y)-(D^2u)_{B_\rho(x)\cap B_{R/2}}|^2dy\\ \leqslant&\int_{B_\rho(x)}|D^2u(y)-(D^2u)_{x,\rho}|^2dy\\ \leqslant& C\rho^{n+2\alpha}\left(\frac{1}{R^{4+2\alpha}}|u|^2_{0;B_{R/2}(x)}+\frac{1}{R^{2\alpha}}|f|^2_{0;B_{R/2}(x)}+[f]^2_{\alpha;B_{R/2}(x)}\right)\\ \leqslant& C\rho^{n+2\alpha}\left(\frac{1}{R^{4+2\alpha}}|u|^2_{0;B_R}+\frac{1}{R^{2\alpha}}|f|^2_{0;B_R}+[f]^2_{\alpha;B_R}\right),\end{aligned}$$

其中

$$(D^2u)_{B_\rho(x)\cap B_{R/2}}=\frac{1}{|B_\rho(x)\cap B_{R/2}|}\int_{B_\rho(x)\cap B_{R/2}}D^2u(y)dy.$$

从而

$$\begin{aligned}[D^2u]^{(1/4)}_{2,n+2\alpha;B_{R/2}}\leqslant& C\left(\frac{1}{R^{4+2\alpha}}|u|^2_{0;B_R}+\frac{1}{R^{2\alpha}}|f|^2_{0;B_R}+[f]^2_{\alpha;B_R}\right)^{1/2}\\ \leqslant& C\left(\frac{1}{R^{2+\alpha}}|u|_{0;B_R}+\frac{1}{R^\alpha}|f|_{0;B_R}+[f]_{\alpha;B_R}\right).\end{aligned}$$

利用定理 6.1.1 的注 6.1.2 便得到式 (6.2.20).

6.2.6　Poisson 方程解的近边估计

定理 6.2.9　设 u 为问题 (6.2.1), (6.2.2) 的解, $w = D_i u\,(1 \leqslant i < n)$, $x^0 \in \partial\mathbb{R}^n_+$. 则对任意的 $0 < \rho \leqslant R \leqslant R_0$, 有

$$\begin{aligned}&\frac{1}{\rho^{n+2\alpha}}\int_{B_\rho^+}\left(\sum_{j=1}^{n-1}|D_j w|^2 + |D_n w - (D_n w)_\rho|^2\right)dx\\ \leqslant&\frac{C}{R^{n+2\alpha}}\int_{B_R^+}\left(\sum_{j=1}^{n-1}|D_j w|^2 + |D_n w - (D_n w)_R|^2\right)dx\\ &+C[f]^2_{\alpha;B_R^+},\end{aligned}\tag{6.2.21}$$

其中 $v_\rho = \dfrac{1}{|B_\rho^+|}\displaystyle\int_{B_\rho^+} v(x)dx$, C 是仅依赖于 n 的正常数.

证明　将 w 做如下分解,　$w = w_1 + w_2$, 其中

$$\begin{cases}-\Delta w_1 = 0, & 于 B_R^+,\\ w_1\big|_{\partial B_R^+} = w,\end{cases}$$

$$\begin{cases}-\Delta w_2 = D_i f = D_i(f - f_R), & 于 B_R^+,\\ w_2\big|_{\partial B_R^+} = 0.\end{cases}$$

当 $1 \leqslant j < n$ 时, 由定理 6.2.5, 有

$$\int_{B_\rho^+}|D_j w_1|^2 dx \leqslant C\left(\frac{\rho}{R}\right)^{n+2}\int_{B_R^+}|D_j w_1|^2 dx,\quad 0 < \rho \leqslant R \leqslant R_0.$$

于是, 对任意的 $0 < \rho \leqslant R \leqslant R_0$, 有

$$\begin{aligned}&\int_{B_\rho^+}|D_j w|^2 dx\\ \leqslant&2\int_{B_\rho^+}|D_j w_1|^2 dx + 2\int_{B_\rho^+}|D_j w_2|^2 dx\\ \leqslant&C\left(\frac{\rho}{R}\right)^{n+2}\int_{B_R^+}|D_j w_1|^2 dx + 2\int_{B_R^+}|D_j w_2|^2 dx\\ \leqslant&C\left(\frac{\rho}{R}\right)^{n+2}\int_{B_R^+}|D_j w|^2 dx + C\int_{B_R^+}|D_j w_2|^2 dx\\ \leqslant&C\left(\frac{\rho}{R}\right)^{n+2}\int_{B_R^+}|D_j w|^2 dx + CR^{n+2\alpha}[f]^2_{\alpha;B_R^+},\end{aligned}\tag{6.2.22}$$

这里我们利用了

$$\int_{B_R^+} |D_j w_2|^2 dx \leqslant \int_{B_R^+} |Dw_2|^2 dx \le CR^{n+2\alpha}[f]^2_{\alpha;B_R^+},$$

其证明与式 (6.2.18) 的证明类似.

当 $0<\rho<R/2$ 时，利用 Poincaré 不等式和定理 6.2.4, 得

$$\begin{aligned}&\int_{B_\rho^+} |D_n w-(D_n w)_\rho|^2 dx\\ \leqslant&2\int_{B_\rho^+} |D_n w_1-(D_n w_1)_\rho|^2 dx+2\int_{B_\rho^+} |D_n w_2-(D_n w_2)_\rho|^2 dx\\ \leqslant&C\rho^2\int_{B_\rho^+} |DD_n w_1|^2 dx+C\int_{B_\rho^+} |D_n w_2|^2 dx\\ \leqslant&C\rho^2\left(\frac{\rho}{R}\right)^n\int_{B_{R/2}^+} |D^2 w_1|^2 dx+C\int_{B_R^+} |Dw_2|^2 dx.\end{aligned}$$

而利用方程 $D_{nn}w_1=\sum\limits_{j=1}^{n-1} D_{jj}w_1$ 和 Caccioppoli 不等式 (6.2.13), 又有

$$\begin{aligned}&\int_{B_{R/2}^+} |D^2 w_1|^2 dx\\ \leqslant&\int_{B_{R/2}^+} |D_{nn} w_1|^2 dx+2\sum_{j=1}^{n-1}\int_{B_{R/2}^+} |DD_j w_1|^2 dx\\ \leqslant&C\sum_{j=1}^{n-1}\int_{B_{R/2}^+} |DD_j w_1|^2 dx\\ \leqslant&C\sum_{j=1}^{n-1}\frac{1}{R^2}\int_{B_R^+} |D_j w_1|^2 dx\\ \leqslant&\frac{C}{R^2}\sum_{j=1}^{n-1}\int_{B_R^+} |D_j w|^2 dx+\frac{C}{R^2}\sum_{j=1}^{n-1}\int_{B_R^+} |D_j w_2|^2 dx.\end{aligned}$$

因此，当 $0<\rho<R/2$ 时，有

$$\begin{aligned}&\int_{B_\rho^+} |D_n w-(D_n w)_\rho|^2 dx\\ \leqslant&C\left(\frac{\rho}{R}\right)^{n+2}\sum_{j=1}^{n-1}\int_{B_R^+} |D_j w|^2 dx+CR^{n+2\alpha}[f]^2_{\alpha;B_R^+}.\end{aligned}\tag{6.2.23}$$

联合式 (6.2.22) 和式 (6.2.23) 即知：当 $0<\rho<R/2$ 时，有

$$\int_{B_\rho^+}\left(\sum_{j=1}^{n-1}|D_j w|^2+|D_n w-(D_n w)_\rho|^2\right)dx$$

$$\leqslant C\left(\frac{\rho}{R}\right)^{n+2}\int_{B_R^+}\left(\sum_{j=1}^{n-1}|D_jw|^2+|D_nw-(D_nw)_R|^2\right)dx$$
$$+CR^{n+2\alpha}[f]^2_{\alpha;B_R^+}.$$

再利用引理 6.2.1, 就对 $0<\rho<R/2$ 证明了式 (6.2.21). 当 $\frac{R}{2}\leqslant\rho\leqslant R$ 时, 式 (6.2.21) 显然也成立.

定理 6.2.10 设 u 为问题 (6.2.1), (6.2.2) 的解, $w=D_iu\,(1\leqslant i\leqslant n)$, $x^0\in\partial\mathbb{R}^n_+$. 则对任意的 $0<\rho\leqslant\frac{R}{2}$, 有

$$\int_{B_\rho^+}|Dw-(Dw)_\rho|^2dx\leqslant C\rho^{n+2\alpha}M_R,\tag{6.2.24}$$

其中 C 是仅依赖于 n 的正常数, 而

$$M_R=\frac{1}{R^{4+2\alpha}}|u|^2_{0;B_R^+}+\frac{1}{R^{2\alpha}}|f|^2_{0;B_R^+}+[f]^2_{\alpha;B_R^+}.$$

证明 设 $i=1,2,\cdots,n-1$. 由定理 6.2.9 和推论 6.2.4, 有

$$\int_{B_\rho^+}\Big(\sum_{j=1}^{n-1}|D_jw|^2+|D_nw-(D_nw)_\rho|^2\Big)dx$$
$$\leqslant C\rho^{n+2\alpha}\Big(\frac{1}{R^{n+2\alpha}}\int_{B_{R/2}^+}\Big(\sum_{j=1}^{n-1}|D_jw|^2+|D_nw-(D_nw)_{R/2}|^2\Big)dx$$
$$+[f]^2_{\alpha;B_{R/2}^+}\Big)$$
$$\leqslant C\rho^{n+2\alpha}\Big(\frac{1}{R^{n+2\alpha}}\int_{B_{R/2}^+}|Dw|^2dx+[f]^2_{\alpha;B_{R/2}^+}\Big)$$
$$\leqslant C\rho^{n+2\alpha}\Big(\frac{1}{R^{n+4+2\alpha}}\int_{B_R^+}u^2dx+\frac{1}{R^{2\alpha}}|f|^2_{0;B_R^+}+[f]^2_{\alpha;B_R^+}\Big).\tag{6.2.25}$$

上式特别就包含, 对 $j=1,2,\cdots,n-1$, 有

$$\int_{B_\rho^+}|D_jw|^2dx\leqslant C\rho^{n+2\alpha}M_R.$$

从而

$$(D_jw)_\rho^2=\frac{1}{|B_\rho^+|^2}\left(\int_{B_\rho^+}|D_jw|dx\right)^2$$
$$\leqslant\frac{1}{|B_\rho^+|}\int_{B_\rho^+}|D_jw|^2dx\leqslant C\rho^{2\alpha}M_R.$$

于是，对 $j=1,2,\cdots,n-1$, 有

$$\begin{aligned}&\int_{B_\rho^+}|D_jw-(D_jw)_\rho|^2dx\\\leqslant&2\int_{B_\rho^+}|D_jw|^2dx+2\int_{B_\rho^+}|(D_jw)_\rho|^2dx\\\leqslant&C\rho^{n+2\alpha}M_R.\end{aligned}$$

式 (6.2.25) 还包含

$$\int_{B_\rho^+}|D_nw-(D_nw)_\rho|^2dx\leqslant C\rho^{n+2\alpha}M_R,$$

因此

$$\int_{B_\rho^+}|Dw-(Dw)_\rho|^2dx\leqslant C\rho^{n+2\alpha}M_R.$$

这样一来，我们就对 $w=D_iu\,(i=1,2,\cdots,n-1)$ 证明了式 (6.2.24). 再利用方程 $D_{nn}u=-\sum\limits_{i=1}^{n-1}D_{ii}u-f$, 就知式 (6.2.24) 对 $w=D_nu$ 也成立.

定理 6.2.11 设 u 为问题 (6.2.1),(6.2.2) 的解，$x^0\in\partial\mathbb{R}_+^n$. 则

$$\begin{aligned}&[D^2u]_{\alpha;B_{R/2}^+(x^0)}\\\leqslant&C\left(\frac{1}{R^{2+\alpha}}|u|_{0;B_R^+(x^0)}+\frac{1}{R^\alpha}|f|_{0;B_R^+(x^0)}+[f]_{\alpha;B_R^+(x^0)}\right),\end{aligned}\tag{6.2.26}$$

其中 C 是仅依赖于 n 的正常数.

证明 根据定理 6.2.10, 对 $x\in\partial B_{R/2}^+(x^0)\cap B_{R/2}(x^0)$, $0<\rho\leqslant\dfrac{R}{4}$, 我们有

$$\begin{aligned}&\int_{B_\rho^+(x)}|D^2u(y)-(D^2u)_{B_\rho^+(x)}|^2dy\\\leqslant&C\rho^{n+2\alpha}\left(\frac{1}{R^{4+2\alpha}}|u|^2_{0;B_{R/2}^+(x)}+\frac{1}{R^{2\alpha}}|f|^2_{0;B_{R/2}^+(x)}+[f]^2_{\alpha;B_{R/2}^+(x)}\right)\\\leqslant&C\rho^{n+2\alpha}M_R,\end{aligned}\tag{6.2.27}$$

其中

$$M_R=\frac{1}{R^{4+2\alpha}}|u|^2_{0;B_R^+(x^0)}+\frac{1}{R^{2\alpha}}|f|^2_{0;B_R^+(x^0)}+[f]^2_{\alpha;B_R^+(x^0)}.$$

设 $x\in B_{R/2}^+(x^0)$, 记 $\tilde{x}=(x_1,\cdots,x_{n-1},0)$. 当 $0<x_n<\dfrac{R}{4}$ 时，对 $x_n\leqslant\rho\leqslant\dfrac{R}{4}$, 有 $B_\rho(x)\cap B_{R/2}^+(x^0)\subset B_{2\rho}^+(\tilde{x})$. 根据式 (6.2.27), 便得

$$\int_{B_\rho(x)\cap B_{R/2}^+(x^0)}|D^2u(y)-(D^2u)_{B_\rho(x)\cap B_{R/2}^+(x^0)}|^2dy$$

$$
\begin{aligned}
&\leqslant \int_{B_{2\rho}^+(\tilde{x})} |D^2u(y) - (D^2u)_{B_{2\rho}^+(\tilde{x})}|^2 dy \\
&\leqslant C\rho^{n+2\alpha} M_R.
\end{aligned} \tag{6.2.28}
$$

而当 $0 < \rho < x_n$ 时，根据定理 6.2.6 和 $\rho = x_n$ 时的式 (6.2.28), 我们有

$$
\begin{aligned}
&\int_{B_\rho(x)} |D^2u(y) - (D^2u)_{B_\rho(x)}|^2 dy \\
\leqslant & C\rho^{n+2\alpha}\Big(\frac{1}{x_n^{n+2\alpha}} \int_{B_{x_n}(x)} |Dw - (Dw)_{B_{x_n}(x)}|^2 dx \\
&\quad + [f]^2_{\alpha;B_{x_n}(x)}\Big) \\
\leqslant & C\rho^{n+2\alpha} M_R.
\end{aligned}
$$

总之，当 $0 < x_n < \dfrac{R}{4}$ 时，对 $0 < \rho \leqslant \dfrac{R}{4}$, 有

$$
\begin{aligned}
&\int_{B_\rho(x)\bigcap B_{R/2}^+(x^0)} |D^2u(y) - (D^2u)_{B_\rho(x)\bigcap B_{R/2}^+(x^0)}|^2 dy \\
\leqslant & C\rho^{n+2\alpha} M_R.
\end{aligned}
$$

而当 $\dfrac{R}{4} \leqslant x_n < \dfrac{R}{2}$ 时，对 $0 < \rho \leqslant \dfrac{R}{4}$, 有 $B_\rho(x) \subset B_{R/4}(x) \subset B_{3R/4}^+(x^0) \subset B_R^+(x^0)$, 根据定理 6.2.7, 便得

$$
\begin{aligned}
&\int_{B_\rho(x)\bigcap B_{R/2}^+(x^0)} |D^2u(y) - (D^2u)_{B_\rho(x)\bigcap B_{R/2}^+(x^0)}|^2 dy \\
\leqslant & \int_{B_\rho(x)} |D^2u(y) - (D^2u)_{B_\rho(x)}|^2 dy \leqslant C\rho^{n+2\alpha} M_R.
\end{aligned}
$$

从而

$$
\begin{aligned}
&[D^2u]^{(1/4)}_{2,n+2\alpha;B_{R/2}^+(x^0)} \leqslant CM_R^{1/2} \\
\leqslant & C\left(\frac{1}{R^{2+\alpha}}|u|_{0;B_R^+(x^0)} + \frac{1}{R^\alpha}|f|_{0;B_R^+(x^0)} + [f]_{\alpha;B_R^+(x^0)}\right).
\end{aligned}
$$

利用定理 6.1.1 后的注 6.1.2 便得到式 (6.2.26).

注 6.2.9 如果所论半空间的边界不是超平面 $x_n = 0$, 而是另一种形状的超平面，我们仍有同样的近边估计，在证明中自然应代替 $w = D_i u\,(i = 1, 2, \cdots, n-1)$ 而考虑关于超平面的切向导数.

注 6.2.10 利用内估计 (6.2.20) 以及将边界局部拉平后利用近边估计 (6.2.26), 便可得到解在 Ω 上的全局 Schauder 估计. 由于我们将在下一节对一般线性椭圆型方程讨论如何建立全局 Schauder 估计，这里就不详细讨论了.

§6.3 一般线性椭圆型方程解的 Schauder 估计

考虑一般的线性椭圆型方程

$$Lu \equiv -a_{ij}(x)D_{ij}u + b_i(x)D_iu + c(x)u = f(x), \quad x \in \Omega, \tag{6.3.1}$$

其中 $\Omega \subset \mathbb{R}^n$ 是一有界区域. 我们只考虑 Dirichlet 问题, 边值条件为

$$u\Big|_{\partial\Omega} = \varphi(x). \tag{6.3.2}$$

本节的目的是在一定条件下, 建立 Dirichlet 问题 (6.3.1), (6.3.2) 解的 Schauder 估计. 具体地说, 我们有下面的定理.

定理 6.3.1 *设 $\partial\Omega \in C^{2,\alpha}$, $a_{ij}, b_i, c \in C^{\alpha}(\overline{\Omega})$, $a_{ij} = a_{ji}$, 且方程 (6.3.1) 满足一致椭圆性条件, 即存在常数 $0 < \lambda \leqslant \Lambda$, 使得*

$$\lambda|\xi|^2 \leqslant a_{ij}(x)\xi_i\xi_j \leqslant \Lambda|\xi|^2, \quad \forall \xi \in \mathbb{R}^n,\ x \in \Omega.$$

又设 $f \in C^{\alpha}(\overline{\Omega})$, $\varphi \in C^{2,\alpha}(\overline{\Omega})$. 如果 $u \in C^{2,\alpha}(\overline{\Omega})$ 是 Dirichlet 问题 (6.3.1), (6.3.2) 的解, 则

$$|u|_{2,\alpha;\Omega} \leqslant C(|f|_{\alpha;\Omega} + |\varphi|_{2,\alpha;\Omega} + |u|_{0;\Omega}), \tag{6.3.3}$$

其中 C 是仅依赖于 n, α, λ, Λ, $\mathrm{diam}\Omega$, a_{ij}, b_i, c 的 $C^{\alpha}(\overline{\Omega})$ 范数和 $\partial\Omega$ 的 $C^{2,\alpha}$ "范数" 的正常数, 这里 $\partial\Omega$ 的 $C^{2,\alpha}$ "范数" 理解为覆盖 $\partial\Omega$ 的有限个小球内将边界拉平所用函数 $\Psi(x)$ 的 $C^{2,\alpha}$ 范数的上界.

注 6.3.1 *在定理 6.3.1 中, 使式 (6.3.3) 成立不必要求 $u \in C^{2,\alpha}(\overline{\Omega})$, 而只须假设 $u \in C^{2,\alpha}(\Omega) \cap C(\overline{\Omega})$. 事实上, 在后一假设下, 我们有*

$$|u|_{2,\alpha;\Omega_\varepsilon} \leqslant C(|f|_{\alpha;\Omega} + |\varphi|_{2,\alpha;\Omega} + |u|_{0;\Omega}),$$

其中

$$\Omega_\varepsilon = \{x \in \Omega; \mathrm{dist}(x, \partial\Omega) > \varepsilon\},$$

而 $\varepsilon > 0$ 充分小. 由此及充分小 $\varepsilon > 0$ 的任意性就知式 (6.3.3) 成立.

我们将通过对所论问题的逐步化简, 利用半空间上的 Poisson 方程解的 Schauder 估计和有限开覆盖定理来完成定理的证明.

6.3.1 问题的简化

首先我们指出, 在对方程 (6.3.1) 的解做先验估计时, 不需要考虑一般的边值条件. 这是因为, 如果令 $w = u - \varphi$, 则 $w\Big|_{\partial\Omega} = 0$, 且

$$Lw = Lu - L\varphi = f(x) - L\varphi \in C^{\alpha}(\overline{\Omega}).$$

因此，如果对 $\varphi \equiv 0$ 的情形能得到估计式 (6.3.3), 则

$$|w|_{2,\alpha;\Omega} \leqslant C(|f - L\varphi|_{\alpha;\Omega} + |w|_{0;\Omega}).$$

由此不难验证估计式 (6.3.3) 也是成立的．这表明，在做解的先验估计时，可以不妨设 $\varphi \equiv 0$.

进一步，我们还要指出，只须对不含低阶项的方程来做估计，即只须考虑如下形式的特殊方程

$$-a_{ij}(x)D_{ij}u = f(x), \quad x \in \Omega. \tag{6.3.4}$$

事实上，如果对方程 (6.3.4) 能得到形如式 (6.3.3) 的估计，则对一般形式的方程 (6.3.1), 我们有

$$\begin{aligned}|u|_{2,\alpha;\Omega} \leqslant & C(|f - b_iD_iu - cu|_{\alpha;\Omega} + |u|_{0;\Omega}) \\ \leqslant & C(|f|_{\alpha;\Omega} + |u|_{1,\alpha;\Omega}).\end{aligned}$$

利用插值不等式，即得

$$|u|_{2,\alpha;\Omega} \leqslant C(|f|_{\alpha;\Omega} + |u|_{0;\Omega}).$$

6.3.2 内估计

如前所述，我们只须考虑特殊问题

$$-a_{ij}(x)D_{ij}u = f(x), \quad x \in \Omega, \tag{6.3.5}$$

$$u\Big|_{\partial\Omega} = 0. \tag{6.3.6}$$

我们将采用凝固系数法，将问题进一步归结为对系数为常数的方程去做估计．设 $x^0 \in \Omega$, 则方程可改写为

$$-a_{ij}(x^0)D_{ij}u = h(x), \tag{6.3.7}$$

其中

$$h(x) = f(x) + g(x), \tag{6.3.8}$$

$$g(x) = (a_{ij}(x) - a_{ij}(x^0))D_{ij}u.$$

给定光滑函数 $h(x)$, 为了对方程 (6.3.7) 的解做估计，我们通过适当的变量替换，进一步将方程 (6.3.7) 化简成 Poisson 方程的形式，以便利用 §6.2 得到的结果.

由于 $A = (a_{ij}(x^0))$ 为正定矩阵，故存在非奇异矩阵 P, 使得 $P^TAP = I_n$, 其中 I_n 为 n 阶单位矩阵．令

$$y = P^Tx \tag{6.3.9}$$

(视 x, y 为列向量). 记 $P^T=(P_{ij})$, 则

$$\frac{\partial u}{\partial x_i}=\frac{\partial \hat{u}}{\partial y_k}\cdot\frac{\partial y_k}{\partial x_i}=P_{ki}\frac{\partial \hat{u}}{\partial y_k}=P_{ki}\hat{D}_k\hat{u},$$

$$\frac{\partial^2 u}{\partial x_i\partial x_j}=P_{ki}\frac{\partial^2 \hat{u}}{\partial y_k\partial y_l}\cdot\frac{\partial y_l}{\partial x_j}=P_{ki}P_{lj}\hat{D}_{kl}\hat{u},$$

其中 $\hat{D}_k=\dfrac{\partial}{\partial y_k}$, $\hat{D}_{kl}=\dfrac{\partial^2}{\partial y_k\partial y_l}$, $\hat{u}(y)=u((P^T)^{-1}y)$. 从而

$$-a_{ij}(x^0)D_{ij}u=-a_{ij}(x^0)P_{ki}P_{lj}\hat{D}_{kl}\hat{u}.$$

由于 $P^TAP=I_n$, 故

$$a_{ij}(x^0)P_{ki}P_{lj}=\delta_{kl}=\begin{cases}1, & k=l,\\ 0, & k\neq l.\end{cases}$$

于是原方程 (6.3.7) 化为

$$-\hat{\Delta}\hat{u}=\hat{h}(y), \tag{6.3.10}$$

其中 $\hat{\Delta}=\dfrac{\partial^2}{\partial y_1^2}+\dfrac{\partial^2}{\partial y_2^2}+\cdots+\dfrac{\partial^2}{\partial y_n^2}$, $\hat{h}(y)=h((P^T)^{-1}y)$.

我们断言

$$\Lambda^{-1/2}|x^1-x^2|\leqslant|P^Tx^1-P^Tx^2|\leqslant\lambda^{-1/2}|x^1-x^2|, \tag{6.3.11}$$

即 x 空间和 y 空间的距离是等价的. 事实上, 我们有

$$|y|=(x^TPP^Tx)^{1/2}=(x^TA^{-1}x)^{1/2}.$$

以 $\underline{\lambda}$ 和 $\overline{\lambda}$ 分别表示 A 的最小和最大特征值, 则 $\overline{\lambda}^{-1}$ 和 $\underline{\lambda}^{-1}$ 就为 A^{-1} 的最小和最大特征值. 故

$$\overline{\lambda}^{-1/2}|x|\leqslant|y|\leqslant\underline{\lambda}^{-1/2}|x|. \tag{6.3.12}$$

根据椭圆性条件可知 $\lambda\leqslant\underline{\lambda}\leqslant\overline{\lambda}\leqslant\Lambda$, 故式 (6.3.12) 包含式 (6.3.11).

现在对 Possion 方程 (6.3.10) 利用 §6.2 得到的内估计. 这里要注意, 虽然 §6.2 考虑的域是半空间, 但正如注 6.2.3 所指出, 所有内估计都与所论域的形状无关, 故 §6.2 所得内估计可以用到我们现在的情形. 于是利用定理 6.2.8, 我们得到如下的估计:

$$[\hat{D}^2\hat{u}]_{\alpha;\hat{B}_{R/2}}\leqslant C\left(\frac{1}{R^{2+\alpha}}|\hat{u}|_{0;\hat{B}_R}+\frac{1}{R^{\alpha}}|\hat{h}|_{0;\hat{B}_R}+[\hat{h}]_{\alpha;\hat{B}_R}\right), \tag{6.3.13}$$

其中 $\hat{B}_R$ 表示 y 空间中以 R 为半径以 P^Tx^0 为球心的球. 自然要假设 $\hat{B}_R \subset \hat{\Omega} = \{y = P^Tx; x \in \Omega\}$, 为了表达上的方便，我们进一步假设 $0 < R \leqslant 1$.

设 $h(x)$ 由式 (6.3.8) 给出. 由于

$$\begin{aligned}[\hat{g}]_{\alpha;\hat{B}_R} \leqslant& CR^\alpha[\hat{D}^2\hat{u}]_{\alpha;\hat{B}_R} + [\hat{a}_{ij}]_{\alpha;\hat{B}_R}|\hat{D}_{ij}\hat{u}|_{0;\hat{B}_R}\\ \leqslant& C(R^\alpha[\hat{D}^2\hat{u}]_{\alpha;\hat{B}_R} + |\hat{u}|_{2;\hat{B}_R}),\end{aligned}$$

$$|\hat{g}|_{0;\hat{B}_R} \leqslant CR^\alpha|\hat{D}^2\hat{u}|_{0;\hat{B}_R} \leqslant CR^\alpha|\hat{u}|_{2;\hat{B}_R},$$

结合插值不等式并注意到 $0 < R \leqslant 1$, 可得

$$\begin{aligned}[\hat{g}]_{\alpha;\hat{B}_R} \leqslant& C\left(R^\alpha[\hat{D}^2\hat{u}]_{\alpha;\hat{B}_R} + \frac{1}{R^2}|\hat{u}|_{0;\hat{B}_R}\right)\\ \leqslant& C\left(R^\alpha[\hat{D}^2\hat{u}]_{\alpha;\hat{B}_R} + \frac{1}{R^{2+\alpha}}|\hat{u}|_{0;\hat{B}_R}\right),\\ |\hat{g}|_{0;\hat{B}_R} \leqslant& CR^\alpha\left(R^\alpha[\hat{D}^2\hat{u}]_{\alpha;\hat{B}_R} + \frac{1}{R^2}|\hat{u}|_{0;\hat{B}_R}\right)\\ \leqslant& CR^\alpha\left(R^\alpha[\hat{D}^2\hat{u}]_{\alpha;\hat{B}_R} + \frac{1}{R^{2+\alpha}}|\hat{u}|_{0;\hat{B}_R}\right).\end{aligned}$$

与式 (6.3.13) 联合便得

$$\begin{aligned}[\hat{D}^2\hat{u}]_{\alpha;\hat{B}_{R/2}} \leqslant& C\Big(R^\alpha[\hat{D}^2\hat{u}]_{\alpha;\hat{B}_R} + \frac{1}{R^{2+\alpha}}|\hat{u}|_{0;\hat{B}_R}\\ &+ \frac{1}{R^\alpha}|\hat{f}|_{0;\hat{B}_R} + [\hat{f}]_{\alpha;\hat{B}_R}\Big).\end{aligned}$$

回到原来的变量 x, 上式就变为

$$\begin{aligned}[D^2u]_{\alpha;\hat{B}_{R/2}^{-1}} \leqslant& C\Big(R^\alpha[D^2u]_{\alpha;\hat{B}_R^{-1}} + \frac{1}{R^{2+\alpha}}|u|_{0;\hat{B}_R^{-1}}\\ &+ \frac{1}{R^\alpha}|f|_{0;\hat{B}_R^{-1}} + [f]_{\alpha;\hat{B}_R^{-1}}\Big),\end{aligned}$$

其中 $\hat{B}_R^{-1} = \{x = (P^T)^{-1}y; y \in \hat{B}_R\}$. 这里注意，不等式 (6.3.11) 保证了

$$[D^2u]_{\alpha;\hat{B}_{R/2}^{-1}} \leqslant C[\hat{D}^2\hat{u}]_{\alpha;\hat{B}_{R/2}}, \quad [\hat{D}^2\hat{u}]_{\alpha;\hat{B}_R} \leqslant C[D^2u]_{\alpha;\hat{B}_R^{-1}},$$

$$|\hat{u}|_{0;\hat{B}_R} \leqslant C|u|_{0;\hat{B}_R^{-1}}, \ |\hat{f}|_{0;\hat{B}_R} \leqslant C|f|_{0;\hat{B}_R^{-1}}, \ [\hat{f}]_{\alpha;\hat{B}_R} \leqslant C[f]_{\alpha;\hat{B}_R^{-1}},$$

其中常数 C 与 $x^0 \in \Omega$ 无关. 特别就有

$$\begin{aligned}[D^2u]_{\alpha;\hat{B}_{R/2}^{-1}} \leqslant& C\Big(R^\alpha[D^2u]_{\alpha;\Omega} + \frac{1}{R^{2+\alpha}}|u|_{0;\Omega}\\ &+ \frac{1}{R^\alpha}|f|_{0;\Omega} + [f]_{\alpha;\Omega}\Big).\end{aligned}$$

可以验证 $B_{\lambda R/\Lambda} \subset \hat{B}_R^{-1}$, 于是当 $0 < R \leqslant 1$ 适当小时，我们有

$$[D^2u]_{\alpha;B_R} \leqslant C\Big(R^\alpha[D^2u]_{\alpha;\Omega} + \frac{1}{R^{2+\alpha}}|u|_{0;\Omega} + \frac{1}{R^\alpha}|f|_{0;\Omega} + [f]_{\alpha;\Omega}\Big). \tag{6.3.14}$$

6.3.3 近边估计

为了建立近边估计,我们对边界采取局部拉平方法. 设 $x^0 \in \partial\Omega$. 由于 $\partial\Omega \in C^{2,\alpha}$, 故存在 x^0 的一个邻域 U 和一个 $C^{2,\alpha}$ 的可逆映射 $\Psi : U \to \hat{B}_1(0)$, 使得

$$\Psi(U \cap \Omega) = \hat{B}_1^+ = \{y \in \hat{B}_1(0); y_n > 0\},$$

$$\Psi(U \cap \partial\Omega) = \partial\hat{B}_1^+ \cap \{y \in \mathbb{R}^n; y_n = 0\},$$

其中 $\hat{B}_1(0)$ 表示 y 空间中的单位球. 记

$$P_{ij} = \frac{\partial\Psi_i}{\partial x_j}, \quad P_{ij}^k = \frac{\partial^2\Psi_k}{\partial x_i\partial x_j},$$

这里 $\Psi = (\Psi_1, \Psi_2, \cdots, \Psi_n)$. 则

$$\frac{\partial u}{\partial x_i} = \frac{\partial \hat{u}}{\partial y_k} \cdot \frac{\partial y_k}{\partial x_i} = P_{ki}\hat{D}_k\hat{u},$$

$$\frac{\partial^2 u}{\partial x_i\partial x_j} = \frac{\partial^2\hat{u}}{\partial y_k\partial y_l} \cdot \frac{\partial y_k}{\partial x_i} \cdot \frac{\partial y_l}{\partial x_j} + \frac{\partial\hat{u}}{\partial y_k} \cdot \frac{\partial^2 y_k}{\partial x_i\partial x_j} = P_{ki}P_{lj}\hat{D}_{kl}\hat{u} + P_{ij}^k\hat{D}_k\hat{u},$$

其中 $\hat{D}_k = \dfrac{\partial}{\partial y_k}$, $\hat{D}_{kl} = \dfrac{\partial^2}{\partial y_k\partial y_l}$, $\hat{u}(y) = u(\Psi^{-1}(y))$. 故

$$-a_{ij}(x)D_{ij}u = -\hat{a}_{ij}(y)P_{ki}P_{lj}\hat{D}_{kl}\hat{u} - \hat{a}_{ij}(y)P_{ij}^k\hat{D}_k\hat{u},$$

其中 $\hat{a}_{ij}(y) = a_{ij}(\Psi^{-1}(y))$. 于是，在变换 $y = \Psi(x)$ 之下，方程 (6.3.5) 化为

$$-\hat{a}_{ij}(y)P_{ki}P_{lj}\hat{D}_{kl}\hat{u} - \hat{a}_{ij}(y)P_{ij}^k\hat{D}_k\hat{u} = \hat{f}(y), \tag{6.3.15}$$

其中 $\hat{f}(y) = f(\Psi^{-1}(y))$. 令 $B(y) = \Psi'(\Psi^{-1}(y))(\Psi'(\Psi^{-1}(y)))^T$. 由于 $y = \Psi(x)$ 是一 $C^{2,\alpha}$ 的可逆映射，故 $\Psi'(\Psi^{-1}(y))$ 非奇异，从而 $B(y)$ 为正定矩阵，且是连续的. 用 $m(y)$ 和 $M(y)$ 分别表示 $B(y)$ 的最小和最大特征值，并记

$$m = \min_{y\in\hat{B}_1^+} m(y), \quad M = \max_{y\in\hat{B}_1^+} M(y),$$

则 $0 < m \leqslant M$. 因为

$$(\hat{a}_{ij}(y)P_{ki}P_{lj}) = \Psi'(\Psi^{-1}(y))\hat{A}(y)(\Psi'(\Psi^{-1}(y)))^T,$$

其中 $\hat{A}(y)=(\hat{a}_{ij}(y))$, 故对任意的 $\xi\in\mathbb{R}^n$, 有

$$\hat{a}_{ij}(y)P_{ki}P_{lj}\xi_k\xi_l=\xi^T\Psi'(\Psi^{-1}(y))\hat{A}(y)(\Psi'(\Psi^{-1}(y)))^T\xi.$$

令 $\eta(y)=(\Psi'(\Psi^{-1}(y)))^T\xi$, 则

$$\lambda|\eta|^2\leqslant\hat{a}_{ij}(y)P_{ki}P_{lj}\xi_k\xi_l\leqslant\Lambda|\eta|^2.$$

由于 $|\eta|^2=\eta^T\eta=\xi^TB(y)\xi$, 故

$$m|\xi|^2\leqslant|\eta|^2\leqslant M|\xi|^2.$$

从而

$$\lambda m|\xi|^2\leqslant\hat{a}_{ij}(y)P_{ki}P_{lj}\xi_k\xi_l\leqslant\Lambda M|\xi|^2.$$

由此可知方程 (6.3.15) 是一致椭圆的. 由于 Ψ 是一 $C^{2,\alpha}$ 的可逆映射, 故存在常数 $0<\mu_1\leqslant\mu_2$, 使得对任意的 $x^1,x^2\in\overline{\Omega}\cap U$, 有

$$\mu_1|x^1-x^2|\leqslant|\Psi(x^1)-\Psi(x^2)|\leqslant\mu_2|x^1-x^2|,$$

所以 x 空间和 y 空间的距离是等价的.

为了对方程 (6.3.15) 的解建立近边估计, 和前面建立内估计的步骤一样, 我们考虑其不含低阶项的方程, 对它采取凝固系数法, 并通过自变量的仿射变换将方程化为 Poisson 方程, 然后利用关于 Poisson 方程解的近边估计. 这里需要注意的是, 经仿射变换后, $\partial\mathbb{R}^n_+=\{y\in\mathbb{R}^n_+;y_n=0\}$ 变成了另一种形状的超平面. 但如注 6.2.9 所指出, 对这种情形, 定理 6.2.11 中关于 Poisson 方程解的近边估计同样成立. 利用这一结果后, 先回到自变量 y, 再回到原来的方程, 最后回到自变量 x, 便得到

$$\begin{aligned}[D^2u]_{\alpha;O_R}\leqslant C\Big(&R^\alpha[D^2u]_{\alpha;\Omega}+\frac{1}{R^{2+\alpha}}|u|_{0;\Omega}\\&+\frac{1}{R^\alpha}|f|_{0;\Omega}+[f]_{\alpha;\Omega}\Big),\end{aligned}$$

其中 $0<R\leqslant1$, $O_R\subset\Omega$ 为某一依赖于 R 的区域, 且存在不依赖于 R 的常数 $\sigma>0$, 使得 $\Omega\cap B_{\sigma R}(x^0)\subset O_R$. 于是, 当 $0<R\leqslant1$ 适当小时, 我们有

$$\begin{aligned}[D^2u]_{\alpha;\Omega_R}\leqslant C\Big(&R^\alpha[D^2u]_{\alpha;\Omega}+\frac{1}{R^{2+\alpha}}|u|_{0;\Omega}\\&+\frac{1}{R^\alpha}|f|_{0;\Omega}+[f]_{\alpha;\Omega}\Big),\end{aligned}\tag{6.3.16}$$

其中 $\Omega_R=\Omega\cap B_R(x^0)$.

6.3.4 全局估计

结合内估计式 (6.3.14) 和近边估计式 (6.3.16), 利用有限覆盖定理, 就可以建立 Dirichlet 问题 (6.3.1), (6.3.2) 解的全局 Schauder 估计.

由内估计式 (6.3.14) 和近边估计式 (6.3.16) 可知: 对任意的 $x^0 \in \overline{\Omega}$, 存在 $0 < \hat{R}_0 \leqslant 1$, 使得对任意的 $0 < R \leqslant \hat{R}_0$, 都有

$$[D^2u]_{\alpha;\Omega_R} \leqslant C_0\left(R^\alpha[D^2u]_{\alpha;\Omega}+\frac{1}{R^{2+\alpha}}|u|_{0;\Omega}+\frac{1}{R^\alpha}|f|_{0;\Omega}+[f]_{\alpha;\Omega}\right),$$

其中 $\Omega_R = \Omega \cap B_R(x^0)$, C_0 是与 x^0, R 和 $\hat{R}_0$ 无关的常数, $B_R(x^0)$ 或者含于 Ω 内或者其球心 $x^0 \in \partial\Omega$. 由有限开覆盖定理, 存在有限个这样的开球 $B_{R_1}(x^1), B_{R_2}(x^2), \cdots, B_{R_m}(x^m)$, 它们覆盖了 $\overline{\Omega}$, 其中 $x^j \in \overline{\Omega}\,(j = 1, 2, \cdots, m)$, 且对任意的 $0 < R \leqslant R_j$, 都有

$$\begin{aligned}&[D^2u]_{\alpha;\Omega_{2R}(x^j)}\\ \leqslant& C_0\left(R^\alpha[D^2u]_{\alpha;\Omega}+\frac{1}{R^{2+\alpha}}|u|_{0;\Omega}+\frac{1}{R^\alpha}|f|_{0;\Omega}+[f]_{\alpha;\Omega}\right)\\ &\qquad (j = 1, 2, \cdots, m).\end{aligned}$$

令

$$R_0 = \min\left\{(3C_0)^{-1/\alpha}, R_1, R_2, \cdots, R_m\right\}.$$

则有

$$\begin{aligned}&[D^2u]_{\alpha;\Omega_{2R_0}(x^j)}\\ \leqslant& C_0\left(R_0^\alpha[D^2u]_{\alpha;\Omega}+\frac{1}{R_0^{2+\alpha}}|u|_{0;\Omega}+\frac{1}{R_0^\alpha}|f|_{0;\Omega}+[f]_{\alpha;\Omega}\right)\\ &\qquad (j = 1, 2, \cdots, m). \qquad (6.3.17)\end{aligned}$$

对任意不同的两点 $x', x'' \in \Omega$, 必有下述两种情形之一发生:

(i) $|x' - x''| \geqslant R_0$;

(ii) 存在 $1 \leqslant j_0 \leqslant m$, 使得 $x', x'' \in \Omega_{2R_0}(x^{j_0})$.

若发生 (i), 则有

$$\frac{|D^2u(x') - D^2u(x'')|}{|x' - x''|^\alpha} \leqslant \frac{2}{R_0^\alpha}|D^2u|_{0;\Omega}.$$

若发生 (ii), 则由式 (6.3.17) 可得

$$\frac{|D^2u(x') - D^2u(x'')|}{|x' - x''|^\alpha}$$

$$
\begin{aligned}
&\leqslant |D^2 u|_{\alpha;\Omega_{2R_0}(x^{j_0})}\\
&\leqslant C_0\left(R_0^\alpha[D^2u]_{\alpha;\Omega}+\frac{1}{R_0^{2+\alpha}}|u|_{0;\Omega}+\frac{1}{R_0^\alpha}|f|_{0;\Omega}+[f]_{\alpha;\Omega}\right).
\end{aligned}
$$

可见不论在哪种情形下，都有

$$
\begin{aligned}
&\frac{|D^2u(x')-D^2u(x'')|}{|x'-x''|^\alpha}\\
\leqslant & C_0R_0^\alpha[D^2u]_{\alpha;\Omega}+\frac{2}{R_0^\alpha}|D^2u|_{0;\Omega}+\frac{C_0}{R_0^{2+\alpha}}|u|_{0;\Omega}\\
&+\frac{C_0}{R_0^\alpha}|f|_{0;\Omega}+C_0[f]_{\alpha;\Omega}.
\end{aligned}
$$

从而

$$
\begin{aligned}
[D^2u]_{\alpha;\Omega}\leqslant & C_0R_0^\alpha[D^2u]_{\alpha;\Omega}+\frac{2}{R_0^\alpha}|D^2u|_{0;\Omega}\\
&+\frac{C_0}{R_0^{2+\alpha}}|u|_{0;\Omega}+\frac{C_0}{R_0^\alpha}|f|_{0;\Omega}+C_0[f]_{\alpha;\Omega}.
\end{aligned}\tag{6.3.18}
$$

利用插值不等式，有

$$
\frac{2}{R_0^\alpha}|D^2u|_{0;\Omega}\leqslant\frac{1}{3}[D^2u]_{\alpha;\Omega}+C|u|_{0;\Omega},
$$

而由 $R_0\leqslant(3C_0)^{-1/\alpha}$ 知

$$
C_0R_0^\alpha[D^2u]_{\alpha;\Omega}\leqslant\frac{1}{3}[D^2u]_{\alpha;\Omega},
$$

将上述两个不等式与式 (6.3.18) 联合，进而可得

$$
[D^2u]_{\alpha;\Omega}\leqslant C(|u|_{0;\Omega}+|f|_{\alpha;\Omega}).
$$

再利用插值不等式即得式 (6.3.3).

第7章 线性抛物型方程解的 Schauder 估计

本章介绍二阶线性抛物型方程解的 Schauder 型估计. 我们先考虑热方程, 对这种方程建立解的 Schauder 型估计, 再利用这种估计, 建立一般线性抛物型方程解的同类估计. 为了证明热方程解的 Schauder 型估计, 这里我们同样采用 Campanato 空间的理论.

§7.1 t 向异性 Campanato 空间

在第 6 章中, 我们介绍了空间区域上的 Campanato 空间, 并刻画了空间区域上的 Hölder 连续函数的积分特征. 本节我们介绍 t 向异性 Campanato 空间, 并刻画抛物区域上的 Hölder 连续函数的积分特征.

设 $\Omega \subset \mathbb{R}^n$ 是一有界区域, $T > 0$. 记 $Q = \Omega \times (0,T)$, $z^0 = (x^0, t_0)$,

$$I_\rho = I_\rho(t_0) = (t_0 - \rho^2, t_0 + \rho^2), \quad B_\rho = B_\rho(x^0),$$

$$Q_\rho = Q_\rho(z^0) = Q_\rho(x^0, t_0) = B_\rho \times I_\rho.$$

定义 7.1.1 (Campanato空间) 设 $p \geqslant 1$, $\mu \geqslant 0$, 由 $L^p(Q)$ 中满足

$$\begin{aligned} &[u]_{p,\mu} = [u]_{p,\mu;Q} \\ \equiv &\sup_{\substack{(x,t)\in Q \\ 0<\rho<\operatorname{diam}\Omega}} \left(\rho^{-\mu} \iint_{Q\cap Q_\rho(x,t)} |u(y,s) - u_{x,t,\rho}|^p dyds \right)^{1/p} \\ &< +\infty \end{aligned}$$

的函数组成的集合赋以范数

$$\|u\|_{\mathcal{L}^{p,\mu}} = \|u\|_{\mathcal{L}^{p,\mu}(Q)} = [u]_{p,\mu;Q} + \|u\|_{L^p(Q)}$$

后得到的线性赋范空间称为 Campanato 空间, 记为 $\mathcal{L}^{p,\mu}(Q)$, 其中

$$u_{x,t,\rho} = \frac{1}{|Q\cap Q_\rho(x,t)|} \iint_{Q\cap Q_\rho(x,t)} u(y,s)dyds.$$

注 7.1.1 $[u]_{p,\mu;Q}$ 为半范数, 它不构成范数, 因为 $[u]_{p,\mu;Q} = 0$ 并不蕴含 $u = 0$. 容易验证

命题 7.1.1 $\mathcal{L}^{p,\mu}(Q)$ 是完备的, 即为 Banach 空间.

定理 7.1.1 (Hölder连续函数的积分特征) Ω 是 (A) 型区域, $n+2<\mu\leqslant n+2+p$, 则

$$\mathcal{L}^{p,\mu}(Q)\simeq C^{\alpha,\alpha/2}(\overline{Q}),$$

其中 $\alpha=\dfrac{\mu-n-2}{p}$.

证明类似于定理 6.1.1.

注 7.1.2 对 $0<\lambda<1$, 定义新的半范数

$$[u]^{(\lambda)}_{p,\mu;Q}\equiv\sup_{\substack{(x,t)\in Q\\0<\rho<\lambda\operatorname{diam}\Omega}}\left(\rho^{-\mu}\iint_{Q\bigcap Q_\rho(x,t)}|u(y,s)-u_{x,t,\rho}|^p dyds\right)^{1/p}.$$

类似于椭圆方程的情形, 若 $\alpha=\dfrac{\mu-n-2}{p}\in(0,1)$, 则这些半范数与 Hölder 半范数 $[u]_{\alpha,\alpha/2;Q}$ 之间都是等价的, 即

$$C_1[u]_{\alpha,\alpha/2;Q}\leqslant[u]^{(\lambda)}_{p,\mu;Q}\leqslant C_2[u]_{\alpha,\alpha/2;Q},$$

其中 C_1,C_2 为仅依赖于 n,A,p,μ 和 λ 的正常数.

命题 7.1.2 当 $\mu>n+2+p$ 时, $\mathcal{L}^{p,\mu}(Q)$ 中的所有元素均为常数函数.

证明类似于命题 6.1.3.

§7.2 线性抛物型方程解的 Schauder 估计

我们先建立热方程解的 Schauder 估计.

考虑如下热方程的第一初边值问题

$$\frac{\partial u}{\partial t}-\Delta u=f,\quad (x,t)\in Q,\tag{7.2.1}$$

$$u\Big|_{\partial_p Q}=0,\tag{7.2.2}$$

其中 $Q=\mathbb{R}^n_+\times(0,+\infty)$, $\mathbb{R}^n_+=\{x\in\mathbb{R}^n;x_n>0\}$, $f\in C^{\alpha,\alpha/2}(\overline{Q})$, $0<\alpha<1$.

我们希望得到如下估计:

若 u 为方程 (7.2.1) 的解, $z^0=(x^0,t_0)\in Q$, $Q_R=Q_R(z^0)\subset Q$, 则有内估计

$$[D^2u]_{\alpha,\alpha/2;Q_{R/2}}\leqslant C\left(\frac{1}{R^{2+\alpha}}|u|_{0;Q_R}+\frac{1}{R^\alpha}|f|_{0;Q_R}+[f]_{\alpha,\alpha/2;Q_R}\right);\tag{7.2.3}$$

若 u 还满足条件 (7.2.2), $x^0\in\mathbb{R}^n_+$, $Q^0_R=Q^0_R(x^0,0)\subset Q$, 则有近底边估计

$$[D^2u]_{\alpha,\alpha/2;Q^0_{R/2}}\leqslant C\left(\frac{1}{R^{2+\alpha}}|u|_{0;Q^0_R}+\frac{1}{R^\alpha}|f|_{0;Q^0_R}+[f]_{\alpha,\alpha/2;Q^0_R}\right);\tag{7.2.4}$$

若 u 还满足条件 (7.2.2), $x^0 \in \partial\mathbb{R}^n_+$, $Q_R^+ = Q_R^+(x^0, t_0) \subset Q$, 则有近侧边估计

$$[D^2u]_{\alpha,\alpha/2;Q^+_{R/2}} \leqslant C\left(\frac{1}{R^{2+\alpha}}|u|_{0;Q_R^+} + \frac{1}{R^\alpha}|f|_{0;Q_R^+} + [f]_{\alpha,\alpha/2;Q_R^+}\right); \tag{7.2.5}$$

若 u 还满足条件 (7.2.2), $x^0 \in \partial\mathbb{R}^n_+$, 则有近底 – 侧边估计

$$[D^2u]_{\alpha,\alpha/2;Q^{0+}_{R/2}} \leqslant C\left(\frac{1}{R^{2+\alpha}}|u|_{0;Q_R^{0+}} + \frac{1}{R^\alpha}|f|_{0;Q_R^{0+}} + [f]_{\alpha,\alpha/2;Q_R^{0+}}\right), \tag{7.2.6}$$

在上述诸估计式中 C 为仅依赖于 n 的常数，而

$$Q_R^0 = Q_R^0(x^0, 0) = B_R(x^0) \times I_R^0,$$

$$Q_R^+ = Q_R^+(x^0, t_0) = B_R^+(x^0) \times I_R(t_0),$$

$$Q_R^{0+} = Q_R^{0+}(x^0, 0) = B_R^+(x^0) \times I_R^0,$$

$$I_R^0 = (0, R^2), \quad B_R^+(x^0) = \{x \in B_R(x^0); x_n > 0\},$$

注 7.2.1 由插值不等式 (定理1.2.3) 和方程 (7.2.1) 可知, 估计式 (7.2.3), (7.2.4), (7.2.5) 和 (7.2.6) 中的 $[D^2u]_{\alpha,\alpha/2}$ 可换成 $|u|_{2+\alpha,1+\alpha/2}$.

注 7.2.2 假如边值条件为 $u\Big|_{\partial_p Q} = \varphi$, 而 $\varphi \in C^{2+\alpha,1+\alpha/2}(\overline{Q})$, 则可代替方程 (7.2.1) 而考虑关于 $u - \varphi$ 的方程.

注 7.2.3 和椭圆方程的情形类似，在以下的证明中，我们总假设所论解充分光滑，否则可通过光滑逼近来证明.

7.2.1 内估计

与椭圆型方程相类似，我们也需要建立 Caccioppoli 不等式，但在形式上有一定区别.

定理 7.2.1 设 u 为方程 (7.2.1) 的解， $(x^0, t_0) \in Q$, $Q_R \subset Q$, $w = D_i u\,(1 \leqslant i \leqslant n)$. 则对任意的 $0 < \rho < R$ 和任意的 $\lambda \in \mathbb{R}$, 有

$$\begin{aligned}
&\sup_{I_\rho}\int_{B_\rho}(u-\lambda)^2dx + \iint_{Q_\rho}|Du|^2dxdt \\
\leqslant &C\Big[\frac{1}{(R-\rho)^2}\iint_{Q_R}(u-\lambda)^2dxdt + (R-\rho)^2\iint_{Q_R}f^2dxdt\Big],
\end{aligned} \tag{7.2.7}$$

$$\begin{aligned}
&\sup_{I_\rho}\int_{B_\rho}(w-\lambda)^2dx + \iint_{Q_\rho}|Dw|^2dxdt \\
\leqslant &C\Big[\frac{1}{(R-\rho)^2}\iint_{Q_R}(w-\lambda)^2dxdt + \iint_{Q_R}(f-f_R)^2dxdt\Big],
\end{aligned} \tag{7.2.8}$$

其中 $f_R = \dfrac{1}{|Q_R|}\displaystyle\iint_{Q_R} f(x,t)dxdt$, C 是仅依赖于 n 的正常数.

证明 只证明式 (7.2.8), 式 (7.2.7) 的证明类似. 设 $\eta(x)$ 为 B_R 上相对于 B_ρ 的切断函数，即 $\eta \in C_0^\infty(B_R)$, $0 \leqslant \eta(x) \leqslant 1$, $\eta \equiv 1$ 于 B_ρ, 且 $|D\eta| \leqslant \dfrac{C}{R-\rho}$. 又设 $\xi \in C^\infty(\mathbb{R})$, $0 \leqslant \xi(t) \leqslant 1$, $\xi \equiv 0$ 于 $t \leqslant t_0 - R^2$, $\xi \equiv 1$ 于 $t \geqslant t_0 - \rho^2$, 且 $0 \leqslant \xi'(t) \leqslant \dfrac{C}{(R-\rho)^2}$. 以 $\eta^2\xi^2(w-\lambda)$ 乘 w 所满足的方程

$$\frac{\partial w}{\partial t} - \Delta w = D_i f = D_i(f - f_R),$$

然后于 $Q_R^s \equiv B_R \times (t_0 - R^2, s)$ $(s \in I_R)$ 上积分，得

$$\begin{aligned}
&\iint_{Q_R^s} \eta^2\xi^2(w-\lambda)\frac{\partial w}{\partial t}dxdt \\
=&\iint_{Q_R^s} \eta^2\xi^2(w-\lambda)\Delta w dxdt \\
&\quad + \iint_{Q_R^s} \eta^2\xi^2(w-\lambda)D_i(f-f_R)dxdt.
\end{aligned}$$

经分部积分，得

$$\begin{aligned}
&\frac{1}{2}\iint_{Q_R^s} \frac{\partial}{\partial t}(\eta^2\xi^2(w-\lambda)^2)dxdt - \iint_{Q_R^s} \eta^2\xi\xi'(w-\lambda)^2 dxdt \\
=&-\iint_{Q_R^s} \eta^2\xi^2|Dw|^2 dxdt - 2\iint_{Q_R^s} \eta\xi^2(w-\lambda)D\eta\cdot Dw dxdt \\
&-\iint_{Q_R^s} \eta^2\xi^2(f-f_R)D_i w dxdt \\
&-2\iint_{Q_R^s} \eta\xi^2(w-\lambda)(f-f_R)D_i\eta dxdt,
\end{aligned}$$

即

$$\begin{aligned}
&\frac{1}{2}\int_{B_R} \eta^2\xi^2(w-\lambda)^2 dx\Big|_s + \iint_{Q_R^s} \eta^2\xi^2|Dw|^2 dxdt \\
=&-2\iint_{Q_R^s} \eta\xi^2(w-\lambda)D\eta\cdot Dw dxdt \\
&-\iint_{Q_R^s} \eta^2\xi^2(f-f_R)D_i w dxdt \\
&-2\iint_{Q_R^s} \eta\xi^2(w-\lambda)(f-f_R)D_i\eta dxdt \\
&+\iint_{Q_R^s} \eta^2\xi\xi'(w-\lambda)^2 dxdt.
\end{aligned}$$

对上式右端前三项利用带 ε 的 Cauchy 不等式，进而得

$$
\begin{aligned}
&\frac{1}{2}\int_{B_R}\eta^2\xi^2(w-\lambda)^2dx\bigg|_s+\iint_{Q_R^s}\eta^2\xi^2|Dw|^2dxdt\\
\leqslant&\frac{1}{2}\iint_{Q_R^s}\eta^2\xi^2|Dw|^2dxdt+C\iint_{Q_R^s}\xi^2(w-\lambda)^2|D\eta|^2dxdt\\
&+C\iint_{Q_R^s}\eta^2\xi^2(f-f_R)^2dxdt\\
&+\iint_{Q_R^s}\eta^2\xi|\xi'|(w-\lambda)^2dxdt\\
\leqslant&\frac{1}{2}\iint_{Q_R^s}\eta^2\xi^2|Dw|^2dxdt+\frac{C}{(R-\rho)^2}\iint_{Q_R^s}(w-\lambda)^2dxdt\\
&+C\iint_{Q_R^s}(f-f_R)^2dxdt.
\end{aligned}
$$

故

$$
\begin{aligned}
&\int_{B_R}\eta^2\xi^2(w-\lambda)^2dx\bigg|_s+\iint_{Q_R^s}\eta^2\xi^2|Dw|^2dxdt\\
\leqslant&\frac{C}{(R-\rho)^2}\iint_{Q_R^s}(w-\lambda)^2dxdt+C\iint_{Q_R^s}(f-f_R)^2dxdt.
\end{aligned}
$$

于是，对任意的 $s\in I_\rho$，有

$$
\begin{aligned}
&\int_{B_\rho}(w-\lambda)^2dx\bigg|_s\leqslant\int_{B_R}\eta^2\xi^2(w-\lambda)^2dx\bigg|_s\\
\leqslant&\frac{C}{(R-\rho)^2}\iint_{Q_R^s}(w-\lambda)^2dxdt+C\iint_{Q_R^s}(f-f_R)^2dxdt\\
\leqslant&\frac{C}{(R-\rho)^2}\iint_{Q_R}(w-\lambda)^2dxdt+C\iint_{Q_R}(f-f_R)^2dxdt,
\end{aligned}
$$

又

$$
\begin{aligned}
&\iint_{Q_\rho}|Dw|^2dxdt\leqslant\iint_{Q_R}\eta^2\xi^2|Dw|^2dxdt\\
\leqslant&\frac{C}{(R-\rho)^2}\iint_{Q_R}(w-\lambda)^2dxdt+C\iint_{Q_R}(f-f_R)^2dxdt,
\end{aligned}
$$

故式 (7.2.8) 成立.

联合利用不等式 (7.2.7) 和 (7.2.8) 可得

推论 7.2.1 设 u 为方程 (7.2.1) 的解， $w=D_iu\,(1\leqslant i\leqslant n)$, $Q_R\subset Q$. 则

$$
\sup_{I_{R/2}}\int_{B_{R/2}}w^2dx+\iint_{Q_{R/2}}|Dw|^2dxdt
$$

$$\leqslant \frac{C}{R^4}\iint_{Q_R} u^2 dxdt + CR^{n+2}|f|^2_{0;Q_R} + CR^{n+2+2\alpha}[f]^2_{\alpha,\alpha/2;Q_R},$$

其中 C 是仅依赖于 n 的正常数.

证明 在式 (7.2.8) 中取 ρ 和 R 分别为 $\frac{R}{2}$ 和 $\frac{3}{4}R$, 取 $\lambda=0$, 得

$$\begin{aligned}&\sup_{I_{R/2}}\int_{B_{R/2}} w^2 dx + \iint_{Q_{R/2}} |Dw|^2 dxdt\\ \leqslant& \frac{C}{R^2}\iint_{Q_{3R/4}} w^2 dxdt + C\iint_{Q_{3R/4}} (f-f_{3R/4})^2 dxdt,\end{aligned}$$

而在式 (7.2.7) 中取 ρ 和 R 分别为 $\frac{3}{4}R$ 和 R, 取 $\lambda=0$, 则得

$$\iint_{Q_{3R/4}} |w|^2 dxdt \leqslant \frac{C}{R^2}\iint_{Q_R} u^2 dxdt + CR^2\iint_{Q_R} f^2 dxdt.$$

二者联合起来, 便得

$$\begin{aligned}&\sup_{I_{R/2}}\int_{B_{R/2}} w^2 dx + \iint_{Q_{R/2}} |Dw|^2 dxdt\\ \leqslant& \frac{C}{R^4}\iint_{Q_R} u^2 dxdt + C\iint_{Q_R} f^2 dxdt\\ &+C\iint_{Q_{3R/4}} (f-f_{3R/4})^2 dxdt\\ \leqslant& \frac{C}{R^4}\iint_{Q_R} u^2 dxdt + CR^{n+2}|f|^2_{0;Q_R} + CR^{n+2+2\alpha}[f]^2_{\alpha,\alpha/2;Q_R}.\end{aligned}$$

反复利用不等式 (7.2.7) 可得

推论 7.2.2 如果 $Q_1\subset Q$, 且在 Q_1 上 $f\equiv 0$, 则对任意的非负整数 k, 有

$$\begin{aligned}&\sup_{I_{1/2}}\int_{B_{1/2}} |D^k u|^2 dx + \iint_{Q_{1/2}} |D^{k+1}u|^2 dxdt\\ \leqslant& C\iint_{Q_1} u^2 dxdt,\end{aligned}\tag{7.2.9}$$

其中 C 是仅依赖于 n 和 k 的正常数.

推论 7.2.3 如果 $Q_R\subset Q$, 且在 Q_R 上 $f\equiv 0$, 则

$$\sup_{Q_{R/2}}|u| \leqslant C\left(\frac{1}{R^{n+2}}\iint_{Q_R} u^2 dxdt\right)^{1/2},$$

其中 C 是仅依赖于 n 的正常数.

证明 先假设 $R=1$. 取自然数 $k>\frac{n+1}{2}$. 由方程

$$D_t u=\Delta u$$

和式 (7.2.9) 可知, 对 $i,j=0,1,\cdots,k$, 有

$$\begin{aligned}\iint_{Q_{1/2}}|D^jD_t^iu|^2dxdt\leqslant&\iint_{Q_{1/2}}|D^{j+2i}u|^2dxdt\\ \leqslant&C\iint_{Q_1}u^2dxdt.\end{aligned}$$

从而

$$\|u\|_{H^k(Q_{1/2})}\leqslant C\|u\|_{L^2(Q_1)}.$$

利用 Sobolev 嵌入定理, 得

$$\sup_{Q_{1/2}}u^2\leqslant C\|u\|_{H^k(Q_{1/2})}\leqslant C\|u\|_{L^2(Q_1)}.$$

对 $R>0$ 的一般情形, 利用 Rescaling 技术即可得到要证明的结论.

定理 7.2.2 设 u 为方程 (7.2.1) 的解, $Q_R\subset Q$, 且在 Q_R 上 $f\equiv 0$. 则对任意的 $0<\rho\leqslant R$, 有

$$\iint_{Q_\rho}u^2dxdt\leqslant C\left(\frac{\rho}{R}\right)^{n+2}\iint_{Q_R}u^2dxdt,\tag{7.2.10}$$

$$\iint_{Q_\rho}|u-u_\rho|^2dxdt\leqslant C\left(\frac{\rho}{R}\right)^{n+4}\iint_{Q_R}|u-u_R|^2dxdt,\tag{7.2.11}$$

其中 $u_R=\frac{1}{|Q_R|}\iint_{Q_R}u(x,t)dxdt$, C 是仅依赖于 n 的正常数.

证明 先证式 (7.2.10). 利用推论 7.2.3 可知: 当 $0<\rho<R/2$ 时, 有

$$\begin{aligned}&\iint_{Q_\rho}u^2dxdt\leqslant|Q_\rho|\sup_{Q_\rho}u^2\\ \leqslant&C\rho^{n+2}\sup_{Q_{R/2}}u^2\leqslant C\left(\frac{\rho}{R}\right)^{n+2}\iint_{Q_R}u^2dxdt.\end{aligned}$$

故当 $0<\rho<R/2$ 时式 (7.2.10) 成立. 而当 $R/2\leqslant\rho\leqslant R$ 时, 式 (7.2.10) 显然成立, 这时只须取 $C=2^{n+2}$.

再证明式 (7.2.11). 由 t 向异性 Poincaré 不等式 (定理 1.3.3), 我们有

$$\iint_{Q_\rho}|u-u_\rho|^2dxdt$$

$$\leqslant C\left(\rho^2\iint_{Q_\rho}|Du|^2dxdt+\rho^4\iint_{Q_\rho}|D_tu|^2dxdt\right).$$

利用方程 (7.2.1), 并注意在 Q_R 上 $f\equiv 0$, 便得

$$\begin{aligned}&\iint_{Q_\rho}|u-u_\rho|^2dxdt\\ \leqslant& C\left(\rho^2\iint_{Q_\rho}|Du|^2dxdt+\rho^4\iint_{Q_\rho}|\Delta u|^2dxdt\right)\\ \leqslant& C\left(\rho^2\iint_{Q_\rho}|Du|^2dxdt+\rho^4\iint_{Q_\rho}|D^2u|^2dxdt\right).\end{aligned}$$

在上式中，对 Du 应用式 (7.2.10) 和 Caccioppoli 不等式 (7.2.7), 对 D^2u 应用式 (7.2.10), Caccioppoli 不等式 (7.2.8) 和 (7.2.7), 就知当 $0<\rho<R/2$ 时，有

$$\begin{aligned}&\iint_{Q_\rho}|u-u_\rho|^2dxdt\\ \leqslant& C\left(\frac{\rho}{R}\right)^{n+2}\left(\rho^2\iint_{Q_{R/2}}|Du|^2dxdt+\rho^4\iint_{Q_{R/2}}|D^2u|^2dxdt\right)\\ \leqslant& C\left(\frac{\rho}{R}\right)^{n+2}\left[\left(\frac{\rho}{R}\right)^2+\left(\frac{\rho}{R}\right)^4\right]\iint_{Q_R}(u-\lambda)^2dxdt,\end{aligned}$$

取 $\lambda=u_R$ 即得式 (7.2.11). 当 $R/2\leqslant\rho\leqslant R$ 时，式 (7.2.11) 也是成立的，这时只须取 $C=2^{n+4}$.

类似于 Poisson 方程的处理方法，利用非齐项为零时解的内估计式 (7.2.11) 和迭代引理 (引理 6.2.1), 我们可以得到非齐热方程解的内估计.

定理 7.2.3 设 u 为方程 (7.2.1) 的解， $w=D_iu\,(1\leqslant i\leqslant n)$, $Q_{R_0}\subset Q$. 则对任意的 $0<\rho\leqslant R\leqslant R_0$, 有

$$\begin{aligned}&\frac{1}{\rho^{n+2+2\alpha}}\iint_{Q_\rho}|Dw-(Dw)_\rho|^2dxdt\\ \leqslant&\frac{C}{R^{n+2+2\alpha}}\iint_{Q_R}|Dw-(Dw)_R|^2dxdt+C[f]^2_{\alpha,\alpha/2;Q_R},\end{aligned}$$

其中 C 是仅依赖于 n 的正常数.

证明 将 w 做如下分解， $w=w_1+w_2$, 其中

$$\begin{cases}\dfrac{\partial w_1}{\partial t}-\Delta w_1=0, & 于Q_R,\\ w_1\Big|_{\partial_pQ_R}=w,\end{cases}$$

$$\begin{cases} \dfrac{\partial w_2}{\partial t} - \Delta w_2 = D_i f = D_i(f - f_R), \quad 于 Q_R, \\ w_2\Big|_{\partial_p Q_R} = 0. \end{cases}$$

对 w_1 应用非齐项为零时的结果 (7.2.11), 得

$$\begin{aligned} &\iint_{Q_\rho} |Dw_1 - (Dw_1)_\rho|^2 dxdt \\ \leqslant &C\left(\frac{\rho}{R}\right)^{n+4} \iint_{Q_R} |Dw_1 - (Dw_1)_R|^2 dxdt. \end{aligned}$$

于是，对任意的 $0 < \rho \leqslant R \leqslant R_0$, 有

$$\begin{aligned} &\iint_{Q_\rho} |Dw - (Dw)_\rho|^2 dxdt \\ \leqslant &2\iint_{Q_\rho} |Dw_1 - (Dw_1)_\rho|^2 dxdt \\ &\quad + 2\iint_{Q_\rho} |Dw_2 - (Dw_2)_\rho|^2 dxdt \\ \leqslant &C\left(\frac{\rho}{R}\right)^{n+4} \iint_{Q_R} |Dw_1 - (Dw_1)_R|^2 dxdt \\ &\quad + C\iint_{Q_R} |Dw_2|^2 dxdt \\ \leqslant &C\left(\frac{\rho}{R}\right)^{n+4} \iint_{Q_R} |Dw - (Dw)_R|^2 dxdt \\ &\quad + C\iint_{Q_R} |Dw_2|^2 dxdt. \end{aligned}$$

用 w_2 乘 w_2 所满足的方程，然后于 Q_R 上积分，经分部积分并注意 $w_2\Big|_{\partial_p Q_R} = 0$, 我们得到

$$\begin{aligned} &\frac{1}{2}\iint_{Q_R} \frac{\partial}{\partial t}(w_2^2) dxdt + \iint_{Q_R} |Dw_2|^2 dxdt \\ = &\iint_{Q_R} w_2 D_i(f - f_R) dxdt = -\iint_{Q_R} (f - f_R) D_i w_2 dxdt \\ \leqslant &\frac{1}{2}\iint_{Q_R} |Dw_2|^2 dxdt + \frac{1}{2}\iint_{Q_R} (f - f_R)^2 dxdt. \end{aligned}$$

而

$$\iint_{Q_R} \frac{\partial}{\partial t}(w_2^2) dxdt = \int_{B_R} w_2^2(x,t)\Big|_{t=t_0+R^2} dx \geqslant 0,$$

故

$$\iint_{Q_R} |Dw_2|^2 dxdt \leqslant \iint_{Q_R} (f - f_R)^2 dxdt \leqslant CR^{n+2+2\alpha}[f]^2_{\alpha,\alpha/2;Q_R}.$$

于是

$$\begin{aligned}&\iint_{Q_\rho}|Dw-(Dw)_\rho|^2dxdt\\ \leqslant&C\left(\frac{\rho}{R}\right)^{n+4}\iint_{Q_R}|Dw-(Dw)_R|^2dxdt\\&+CR^{n+2+2\alpha}[f]^2_{\alpha,\alpha/2;Q_R},\end{aligned}$$

利用迭代引理 (引理 6.2.1), 最后得到

$$\begin{aligned}&\iint_{Q_\rho}|Dw-(Dw)_\rho|^2dxdt\\ \leqslant&C\left(\frac{\rho}{R}\right)^{n+2+2\alpha}\Big(\iint_{Q_R}|Dw-(Dw)_R|^2dxdt\\&+R^{n+2+2\alpha}[f]^2_{\alpha,\alpha/2;Q_R}\Big).\end{aligned}$$

定理 7.2.4 设 u 为方程 (7.2.1) 的解, $w=D_iu\,(1\leqslant i\leqslant n)$, $Q_R\subset Q$. 则对任意的 $0<\rho\leqslant\dfrac{R}{2}$, 有

$$\iint_{Q_\rho}|Dw-(Dw)_\rho|^2dxdt\leqslant C\rho^{n+2+2\alpha}M_R,$$

其中 C 是仅依赖于 n 的正常数, 而

$$M_R=\frac{1}{R^{4+2\alpha}}|u|^2_{0;Q_R}+\frac{1}{R^{2\alpha}}|f|^2_{0;Q_R}+[f]^2_{\alpha,\alpha/2;Q_R}.$$

证明 根据定理 7.2.3 和推论 7.2.1, 我们有

$$\begin{aligned}&\iint_{Q_\rho}|Dw-(Dw)_\rho|^2dxdt\\ \leqslant&C\rho^{n+2+2\alpha}\Big(\frac{1}{R^{n+2+2\alpha}}\iint_{Q_{R/2}}|Dw-(Dw)_{R/2}|^2dxdt\\&+[f]^2_{\alpha,\alpha/2;Q_{R/2}}\Big)\\ \leqslant&C\rho^{n+2+2\alpha}\Big(\frac{1}{R^{n+2+2\alpha}}\iint_{Q_{R/2}}|Dw|^2dxdt+[f]^2_{\alpha,\alpha/2;Q_{R/2}}\Big)\\ \leqslant&C\rho^{n+2+2\alpha}\Big(\frac{1}{R^{n+6+2\alpha}}\iint_{Q_R}u^2dxdt\\&+\frac{1}{R^{2\alpha}}|f|^2_{0;Q_R}+[f]^2_{\alpha,\alpha/2;Q_R}\Big).\end{aligned}$$

由此即见定理的结论成立.

定理 7.2.5 设 u 为方程 (7.2.1) 的解, $z^0=(x^0,t_0)\in Q$, $Q_R=Q_R(z^0)\subset Q$. 则

$$[D^2u]_{\alpha,\alpha/2;Q_{R/2}}\leqslant C\left(\frac{1}{R^{2+\alpha}}|u|_{0;Q_R}+\frac{1}{R^\alpha}|f|_{0;Q_R}+[f]_{\alpha,\alpha/2;Q_R}\right), \tag{7.2.12}$$

其中 C 是仅依赖于 n 的正常数.

证明 根据定理 7.2.4, 对 $(x,t)\in Q_{R/2}$, $0<\rho\leqslant\dfrac{R}{4}$, 我们有

$$\begin{aligned}&\iint_{Q_\rho(x,t)\cap Q_{R/2}}|D^2u(y,s)-(D^2u)_{Q_\rho(x,t)\cap Q_{R/2}}|^2dyds\\ \leqslant&\iint_{Q_\rho(x,t)}|D^2u(y,s)-(D^2u)_{x,t,\rho}|^2dyds\\ \leqslant&C\rho^{n+2+2\alpha}\left(\frac{1}{R^{4+2\alpha}}|u|^2_{0;Q_{R/2}(x,t)}\right.\\ &\qquad\left.+\frac{1}{R^{2\alpha}}|f|^2_{0;Q_{R/2}(x,t)}+[f]^2_{\alpha,\alpha/2;Q_{R/2}(x,t)}\right)\\ \leqslant&C\rho^{n+2+2\alpha}\left(\frac{1}{R^{4+2\alpha}}|u|^2_{0;Q_R}+\frac{1}{R^{2\alpha}}|f|^2_{0;Q_R}+[f]^2_{\alpha,\alpha/2;Q_R}\right),\end{aligned}$$

其中

$$\begin{aligned}&(D^2u)_{Q_\rho(x,t)\cap Q_{R/2}}\\ =&\frac{1}{|Q_\rho(x,t)\cap Q_{R/2}|}\iint_{Q_\rho(x,t)\cap Q_{R/2}}D^2u(y,s)dyds.\end{aligned}$$

从而

$$\begin{aligned}&[D^2u]^{(1/4)}_{2,n+2+2\alpha;Q_{R/2}}\\ \leqslant&C\left(\frac{1}{R^{4+2\alpha}}|u|^2_{0;Q_R}+\frac{1}{R^{2\alpha}}|f|^2_{0;Q_R}+[f]^2_{\alpha,\alpha/2;Q_R}\right)^{1/2}\\ \leqslant&C\left(\frac{1}{R^{2+\alpha}}|u|_{0;Q_R}+\frac{1}{R^\alpha}|f|_{0;Q_R}+[f]_{\alpha,\alpha/2;Q_R}\right).\end{aligned}$$

利用定理 7.1.1 的注 7.1.2 便得到式 (7.2.12).

7.2.2 近底边估计

由于在底边上, 关于空间变量的导数都是切向导数, 所以近底边估计基本类似于内估计.

首先建立 Caccioppoli 不等式.

定理 7.2.6 设 u 为问题 (7.2.1),(7.2.2) 的解， $x^0 \in \mathbb{R}^n_+$, $Q^0_R \subset Q$, $w = D_i u\,(1 \leqslant i \leqslant n)$. 则对任意的 $0<\rho<R$, 有

$$\begin{aligned}&\sup_{I^0_\rho}\int_{B_\rho} u^2dx + \iint_{Q^0_\rho}|Du|^2dxdt\\ \leqslant& C\Big[\frac{1}{(R-\rho)^2}\iint_{Q^0_R}u^2dxdt + (R-\rho)^2\iint_{Q^0_R}f^2dxdt\Big],\end{aligned} \tag{7.2.13}$$

$$\begin{aligned}&\sup_{I^0_\rho}\int_{B_\rho} w^2dx + \iint_{Q^0_\rho}|Dw|^2dxdt\\ \leqslant& C\Big[\frac{1}{(R-\rho)^2}\iint_{Q^0_R}w^2dxdt + \iint_{Q^0_R}(f-f_R)^2dxdt\Big],\end{aligned} \tag{7.2.14}$$

其中 $f_R = \dfrac{1}{|Q^0_R|}\displaystyle\iint_{Q^0_R} f(x,t)dxdt$, C 是仅依赖于 n 的正常数.

证明 只证明式 (7.2.14). 证明与定理 7.2.1 类似，不同的是，这里我们用 $\eta^2 w$ 乘 w 所满足的方程

$$\frac{\partial w}{\partial t} - \Delta w = D_i f = D_i(f-f_R),$$

然后在 $Q^{0,s}_R \equiv B_R\times(0,s)\ (s\in I^0_R)$ 上积分，得

$$\begin{aligned}&\iint_{Q^{0,s}_R}\eta^2 w\frac{\partial w}{\partial t}dxdt\\ =&\iint_{Q^{0,s}_R}\eta^2 w\Delta w dxdt + \iint_{Q^{0,s}_R}\eta^2 w D_i(f-f_R)dxdt.\end{aligned}$$

由于 $\eta\in C^\infty_0(B_R)$, 因此对上述等式的右端积分关于空间变量进行分部积分时边界项为零. 而由于 $w\Big|_{t=0}=0$, 故

$$\begin{aligned}\iint_{Q^{0,s}_R}\eta^2 w\frac{\partial w}{\partial t}dxdt =&\frac{1}{2}\int_{B_R}\eta^2(x)w^2(x,t)\Big|_{t=0}^{t=s}dx\\ =&\frac{1}{2}\int_{B_R}\eta^2(x)w^2(x,s)dx.\end{aligned}$$

注 7.2.4 在做近底边估计时， f_R 表示 f 在 Q^0_R 上的均值；而在做内估计时， f_R 表示 f 在 Q_R 上的均值；后面在做近侧边估计和近底 - 侧边估计时，还用 f_R 分别表示 f 在 Q^+_R 和 Q^{0+}_R 上的均值. 为简单计，我们采用了同一个记号，但这显然并不会引起混淆.

联合利用不等式 (7.2.13) 和 (7.2.14) 可得

推论 7.2.4 设 u 为问题 (7.2.1),(7.2.2) 的解, $w = D_i u\,(1 \leqslant i \leqslant n)$, $Q_R^0 \subset Q$. 则

$$\begin{aligned}&\sup_{I_{R/2}^0}\int_{B_{R/2}} w^2dx + \iint_{Q_{R/2}^0}|Dw|^2dxdt\\ \leqslant&\frac{C}{R^4}\iint_{Q_R^0}u^2dxdt + CR^{n+2}|f|_{0;Q_R^0}^2 + CR^{n+2+2\alpha}[f]_{\alpha,\alpha/2;Q_R^0}^2,\end{aligned}$$

其中 C 是仅依赖于 n 的正常数.

反复利用不等式 (7.2.13) 可得

推论 7.2.5 如果 $Q_1^0 \subset Q$, 且在 Q_1^0 上 $f \equiv 0$, 则对任意的非负整数 k, 有

$$\begin{aligned}&\sup_{I_{1/2}^0}\int_{B_{1/2}}|D^ku|^2dx + \iint_{Q_{1/2}^0}|D^{k+1}u|^2dxdt\\ \leqslant&C\iint_{Q_1^0}u^2dxdt,\end{aligned}\tag{7.2.15}$$

其中 C 是仅依赖于 n 和 k 的正常数.

利用式 (7.2.15), 类似于推论 7.2.3 的证明, 可得到

推论 7.2.6 如果 $Q_R^0 \subset Q$, 且在 Q_R^0 上 $f \equiv 0$, 则

$$\sup_{Q_{R/2}^0}|u| \leqslant C\left(\frac{1}{R^{n+2}}\iint_{Q_R^0}u^2dxdt\right)^{1/2},$$

其中 C 是仅依赖于 n 的正常数.

利用推论 7.2.6, 类似于定理 7.2.2 中式 (7.2.10) 的证明, 可得到

定理 7.2.7 设 u 为问题 (7.2.1),(7.2.2) 的解, $Q_R^0 \subset Q$, 且在 Q_R^0 上 $f \equiv 0$. 则对任意的 $0 < \rho \leqslant R$, 有

$$\iint_{Q_\rho^0}u^2dxdt \leqslant C\left(\frac{\rho}{R}\right)^{n+2}\iint_{Q_R^0}u^2dxdt,\tag{7.2.16}$$

其中 C 是仅依赖于 n 的正常数.

进一步, 我们还有

定理 7.2.8 设 u 为问题 (7.2.1),(7.2.2) 的解, $Q_R^0 \subset Q$, 且在 Q_R^0 上 $f \equiv 0$. 则对任意的关于空间变量的导数 $D^\beta u$ 和任意的 $0 < \rho \leqslant R$, 有

$$\iint_{Q_\rho^0}|D^\beta u|^2dxdt \leqslant C\left(\frac{\rho}{R}\right)^{n+4}\iint_{Q_R^0}|D^\beta u|^2dxdt,\tag{7.2.17}$$

其中 C 是仅依赖于 n 的正常数.

证明　设 $v = D^\beta u$, 则 $\dfrac{\partial v}{\partial t} - \Delta v = 0$ 于 Q_R^0, 且 $v\Big|_{t=0} = 0$. 显然, Δv 也满足上述方程和初值条件, 故式 (7.2.16) 对 Δv 也成立, 即

$$\iint_{Q_\rho^0} |\Delta v|^2 dxdt \leqslant C\left(\frac{\rho}{R}\right)^{n+2} \iint_{Q_R^0} |\Delta v|^2 dxdt, \quad 0 < \rho \leqslant R.$$

注意到 $v\Big|_{t=0} = 0$, 于是当 $0 < \rho < R/2$ 时, 有

$$\begin{aligned}\iint_{Q_\rho^0} v^2 dxdt \leqslant & C\rho^4 \iint_{Q_\rho^0} |D_t v|^2 dxdt \\ = & C\rho^4 \iint_{Q_\rho^0} |\Delta v|^2 dxdt \\ \leqslant & C\rho^4 \left(\frac{\rho}{R}\right)^{n+2} \iint_{Q_{R/2}^0} |\Delta v|^2 dxdt.\end{aligned}$$

利用式 (7.2.14) 和式 (7.2.13), 得

$$\begin{aligned}\iint_{Q_{R/2}^0} |D^2 v|^2 dxdt \leqslant & \frac{C}{R^2} \iint_{Q_{3R/4}^0} |Dv|^2 dxdt \\ \leqslant & \frac{C}{R^4} \iint_{Q_R^0} v^2 dxdt.\end{aligned}$$

因此

$$\begin{aligned}\iint_{Q_\rho^0} v^2 dxdt \leqslant & C\left(\frac{\rho}{R}\right)^{n+6} \iint_{Q_R^0} v^2 dxdt \\ \leqslant & C\left(\frac{\rho}{R}\right)^{n+4} \iint_{Q_R^0} v^2 dxdt,\end{aligned}$$

即当 $0 < \rho < R/2$ 时式 (7.2.17) 成立. 而当 $R/2 \leqslant \rho \leqslant R$ 时, (7.2.17) 显然成立, 这时只须取 $C = 2^{n+4}$.

类似于内估计的处理方法, 利用非齐项为零时解的近底边估计式 (7.2.17) 和迭代引理 (引理 6.2.1), 我们可以得到非齐热方程解的近底边估计.

定理 7.2.9　设 u 为问题 (7.2.1), (7.2.2) 的解, $w = D_i u\,(1 \leqslant i \leqslant n)$, $Q_{R_0}^0 \subset Q$. 则对任意的 $0 < \rho \leqslant R \leqslant R_0$, 有

$$\begin{aligned}& \frac{1}{\rho^{n+2+2\alpha}} \iint_{Q_\rho^0} |Dw|^2 dxdt \\ \leqslant & \frac{C}{R^{n+2+2\alpha}} \iint_{Q_R^0} |Dw|^2 dxdt + C[f]^2_{\alpha,\alpha/2;Q_R^0},\end{aligned}$$

其中 C 是仅依赖于 n 的正常数.

证明 将 w 做如下分解，$w=w_1+w_2$, 其中

$$\begin{cases}\dfrac{\partial w_1}{\partial t}-\Delta w_1=0, & 于 Q_R^0,\\ w_1\Big|_{\partial_p Q_R^0}=w,\end{cases}$$

$$\begin{cases}\dfrac{\partial w_2}{\partial t}-\Delta w_2=D_if=D_i(f-f_R), & 于 Q_R^0,\\ w_2\Big|_{\partial_p Q_R^0}=0.\end{cases}$$

对 Dw_1 应用非齐项为零时的结果 (7.2.17), 得

$$\iint_{Q_\rho^0}|Dw_1|^2dxdt\leqslant C\left(\frac{\rho}{R}\right)^{n+4}\iint_{Q_R^0}|Dw_1|^2dxdt.$$

于是，对任意的 $0<\rho\leqslant R\leqslant R_0$, 有

$$\begin{aligned}&\iint_{Q_\rho^0}|Dw|^2dxdt\\ \leqslant&2\iint_{Q_\rho^0}|Dw_1|^2dxdt+2\iint_{Q_\rho^0}|Dw_2|^2dxdt\\ \leqslant&C\left(\frac{\rho}{R}\right)^{n+4}\iint_{Q_R^0}|Dw|^2dxdt+C\iint_{Q_R^0}|Dw_2|^2dxdt.\end{aligned}$$

类似于定理 7.2.3, 用 w_2 乘 w_2 所满足的方程，然后于 Q_R^0 上积分，可得

$$\iint_{Q_R^0}|Dw_2|^2dxdt\leqslant\iint_{Q_R^0}(f-f_R)^2dxdt\leqslant CR^{n+2+2\alpha}[f]^2_{\alpha,\alpha/2;Q_R^0}.$$

于是

$$\begin{aligned}\iint_{Q_\rho^0}|Dw|^2dxdt\leqslant&C\left(\frac{\rho}{R}\right)^{n+4}\iint_{Q_R^0}|Dw|^2dxdt\\ &+CR^{n+2+2\alpha}[f]^2_{\alpha,\alpha/2;Q_R^0}.\end{aligned}$$

最后，利用迭代引理 (引理 6.2.1) 即得定理的结论.

定理 7.2.10 设 u 为问题 (7.2.1), (7.2.2) 的解，$w=D_iu\,(1\leqslant i\leqslant n)$, $Q_R^0\subset Q$. 则对任意的 $0<\rho\leqslant\dfrac{R}{2}$, 有

$$\iint_{Q_\rho^0}|Dw-(Dw)_\rho|^2dxdt\leqslant C\rho^{n+2+2\alpha}M_R,$$

其中 C 是仅依赖于 n 的正常数，而

$$M_R=\frac{1}{R^{4+2\alpha}}|u|^2_{0;Q_R^0}+\frac{1}{R^{2\alpha}}|f|^2_{0;Q_R^0}+[f]^2_{\alpha,\alpha/2;Q_R^0}.$$

证明 根据定理 7.2.9 和推论 7.2.4, 我们有

$$\begin{aligned}
&\iint_{Q_\rho^0}|Dw|^2dxdt\\
\leqslant&C\rho^{n+2+2\alpha}\Big(\frac{1}{R^{n+2+2\alpha}}\iint_{Q_{R/2}^0}|Dw|^2dxdt+[f]^2_{\alpha,\alpha/2;Q^0_{R/2}}\Big)\\
\leqslant&C\rho^{n+2+2\alpha}\Big(\frac{1}{R^{n+6+2\alpha}}\iint_{Q_R^0}u^2dxdt\\
&\quad+\frac{1}{R^{2\alpha}}|f|^2_{0;Q_R^0}+[f]^2_{\alpha,\alpha/2;Q^0_R}\Big)\\
\leqslant&C\rho^{n+2+2\alpha}M_R.
\end{aligned}$$

从而

$$\begin{aligned}
(Dw)^2_\rho=&\frac{1}{|Q_\rho^0|^2}\left(\iint_{Q_\rho^0}|Dw|dxdt\right)^2\\
\leqslant&\frac{1}{|Q_\rho^0|}\iint_{Q_\rho^0}|Dw|^2dxdt\leqslant C\rho^{2\alpha}M_R.
\end{aligned}$$

于是, 我们得到

$$\begin{aligned}
&\iint_{Q_\rho^0}|Dw-(Dw)_\rho|^2dxdt\\
\leqslant&2\iint_{Q_\rho^0}|Dw|^2dxdt+2\iint_{Q_\rho^0}|(Dw)_\rho|^2dxdt\\
\leqslant&C\rho^{n+2+2\alpha}M_R.
\end{aligned}$$

定理 7.2.11 设 u 为问题 (7.2.1), (7.2.2) 的解, $x^0\in\mathbb{R}^n_+$, $Q_R^0=Q_R^0(x^0,0)\subset Q$. 则

$$[D^2u]_{\alpha,\alpha/2;Q^0_{R/2}}\leqslant C\left(\frac{1}{R^{2+\alpha}}|u|_{0;Q_R^0}+\frac{1}{R^\alpha}|f|_{0;Q_R^0}+[f]_{\alpha,\alpha/2;Q_R^0}\right),\tag{7.2.18}$$

其中 C 是仅依赖于 n 的正常数.

证明 类似于椭圆方程的情形 (定理 6.2.11), 利用定理 7.2.10 和内估计的结果 (定理 7.2.4).

注 7.2.5 在做近底边估计时, 实际上我们仅用到了零底边值条件.

7.2.3 近侧边估计

与 Poisson 方程的情形类似, 在做热方程的近侧边估计时, 对切向导数直接做估计, 而对法向导数的估计则要利用关于切向导数的结果和方程. 由于方程 (7.2.1) 中含有解对时间的导数项 D_tu, 因此我们也需要对它来做估计.

首先建立如下的 Caccioppoli 不等式.

定理 7.2.12 设 u 为问题 (7.2.1),(7.2.2) 的解, $x^0 \in \partial\mathbb{R}_+^n$, $Q_R^+ \subset Q$, $w = D_i u(1 \leqslant i < n)$. 则对任意的 $0 < \rho < R$, 有

$$\begin{aligned}&\sup_{I_\rho}\int_{B_\rho^+} u^2dx + \iint_{Q_\rho^+}|Du|^2dxdt\\ \leqslant& C\Big[\frac{1}{(R-\rho)^2}\iint_{Q_R^+}u^2dxdt + (R-\rho)^2\iint_{Q_R^+}f^2dxdt\Big],\end{aligned} \tag{7.2.19}$$

$$\begin{aligned}&\sup_{I_\rho}\int_{B_\rho^+} w^2dx + \iint_{Q_\rho^+}|Dw|^2dxdt\\ \leqslant& C\Big[\frac{1}{(R-\rho)^2}\iint_{Q_R^+}w^2dxdt + \iint_{Q_R^+}(f-f_R)^2dxdt\Big];\end{aligned} \tag{7.2.20}$$

此外, 对任意的 $0 < \rho < R$ 和任意的 $\lambda \in \mathbb{R}^n$, 还有

$$\begin{aligned}&\sup_{I_\rho}\int_{B_\rho^+} |Du-\lambda|^2dx + \iint_{Q_\rho^+}|D_tu|^2dxdt\\ \leqslant& C\left[\frac{C}{(R-\rho)^2}\iint_{Q_R^+}|Du-\lambda|^2dxdt + \iint_{Q_R^+}f^2dxdt\right],\end{aligned} \tag{7.2.21}$$

其中 $f_R = \dfrac{1}{|Q_R^+|}\displaystyle\iint_{Q_R^+}f(x,t)dxdt$, C 是仅依赖于 n 的正常数.

证明 式 (7.2.19) 和式 (7.2.20) 的证明基本相同, 这里我们只证明式 (7.2.20). 证明与定理 7.2.1 类似, 不同的是, 这里我们用 $\eta^2\xi^2 w$ 乘 w 所满足的方程

$$\frac{\partial w}{\partial t} - \Delta w = D_i f = D_i(f - f_R),$$

然后在 $Q_R^{+,s} \equiv B_R^+ \times (t_0 - R^2, s)$ $(s \in I_R)$ 上积分. 于是得到

$$\begin{aligned}&\iint_{Q_R^{+,s}}\eta^2\xi^2 w\frac{\partial w}{\partial t}dxdt\\ =&\iint_{Q_R^{+,s}}\eta^2\xi^2 w\Delta w dxdt + \iint_{Q_R^{+,s}}\eta^2\xi^2 wD_i(f-f_R)dxdt.\end{aligned}$$

由于 $\eta \in C_0^\infty(B_R)$ 和 $w\Big|_{x_n=0} = 0$, 因此对上述等式的右端积分关于空间变量进行分部积分时边界项为零.

下面证明式 (7.2.21). 将 u 满足的方程 (7.2.1) 改写为

$$\frac{\partial u}{\partial t} - \operatorname{div}(Du - \lambda) = f.$$

设 η 和 ξ 为定理 7.2.1 的证明中所取的切断函数, 用 $\eta^2\xi^2 D_t u$ 乘上述方程的两端, 然后在 $Q_R^{+,s} \equiv B_R^+ \times (t_0 - R^2, s)$ $(s \in I_R)$ 上积分, 经分部积分并注意到 $D_t u\Big|_{x_n=0} = 0$,

可得

$$\begin{aligned}
&\iint_{Q_R^{+,s}}\eta^2\xi^2|D_tu|^2dxdt-\iint_{Q_R^{+,s}}\eta^2\xi^2D_tufdxdt\\
=&-\iint_{Q_R^{+,s}}(Du-\lambda)\cdot D(\eta^2\xi^2D_tu)dxdt\\
=&-\iint_{Q_R^{+,s}}\eta^2\xi^2(Du-\lambda)\cdot DD_tudxdt\\
&-2\iint_{Q_R^{+,s}}\eta\xi^2D_tu(Du-\lambda)\cdot D\eta dxdt\\
=&-\frac{1}{2}\iint_{Q_R^{+,s}}\frac{\partial}{\partial t}(\eta^2\xi^2|Du-\lambda|^2)dxdt\\
&+\iint_{Q_R^{+,s}}\eta^2\xi\xi'|Du-\lambda|^2dxdt\\
&-2\iint_{Q_R^{+,s}}\eta\xi^2D_tu(Du-\lambda)\cdot D\eta dxdt.
\end{aligned}$$

利用带 ε 的 Cauchy 不等式，进而得

$$\begin{aligned}
&\iint_{Q_R^{+,s}}\eta^2\xi^2|D_tu|^2dxdt+\frac{1}{2}\int_{B_R^+}\eta^2\xi^2|Du-\lambda|^2\bigg|_{t=s}dx\\
\leqslant&\frac{1}{2}\int_{B_R^+}\eta^2\xi^2|Du-\lambda|^2\bigg|_{t=t_0-R^2}dx\\
&+\iint_{Q_R^{+,s}}\eta^2\xi\xi'|Du-\lambda|^2dxdt\\
&+\frac{1}{2}\iint_{Q_R^{+,s}}\eta^2\xi^2|D_tu|^2dxdt\\
&+4\iint_{Q_R^{+,s}}\xi^2|D\eta|^2|Du-\lambda|^2dxdt+2\iint_{Q_R^{+,s}}\eta^2\xi^2f^2dxdt\\
\leqslant&\frac{1}{2}\iint_{Q_R^{+,s}}\eta^2\xi^2|D_tu|^2dxdt\\
&+\frac{C}{(R-\rho)^2}\iint_{Q_R^{+,s}}|Du-\lambda|^2dxdt+2\iint_{Q_R^{+,s}}f^2dxdt.
\end{aligned}$$

由此即见式 (7.2.21) 成立.

联合利用不等式 (7.2.19), (7.2.20) 和 (7.2.21) 可得

推论 7.2.7　设 u 为问题 (7.2.1), (7.2.2) 的解，$w=D_iu\,(1\leqslant i<n)$, $x^0\in\partial\mathbb{R}_+^n$, $Q_R^+\subset Q$. 则

$$\sup_{I_{R/2}}\int_{B_{R/2}^+}w^2dx+\iint_{Q_{R/2}^+}(|D_tu|^2+|Dw|^2)dxdt$$

$$\leqslant \frac{C}{R^4}\iint_{Q_R^+} u^2 dxdt + CR^{n+2}|f|^2_{0;Q_R^+} + CR^{n+2+2\alpha}[f]^2_{\alpha,\alpha/2;Q_R^+},$$

其中 C 是仅依赖于 n 的正常数.

推论 7.2.8 如果 $x^0 \in \partial\mathbb{R}^n_+$, $Q_R^+ \subset Q$, 且在 Q_R^+ 上 $f \equiv 0$, 则对任意的非负整数 k 和任意的 $0<\rho<R$, 有

$$\sup_{I_\rho}\int_{B_\rho^+}|D^k u|^2 dx + \iint_{Q_\rho^+}|D^{k+1}u|^2 dxdt$$
$$\leqslant \frac{C}{(R-\rho)^2}\iint_{Q_R^+}|D^k u|^2 dxdt, \tag{7.2.22}$$

其中 C 是仅依赖于 n 的正常数.

证明 分四种情形来证明.

(i) $k=0$ 的情形. 结论可由 Caccioppoli 不等式 (7.2.19) 直接得到.

(ii) $k=1$ 的情形. 对于 $1\leqslant j<n$, $D_j u$ 也满足齐方程和零侧边值条件, 故由 $k=0$ 时的结论, 有

$$\iint_{Q_\rho^+}|DD_j u|^2 dxdt \leqslant \frac{C}{(R-\rho)^2}\iint_{Q_R^+}(D_j u)^2 dxdt$$
$$\leqslant \frac{C}{(R-\rho)^2}\iint_{Q_R^+}|Du|^2 dxdt. \tag{7.2.23}$$

由 Caccioppoli 不等式 (7.2.21), 可得

$$\sup_{I_\rho}\int_{B_\rho^+}|Du|^2 dx + \iint_{Q_\rho^+}|D_t u|^2 dxdt$$
$$\leqslant \frac{C}{(R-\rho)^2}\iint_{Q_R^+}|Du|^2 dxdt. \tag{7.2.24}$$

利用方程 $D_{nn}u = D_t u - \sum_{j=1}^{n-1} D_{jj}u$, 再结合不等式 (7.2.23) 和 (7.2.24), 可得

$$\iint_{Q_\rho^+}|D_{nn}u|^2 dxdt \leqslant \frac{C}{(R-\rho)^2}\iint_{Q_R^+}|Du|^2 dxdt.$$

将上式与式 (7.2.23) 和式 (7.2.24) 联合, 即得当 $k=1$ 时的式 (7.2.22).

(iii) $k=2$ 的情形. 对于 $1\leqslant j<n$, $D_j u$ 也满足齐方程和零侧边值条件, 故由 $k=1$ 时的结论, 有

$$\sup_{I_\rho}\int_{B_\rho^+}|DD_j u|^2 dx + \iint_{Q_\rho^+}|D^2 D_j u|^2 dxdt$$
$$\leqslant \frac{C}{(R-\rho)^2}\iint_{Q_R^+}|DD_j u|^2 dxdt$$

$$\leqslant \frac{C}{(R-\rho)^2} \iint_{Q_R^+} |D^2 u|^2 dxdt.$$

而 $D_t u$ 也满足齐方程和零侧边值条件，故由 $k=0$ 时的结论和方程 $D_t u = \Delta u$, 得

$$\begin{aligned}
&\sup_{I_\rho} \int_{B_\rho^+} |D_t u|^2 dx + \iint_{Q_\rho^+} |DD_t u|^2 dxdt \\
\leqslant &\frac{C}{(R-\rho)^2} \iint_{Q_R^+} |D_t u|^2 dxdt \\
= &\frac{C}{(R-\rho)^2} \iint_{Q_R^+} |\Delta u|^2 dxdt \\
\leqslant &\frac{C}{(R-\rho)^2} \iint_{Q_R^+} |D^2 u|^2 dxdt.
\end{aligned}$$

联合上述两式, 并利用方程 $D_{nn}u = D_t u - \sum\limits_{j=1}^{n-1} D_{jj}u$ 和 $D_{nnn}u = D_n D_t u - \sum\limits_{j=1}^{n-1} D_{jjn}u$, 即得当 $k=2$ 时的式 (7.2.22).

(iv) $k>2$ 的情形可类推.

利用推论 7.2.8, 可得

推论 7.2.9 如果 $x^0 \in \partial\mathbb{R}_+^n$, $Q_1^+ \subset Q$, 且在 Q_1^+ 上 $f \equiv 0$, 则对任意的非负整数 k 和 i, 有

$$\begin{aligned}
&\sup_{I_{1/2}} \int_{B_{1/2}^+} |D^{k+i} u|^2 dx + \iint_{Q_{1/2}^+} |D^{k+i+1} u|^2 dxdt \\
\leqslant &C \iint_{Q_1^+} |D^i u|^2 dxdt,
\end{aligned}$$

其中 C 是仅依赖于 n 和 k 的正常数.

利用推论 7.2.9 和嵌入定理，类似于推论 7.2.3 的证明，可得到

推论 7.2.10 如果 $x^0 \in \partial\mathbb{R}_+^n$, $Q_R^+ \subset Q$, 且在 Q_R^+ 上 $f \equiv 0$, 则对任意的非负整数 i, 有

$$\sup_{Q_{R/2}^+} |D^i u| \leqslant C \left(\frac{1}{R^{n+2}} \iint_{Q_R^+} |D^i u|^2 dxdt \right)^{1/2},$$

其中 C 是仅依赖于 n 的正常数.

利用推论 7.2.10, 类似于定理 7.2.2 的证明，可得到

定理 7.2.13 设 u 为问题 (7.2.1), (7.2.2) 的解，$x^0 \in \partial\mathbb{R}_+^n$, $Q_R^+ \subset Q$, 且在 Q_R^+ 上 $f \equiv 0$. 则对任意的非负整数 i 和任意的 $0 < \rho \leqslant R$, 有

$$\iint_{Q_\rho^+} |D^i u|^2 dxdt \leqslant C \left(\frac{\rho}{R}\right)^{n+2} \iint_{Q_R^+} |D^i u|^2 dxdt, \tag{7.2.25}$$

其中 C 是仅依赖于 n 的正常数.

进一步，我们有

定理 7.2.14 设 u 为问题 (7.2.1),(7.2.2) 的解，$x^0\in\partial\mathbb{R}^n_+$, $Q^+_R\subset Q$, 且在 Q^+_R 上 $f\equiv 0$. 则对任意的关于空间变量的切向导数 $D^\beta u$ 和任意的 $0<\rho\leqslant R$, 有

$$\iint_{Q^+_\rho}|D^\beta u|^2dxdt\leqslant C\left(\frac{\rho}{R}\right)^{n+4}\iint_{Q^+_R}|D^\beta u|^2dxdt, \tag{7.2.26}$$

其中 C 是仅依赖于 n 的正常数.

证明 设 $v=D^\beta u$, 则 $\dfrac{\partial v}{\partial t}-\Delta v=0$ 于 Q^+_R, 且 $v\Big|_{x_n=0}=0$. 故式 (7.2.25) 对 v 也成立，即

$$\iint_{Q^+_\rho}|Dv|^2dxdt\leqslant C\left(\frac{\rho}{R}\right)^{n+2}\int_{Q^+_R}|Dv|^2dxdt,\quad 0<\rho\leqslant R.$$

注意到 $v\Big|_{x_n=0}=0$, 于是当 $0<\rho<R/2$ 时，有

$$\begin{aligned}&\iint_{Q^+_\rho}v^2dxdt\leqslant C\rho^2\iint_{Q^+_\rho}|D_nv|^2dxdt\\ \leqslant&C\rho^2\iint_{Q^+_\rho}|Dv|^2dxdt\leqslant C\rho^2\left(\frac{\rho}{R}\right)^{n+2}\iint_{Q^+_{R/2}}|Dv|^2dxdt.\end{aligned}$$

而由 Caccioppoli 不等式 (7.2.19), 可得

$$\iint_{Q^+_{R/2}}|Dv|^2dxdt\leqslant\frac{C}{R^2}\iint_{Q^+_R}v^2dxdt.$$

所以

$$\iint_{Q^+_\rho}v^2dxdt\leqslant C\left(\frac{\rho}{R}\right)^{n+4}\iint_{Q^+_R}v^2dxdt,\quad 0<\rho<R/2,$$

即当 $0<\rho<R/2$ 时式 (7.2.25) 成立. 而当 $R/2\leqslant\rho\leqslant R$ 时，式 (7.2.25) 显然成立，这时只须取 $C=2^{n+4}$.

利用非齐项为零时解的近侧边估计式 (7.2.26) 和迭代引理 (引理 6.2.1), 我们可以得到非齐热方程解的近侧边估计.

定理 7.2.15 设 u 为问题 (7.2.1),(7.2.2) 的解，$w=D_iu\,(1\leqslant i<n)$, $x^0\in\partial\mathbb{R}^n_+$, $Q^+_{R_0}\subset Q$. 令

$$F_\rho(x,t)=|D_tu|^2+\sum_{j=1}^{n-1}|D_jw|^2+|D_nw-(D_nw)_\rho|^2.$$

则对任意的 $0<\rho\leqslant R\leqslant R_0$, 有

$$\frac{1}{\rho^{n+2+2\alpha}}\iint_{Q^+_\rho}F_\rho(x,t)dxdt$$

$$\leqslant \frac{C}{R^{n+2+2\alpha}} \iint_{Q_R^+} F_R(x,t)dxdt + C[f]^2_{\alpha,\alpha/2;Q_R^+},$$

其中 C 是仅依赖于 n 的正常数.

证明 分四步来证明.

第一步 估计 $D_t u$.

将 u 做如下分解, $u = u_1 + u_2$, 其中

$$\begin{cases} \dfrac{\partial u_1}{\partial t} - \Delta u_1 = f_R, & \text{于} Q_R^+, \\ u_1\Big|_{\partial_p Q_R^+} = u, \end{cases}$$

$$\begin{cases} \dfrac{\partial u_2}{\partial t} - \Delta u_2 = f - f_R, & \text{于} Q_R^+, \\ u_2\Big|_{\partial_p Q_R^+} = 0. \end{cases}$$

显然 $D_t u_1$ 满足齐次热方程和零侧边值条件. 故式 (7.2.26) 对 $D_t u_1$ 也成立, 即

$$\iint_{Q_\rho^+} |D_t u_1|^2 dxdt \leqslant C\left(\frac{\rho}{R}\right)^{n+4} \iint_{Q_R^+} |D_t u_1|^2 dxdt.$$

于是, 对任意的 $0 < \rho \leqslant R \leqslant R_0$, 有

$$\begin{aligned} &\iint_{Q_\rho^+} |D_t u|^2 dxdt \\ \leqslant & 2\iint_{Q_\rho^+} |D_t u_1|^2 dxdt + 2\iint_{Q_\rho^+} |D_t u_2|^2 dxdt \\ \leqslant & C\left(\frac{\rho}{R}\right)^{n+4} \iint_{Q_R^+} |D_t u_1|^2 dxdt + 2\iint_{Q_R^+} |D_t u_2|^2 dxdt \\ \leqslant & C\left(\frac{\rho}{R}\right)^{n+4} \iint_{Q_R^+} |D_t u|^2 dxdt + C\iint_{Q_R^+} |D_t u_2|^2 dxdt. \end{aligned}$$

用 $D_t u_2$ 乘 u_2 所满足的方程, 然后于 Q_R^+ 上积分, 得

$$\begin{aligned} &\iint_{Q_R^+} |D_t u_2|^2 dxdt - \iint_{Q_R^+} \Delta u_2 D_t u_2 dxdt \\ = &\iint_{Q_R^+} (f - f_R) D_t u_2 dxdt. \end{aligned}$$

对上式左端关于空间变量分部积分, 右端利用 Cauchy 不等式, 可得

$$\iint_{Q_R^+} |D_t u_2|^2 dxdt + \frac{1}{2}\iint_{Q_R^+} \frac{\partial}{\partial t}|Du_2|^2 dxdt$$

$$\leqslant\frac{1}{2}\iint_{Q_R^+}|D_tu_2|^2dxdt+\frac{1}{2}\iint_{Q_R^+}(f-f_R)^2dxdt.$$

因为 $u_2\Big|_{\partial_p Q_R^+}=0$, 故

$$\iint_{Q_R^+}\frac{\partial}{\partial t}|Du_2|^2dxdt=\int_{B_R^+}|Du_2|^2\Bigg|_{t=t_0+R^2}dx\geqslant 0.$$

因此

$$\begin{aligned}\iint_{Q_R^+}|D_tu_2|^2dxdt\leqslant&\iint_{Q_R^+}(f-f_R)^2dxdt\\ \leqslant& CR^{n+2+2\alpha}[f]^2_{\alpha,\alpha/2;Q_R^+}.\end{aligned}$$

从而，对任意的 $0<\rho\leqslant R\leqslant R_0$, 有

$$\begin{aligned}&\iint_{Q_\rho^+}|D_tu|^2dxdt\\ \leqslant& C\left(\frac{\rho}{R}\right)^{n+4}\iint_{Q_R^+}|D_tu|^2dxdt+CR^{n+2+2\alpha}[f]^2_{\alpha,\alpha/2;Q_R^+}.\end{aligned}$$

第二步 估计 $D_jw\,(j=1,2,\cdots,n-1)$.

将 w 做如下分解 $w=w_1+w_2$, 其中

$$\begin{cases}\dfrac{\partial w_1}{\partial t}-\Delta w_1=0, & 于 Q_R^+,\\ w_1\Big|_{\partial_pQ_R^+}=w,\end{cases}$$

$$\begin{cases}\dfrac{\partial w_2}{\partial t}-\Delta w_2=D_if=D_i(f-f_R), & 于 Q_R^+,\\ w_2\Big|_{\partial_pQ_R^+}=0.\end{cases}$$

当 $j=1,2,\cdots,n-1$ 时，由式 (7.2.26), 得

$$\iint_{Q_\rho^+}|D_jw_1|^2dxdt\leqslant C\left(\frac{\rho}{R}\right)^{n+4}\int_{Q_R^+}|D_jw_1|^2dxdt.$$

于是，对任意的 $0<\rho\leqslant R\leqslant R_0$, 有

$$\begin{aligned}&\iint_{Q_\rho^+}|D_jw|^2dxdt\\ \leqslant& 2\iint_{Q_\rho^+}|D_jw_1|^2dxdt+2\iint_{Q_\rho^+}|D_jw_2|^2dxdt\end{aligned}$$

$$\leqslant C\left(\frac{\rho}{R}\right)^{n+4}\iint_{Q_R^+}|D_jw_1|^2dxdt+2\iint_{Q_R^+}|D_jw_2|^2dxdt$$
$$\leqslant C\left(\frac{\rho}{R}\right)^{n+4}\iint_{Q_R^+}|D_jw|^2dxdt+C\iint_{Q_R^+}|D_jw_2|^2dxdt.$$

类似于定理 7.2.3, 用 w_2 乘 w_2 所满足的方程，然后于 Q_R^+ 上积分，可得

$$\iint_{Q_R^+}|Dw_2|^2dxdt\leqslant\iint_{Q_R^+}(f-f_R)^2dxdt$$
$$\leqslant CR^{n+2+2\alpha}[f]^2_{\alpha,\alpha/2;Q_R^+}. \tag{7.2.27}$$

从而，对 $j=1,2,\cdots,n-1$ 和任意的 $0<\rho\leqslant R\leqslant R_0$, 有

$$\iint_{Q_\rho^+}|D_jw|^2dxdt$$
$$\leqslant C\left(\frac{\rho}{R}\right)^{n+4}\iint_{Q_R^+}|D_jw|^2dxdt+CR^{n+2+2\alpha}[f]^2_{\alpha,\alpha/2;Q_R^+}.$$

第三步　估计 D_nw.

由 t 向异性 Poincaré 不等式 (定理 1.3.3), 我们有

$$\iint_{Q_\rho^+}|D_nw_1-(D_nw_1)_\rho|^2dxdt$$
$$\leqslant C\left(\rho^2\iint_{Q_\rho^+}|DD_nw_1|^2dxdt+\rho^4\iint_{Q_\rho^+}|D_tD_nw_1|^2dxdt\right).$$

利用方程 $D_tD_nw_1=\Delta D_nw_1$, 便得

$$\iint_{Q_\rho^+}|D_nw_1-(D_nw_1)_\rho|^2dxdt$$
$$\leqslant C\left(\rho^2\iint_{Q_\rho^+}|DD_nw_1|^2dxdt+\rho^4\iint_{Q_\rho^+}|\Delta D_nw_1|^2dxdt\right)$$
$$\leqslant C\left(\rho^2\iint_{Q_\rho^+}|D^2w_1|^2dxdt+\rho^4\iint_{Q_\rho^+}|D^3w_1|^2dxdt\right).$$

而由式 (7.2.22), 又有

$$\iint_{Q_\rho^+}|D^3w_1|^2dxdt\leqslant\frac{C}{\rho^2}\iint_{Q_{2\rho}^+}|D^2w_1|^2dxdt,$$

故对 $0<\rho\leqslant R_0/2$, 有

$$\iint_{Q_\rho^+}|D_nw_1-(D_nw_1)_\rho|^2dxdt$$

$$\leqslant C\left(\rho^2\iint_{Q_\rho^+}|D^2w_1|^2dxdt+\rho^2\iint_{Q_{2\rho}^+}|D^2w_1|^2dxdt\right)$$
$$\leqslant C\rho^2\iint_{Q_{2\rho}^+}|D^2w_1|^2dxdt.$$

在上式中，对 w_1 应用式 (7.2.25) 可知，对 $0<\rho<2\rho\leqslant R\leqslant R_0$, 有

$$\begin{aligned}&\iint_{Q_\rho^+}|D_nw_1-(D_nw_1)_\rho|^2dxdt\\ \leqslant& C\rho^2\iint_{Q_{2\rho}^+}|D^2w_1|^2dxdt\\ \leqslant& C\rho^2\left(\frac{\rho}{R}\right)^{n+2}\iint_{Q_R^+}|D^2w_1|^2dxdt.\end{aligned}$$

于是，对 $0<\rho<2\rho\leqslant R/2\leqslant R_0/2$, 有

$$\begin{aligned}&\iint_{Q_\rho^+}|D_nw-(D_nw)_\rho|^2dxdt\\ \leqslant& 2\iint_{Q_\rho^+}|D_nw_1-(D_nw_1)_\rho|^2dxdt\\ &+2\iint_{Q_\rho^+}|D_nw_2-(D_nw_2)_\rho|^2dxdt\\ \leqslant& C\rho^2\left(\frac{\rho}{R}\right)^{n+2}\iint_{Q_{R/2}^+}|D^2w_1|^2dxdt\\ &+C\iint_{Q_{R/2}^+}|Dw_2|^2dxdt.\end{aligned}\tag{7.2.28}$$

利用方程 $D_tw_1=\Delta w_1$, 可得

$$\begin{aligned}&\iint_{Q_{R/2}^+}|D^2w_1|^2dxdt\\ \leqslant&\iint_{Q_{R/2}^+}|D_{nn}w_1|^2dxdt+2\sum_{j=1}^{n-1}\iint_{Q_{R/2}^+}|DD_jw_1|^2dxdt\\ \leqslant& C\iint_{Q_{R/2}^+}|D_tw_1|^2dxdt+C\sum_{j=1}^{n-1}\iint_{Q_{R/2}^+}|DD_jw_1|^2dxdt.\end{aligned}\tag{7.2.29}$$

对 w_1 应用 Caccioppoli 不等式 (7.2.21), 其中取

$$\lambda=(0,\cdots,0,(D_nw)_R),$$

可得

$$\iint_{Q_{R/2}^+}|D_tw_1|^2dxdt$$

$$
\begin{aligned}
&\leqslant \frac{1}{R^2}\iint_{Q_R^+}\left(\sum_{j=1}^{n-1}|D_jw_1|^2+|D_nw_1-(D_nw)_R|^2\right)dxdt\\
&\leqslant \frac{2}{R^2}\iint_{Q_R^+}\left(\sum_{j=1}^{n-1}|D_jw|^2+|D_nw-(D_nw)_R|^2\right)dxdt\\
&\quad+\frac{2}{R^2}\iint_{Q_R^+}\left(\sum_{j=1}^{n-1}|D_jw_2|^2+|D_nw_2|^2\right)dxdt\\
&=\frac{2}{R^2}\iint_{Q_R^+}\left(\sum_{j=1}^{n-1}|D_jw|^2+|D_nw-(D_nw)_R|^2\right)dxdt\\
&\quad+\frac{2}{R^2}\iint_{Q_R^+}|Dw_2|^2dxdt.
\end{aligned}
\tag{7.2.30}
$$

而对 $D_jw_1\,(j=1,2,\cdots,n-1)$ 应用 Caccioppoli 不等式 (7.2.20), 又可得到

$$
\begin{aligned}
&\sum_{j=1}^{n-1}\iint_{Q_{R/2}^+}|DD_jw_1|^2dxdt\\
\leqslant&\frac{1}{R^2}\sum_{j=1}^{n-1}\iint_{Q_R^+}|D_jw_1|^2dxdt\\
\leqslant&\frac{2}{R^2}\sum_{j=1}^{n-1}\iint_{Q_R^+}(|D_jw|^2+|D_jw_2|^2)dxdt\\
\leqslant&\frac{2}{R^2}\sum_{j=1}^{n-1}\iint_{Q_R^+}|D_jw|^2dxdt+\frac{2}{R^2}\iint_{Q_R^+}|Dw_2|^2dxdt.
\end{aligned}
\tag{7.2.31}
$$

联合式 (7.2.29), 式 (7.2.30) 和式 (7.2.31), 我们有

$$
\begin{aligned}
&\iint_{Q_{R/2}^+}|D^2w_1|^2dxdt\\
\leqslant&\frac{C}{R^2}\iint_{Q_R^+}\left(\sum_{j=1}^{n-1}|D_jw|^2+|D_nw-(D_nw)_R|^2\right)dxdt\\
&+\frac{C}{R^2}\iint_{Q_R^+}|Dw_2|^2dxdt.
\end{aligned}
$$

将上式与式 (7.2.27), 式 (7.2.28) 联合，就知对 $0<\rho<2\rho\leqslant R/2\leqslant R_0/2$, 有

$$
\iint_{Q_\rho^+}|D_nw-(D_nw)_\rho|^2dxdt
$$

$$\leqslant C\left(\frac{\rho}{R}\right)^{n+4}\iint_{Q_R^+}\left(\sum_{j=1}^{n-1}|D_jw|^2+|D_nw-(D_nw)_R|^2\right)dxdt$$
$$+CR^{n+2+2\alpha}[f]^2_{\alpha,\alpha/2;Q_R^+}.$$

上式显然对 $R/4\leqslant\rho\leqslant R\leqslant R_0$ 亦成立 (只须取 $C=4^{n+4}$).

第四步 综合估计 D_tu 和 Dw.

将上述三步所得的估计相加便知，对任意的 $0<\rho\leqslant R\leqslant R_0$, 有

$$\iint_{Q_\rho^+}F_\rho(x,t)dxdt$$
$$\leqslant C\left(\frac{\rho}{R}\right)^{n+4}\iint_{Q_R^+}F_R(x,t)dxdt+CR^{n+2+2\alpha}[f]^2_{\alpha,\alpha/2;Q_R^+}.$$

最后，利用迭代引理 (引理 6.2.1) 即得到定理的结论.

定理 7.2.16 设 u 为问题 (7.2.1),(7.2.2) 的解, $x^0\in\partial\mathbb{R}^n_+$, $Q_R^+\subset Q$, $w=D_iu\,(1\leqslant i\leqslant n)$. 则对任意的 $0<\rho\leqslant\dfrac{R}{2}$, 有

$$\iint_{Q_\rho^+}|Dw-(Dw)_\rho|^2dxdt\leqslant C\rho^{n+2+2\alpha}M_R,\tag{7.2.32}$$

其中 C 是仅依赖于 n 的正常数，而

$$M_R=\frac{1}{R^{4+2\alpha}}|u|^2_{0;Q_R^+}+\frac{1}{R^{2\alpha}}|f|^2_{0;Q_R^+}+[f]^2_{\alpha,\alpha/2;Q_R^+}.$$

证明 设 $i=1,2,\cdots,n-1$. 根据定理 7.2.15 和推论 7.2.7, 我们有

$$\iint_{Q_\rho^+}\left(|D_tu|^2+\sum_{j=1}^{n-1}|D_jw|^2+|D_nw-(D_nw)_\rho|^2\right)dxdt$$
$$\leqslant C\rho^{n+2+2\alpha}\Big(\frac{1}{R^{n+2+2\alpha}}\iint_{Q_{R/2}^+}\Big(|D_tu|^2+\sum_{j=1}^{n-1}|D_jw|^2$$
$$+|D_nw-(D_nw)_{R/2}|^2\Big)dxdt+[f]^2_{\alpha,\alpha/2;Q_{R/2}^+}\Big)$$
$$\leqslant C\rho^{n+2+2\alpha}\Big(\frac{1}{R^{n+2+2\alpha}}\iint_{Q_{R/2}^+}\Big(|D_tu|^2+|Dw|^2\Big)dxdt$$
$$+[f]^2_{\alpha,\alpha/2;Q_{R/2}^+}\Big)$$
$$\leqslant C\rho^{n+2+2\alpha}\Big(\frac{1}{R^{n+6+2\alpha}}\iint_{Q_R^+}u^2dxdt$$
$$+\frac{1}{R^{2\alpha}}|f|^2_{0;Q_R^+}+[f]^2_{\alpha,\alpha/2;Q_R^+}\Big)$$

$$\leqslant C\rho^{n+2+2\alpha}M_R. \tag{7.2.33}$$

上式特别就包含，对 $j=1,2,\cdots,n-1$, 有

$$\iint_{Q_\rho^+}|D_jw|^2dxdt\leqslant C\rho^{n+2+2\alpha}M_R.$$

从而

$$\begin{aligned}(D_jw)_\rho^2=&\frac{1}{|Q_\rho^+|^2}\left(\iint_{Q_\rho^+}|D_jw|dxdt\right)^2\\ \leqslant&\frac{1}{|Q_\rho^+|}\iint_{Q_\rho^+}|D_jw|^2dxdt\leqslant C\rho^{2\alpha}M_R.\end{aligned}$$

于是，对 $j=1,2,\cdots,n-1$, 有

$$\begin{aligned}&\iint_{Q_\rho^+}|D_jw-(D_jw)_\rho|^2dxdt\\ \leqslant&2\iint_{Q_\rho^+}|D_jw|^2dxdt+2\iint_{Q_\rho^+}|(D_jw)_\rho|^2dxdt\\ \leqslant&C\rho^{n+2+2\alpha}M_R.\end{aligned}$$

式 (7.2.33) 还包含

$$\iint_{Q_\rho^+}|D_nw-(D_nw)_\rho|^2dxdt\leqslant C\rho^{n+2+2\alpha}M_R,$$

因此

$$\iint_{Q_\rho^+}|Dw-(Dw)_\rho|^2dxdt\leqslant C\rho^{n+2+2\alpha}M_R.$$

这样一来，我们就对 $w=D_iu\,(i=1,2,\cdots,n-1)$ 证明了式 (7.2.32). 类似地，利用式 (7.2.33), 我们还有

$$\begin{aligned}&\iint_{Q_\rho^+}|D_tu-(D_tu)_\rho|^2dxdt\\ \leqslant&2\iint_{Q_\rho^+}|D_tu|^2dxdt+2\iint_{Q_\rho^+}|(D_tu)_\rho|^2dxdt\\ \leqslant&C\rho^{n+2+2\alpha}M_R.\end{aligned}$$

于是，再利用方程 $D_{nn}u=D_tu-\sum\limits_{i=1}^{n-1}D_{ii}u-f$, 就知式 (7.2.32) 对 $w=D_nu$ 也成立.

定理 7.2.17 设 u 为问题 (7.2.1), (7.2.2) 的解, $x^0 \in \partial\mathbb{R}^n_+$, $Q^+_R \subset Q$. 则

$$
\begin{aligned}
&[D^2u]_{\alpha,\alpha/2;Q^+_{R/2}} \\
\leqslant &C\left(\frac{1}{R^{2+\alpha}}|u|_{0;Q^+_R} + \frac{1}{R^\alpha}|f|_{0;Q^+_R} + [f]_{\alpha,\alpha/2;Q^+_R}\right),
\end{aligned}
\tag{7.2.34}
$$

其中 C 是仅依赖于 n 的正常数.

证明 类似于定理 7.2.11 的证明, 这里利用定理 7.2.16 和内估计的结果 (定理 7.2.4).

注 7.2.6 在做近侧边估计时, 实际上我们仅用到了零侧边值条件.

7.2.4 近底 - 侧边估计

由于在底边上, 关于空间变量的导数都是切向导数, 所以平行于近侧边估计, 即可建立近底 - 侧边估计. 我们列出这种估计的结论, 其证明基本类似于近侧边估计的相应结论的证明, 我们仅指出其中的不同.

定理 7.2.18 设 u 为问题 (7.2.1), (7.2.2) 的解, $x^0 \in \partial\mathbb{R}^n_+, w = D_i u\,(1 \leqslant i < n)$. 则对任意的 $0 < \rho < R$, 有

$$
\begin{aligned}
&\sup_{I^0_\rho}\int_{B^+_\rho} u^2dx + \iint_{Q^{0+}_\rho}|Du|^2dxdt \\
\leqslant &C\Big[\frac{1}{(R-\rho)^2}\iint_{Q^{0+}_R} u^2dxdt + (R-\rho)^2\iint_{Q^{0+}_R} f^2dxdt\Big], \\
&\sup_{I^0_\rho}\int_{B^+_\rho} w^2dx + \iint_{Q^{0+}_\rho}|Dw|^2dxdt \\
\leqslant &C\Big[\frac{1}{(R-\rho)^2}\iint_{Q^{0+}_R} w^2dxdt + \iint_{Q^{0+}_R}(f-f_R)^2dxdt\Big], \\
&\sup_{I^0_\rho}\int_{B^+_\rho} |Du|^2dx + \iint_{Q^{0+}_\rho}|D_tu|^2dxdt \\
\leqslant &C\left[\frac{C}{(R-\rho)^2}\iint_{Q^{0+}_R}|Du|^2dxdt + \iint_{Q^{0+}_R} f^2dxdt\right],
\end{aligned}
$$

其中 $f_R = \dfrac{1}{|Q^{0+}_R|}\displaystyle\iint_{Q^{0+}_R} f(x,t)dxdt$, C 是仅依赖于 n 的正常数.

推论 7.2.11 设 u 为问题 (7.2.1), (7.2.2) 的解, $x^0 \in \partial\mathbb{R}^n_+, w = D_i u\,(1 \leqslant i < n)$. 则

$$
\begin{aligned}
&\sup_{I^0_{R/2}}\int_{B^+_{R/2}} w^2dx + \iint_{Q^{0+}_{R/2}}(|D_tu|^2 + |Dw|^2)dxdt \\
\leqslant &\frac{C}{R^4}\iint_{Q^{0+}_R} u^2dxdt + CR^{n+2}|f|^2_{0;Q^{0+}_R} + CR^{n+2+2\alpha}[f]^2_{\alpha,\alpha/2;Q^{0+}_R},
\end{aligned}
$$

其中 C 是仅依赖于 n 的正常数.

推论 7.2.12 如果 $x^0 \in \partial\mathbb{R}^n_+$, 且在 Q_R^{0+} 上 $f \equiv 0$, 则对任意的非负整数 k 和任意的 $0 < \rho < R$, 有

$$\sup_{I_\rho^0} \int_{B_\rho^+} |D^k u|^2 dx + \iint_{Q_\rho^{0+}} |D^{k+1} u|^2 dxdt \leqslant \frac{C}{(R-\rho)^2} \iint_{Q_R^{0+}} |D^k u|^2 dxdt,$$

其中 C 是仅依赖于 n 的正常数.

证明 类似于推论 7.2.8 的证明. 这里我们要用到如下的事实: 假如 u 在 $\bar{Q}_R^{0+}$ 上适当光滑, 且在 Q_R^{0+} 上满足齐次热方程以及零底边值和零侧边值条件, 即

$$\begin{cases} \dfrac{\partial u}{\partial t} - \Delta u = 0, & \text{于} Q_R^{0+} \\ u\Big|_{\partial_p Q_R^{0+}} = 0, \end{cases}$$

则 $D_t u$ 也在 Q_R^{0+} 上满足齐次热方程以及零底边值和零侧边值条件. $D_t u$ 满面足齐次热方程以及零侧边值条件是显然的. 而对任意的 $x \in B_R^+$, 利用 u 的光滑性和 u 满足的方程以及零底边值条件, 可得

$$D_t u(x,0) = \lim_{t\to 0+} D_t u(x,t) = \lim_{t\to 0+} \Delta u(x,t) = \Delta u(x,0) = 0$$

这表明, Dtu 还满足零底边值条件.

推论 7.2.13 如果 $x^0 \in \partial\mathbb{R}^n_+$, 且在 Q_1^{0+} 上 $f \equiv 0$, 则对任意的非负整数 k 和 i, 有

$$\sup_{I_{1/2}^0} \int_{B_{1/2}^+} |D^{k+i} u|^2 dx + \iint_{Q_{1/2}^{0+}} |D^{k+i+1} u|^2 dxdt \leqslant C \iint_{Q_1^{0+}} |D^i u|^2 dxdt,$$

其中 C 是仅依赖于 n 和 k 的正常数.

推论 7.2.14 如果 $x^0 \in \partial\mathbb{R}^n_+$, 且在 Q_R^{0+} 上 $f \equiv 0$, 则对任意的非负整数 i, 有

$$\sup_{Q_{R/2}^{0+}} |D^i u| \leqslant C \left(\frac{1}{R^{n+2}} \iint_{Q_R^{0+}} |D^i u|^2 dxdt \right)^{1/2},$$

其中 C 是仅依赖于 n 的正常数.

定理 7.2.19 设 u 为问题 (7.2.1), (7.2.2) 的解, $x^0 \in \partial\mathbb{R}^n_+$, 且在 Q_R^{0+} 上 $f \equiv 0$. 则对任意的非负整数 i 和任意的 $0 < \rho \leqslant R$, 有

$$\iint_{Q_\rho^{0+}} |D^i u|^2 dxdt \leqslant C \left(\frac{\rho}{R}\right)^{n+2} \iint_{Q_R^{0+}} |D^i u|^2 dxdt,$$

其中 C 是仅依赖于 n 的正常数.

定理 7.2.20 设 u 为问题 (7.2.1), (7.2.2) 的解, $x^0 \in \partial\mathbb{R}^n_+$, 且在 Q_R^{0+} 上 $f \equiv 0$. 则对任意的关于空间变量的切向导数 $D^\beta u$ 和任意的 $0 < \rho \leqslant R$, 有

$$\iint_{Q_\rho^{0+}} |D^\beta u|^2 dxdt \leqslant C \left(\frac{\rho}{R}\right)^{n+4} \iint_{Q_R^{0+}} |D^\beta u|^2 dxdt,$$

其中 C 是仅依赖于 n 的正常数.

定理 7.2.21 设 u 为问题 (7.2.1), (7.2.2) 的解, $w = D_i u(1 \leqslant i < n)$, $x^0 \in \partial\mathbb{R}^n_+$. 则对任意的 $0 < \rho \leqslant R \leqslant R_0$, 有

$$\begin{aligned}&\frac{1}{\rho^{n+2+2\alpha}} \iint_{Q_\rho^{0+}} (|D_t u|^2 + |Dw|^2) dxdt \\ \leqslant &\frac{C}{R^{n+2+2\alpha}} \iint_{Q_R^{0+}} (|D_t u|^2 + |Dw|^2) dxdt + C[f]^2_{\alpha,\alpha/2;Q_R^{0+}},\end{aligned}$$

其中 C 是仅依赖于 n 的正常数.

证明 类似于定理 7.2.15 的证明, 先对 u 和 w 做类似的分解. $D_t u$ 和 $D_j w(j = 1, 2, \cdots, n-1)$ 的估计完全类似于定理 7.2.15 中相应估计的证明, 其中对 $D_t u_1$ 做估计时还要注意到推论 7.2.12 的证明中所指出的事实. 而对 $D_n w$ 的估计则比定理 7.2.15 中相应估计的证明更简单. 实际上, 对任意的 $0 < \rho < R/2$, 由 $D_n w_1\Big|_{t=0} = 0$ 和 w_1 所满足的方程, 可得

$$\begin{aligned}\iint_{Q_\rho^{0+}} |D_n w_1|^2 dxdt \leqslant &C\rho^4 \iint_{Q_\rho^{0+}} |D_t D_n w_1|^2 dxdt \\ \leqslant &C\rho^4 \iint_{Q_\rho^{0+}} |\Delta D_n w_1|^2 dxdt \\ \leqslant &C\rho^4 \iint_{Q_\rho^{0+}} |D^3 w_1|^2 dxdt,\end{aligned}$$

再利用定理 7.2.19 和推论 7.2.12, 进而可得

$$\begin{aligned}\iint_{Q_\rho^{0+}} |D_n w_1|^2 dxdt \leqslant &C\rho^4 \iint_{Q_\rho^{0+}} |D^3 w_1|^2 dxdt \\ \leqslant &C\rho^4 \left(\frac{\rho}{R}\right)^{n+2} \iint_{Q_{R/2}^{0+}} |D^3 w_1|^2 dxdt \\ \leqslant &C\left(\frac{\rho}{R}\right)^{n+6} \iint_{Q_R^{0+}} |Dw_1|^2 dxdt \\ \leqslant &C\left(\frac{\rho}{R}\right)^{n+4} \iint_{Q_R^{0+}} |Dw_1|^2 dxdt\end{aligned}$$

从而

$$\begin{aligned}&\iint_{Q_\rho^{0+}} |D_n w|^2 dxdt \\ \leqslant &2\iint_{Q_\rho^{0+}} |D_n w_1|^2 dxdt + 2\iint_{Q_\rho^{0+}} |D_n w_2|^2 dxdt \\ \leqslant &C\left(\frac{\rho}{R}\right)^{n+4} \iint_{Q_R^{0+}} |Dw_1|^2 dxdt + 2\iint_{Q_\rho^{0+}} |D_n w_2|^2 dxdt\end{aligned}$$

$$\leqslant C\left(\frac{\rho}{R}\right)^{n+4}\iint_{Q_R^{0+}}|Dw|^2dxdt+C\iint_{Q_R^{0+}}|D_nw_2|^2dxdt$$

定理 7.2.22 设 u 为问题 (7.2.1), (7.2.2) 的解, $w=D_iu\,(1\leqslant i\leqslant n)$, $x^0\in\partial\mathbb{R}_+^n$. 则对任意的 $0<\rho\leqslant\dfrac{R}{2}$, 有

$$\iint_{Q_\rho^{0+}}|Dw-(Dw)_\rho|^2dxdt\leqslant C\rho^{n+2+2\alpha}M_R,$$

其中 C 是仅依赖于 n 的正常数, 而

$$M_R=\frac{1}{R^{4+2\alpha}}|u|_{0;Q_R^{0+}}^2+\frac{1}{R^{2\alpha}}|f|_{0;Q_R^{0+}}^2+[f]_{\alpha,\alpha/2;Q_R^{0+}}^2.$$

定理 7.2.23 设 u 为问题 (7.2.1), (7.2.2) 的解, $x^0\in\partial\mathbb{R}_+^n$. 则

$$[D^2u]_{\alpha,\alpha/2;Q_{R/2}^{0+}}\leqslant C\left(\frac{1}{R^{2+\alpha}}|u|_{0;Q_R^{0+}}+\frac{1}{R^\alpha}|f|_{0;Q_R^{0+}}+[f]_{\alpha,\alpha/2;Q_R^{0+}}\right),\tag{7.2.35}$$

其中 C 是仅依赖于 n 的正常数.

7.2.5 一般线性抛物型方程解的 Schauder 估计

对于一般线性抛物型方程的第一初边值问题

$$\frac{\partial u}{\partial t}-a_{ij}(x,t)D_{ij}u+b_i(x,t)D_iu+c(x,t)u=f(x,t),\quad (x,t)\in Q_T,\tag{7.2.36}$$

$$u\Big|_{\partial_pQ_T}=\varphi(x,t),\tag{7.2.37}$$

其中 $Q_T=\Omega\times(0,T)$, $\Omega\subset\mathbb{R}^n$ 是一有界区域, $T>0$, 类似于椭圆方程的情形, 利用关于热方程解的内估计 (7.2.12) 和近边估计 (包括近底边估计 (7.2.18), 近侧边估计 (7.2.34) 和近底 - 侧边估计 (7.2.35)), 可以得到解的全局 Schauder 估计. 具体地说, 我们有下面的定理.

定理 7.2.24 设 $\partial\Omega\in C^{2,\alpha}$, $a_{ij},b_i,c\in C^{\alpha,\alpha/2}(\overline{Q}_T)$, $a_{ij}=a_{ji}$, 且方程 (7.2.36) 满足一致抛物性条件, 即存在常数 $0<\lambda\leqslant\Lambda$, 使得

$$\lambda|\xi|^2\leqslant a_{ij}(x,t)\xi_i\xi_j\leqslant\Lambda|\xi|^2,\quad \forall\xi\in\mathbb{R}^n,\ (x,t)\in Q_T.$$

又 $f\in C^{\alpha,\alpha/2}(\overline{Q}_T)$, $\varphi\in C^{2+\alpha,1+\alpha/2}(\overline{Q}_T)$. 若 $u\in C^{2+\alpha,1+\alpha/2}(\overline{Q}_T)$ 是第一初边值问题 (7.2.36), (7.2.37) 的解, 则

$$|u|_{2+\alpha,1+\alpha/2;Q_T}\leqslant C(|f|_{\alpha,\alpha/2;Q_T}+|\varphi|_{2+\alpha,1+\alpha/2;Q_T}+|u|_{0;Q_T}),\tag{7.2.38}$$

其中 C 仅依赖于 a_{ij},b_i,c 的 $C^{2+\alpha,1+\alpha/2}(\overline{Q}_T)$ 范数, n, α, λ, Λ, diamΩ, T 和 $\partial\Omega$ 的 $C^{2,\alpha}$ "范数".

注 7.2.7 在定理 7.2.24 中, 为使式 (7.2.38) 成立, 不必要求 $u\in C^{2+\alpha,1+\alpha/2}(\overline{Q}_T)$, 而只须假设 $u\in C^{2+\alpha,1+\alpha/2}(Q_T)\cap C(\overline{Q}_T)$.

第8章 线性方程古典解的存在性理论

本章我们建立二阶线性椭圆型和抛物型方程古典解的存在性理论.

§8.1 极值原理和比较原理

古典解的存在性基于 Schauder 估计，但还依赖于解本身的 L^∞ 模估计. 本节我们介绍做古典解的 L^∞ 模估计的极值原理和由此建立的比较原理.

8.1.1 椭圆型方程的情形

考虑线性椭圆型方程

$$Lu \equiv -a_{ij}(x)D_{ij}u + b_i(x)D_iu + c(x)u = f(x), \quad x \in \Omega, \tag{8.1.1}$$

其中 $\Omega \subset \mathbb{R}^n$ 是一有界区域， $a_{ij} = a_{ji}$, 且存在常数 $\lambda > 0$, 使得

$$a_{ij}(x)\xi_i\xi_j \geqslant \lambda|\xi|^2, \quad \forall \xi \in \mathbb{R}^n,\ x \in \Omega.$$

定理 8.1.1 (极值原理) 设 $c(x) \geqslant 0$, $b_i(x)$ 和 $c(x)$ 在 Ω 内有界， $u \in C^2(\Omega) \cap C(\overline{\Omega})$, 且在 Ω 内满足 $Lu = f \leqslant 0(\geqslant 0)$, 则

$$\sup_{\Omega} u(x) \leqslant \sup_{\partial\Omega} u_+(x) \quad (\inf_{\Omega} u(x) \geqslant \inf_{\partial\Omega} u_-(x)),$$

其中 $u_+ = \max\{u, 0\}$, $u_- = \min\{u, 0\}$.

证明 我们首先证明当 $f < 0$ 时结论成立. 用反证法. 假设结论不成立，即存在 $x^0 \in \Omega$, 使得

$$u(x^0) = \max_{\overline{\Omega}} u(x) > 0.$$

则

$$(D_{ij}u(x^0))_{n\times n} \leqslant 0, \quad D_iu(x^0) = 0.$$

又由于 $(a_{ij}(x^0))_{n\times n} \geqslant 0$, $c(x^0) \geqslant 0$, 故

$$Lu(x^0) = -a_{ij}(x^0)D_{ij}u(x^0) + b_i(x^0)D_iu(x^0) + c(x^0)u(x^0) \geqslant 0,$$

这与 $f(x^0) < 0$ 矛盾，所以当 $f < 0$ 时结论成立.

对 $f \leqslant 0$ 的一般情形，我们通过构造辅助函数的方法来证明结论成立. 如果有辅助函数 $h \in C^2(\Omega) \cap C(\overline{\Omega})$, 在 Ω 内满足

$$h \geqslant 0, \quad Lh < 0,$$

则对任意的 $\varepsilon > 0$, 在 Ω 内都有

$$L(u + \varepsilon h) = Lu + \varepsilon Lh < 0.$$

于是根据已经证明的结论，便有

$$\sup_{\Omega}\{u(x) + \varepsilon h(x)\} \leqslant \sup_{\partial\Omega}\{u(x) + \varepsilon h(x)\}_{+}.$$

从而

$$\begin{aligned}\sup_{\Omega} u(x) &\leqslant \sup_{\Omega}\{u(x) + \varepsilon h(x)\}\\ &\leqslant \sup_{\partial\Omega}\{u(x) + \varepsilon h(x)\}_{+}\\ &\leqslant \sup_{\partial\Omega} u_{+}(x) + \varepsilon \sup_{\partial\Omega} h(x).\end{aligned}$$

令 $\varepsilon \to 0$, 即得所要证明的结论. 具有所需性质的辅助函数很多，例如可取 $h(x) = \mathrm{e}^{\alpha x_1}$, 其中 $\alpha > 0$ 是待定系数. 注意到

$$\begin{aligned}Lh(x) =&\mathrm{e}^{\alpha x_1}(-\alpha^2 a_{11}(x) + \alpha b_1(x) + c(x))\\ \leqslant&\mathrm{e}^{\alpha x_1}(-\alpha^2 \lambda + \alpha b_1(x) + c(x)),\end{aligned}$$

而 $b_i(x)$ 和 $c(x)$ 在 Ω 内有界，故只要取 α 充分大，就有 $Lh < 0$ 于 Ω.

对 $f \geqslant 0$ 的情形，考虑 $-u$ 即可得到要证明的结论.

注 8.1.1 由定理的证明我们可以看出： $b_i(x)(i = 1, \cdots, n)$ 在 Ω 内有界的条件可改为存在某个 i 使 $b_i(x)$ 在 Ω 内有界.

注 8.1.2 定理 8.1.1 也可采取如下的证法：令 $v = u - \sup\limits_{\partial\Omega} u_{+}$, 先证明当 $c > 0$ 时， $v \leqslant 0$; 对 $c \geqslant 0$ 的一般情形，令 $v = hw$, 而考虑 w 满足的方程，其中 h 是待定函数.

利用极值原理，我们可以建立如下的比较原理.

定理 8.1.2 (比较原理) 设$c(x) \geqslant 0$, $b_i(x)$ 和 $c(x)$ 在 Ω 内有界， $v, w \in C^2(\Omega) \cap C(\overline{\Omega})$, 且 $Lv \leqslant Lw$ 于 Ω, $v\Big|_{\partial\Omega} \leqslant w\Big|_{\partial\Omega}$, 则

$$v(x) \leqslant w(x), \quad \forall x \in \Omega.$$

证明 在定理 8.1.1 中取 $u = v - w$ 即得要证明的结论.

适当地选取比较原理中的 v 和 w, 可得到方程 (8.1.1) 的 Dirichlet 问题之解的先验的界. 我们有下面的定理.

定理 8.1.3 设 $c(x) \geqslant 0$, $b_i(x)$ 和 $c(x)$ 在 Ω 内有界, $u \in C^2(\Omega) \cap C(\overline{\Omega})$, 且在 Ω 内满足 $Lu = f$, 则

$$\sup_{\Omega} |u| \leqslant \sup_{\partial\Omega} |u| + C \sup_{\Omega} |f|,$$

其中正常数 C 仅依赖于 λ, $\mathrm{diam}\Omega$ 和 $b_i(x)$ 在 Ω 内的界.

证明 不妨设 f 在 Ω 内有界, 否则结论显然成立. 令

$$d = \mathrm{diam}\Omega, \quad \beta = \sup_{\Omega} |b_1|.$$

取定一点 $x^0 = (x_1^0, x_2^0, \cdots, x_n^0) \in \overline{\Omega}$, 使得

$$x_1^0 < x_1, \quad \forall x = (x_1, x_2, \cdots, x_n) \in \Omega.$$

则

$$0 \leqslant x_1 - x_1^0 \leqslant d, \quad \forall x = (x_1, x_2, \cdots, x_n) \in \Omega.$$

令

$$g(x_1) = \left(\mathrm{e}^{\alpha d} - \mathrm{e}^{\alpha(x_1 - x_1^0)}\right) \sup_{\Omega} |f|,$$
$$w(x) = \sup_{\partial\Omega} |u| + g(x_1),$$

其中 $\alpha > 0$ 为待定系数. 则 $w \in C^2(\Omega) \cap C(\overline{\Omega})$, 且对任意的 $x \in \Omega$, 满足

$$w(x) \geqslant g(x_1) \geqslant 0,$$

$$\begin{aligned} Lw(x) =& - a_{11}(x)g''(x_1) + b_1(x)g'(x_1) + c(x)w(x) \\ \geqslant& - a_{11}(x)g''(x_1) + b_1(x)g'(x_1) \\ =& \mathrm{e}^{\alpha(x_1 - x_1^0)}(\alpha^2 a_{11}(x) - \alpha b_1(x)) \sup_{\Omega} |f| \\ \geqslant& \alpha(\alpha\lambda - \beta) \sup_{\Omega} |f|. \end{aligned}$$

取 $\alpha = (\beta + 1)/\lambda + 1$, 则有

$$Lw(x) \geqslant \sup_{\Omega} |f|, \quad \forall x \in \Omega.$$

同样又有

$$L\{-w(x)\} \leqslant -\sup_{\Omega} |f|, \quad \forall x \in \Omega.$$

于是

$$L\{-w(x)\} \leqslant Lu(x) \leqslant Lw(x), \quad \forall x \in \Omega,$$

又显然

$$-w(x) \leqslant u(x) \leqslant w(x), \quad \forall x \in \partial\Omega,$$

故由比较原理知要证的结论当 $C = \mathrm{e}^{((\beta+1)/\lambda+1)d}$ 时成立.

8.1.2 抛物型方程的情形

考虑线性抛物型方程

$$\begin{aligned} Lu \equiv & \frac{\partial u}{\partial t} - a_{ij}(x,t)D_{ij}u + b_i(x,t)D_i u \\ & + c(x,t)u = f(x,t), \quad (x,t) \in Q_T, \end{aligned} \tag{8.1.2}$$

其中 $Q_T = \Omega \times (0,T)$, $\Omega \subset \mathbb{R}^n$ 是一有界区域, $a_{ij} = a_{ji}$, 且满足

$$a_{ij}(x,t)\xi_i\xi_j \geqslant 0, \quad \forall \xi \in \mathbb{R}^n,\ (x,t) \in Q_T.$$

定理 8.1.4 (极值原理) 设 $c(x,t) \geqslant 0$, 且在 Q_T 内有界, $u \in C^2(Q_T) \cap C(\overline{Q}_T)$, 且在 Q_T 内满足 $Lu = f \leqslant 0(\geqslant 0)$, 则

$$\sup_{Q_T} u(x,t) \leqslant \sup_{\partial_p Q_T} u_+(x,t) \quad (\inf_{Q_T} u(x,t) \geqslant \inf_{\partial_p Q_T} u_-(x,t)).$$

证明 我们首先证明当 $f < 0$ 时结论成立. 用反证法. 假设结论不成立, 即存在 $(x^0, t_0) \in \overline{Q}_T \backslash \partial_p Q_T$ 使得

$$u(x^0, t_0) = \max_{\overline{Q}_T} u(x,t) > 0.$$

则

$$\begin{aligned} & \frac{\partial u(x^0,t_0)}{\partial t} \geqslant 0, \quad (D_{ij}u(x^0,t_0))_{n\times n} \leqslant 0, \\ & D_i u(x^0,t_0) = 0, \quad u(x^0,t_0) \geqslant 0. \end{aligned}$$

又由于 $(a_{ij}(x^0,t_0))_{n\times n} \geqslant 0$, $c(x^0,t_0) \geqslant 0$, 故

$$\begin{aligned} Lu(x^0,t_0) = & \frac{\partial u(x^0,t_0)}{\partial t} - a_{ij}(x^0,t_0)D_{ij}u(x^0,t_0) \\ & + b_i(x^0,t_0)D_i u(x^0,t_0) + c(x^0,t_0)u(x^0,t_0) \geqslant 0, \end{aligned}$$

这与 $f(x^0,t_0) < 0$ 矛盾, 所以当 $f < 0$ 时结论成立.

对 $f \leqslant 0$ 的一般情形, 我们通过构造辅助函数的方法来证明结论成立. 令 $h(x) = \mathrm{e}^{-\alpha t}$, 其中 $\alpha = \sup_{Q_T} c(x,t) + 1$. 则 $h \in C^2(Q_T) \cap C(\overline{Q}_T)$, 在 Q_T 内 $h \geqslant 0$, 且

$$Lh = \frac{\partial h}{\partial t} + ch = (-\alpha + c)\mathrm{e}^{-\alpha t} < 0.$$

于是, 对任意 $\varepsilon > 0$, 在 Q_T 内都有

$$L(u + \varepsilon h) = Lu + \varepsilon Lh < 0.$$

根据已经证明的结论，有

$$\sup_{Q_T}\{u(x,t)+\varepsilon h(x,t)\}\leqslant \sup_{\partial_p Q_T}\{u(x,t)+\varepsilon h(x,t)\}_+,$$

从而

$$\begin{aligned}\sup_{Q_T}u(x,t)\leqslant&\sup_{Q_T}\{u(x,t)+\varepsilon h(x,t)\}\\ \leqslant&\sup_{\partial_p Q_T}\{u(x,t)+\varepsilon h(x,t)\}_+\\ \leqslant&\sup_{\partial_p Q_T}u_+(x,t)+\varepsilon\sup_{\partial_p Q_T}h(x,t).\end{aligned}$$

令 $\varepsilon\to 0$, 即得所要证明的结论.

对 $f\geqslant 0$ 的情形，只须考虑 $-u$.

注 8.1.3 这里对方程 (8.1.2) 没有一致抛物性假设，对 b_i 也不要求它有界.

当条件 $c(x,t)\geqslant 0$ 不满足时，上面的极值原理不再成立，但仍能得到相当有用的如下结果.

定理 8.1.5 设 $c(x,t)$ 在 Q_T 内有界， $u\in C^2(Q_T)\cap C(\overline{Q}_T)$ 在 Q_T 内满足 $Lu=f\leqslant 0$, 且 $\sup\limits_{\partial_p Q_T}u(x,t)\leqslant 0$, 则

$$\sup_{Q_T}u(x,t)\leqslant 0.$$

证明 设 $c_0=\inf\limits_{Q_T}c(x,t)$. 令

$$v(x,t)=\mathrm{e}^{c_0 t}u(x,t),$$

则 v 满足

$$\begin{aligned}&\frac{\partial v}{\partial t}-a_{ij}(x,t)D_{ij}v+b_i(x,t)D_iv+(c(x,t)-c_0)v\\ =&\mathrm{e}^{c_0 t}f(x,t)\leqslant 0,\qquad (x,t)\in Q_T,\end{aligned}$$

注意到 $c(x,t)-c_0\geqslant 0$ 于 Q_T, 由定理 8.1.4, 得

$$\sup_{Q_T}v(x,t)\leqslant \sup_{\partial_p Q_T}v_+(x,t)=\sup_{\partial_p Q_T}\mathrm{e}^{c_0 t}u_+(x,t)=0.$$

因此

$$\sup_{Q_T}u(x,t)\leqslant 0.$$

利用定理 8.1.5, 我们可以建立如下的比较原理.

定理 8.1.6 (比较原理) 假设 $c(x,t)$ 在 Q_T 内有界, $v,w\in C^2(Q_T)\cap C(\overline{Q}_T)$, 且 $Lv\leqslant Lw$ 于 Q_T, $v\Big|_{\partial_pQ_T}\leqslant w\Big|_{\partial_pQ_T}$, 则

$$v(x,t)\leqslant w(x,t),\quad \forall (x,t)\in Q_T.$$

证明 在定理 8.1.5 中取 $u=v-w$ 即得要证明的结论.

适当地选取比较原理中的 v 和 w, 可得到方程 (8.1.2) 的第一初边值问题之解的先验的界. 我们有下面的两个定理.

定理 8.1.7 设 $c(x,t)\geqslant 0$, 且在 Q_T 内有界, $u\in C^2(Q_T)\cap C(\overline{Q}_T)$, 且在 Q_T 内满足 $Lu=f$, 则

$$\sup_{Q_T}|u|\leqslant \sup_{\partial_pQ_T}|u|+T\sup_{Q_T}|f|.$$

证明 不妨设 f 在 Q_T 内有界, 否则结论显然成立. 令

$$w(x,t)=\sup_{\partial_pQ_T}|u|+t\sup_{Q_T}|f|.$$

则 $w\in C^2(Q_T)\cap C(\overline{Q}_T)$, 且对任意的 $(x,t)\in Q_T$, 有

$$Lw(x,t)=\sup_{Q_T}|f|+c(x,t)w(x,t)\geqslant \sup_{Q_T}|f|.$$

同样对任意的 $(x,t)\in Q_T$, 又有

$$L\{-w(x,t)\}\leqslant -\sup_{\Omega}|f|.$$

于是

$$L\{-w(x,t)\}\leqslant Lu(x,t)\leqslant Lw(x,t),\quad \forall (x,t)\in Q_T,$$

又显然

$$-w(x,t)\leqslant u(x,t)\leqslant w(x,t),\quad \forall (x,t)\in \partial_pQ_T,$$

由比较原理可得到定理的结论.

定理 8.1.8 设 $c(x,t)$ 在 Q_T 内有界, $c_0=\min\{0,\inf\limits_{Q_T}c(x,t)\}$, $u\in C^2(Q_T)\cap C(\overline{Q}_T)$, 且在 Q_T 内满足 $Lu=f$, 则

$$\sup_{Q_T}|u|\leqslant e^{-c_0T}\left(\sup_{\partial_pQ_T}|u|+T\sup_{Q_T}|f|\right).$$

证明 令

$$v(x,t)=e^{c_0t}u(x,t),$$

则 v 满足

$$\begin{aligned}&\frac{\partial v}{\partial t}-a_{ij}(x,t)D_{ij}v+b_i(x,t)D_iv+(c(x,t)-c_0)v\\=&\mathrm{e}^{c_0t}f(x,t),\qquad (x,t)\in Q_T.\end{aligned}$$

注意到 $c(x,t)-c_0\geqslant 0$ 于 Q_T, 由定理 8.1.7, 得

$$\sup_{Q_T}|v|\leqslant\sup_{\partial_pQ_T}|v|+T\sup_{Q_T}|\mathrm{e}^{c_0t}f|,$$

即

$$\sup_{Q_T}|\mathrm{e}^{c_0t}u|\leqslant\sup_{\partial_pQ_T}|\mathrm{e}^{c_0t}u|+T\sup_{Q_T}|\mathrm{e}^{c_0t}f|.$$

再注意到 $c_0\leqslant 0$, 由此即得

$$\sup_{Q_T}|u|\leqslant\mathrm{e}^{-c_0T}\left(\sup_{\partial_pQ_T}|u|+T\sup_{Q_T}|f|\right).$$

§8.2 线性椭圆型方程古典解的存在惟一性

本节首先研究 Poisson 方程 $C^{2,\alpha}(\overline{\Omega})$ 解和 $C^{2,\alpha}(\Omega)\cap C(\overline{\Omega})$ 解的存在性, 然后研究一般线性椭圆型方程 $C^{2,\alpha}(\overline{\Omega})$ 解的存在性.

8.2.1 Poisson 方程古典解的存在惟一性

考虑 Poisson 方程的 Dirichlet 问题

$$-\Delta u=f,\quad x\in\Omega,\tag{8.2.1}$$

$$u\Big|_{\partial\Omega}=\varphi,\tag{8.2.2}$$

其中 $\Omega\subset\mathbb{R}^n$ 是一有界区域.

我们首先建立问题 (8.2.1), (8.2.2) 的 $C^{2,\alpha}(\overline{\Omega})$ 解的存在惟一性定理.

定理 8.2.1 *设 $\partial\Omega\in C^\infty$, $0<\alpha<1$, $f\in C^\alpha(\overline{\Omega})$, $\varphi\in C^{2,\alpha}(\overline{\Omega})$. 则问题 (8.2.1), (8.2.2) 存在惟一的解 $u\in C^{2,\alpha}(\overline{\Omega})$.*

证明 不妨设 $\varphi\equiv 0$. 否则, 令 $w=u-\varphi$, 而考虑 w 满足的方程. 利用标准的磨光技术, 可以选取逼近函数 $f_\varepsilon\in C^\infty(\overline{\Omega})$, 满足

$$|f_\varepsilon|_{\alpha;\Omega}\leqslant 2|f|_{\alpha;\Omega},$$

且 f_ε 在 $\overline{\Omega}$ 中一致收敛于 f. 考虑问题 (8.2.1), (8.2.2) 的逼近问题

$$\begin{cases} -\Delta u = f_\varepsilon(x), & x \in \Omega, \\ u\Big|_{\partial\Omega} = 0. \end{cases}$$

由 L^2 理论可知 (定理 2.2.5), 上述问题存在惟一解 $u_\varepsilon \in C^\infty(\overline{\Omega})$. 由 Schauder 全局估计 (定理 6.3.1), 有

$$|u_\varepsilon|_{2,\alpha;\Omega} \leqslant C(|f_\varepsilon|_{\alpha;\Omega} + |u_\varepsilon|_{0;\Omega}),$$

而由最大模估计 (定理 8.1.3), 又有

$$|u_\varepsilon|_{0;\Omega} \leqslant C|f_\varepsilon|_{0;\Omega} \leqslant C|f_\varepsilon|_{\alpha;\Omega} \leqslant C|f|_{\alpha;\Omega},$$

因此

$$|u_\varepsilon|_{2,\alpha;\Omega} \leqslant C|f|_{\alpha;\Omega}.$$

上述各式中的常数 C 都不依赖于 ε. 由 Arzela-Ascoli 定理，存在 $\{u_\varepsilon\}$ 的子列，不妨设为其本身，和函数 $u \in C^{2,\alpha}(\overline{\Omega})$, 使得当 $\varepsilon \to 0$ 时，在 $\overline{\Omega}$ 上，有

$$u_\varepsilon \xrightarrow{1} u, \quad Du_\varepsilon \xrightarrow{1} Du, \quad D^2u_\varepsilon \xrightarrow{1} D^2u.$$

在逼近问题中令 $\varepsilon \to 0$, 便知 u 满足方程 (8.2.1) 和边值条件 $u\Big|_{\partial\Omega} = 0$. 解的存在性于是得到了证明. 解的惟一性可由极值原理推得.

在定理 8.2.1 中我们要求区域 Ω 具有 C^∞ 的光滑边界, 这一限制使得定理的结论即使对于正方体上的 Poisson 方程都不适用. 下面我们放宽对区域 Ω 的限制, 但同时解的空间也相应地扩大为 $C^{2,\alpha}(\Omega) \cap C(\overline{\Omega})$.

定义 8.2.1 称区域 Ω 具有外球性质，如果对任意的 $x^0 \in \partial\Omega$, 都存在 $R > 0$ 和 $y \in \mathbb{R}^n \backslash \overline{\Omega}$ 使得 $\overline{B}_R(y) \cap \overline{\Omega} = \{x^0\}$. 若 R 可选得与 x^0 无关，则称 Ω 具有一致外球性质.

定理 8.2.2 假设 Ω 具有外球性质，且存在边界为 C^∞ 的子区域序列 $\{\Omega_k\}$, 使得 $\bar{\Omega}_k \subset \Omega_{k+1}$, 且 $\partial\Omega_k$ 一致地逼近 $\partial\Omega$. 又设 $0 < \alpha < 1$, $f \in C^\alpha(\overline{\Omega})$, $\varphi \in C^{2,\alpha}(\overline{\Omega})$. 则问题 (8.2.1), (8.2.2) 存在惟一的解 $u \in C^{2,\alpha}(\Omega) \cap C(\overline{\Omega})$.

证明 不妨设 $\varphi \equiv 0$. 否则，令 $w = u - \varphi$, 而考虑 w 满足的方程. 考虑问题 (8.2.1), (8.2.2) 的逼近问题

$$\begin{cases} -\Delta u = f(x), & x \in \Omega_k, \\ u\Big|_{\partial\Omega_k} = 0. \end{cases}$$

由定理 8.2.1 可知，上述问题存在惟一解 $u_k \in C^{2,\alpha}(\overline{\Omega}_k)$. 对固定的正整数 m, 根据 Schauder 估计 (定理 6.2.8) 和最大模估计，有

$$|u_k|_{2,\alpha;\Omega_m} \leqslant C_1(|f|_{\alpha;\Omega k} + |u_k|_{o;\Omega_k}) \leqslant C_2(|f|_{\alpha;\Omega_k}) \leqslant C_2|f|_{\alpha;\Omega}, \forall k > m,$$

其中 $C_1>0$ 仅依赖于 $\operatorname{dist}(\Omega_m,\partial\Omega_k)$ 和空间维数 $n, C_2>0$ 仅依赖于 C_1 和 $\operatorname{diam}\Omega_k$, 而 C_1 和 C_2 都与 k 无关.
利用对角线方法可知存在 $\{u_k\}_{k=1}^{\infty}$ 的子列 $\{u_{k_i}\}_{i=1}^{\infty}$ 和函数 $u\in C^{2,\alpha}(\Omega)$, 使得对任意固定的 $m\geqslant 1$, 当 $i\to\infty$ 时, 在 Ω_m 上, 有

$$u_{k_i}\xrightarrow{1}u,\quad Du_{k_i}\xrightarrow{1}Du,\quad D^2u_{k_i}\xrightarrow{1}D^2u.$$

由此可见在 Ω 内 u 满足方程 (8.2.1).

下面利用闸函数技术证明 $u\Big|_{\partial\Omega}=0$, 即对任意固定的 $x^0\in\partial\Omega$, 验证 $u(x^0)=\lim\limits_{\substack{x\in\Omega\\x\to x^0}}u(x)=0$. 为此, 只须构造一个连续函数 $w(x)\geqslant 0$, 使得 $w(x^0)=0$, 且

$$|u(x)|\leqslant Cw(x),\quad x\in\Omega\cap B_\delta(x^0),$$

我们称具有这样性质的 $w(x)$ 为**外部闸函数**.

令

$$w(x)=M(\mathrm{e}^{-\beta R^2}-\mathrm{e}^{-\beta|x-y|^2}),$$

其中 R 和 y 分别为 x^0 处外球的半径和球心, $\beta>0$ 和 $M>0$ 待定. 易见 $w(x)$ 具有下列性质:

(i) $w(x^0)=0,\ w(x)>0,\forall x\in\overline{\Omega}\backslash\{x^0\}$;

(ii) $w\in C^2(\overline{\Omega})$, 且对适当的 $\beta>0$ 和充分大的 $M>0$, $-\Delta w\geqslant 1$ 于 Ω. 事实上,

$$\begin{aligned}-\Delta w(x)=&M(4\beta^2|x-y|^2\mathrm{e}^{-\beta|x-y|^2}-2n\beta\mathrm{e}^{-\beta|x-y|^2})\\ \geqslant&M\mathrm{e}^{-\beta|x-y|^2}(4\beta^2R^2-2n\beta),\quad x\in\Omega.\end{aligned}$$

再令 $v_k(x)=u_k(x)-|f|_{0;\Omega}w(x)$, 往证 $v_k(x)\leqslant 0$. 事实上,

$$-\Delta v_k(x)=-\Delta u_k(x)+|f|_{0;\Omega}\Delta w(x)\leqslant f(x)-|f|_{0;\Omega}\leqslant 0,\quad x\in\Omega_k,$$

又

$$v_k\Big|_{\partial\Omega_k}=u_k\Big|_{\partial\Omega_k}-|f|_{0;\Omega}w\Big|_{\partial\Omega_k}\leqslant 0,$$

故由比较原理, 可得

$$v_k(x)\leqslant 0,\quad \forall x\in\Omega_k,$$

即

$$u_k(x)\leqslant |f|_{0;\Omega}w(x),\quad \forall x\in\Omega_k.$$

对任何固定的 $x\in\Omega$, 选取 m 充分大, 使得 $x\in\Omega_m$, 则有

$$u_k(x)\leqslant |f|_{0;\Omega}w(x),\quad \forall k\geqslant m.$$

取 $k=k_i$ 并令 $i\to\infty$, 得

$$u(x)\leqslant |f|_{0;\Omega}w(x),\quad \forall x\in\Omega.$$

同理可得

$$u(x)\geqslant -|f|_{0;\Omega}w(x),\quad \forall x\in\Omega.$$

总之我们有

$$|u(x)|\leqslant |f|_{0;\Omega}w(x),\quad \forall x\in\Omega.$$

由此就知 $u(x^0)=0$. 解的存在性于是得到了证明. 解的惟一性可由极值原理推得.

注 8.2.1 若 Ω 为长方体, 则 Ω 满足定理 8.2.2 的假设条件.

在定理 8.2.2 中, 边界函数 $\varphi\in C^{2,\alpha}(\overline{\Omega})$, 而所得到的解在边界上只是连续, 那么对边界函数 φ 的限制是否可以放宽呢? 回答是肯定的. 我们有

定理 8.2.3 在定理 8.2.2 中将 φ 的条件减弱为 $\varphi\in C(\overline{\Omega})$, 结论仍然成立.

证明 选取 $\varphi_k\in C^\infty(\overline{\Omega})$, 使得

$$|\varphi_k(x)-\varphi(x)|\leqslant\frac{1}{k},\quad \forall x\in\overline{\Omega},\quad k=1,2,\cdots.$$

考虑问题 (8.2.1), (8.2.2) 的逼近问题

$$\begin{cases}-\Delta u(x)=f(x), & x\in\Omega_k,\\ u\Big|_{\partial\Omega_k}=\varphi_k.\end{cases}$$

由定理 8.2.1 可知, 上述问题存在惟一解 $u_k\in C^{2,\alpha}(\overline{\Omega}_k)$. 利用解的 Schauder 内估计 (定理 6.2.8) 和对角线方法, 不难证明: 存在 $\{u_k\}$ 的子列, 仍记为 $\{u_k\}$, 和函数 $u\in C^{2,\alpha}(\Omega)$, 使得对任意固定的 $m\geqslant 1$, 当 $k\to\infty$ 时, 在 Ω_m 上, 有

$$u_k\xrightarrow{1}u,\quad Du_k\xrightarrow{1}Du,\quad D^2u_k\xrightarrow{1}D^2u.$$

由此可见 u 满足方程 (8.2.1).

下面验证 $u\Big|_{\partial\Omega}=\varphi$. 设 $x^0\in\partial\Omega$. 对任意的 $\varepsilon>0$, 由 $\varphi(x)$ 连续性知, 存在 $\delta>0$, 使得

$$|\varphi(x)-\varphi(x^0)|<\varepsilon,\quad \forall x\in B_\delta(x^0)\cap\Omega.$$

选取 $C_\varepsilon>|f|_{0;\Omega}+1$, 使得

$$|\varphi(x)-\varphi(x^0)|<\varepsilon+C_\varepsilon w(x),\quad \forall x\in\Omega,$$

其中 w 是定理 8.2.2 证明中定义的闸函数. 于是

$$|\varphi_k(x)-\varphi(x^0)|<\varepsilon+C_\varepsilon w(x)+\frac{1}{k},\quad \forall x\in\Omega,\quad k=1,2,\cdots.$$

令

$$v_k(x) = u_k(x) - C_\varepsilon w(x) - \varepsilon - \frac{1}{k} - \varphi(x^0), \qquad \forall x \in \Omega_k,$$

则

$$-\Delta v_k = -\Delta u_k + C_\varepsilon \Delta w = f + C_\varepsilon \Delta w \leqslant f - C_\varepsilon \leqslant 0,$$

$$\begin{aligned} v_k\Big|_{\partial\Omega_k} &= u_k\Big|_{\partial\Omega_k} - C_\varepsilon w\Big|_{\partial\Omega_k} - \varepsilon - \frac{1}{k} - \varphi(x^0) \\ &= \varphi_k\Big|_{\partial\Omega_k} - C_\varepsilon w\Big|_{\partial\Omega_k} - \varepsilon - \frac{1}{k} - \varphi(x^0) \leqslant 0. \end{aligned}$$

由比较原理，可知

$$v_k(x) \leqslant 0, \quad \forall x \in \Omega_k,$$

即

$$u_k(x) \leqslant C_\varepsilon w(x) + \varepsilon + \frac{1}{k} + \varphi(x^0), \quad \forall x \in \Omega_k.$$

对固定的 $x \in \Omega$, 选取 m 充分大，使得 $x \in \Omega_m$, 则有

$$u_k(x) \leqslant C_\varepsilon w(x) + \varepsilon + \frac{1}{k} + \varphi(x^0), \quad \forall k \geqslant m.$$

令 $k \to \infty$, 得

$$u(x) \leqslant C_\varepsilon w(x) + \varepsilon + \varphi(x^0), \quad \forall x \in \Omega.$$

于是

$$\overline{\lim_{x \to x^0}} u(x) \leqslant \varepsilon + \varphi(x^0).$$

由 $\varepsilon > 0$ 的任意性，可知

$$\overline{\lim_{x \to x^0}} u(x) \leqslant \varphi(x^0).$$

同理可证

$$\underline{\lim_{x \to x^0}} u(x) \geqslant \varphi(x^0).$$

总之，我们有

$$\lim_{x \to x^0} u(x) = \varphi(x^0).$$

解的存在性于是得到了证明. 解的惟一性可由极值原理推得.

8.2.2 连续性方法

压缩映象原理 设 T 是 Banach 空间 B 上的压缩映射，即存在 $0<\theta<1$, 使得

$$\|Tx-Ty\|\leqslant\theta\|x-y\|,\quad \forall x,y\in B. \tag{8.2.3}$$

则 T 存在惟一不动点，即算子方程

$$Tx=x$$

存在惟一的解 $x\in B$.

证明 任取 $x_0\in B$, 令

$$x_i=Tx_{i-1},\quad i=1,2,\cdots.$$

对任意的正整数 $1\leqslant i\leqslant j$, 由三角不等式和式 (8.2.3), 可得

$$\begin{aligned}\|x_j-x_i\|&\leqslant\sum_{k=i+1}^{j}\|x_k-x_{k-1}\|\\&=\sum_{k=i+1}^{j}\|Tx_{k-1}-Tx_{k-2}\|\\&\leqslant\sum_{k=i+1}^{j}\theta^{k-1}\|x_1-x_0\|\\&\leqslant\frac{\theta^i}{1-\theta}\|x_1-x_0\|\to 0\quad(i\to\infty).\end{aligned}$$

从而 $\{x_i\}$ 是 Cauchy 序列，由 B 的完备性，它收敛于某一 $x\in B$. 由式 (8.2.3) 可知 T 是连续的，因此

$$Tx=\lim_{i\to\infty}Tx_i=\lim_{i\to\infty}x_{i+1}=x.$$

x 的惟一性可直接由式 (8.2.3) 推出.

注 8.2.2 由定理的证明可以看出：用 B 的任一闭子集代替 B, 结论仍成立.

连续性方法 设 B 为 Banach 空间，V 为线性赋范空间，T_0 和 T_1 是 B 到 V 的有界线性算子，令

$$T_\tau=(1-\tau)T_0+\tau T_1,\quad \tau\in[0,1].$$

如果存在常数 $C>0$, 使得

$$\|x\|_B\leqslant C\|T_\tau x\|_V,\quad x\in B,\tau\in[0,1], \tag{8.2.4}$$

则 T_1 把 B 满射到 V 当且仅当 T_0 把 B 满射到 V.

证明 设对某 $s\in[0,1]$, T_s 是满射的. 由式 (8.2.4) 可知 T_s 是单射的, 所以逆映射 $T_s^{-1}:V\to B$ 存在. 对 $\tau\in[0,1]$, $y\in V$, 算子方程 $T_\tau x=y$ 等价于方程

$$T_s x=y+(T_s-T_\tau)x=y+(\tau-s)(T_0-T_1)x.$$

而 T_s^{-1} 存在, 故此方程又等价于

$$x=T_s^{-1}y+(\tau-s)T_s^{-1}(T_0-T_1)x\equiv Tx.$$

如果

$$|\tau-s|<\delta\equiv\frac{1}{C(\|T_0\|+\|T_1\|+1)},$$

则由式 (8.2.4) 易知映射 $T:B\to B$ 是压缩映射. 根据压缩映象原理可知, 对满足 $|\tau-s|<\delta$ 的 $\tau\in[0,1]$, T_τ 是满射的. 将 $[0,1]$ 分为长度小于 δ 的小区间, 容易推得只要对某固定的 $\tau_0\in[0,1]$(特别对 $\tau_0=0$ 或 $\tau_0=1$), T_{τ_0} 是满射的, 则对一切的 $\tau\in[0,1]$, T_τ 也是满射的.

注 8.2.3 连续性方法表明: 有界线性算子的可逆性有时可通过另一类似算子的可逆性推得.

8.2.3 一般线性椭圆型方程 $C^{2,\alpha}(\overline{\Omega})$解的存在惟一性

利用连续性方法, 可以把前面关于 Poisson 方程的 Dirichlet 问题 (8.2.1), (8.2.2) 的结论 (定理 8.2.1) 推广到一般线性椭圆型方程的 Dirichlet 问题

$$-a_{ij}(x)D_{ij}u+b_i(x)D_iu+c(x)u=f(x),\quad x\in\Omega,\tag{8.2.5}$$

$$u\Big|_{\partial\Omega}=\varphi,\tag{8.2.6}$$

其中 $\Omega\subset\mathbb{R}^n$ 是一有界区域, $a_{ij},b_i,c\in C^\alpha(\overline{\Omega})$, $c\geqslant 0$, $a_{ij}=a_{ji}$, 且存在常数 $0<\lambda\leqslant\Lambda$, 使得

$$\lambda|\xi|^2\leqslant a_{ij}(x)\xi_i\xi_j\leqslant\Lambda|\xi|^2,\quad\forall\xi\in\mathbb{R}^n,\ x\in\Omega.\tag{8.2.7}$$

定理 8.2.4 设 $\partial\Omega\in C^\infty$, $0<\alpha<1$, $a_{ij},b_i,c,f\in C^\alpha(\overline{\Omega})$, $c\geqslant 0$, $\varphi\in C^{2,\alpha}(\overline{\Omega})$, $a_{ij}=a_{ji}$, 且式 (8.2.7) 成立. 则问题 (8.2.5), (8.2.6) 存在惟一的解 $u\in C^{2,\alpha}(\overline{\Omega})$.

证明 不妨设 $\varphi\equiv 0$. 否则, 令 $w=u-\varphi$, 而考虑 w 满足的方程.

记

$$L_0u=-\Delta u,$$

$$L_1u=-a_{ij}(x)D_{ij}u+b_i(x)D_iu+c(x)u.$$

考虑单参数椭圆型方程族

$$L_\tau u = (1-\tau)L_0 u + \tau L_1 u = f, \quad 0 \leqslant \tau \leqslant 1, \tag{8.2.8}$$

其二阶项系数满足式 (8.2.7), 相应的 λ, Λ 取

$$\lambda_\tau = \min\{1, \lambda\}, \quad \Lambda_\tau = \max\{1, \Lambda\}.$$

L_τ 可视为从 Banach 空间 $B = \{u \in C^{2,\alpha}(\overline{\Omega}); u\Big|_{\partial\Omega} = 0\}$ 到线性赋范空间 $V = C^\alpha(\overline{\Omega})$ 的线性算子, 于是问题 (8.2.8), (8.2.6) 的可解性等价于算子 L_τ 的可逆性. 设 $u_\tau \in B$ 是问题 (8.2.8), (8.2.6) 的解, 根据 Schauder 估计 (定理 6.3.1) 和最大模估计 (定理 8.1.3), 并注意到假设 $\varphi \equiv 0$, 我们有

$$|u_\tau|_{2,\alpha;\Omega} \leqslant C(|f|_{\alpha;\Omega} + |u_\tau|_{0;\Omega}) \leqslant C|f|_{\alpha;\Omega}, \quad \tau \in [0,1],$$

即

$$\|u_\tau\|_B \leqslant C\|L_\tau u_\tau\|_V, \quad \tau \in [0,1],$$

其中 C 是不依赖于 τ 的常数. 特别对 $\tau = 0$, 问题 (8.2.8), (8.2.6) 就是问题 (8.2.1), (8.2.2), 根据定理 8.2.1 它存在惟一的解 $u \in C^{2,\alpha}(\overline{\Omega})$. 这表明 L_0 把 B 映满 V. 利用连续性方法便知 L_1 也把 B 映满 V, 从而问题 (8.2.5), (8.2.6) 存在解 $u \in C^{2,\alpha}(\overline{\Omega})$. 解的存在性于是得到了证明. 解的惟一性可由极值原理推得.

利用定理 8.2.4 和函数技术, 类似于定理 8.2.2 的证明, 可得

定理 8.2.5 假设 Ω 具有外球性质, 且存在边界为 C^∞ 的子区域序列 $\{\Omega_k\}$, 使得 $\overline{\Omega}_k \subset \Omega_{k+1}$, 且 $\partial\Omega_k$ 一致地逼近 $\partial\Omega$. 又设 $0 < \alpha < 1$, $a_{ij}, b_i, c, f \in C^\alpha(\overline{\Omega})$, $c \geqslant 0$, $\varphi \in C^{2,\alpha}(\overline{\Omega})$, $a_{ij} = a_{ji}$, 且式 (8.2.7) 成立. 则问题 (8.2.1), (8.2.2) 存在惟一的解 $u \in C^{2,\alpha}(\Omega) \cap C(\overline{\Omega})$.

利用定理 8.2.4, 定理 8.2.5 和闸函数技术, 类似于定理 8.2.3 的证明, 可得

定理 8.2.6 在定理 8.2.5 中将 φ 的条件减弱为 $\varphi \in C(\overline{\Omega})$, 结论仍然成立.

我们还可以进一步证明下面的定理.

定理 8.2.7 设 $0 < \alpha < 1$, $\partial\Omega \in C^{2,\alpha}$, $a_{ij}, b_i, c, f \in C^\alpha(\overline{\Omega})$, $c \geqslant 0$, $\varphi \in C^{2,\alpha}(\overline{\Omega})$, $a_{ij} = a_{ji}$, 且式 (8.2.7) 成立. 则问题 (8.2.5), (8.2.6) 存在惟一的解 $u \in C^{2,\alpha}(\overline{\Omega})$.

证明 由于 $\partial\Omega \in C^{2,\alpha}$, 故 Ω 具有一致外球性质, 且定理 8.2.5 中关于 Ω 的条件满足. 于是根据定理 8.2.5 可知, 问题 (8.2.5), (8.2.6) 存在惟一的解 $u \in C^{2,\alpha}(\Omega) \cap C(\overline{\Omega})$. 再利用 Schauder 估计 (定理 6.3.1 和注 6.3.1), 进而可知 $u \in C^{2,\alpha}(\overline{\Omega})$.

§8.3 线性抛物型方程古典解的存在惟一性

在本节中, 我们对线性抛物型方程, 介绍与 §8.2 平行的理论.

8.3.1 热方程古典解的存在惟一性

考虑热方程的第一初边值问题

$$\frac{\partial u}{\partial t}-\Delta u=f(x,t),\quad (x,t)\in Q_T, \tag{8.3.1}$$

$$u(x,t)=\varphi(x,t),\quad (x,t)\in \partial_p Q_T, \tag{8.3.2}$$

其中 $Q_T=\Omega\times(0,T)$, $\Omega\subset\mathbb{R}^n$ 是一有界区域, $T>0$.

定理 8.3.1 设 $\partial\Omega\in C^\infty$, $0<\alpha<1$, $f\in C^{\alpha,\alpha/2}(\overline{Q}_T)$, $\varphi\in C^{2+\alpha,1+\alpha/2}(\overline{Q}_T)$. 则第一初边值问题 (8.3.1), (8.3.2) 存在惟一的解 $u\in C^{2+\alpha,1+\alpha/2}(\overline{Q}_T)$.

证明类似于定理 8.2.1, 请读者自行完成.

定理 8.3.2 假设 Ω 具有外球性质, 且存在边界为 C^∞ 的子区域序列 $\{\Omega_k\}$, 使得 $\overline{\Omega}_k\subset\Omega_{k+1}$, 且 $\partial\Omega_k$ 一致地逼近 $\partial\Omega$. 又设 $0<\alpha<1$, $f\in C^{\alpha,\alpha/2}(\overline{Q}_T)$, $\varphi\in C^{2+\alpha,1+\alpha/2}(\overline{Q}_T)$. 则问题 (8.3.1), (8.3.2) 存在惟一的解 $u\in C^{2+\alpha,1+\alpha/2}(Q_T)\cap C(\overline{Q}_T)$.

证明 不妨设 $\varphi\equiv 0$. 否则, 令 $w=u-\varphi$, 然后考虑 w 满足的方程. 类似于定理 8.2.2 的证明, 考虑问题 (8.3.1), (8.3.2) 的逼近问题. 先证明逼近问题解的极限满足方程 (8.3.1), 然后利用闸函数技术验证 $u\Big|_{\partial_p Q_T}=0$. 这里我们仅指出闸函数 $w(x,t)$ 的构造, 其他推导完全类似于定理 8.2.2. 设 $(x^0,t_0)\in\partial_p Q_T$, 闸函数 $w(x,t)$ 应具有下列性质:

(i) $w(x^0,t_0)=0$, $w(x,t)>0,\forall x\in\overline{Q}_T\backslash\{x^0,t_0\}$;

(ii) $w\in C^{2,1}(\overline{Q}_T)$, $\dfrac{\partial w}{\partial t}-\Delta w\geqslant 1$ 于 Q_T.

因此, 当 $x^0\in\partial\Omega$ 时可取 $w(x,t)=w(x)$, 当 $t_0=0$ 时可取 $w(x,t)=t$, 其中 $w(x)$ 为定理 8.2.2 的证明中所构造的闸函数.

定理 8.3.3 在定理 8.3.2 中将 φ 的条件减弱为 $\varphi\in C(\overline{Q}_T)$, 结论仍然成立.

证明类似于定理 8.2.3, 请读者自行完成.

8.3.2 一般线性抛物型方程 $C^{2+\alpha,1+\alpha/2}(\overline{Q}_T)$解的存在惟一性

利用连续性方法, 可以把前面关于热方程的第一初边值问题 (8.3.1), (8.3.2) 的结论 (定理 8.3.1) 推广到一般线性椭圆型方程的 Dirichlet 问题

$$\frac{\partial u}{\partial t}-a_{ij}(x,t)D_{ij}u+b_i(x,t)D_iu+c(x,t)u=f(x,t),\quad (x,t)\in Q_T, \tag{8.3.3}$$

$$u(x,t)=\varphi(x,t),\quad (x,t)\in\partial_p Q_T, \tag{8.3.4}$$

其中 $\Omega\subset\mathbb{R}^n$ 是一有界区域, a_{ij}, b_i, $c\in C^{\alpha,\alpha/2}(\overline{Q}_T)$, $a_{ij}=a_{ji}$, 且存在常数 $0<\lambda\leqslant\Lambda$, 使得

$$\lambda|\xi|^2\leqslant a_{ij}(x,t)\xi_i\xi_j\leqslant\Lambda|\xi|^2,\quad \forall\xi\in\mathbb{R}^n,\ (x,t)\in Q_T. \tag{8.3.5}$$

即

定理 8.3.4 设 $\partial\Omega \in C^{\infty}$, $0 < \alpha < 1$, a_{ij}, b_i, c, $f \in C^{\alpha,\alpha/2}(\overline{Q}_T)$, $\varphi \in C^{2+\alpha,1+\alpha/2}(\overline{Q}_T)$, $a_{ij} = a_{ji}$, 且式 (8.3.5) 成立. 则问题 (8.3.3),(8.3.4) 存在惟一解 $u \in C^{2+\alpha,1+\alpha/2}(\overline{Q}_T)$.

利用闸函数技术, 还可得到

定理 8.3.5 假设 Ω 具有外球性质, 且存在边界为 C^{∞} 的子区域序列 $\{\Omega_k\}$, 使得 $\Omega_k \subset \Omega_{k+1}$, 且 $\partial\Omega_k$ 一致地逼近 $\partial\Omega$. 又设 $0 < \alpha < 1$, $a_{ij}, b_i, c, f \in C^{\alpha,\alpha/2}(\overline{Q}_T)$, $\varphi \in C^{2+\alpha,1+\alpha/2}(\overline{Q}_T)$, $a_{ij} = a_{ji}$, 且式 (8.3.5) 成立. 则问题 (8.3.1),(8.3.2) 存在惟一的解 $u \in C^{2+\alpha,1+\alpha/2}(Q_T) \cap C(\overline{Q}_T)$.

定理 8.3.6 在定理 8.3.5 中将 φ 的条件减弱为 $\varphi \in C(\overline{Q}_T)$, 结论仍然成立.

我们还可以进一步证明下面的定理.

定理 8.3.7 设 $0 < \alpha < 1$, $\partial\Omega \in C^{2,\alpha}$, a_{ij}, b_i, c, $f \in C^{\alpha,\alpha/2}(\overline{Q}_T)$, $\varphi \in C^{2+\alpha,1+\alpha/2}(\overline{Q}_T)$, $a_{ij} = a_{ji}$, 且式 (8.3.5) 成立. 则问题 (8.3.3),(8.3.4) 存在惟一的解 $u \in C^{2+\alpha,1+\alpha/2}(\overline{Q}_T)$.

证明 由于 $\partial\Omega \in C^{2,\alpha}$, 故 Ω 具有一致外球性质, 且定理 8.3.5 中关于 Ω 的条件满足. 于是根据定理 8.3.5 可知, 问题 (8.3.3), (8.3.4) 存在惟一的解 $u \in C^{2+\alpha,1+\alpha/2}(Q_T) \cap C(\overline{Q}_T)$. 再利用 Schauder 估计 (定理 7.2.24 和注 7.2.7), 进而可知 $u \in C^{2+\alpha,1+\alpha/2}(\overline{Q}_T)$.

注 8.3.1 对一般线性抛物型方程 (8.3.3), 没有 $c \geqslant 0$ 的限制.

第9章 线性方程解的 L^p估计和强解的存在性理论

在前几章中我们研究了线性椭圆型方程和抛物型方程的两类解，即弱解和古典解. 本章考虑一种正则性处于中间状态的解，称之为强解. 为此，我们需要建立解的 L^p 估计. 如同古典解的存在性基于 Schauder 估计一样，强解的存在性基于 L^p 估计.

我们将首先利用 Stampacchia 内插定理和 Schauder 估计中的结果，对 Poisson 方程和热方程建立解的 L^p 估计. 在此基础上，完成一般线性椭圆型方程和抛物型方程解的 L^p 估计，并进而建立强解的存在性理论. 值得注意的是， L^p 估计可对非散度型方程建立，但需加上一个实质性的条件，即二阶导数项的系数是连续的.

§9.1 线性椭圆型方程解的 L^p 估计与强解的存在惟一性

在本节中，我们先介绍立方体上的 Poisson 方程解的 L^p 估计，然后基于这种典型方程的估计结果，完成一般线性椭圆型方程解的 L^p 估计，进而建立强解的存在性理论.

9.1.1 立方体上的 Poisson 方程解的 L^p估计

考虑 Poisson 方程的齐次 Dirichlet 问题

$$-\Delta u = f, \quad x \in Q_0, \tag{9.1.1}$$

$$u\Big|_{\partial Q_0} = 0, \tag{9.1.2}$$

其中 Q_0 是 $\mathbb{R}^n$ 中的立方体，其边平行于坐标轴.

为了得到问题 (9.1.1), (9.1.2) 的解 u 在立方体 Q_0 上的 L^p 估计，我们先建立 D^2u 在 Campanato 空间 $\mathcal{L}^{2,n}(Q_0)$ 中的估计. 首先建立内估计.

命题 9.1.1 *设 $f \in L^\infty(Q_0)$, $u \in H^2(Q_0) \cap H_0^1(Q_0)$ 是 Poisson 方程 $-\Delta u = f$ 在 Q_0 上的弱解， $x^0 \in Q_0$, $B_{2R_0}(x^0) \subset\subset Q_0$. 则*

$$\begin{aligned}&[D^2u]_{2,n;B_{R_0}(x^0)}\\ \leqslant & C\left(\|D^2u\|_{L^2(B_{2R_0}(x^0))} + \|f\|_{L^\infty(B_{2R_0}(x^0))}\right),\end{aligned} \tag{9.1.3}$$

其中 C 仅依赖于 n 和 R_0.

证明 以 f_ε 表 f 的磨光, u_ε 表问题

$$\begin{cases} -\Delta u_\varepsilon = f_\varepsilon, \quad x\in Q_0, \\ u_\varepsilon\Big|_{\partial Q_0} = 0 \end{cases}$$

的解. 由 L^2 理论知, u_ε 在 $\overline{B}_{2R_0}(x^0)$ 上是充分光滑的, 且

$$u_\varepsilon \to u\,(\varepsilon\to 0) \text{ 于} H^2(B_{2R_0}(x^0)).$$

由此可见, 为证式 (9.1.3), 只须证

$$\begin{aligned}&[D^2u_\varepsilon]_{2,n;B_{R_0}(x^0)}\\ \leqslant &C\left(\|D^2u_\varepsilon\|_{L^2(B_{2R_0}(x^0))}+\|f_\varepsilon\|_{L^\infty(B_{2R_0}(x^0))}\right),\end{aligned}$$

其中常数 C 与 ε 无关. 由于这个原因, 在以下的推理中, 可以认为 u 在 $\overline{B}_{2R_0}(x^0)$ 上是充分光滑的.

对任意的 $x\in B_{R_0}(x^0)$, 有 $B_{R_0}(x)\subset B_{2R_0}(x^0)$. 从 Schauder 内估计 (定理 6.2.6) 的证明可知: 对 $0<\rho\leqslant R\leqslant R_0$, 有

$$\begin{aligned}&\int_{B_\rho(x)}|Dw(y)-(Dw)_{x,\rho}|^2dy\\ \leqslant &C\left(\frac{\rho}{R}\right)^{n+2}\int_{B_R(x)}|Dw(y)-(Dw)_{x,R}|^2dy\\ &+C\int_{B_R(x)}(f(y)-f_{x,R})^2dy\\ \leqslant &C\left(\frac{\rho}{R}\right)^{n+2}\int_{B_R(x)}|Dw(y)-(Dw)_{x,R}|^2dy\\ &+CR^n\|f\|^2_{L^\infty(B_R(x))},\end{aligned}$$

其中 $w=D_iu\,(1\leqslant i\leqslant n)$. 由此, 利用迭代引理 (引理 6.2.1) 可推出, 对 $0<\rho\leqslant R\leqslant R_0$, 有

$$\begin{aligned}&\int_{B_\rho(x)}|Dw(y)-(Dw)_{x,\rho}|^2dy\\ \leqslant &C\left(\frac{\rho}{R}\right)^{n}\left(\int_{B_R(x)}|Dw(y)-(Dw)_{x,R}|^2dy+R^n\|f\|^2_{L^\infty(B_R(x))}\right)\\ \leqslant &C\rho^n\left(\frac{1}{R^n}\|Dw\|^2_{L^2(B_R(x))}+\|f\|^2_{L^\infty(B_R(x))}\right).\end{aligned}$$

因此

$$\int_{B_\rho(x)\cap B_{R_0}(x^0)}|D^2u(y)-(D^2u)_{B_\rho(x)\cap B_{R_0}(x^0)}|^2dy$$

$$
\begin{aligned}
&\leqslant \int_{B_\rho(x)} |D^2u(y)-(D^2u)_{x,\rho}|^2 dy\\
&\leqslant C\rho^n\left(\frac{1}{R_0^n}\|D^2u\|^2_{L^2(B_{R_0}(x))}+\|f\|^2_{L^\infty(B_{R_0}(x))}\right)\\
&\leqslant C\rho^n\left(\frac{1}{R_0^n}\|D^2u\|^2_{L^2(B_{2R_0}(x^0))}+\|f\|^2_{L^\infty(B_{2R_0}(x^0))}\right),
\end{aligned}
$$

其中

$$
\begin{aligned}
&(D^2u)_{B_\rho(x)\bigcap B_{R_0}(x^0)}\\
=&\frac{1}{|B_\rho(x)\bigcap B_{R_0}(x^0)|}\int_{B_\rho(x)\bigcap B_{R_0}(x^0)} D^2u(y)dy.
\end{aligned}
$$

从而

$$
[D^2u]^{(1/2)}_{2,n;B_{R_0}(x^0)}\leqslant C\left(\|D^2u\|_{L^2(B_{2R_0}(x^0))}+\|f\|_{L^\infty(B_{2R_0}(x^0))}\right),
$$

其中 C 仅依赖于 n 和 R_0, 这里 $[\cdot]^{(1/2)}_{2,n}$ 的定义见注 6.1.2. 再注意到 $[\cdot]_{2,n}\leqslant[\cdot]^{v_2}_{2,n}+C\|\cdot\|_{L^2}$, 就可得到式 (9.1.3).

有了内估计，我们可以通过解的延拓得到全局估计.

命题 9.1.2 设 $f\in L^\infty(Q_0)$, $u\in H^2(Q_0)\cap H_0^1(Q_0)$ 为 Dirichlet 问题 (9.1.1), (9.1.2) 的弱解. 则

$$
\|D^2u\|_{\mathcal{L}^{2,n}(Q_0)}\leqslant C\|f\|_{L^\infty(Q_0)}, \tag{9.1.4}
$$

其中 C 仅依赖于 n 和 Q_0 的边长.

证明 设

$$
Q_0=Q(x^0,R)=\{x\in\mathbb{R}^n;|x_i-x_i^0|<R,i=1,2,\cdots,n\}.
$$

为了证明式 (9.1.4), 我们将 u 按下述方式加以延拓，延拓后的函数记为 $\tilde{u}$. 首先关于超平面 $x_1=x_1^0+R$ 和 $x_1=x_1^0-R$ 作反对称延拓，即定义

$$
\tilde{u}(x)=\begin{cases}
u(x), \qquad 当 x\in\overline{Q}_0 时,\\
-u(2x_1^0+2R-x_1,x_2,\cdots,x_n),\\
\qquad 当 x_1\in(x_1^0+R,x_1^0+3R],|x_i|<R\,(i\neq 1) 时,\\
-u(2x_1^0-2R-x_1,x_2,\cdots,x_n),\\
\qquad 当 x_1\in[x_1^0-3R,x_1^0-R),|x_i|<R\,(i\neq 1) 时.
\end{cases}
$$

然后依次关于超平面 $x_2=x_2^0+R$ 和 $x_2=x_2^0-R,\cdots,x_n=x_n^0+R$ 和 $x_n=x_n^0-R$ 作反对称延拓. 这样便得到在 $\overline{Q}(x^0,3R)$ 上有定义的函数 $\tilde{u}$. 重复以上步骤 n 次可

得到在 $\overline{Q}(x^0, 3^n R)$ 上有定义的函数 $\tilde{u}$. 再按同样方式延拓 f 而得到在 $\overline{Q}(x^0, 3^n R)$ 上有定义的函数 $\tilde{f}$.

显然 $\tilde{f} \in L^\infty(Q(x^0, 3^n R))$. 不难验证 $\tilde{u} \in H^2(Q(x^0, 3^n R)) \cap H_0^1(Q(x^0, 3^n R))$, 且 $\tilde{u}$ 是方程

$$-\Delta \tilde{u} = \tilde{f}$$

在 $Q(x^0, 3^n R)$ 上的弱解. 注意

$$Q_0 = Q(x^0, R) \subset B_{\sqrt{n}R}(x^0) \subset B_{2\sqrt{n}R}(x^0) \subset\subset Q(x^0, 3^n R),$$

在 $Q(x^0, 3^n R)$ 上利用命题 9.1.1, 便得

$$\begin{aligned}
&[D^2 u]_{2,n;Q_0} \leqslant [D^2 \tilde{u}]_{2,n;B_{\sqrt{n}R}(x^0)} \\
\leqslant & C\left(\|D^2 \tilde{u}\|_{L^2(B_{2\sqrt{n}R}(x^0))} + \|\tilde{f}\|_{L^\infty(B_{2\sqrt{n}R}(x^0))}\right) \\
\leqslant & C\left(\|D^2 \tilde{u}\|_{L^2(Q(x^0,3^n R))} + \|\tilde{f}\|_{L^\infty(Q(x^0,3^n R))}\right).
\end{aligned}$$

由此，换一个仅依赖于 n 和 R 的常数 C, 就有

$$[D^2 u]_{2,n;Q_0} \leqslant C\left(\|D^2 u\|_{L^2(Q_0)} + \|f\|_{L^\infty(Q_0)}\right). \tag{9.1.5}$$

根据 L^2 理论 (注 2.2.1, 虽然那里要求区域的边界具有 C^2 光滑性，但用类似于定理 8.2.2 的证明方法，可以证明结论对立方体也是成立的), 有

$$\|u\|_{H^2(Q_0)} \leqslant C\|f\|_{L^2(Q_0)}. \tag{9.1.6}$$

联合式 (9.1.5) 和式 (9.1.6), 就可得到式 (9.1.4).

为了证明 Poisson 方程的解在立方体 Q_0 上的 L^p 估计，我们还要借助于 Stampacchia 内插定理.

定义 9.1.1 设 Q_0 是 $\mathbb{R}^n$ 中的立方体，其边平行于坐标轴，对 $u \in L^1(Q_0)$, 如果

$$\begin{aligned}
|u|_{*,Q_0} \equiv \sup\Big\{&\frac{1}{|Q\cap Q_0|}\int_{Q\cap Q_0} |u - u_{Q\cap Q_0}|dx;\\
&Q\text{ 是与}Q_0\text{ 平行的立方体}\Big\} < +\infty,
\end{aligned}$$

则称 $u \in \mathrm{BMO}(Q_0)$.

我们规定 $\mathrm{BMO}(Q_0)$ 中的范数为

$$\|\cdot\|_{\mathrm{BMO}(Q_0)} = \|\cdot\|_{L^1(Q_0)} + |\cdot|_{*,Q_0}.$$

可以证明关于这个范数 $\mathrm{BMO}(Q_0)$ 是一个 Banach 空间.

由 Campanato 空间和 BMO(Q_0) 空间的定义知

$$\mathcal{L}^{2,n}(Q_0) \subset \mathcal{L}^{1,n}(Q_0) \simeq \mathrm{BMO}(Q_0).$$

定义算子

$$T_i : L^\infty(Q_0) \to \mathrm{BMO}(Q_0), \quad f \mapsto DD_i u,$$

其中 $1 \leqslant i \leqslant n$, u 是问题 (9.1.1), (9.1.2) 的弱解. 估计式 (9.1.4) 表明：$T_i\,(1 \leqslant i \leqslant n)$ 为 $L^\infty(Q_0)$ 到 $\mathcal{L}^{2,n}(Q_0) \subset \mathrm{BMO}(Q_0)$ 的有界线性算子.

Stampacchia 内插定理 设 $1<q<+\infty$, 若 T 既是 $L^q(Q_0)$ 到 $L^q(Q_0)$ 的有界线性算子，又是 $L^\infty(Q_0)$ 到 BMO(Q_0) 的有界线性算子，即

$$\begin{aligned}\|Tu\|_{L^q(Q_0)} &\leqslant C_1\|u\|_{L^q(Q_0)}, \quad \forall u \in L^q(Q_0),\\ \|Tu\|_{\mathrm{BMO}(Q_0)} &\leqslant C_2\|u\|_{L^\infty(Q_0)}, \quad \forall u \in L^\infty(Q_0),\end{aligned}$$

则 T 为 $L^p(Q_0)$ 到 $L^p(Q_0)$ 的有界线性算子，即

$$\|Tu\|_{L^p(Q_0)} \leqslant C\|u\|_{L^p(Q_0)}, \quad \forall u \in L^p(Q_0),$$

其中 $q \leqslant p < +\infty$, C 依赖于 n, q, p, C_1 和 C_2.

这个定理的证明可参看文献 [6] 的附录 4.

利用 Stampacchia 内插定理，我们可得到

定理 9.1.1 设 $p \geqslant 2$, $f \in L^p(Q_0)$, $u \in W^{2,p}(Q_0) \cap W_0^{1,p}(Q_0)$ 在 Q_0 内几乎处处满足 Poisson 方程 (9.1.1). 则

$$\|D^2u\|_{L^p(Q_0)} \leqslant C\|f\|_{L^p(Q_0)},$$

其中 C 仅依赖于 n, p 和 Q_0 的边长.

证明 由 L^2 理论知 $T_i\,(1 \leqslant i \leqslant n)$ 是 $L^2(Q_0)$ 到 $L^2(Q_0)$ 的有界线性算子，又 T_i 也是 $L^\infty(Q_0)$ 到 BMO(Q_0) 的有界线性算子. 利用 Stampacchia 内插定理就知 T_i 为 $L^p(Q_0)$ 到 $L^p(Q_0)$ 的有界线性算子.

注 9.1.1 在定理 9.1.1 的条件下，利用 Sobolev 空间的内插不等式，进而可得

$$\|u\|_{W^{2,p}(Q_0)} \leqslant C(\|f\|_{L^p(Q_0)} + \|u\|_{L^p(Q_0)}).$$

注 9.1.2 定理 9.1.1 的结论对 $1 < p < 2$ 的情形也是对的，证明可参看文献 [6] 的第 3 章.

注 9.1.3 定理 9.1.1 的结论可推广到二阶导数项系数矩阵为常正定矩阵而无低阶项的椭圆型方程；这是因为据以证明估计式 (9.1.3) 的 Schauder 内估计对这种方程也成立，而证明式 (9.1.4) 所作的延拓也同样适合于这种方程.

9.1.2　一般线性椭圆型方程解的 L^p 估计

现在转到一般的线性椭圆型方程

$$-a_{ij}(x)D_{ij}u+b_i(x)D_iu+c(x)u=f(x),\quad x\in\Omega, \tag{9.1.7}$$

其中 $\Omega\subset\mathbb{R}^n$ 是一有界区域，$a_{ij}=a_{ji}$, 且存在常数 $\lambda>0$, $M>0$ 使得

$$a_{ij}(x)\xi_i\xi_j\geqslant\lambda|\xi|^2,\quad \forall\xi\in\mathbb{R}^n,\ x\in\Omega, \tag{9.1.8}$$

$$\sum_{i,j=1}^n\|a_{ij}\|_{L^\infty(\Omega)}+\sum_{i=1}^n\|b_i\|_{L^\infty(\Omega)}+\|c\|_{L^\infty(\Omega)}\leqslant M. \tag{9.1.9}$$

定义 9.1.2　设 $\omega(R)$ 是 $[0,+\infty)$ 上单调不减的连续函数，且 $\lim\limits_{R\to0}\omega(R)=0$. 称 $a_{ij}(x)$ 在 $\overline{\Omega}$ 上具有连续模 $\omega(R)$, 如果

$$|a_{ij}(x)-a_{ij}(y)|\leqslant\omega(|x-y|),\quad \forall x,y\in\overline{\Omega}.$$

容易证明：如果 $a_{ij}\in C(\overline{\Omega})$, 则 $a_{ij}(x)$ 在 $\overline{\Omega}$ 上具有连续模.

对于一般的线性椭圆型方程 (9.1.7), 我们有

定理 9.1.2　设 $\partial\Omega\in C^2$, $p\geqslant2$, 方程 (9.1.7) 的系数满足式 (9.1.8) 和式 (9.1.9), 且 $a_{ij}\in C(\overline{\Omega})$. 如果 $u\in W^{2,p}(\Omega)\cap W_0^{1,p}(\Omega)$ 在 Ω 内几乎处处满足方程 (9.1.7), 则

$$\|u\|_{W^{2,p}(\Omega)}\leqslant C(\|f\|_{L^p(\Omega)}+\|u\|_{L^p(\Omega)}),$$

其中 C 是仅依赖于 n, p, λ, M, Ω 以及 a_{ij} 的连续模的正常数.

证明　采用与 Schauder 估计相仿的方法，分三步来证明.

第一步　建立内估计.

对任意的 $x^0\in\Omega$, 选取 $\hat{R}_0>0$ 使得 $Q_{\hat{R}_0}=Q(x^0,\hat{R}_0)\subset\Omega$. 设 $0<R\leqslant\hat{R}_0$, η 是 Q_R 上相对于 $B_{R/2}$ 的切断函数，即 $\eta\in C_0^\infty(Q_R)$, 且满足

$$0\leqslant\eta(x)\leqslant1,\quad \eta(x)=1\text{ 于}B_{R/2},\quad |\nabla\eta|\leqslant\frac{C}{R},\quad |D_{ij}\eta|\leqslant\frac{C}{R^2}.$$

令 $v=\eta u$, 则 $v\in W_0^{2,p}(Q_R)$, 且由方程 (9.1.7) 可得

$$-a_{ij}(x)D_{ij}v=g(x),$$

其中

$$g(x)=-(b_i\eta+2a_{ij}D_j\eta)D_iu-(c\eta+a_{ij}D_{ij}\eta)u+\eta f.$$

将上述方程改写为

$$-a_{ij}(x^0)D_{ij}v=F(x)=g(x)+h(x),\quad x\in Q_R, \tag{9.1.10}$$

其中

$$h(x) = (a_{ij}(x) - a_{ij}(x^0))D_{ij}v.$$

对方程 (9.1.10) 利用定理 9.1.1 的结论 (如注 9.1.3 所指出，对这种方程，定理 9.1.1 的结论仍然成立), 便得

$$\|D^2v\|_{L^p(Q_R)} \leqslant C_0\|F\|_{L^p(Q_R)},$$

其中 C_0 仅依赖于 n, p, λ 和 R. 而

$$\|g\|_{L^p(Q_R)} \leqslant M\left(\frac{C}{R^2}+1\right)\|u\|_{W^{1,p}(Q_R)} + \|f\|_{L^p(Q_R)},$$

$$\|h\|_{L^p(Q_R)} \leqslant \omega(\sqrt{n}R)\|D^2v\|_{L^p(Q_R)},$$

这里 $\omega(R)$ 是 $a_{ij}\,(i,j=1,2,\cdots,n)$ 的公共连续模. 选定 $0<R_0\leqslant\hat{R}_0$, 使得 $C_0\omega(\sqrt{n}R_0)\leqslant\dfrac{1}{2}$. 于是当 $0<R\leqslant R_0$ 时，有

$$\begin{aligned}\|D^2v\|_{L^p(Q_R)} &\leqslant \|D^2v\|_{L^p(Q_{R_0})}\\ &\leqslant C\left(\left(\frac{1}{R_0^2}+1\right)\|u\|_{W^{1,p}(Q_{R_0})} + \|f\|_{L^p(Q_{R_0})}\right).\end{aligned}$$

而由 v 的定义知 $\|D^2u\|_{L^p(B_{R/2})} \leqslant \|D^2v\|_{L^p(Q_R)}$, 故当 $0<R\leqslant R_0$ 时，有

$$\|D^2u\|_{L^p(B_{R/2})} \leqslant C(\|f\|_{L^p(\Omega)} + \|u\|_{W^{1,p}(\Omega)}). \tag{9.1.11}$$

第二步 建立近边估计.

设 $x^0\in\partial\Omega$, 由于 $\partial\Omega\in C^2$, 所以存在 x^0 的邻域 V 和一个 C^2 的可逆映射 $\Psi: V\to B_1 = B_1(0)$, 使得

$$\Psi(V) = B_1, \quad \Psi(\Omega\cap V) = B_1^+, \quad \Psi(\partial\Omega\cap V) = \partial B_1^+\cap B_1.$$

记 Q_0 为 B_1^+ 中边平行于坐标轴的内接立方体. 经变换 $y=\Psi(x)$, $\Psi^{-1}(Q_0)$ 上的方程 (9.1.7) 变成 Q_0 上的方程

$$-\hat{a}_{ij}(y)\hat{D}_{ij}\hat{u} + \hat{b}_i(y)\hat{D}_i\hat{u} + \hat{c}(y)\hat{u} = \hat{f}(y), \tag{9.1.12}$$

其中 $\hat{D}_i = \dfrac{\partial}{\partial y_i}$, $\hat{D}_{ij} = \dfrac{\partial^2}{\partial y_i\partial y_j}$, $\hat{u} = u(\Psi^{-1}(y))$, $\hat{a}_{ij}$, $\hat{b}_i$, $\hat{c}$, $\hat{f}$ 的意义类推. 不难验证方程 (9.1.12) 的系数和右端函数仍具有方程 (9.1.7) 的系数和右端函数所具有的性质. 为了对方程 (9.1.12) 的解建立近边估计，和前面建立内估计的步骤一样，我们把 $\hat{u}$ 切断，考虑切断后的函数满足的不含低阶项的方程，对它采取凝固系数法，然后利用定理 9.1.1 的结论 (如注 9.1.3 所指出，对这种方程，定理 9.1.1 的结论仍然成立), 最后回到自变量 x, 便得到

$$\|D^2u\|_{L^p(O_R)} \leqslant C\left(\|f\|_{L^p(\Omega)} + \|u\|_{W^{1,p}(\Omega)}\right), \tag{9.1.13}$$

其中 $0 < R \leqslant R_0$, R_0 为一取定的常数， $O_R \subset \Omega$ 为某一依赖于 R 的区域，且存在不依赖于 R 的常数 $\sigma > 0$, 使得 $\Omega \cap B_{\sigma R}(x^0) \subset O_R$.

第三步 建立全局估计.

结合内估计式 (9.1.11) 和近边估计式 (9.1.13), 利用有限开覆盖定理可得到如下的全局估计

$$\|D^2u\|_{L^p(\Omega)} \leqslant C(\|f\|_{L^p(\Omega)} + \|u\|_{W^{1,p}(\Omega)}).$$

再利用 Sobolev 空间的内插不等式，最后得到

$$\|u\|_{W^{2,p}(\Omega)} \leqslant C(\|f\|_{L^p(\Omega)} + \|u\|_{L^p(\Omega)}).$$

注 9.1.4 定理 9.1.2 的结论对 $1 < p < 2$ 的情形也是成立，证明可参看文献 [6] 的第 3 章.

注 9.1.5 从定理 9.1.2 的证明我们看到，解的 $W^{2,p}$ 估计的建立，本质地依赖于 $a_{ij} \in C(\overline{\Omega})$ 的条件，这一点在应用时必须特别小心.

在定理 9.1.1 和定理 9.1.2 中，我们提到了一种新的解，它具有二阶弱导数且几乎处处满足方程，这种解将称为强解.

考虑非齐次边值条件

$$u\Big|_{\partial\Omega} = \varphi, \tag{9.1.14}$$

其中 $\varphi \in W^{2,p}(\Omega)$.

定义 9.1.3 称 $u \in W^{2,p}(\Omega)$ 是方程 (9.1.7) 的强解，如果 u 在 Ω 内几乎处处满足方程 (9.1.7); 如果还有 $u - \varphi \in W_0^{1,p}(\Omega)$, 则称 u 是 Dirichlet 问题 (9.1.7),(9.1.14) 的强解.

由定理 9.1.2(注意注 9.1.4) 和定义 9.1.3 不难得到

定理 9.1.3 设 $\partial\Omega \in C^2$, $p > 1$, 方程 (9.1.7) 的系数满足式 (9.1.8) 和式 (9.1.9), 且 $a_{ij} \in C(\overline{\Omega})$. 如果 $u \in W^{2,p}(\Omega)$ 是 Dirichlet 问题 (9.1.7),(9.1.14) 的强解，则

$$\|u\|_{W^{2,p}(\Omega)} \leqslant C\left(\|f\|_{L^p(\Omega)} + \|\varphi\|_{W^{2,p}(\Omega)} + \|u\|_{L^p(\Omega)}\right),$$

其中 C 仅依赖于 n, p, λ, M, Ω 以及 a_{ij} 的连续模.

9.1.3 线性椭圆方程强解的存在惟一性

下面我们研究强解的存在惟一性. 如同古典解的存在惟一性基于 Schauder 估计但还依赖于解本身的 L^∞ 模估计一样，强解的存在惟一性基于 L^p 估计但还依赖于解本身的 L^p 模估计. 对一般方程，解本身的 L^p 模估计可利用 Aleksandrov 极值原理 (可参看文献 [6]) 得到. 对于较特殊的方程，例如方程

$$-\Delta u + c(x)u = f(x), \quad x \in \Omega, \tag{9.1.15}$$

解本身的 L^p 模估计可用类似于建立 L^2 模估计的方法得到 (见下面的定理 9.1.4). 但需要指出的是，这一方法只能推广到具散度结构的方程，而对方程 (9.1.7) 并不适用. 另外，用这种方法也只能得到 $p\geqslant 2$ 时的估计.

定理 9.1.4 *设 $\partial\Omega\in C^{2,\alpha}$, $p\geqslant 2$, $c\in L^\infty(\Omega)$ 且 $c\geqslant 0$. 则对任意的函数 $f\in L^p(\Omega)$, 方程 (9.1.15) 都存在惟一的强解 $u\in W^{2,p}(\Omega)\cap W_0^{1,p}(\Omega)$.*

证明 首先建立方程 (9.1.15) 强解的 L^p 模的先验估计. 假设 $u\in W^{2,p}(\Omega)\cap W_0^{1,p}(\Omega)$ 是方程 (9.1.15) 的强解. 在方程 (9.1.15) 的两端同乘以 $|u|^{p-2}u$, 然后在 Ω 上积分，得

$$-\int_\Omega |u|^{p-2}u\Delta u dx+\int_\Omega c|u|^p dx=\int_\Omega f|u|^{p-2}u dx.$$

经分部积分，进而有

$$\frac{4(p-1)}{p^2}\int_\Omega |\nabla(|u|^{p/2-1}u)|^2dx+\int_\Omega c|u|^p dx=\int_\Omega f|u|^{p-2}u dx.$$

利用 Poincaré 不等式， Hölder 不等式和带 ε 的 Young 不等式，可得

$$\begin{aligned}&\frac{4(p-1)}{\mu p^2}\int_\Omega |u|^p dx+\int_\Omega c|u|^p dx\\ \leqslant&\int_\Omega f|u|^{p-1}dx\leqslant \|f\|_{L^p(\Omega)}\cdot\|u\|_{L^p(\Omega)}^{p-1}\\ \leqslant&\varepsilon\int_\Omega |u|^p dx+\varepsilon^{-1/(p-1)}\int_\Omega |f|^p dx,\end{aligned}$$

其中 $\mu>0$ 是 Poincaré 不等式中的常数， $\varepsilon>0$ 为任意常数. 注意到 $c\geqslant 0$, 我们有

$$\int_\Omega |u|^p dx\leqslant C\int_\Omega |f|^p dx,$$

其中 C 仅依赖于 μ 和 p. 结合定理 9.1.2, 得

$$\|u\|_{W^{2,p}(\Omega)}\leqslant C\|f\|_{L^p(\Omega)},\tag{9.1.16}$$

其中 C 仅依赖于 n, p, μ,$\|C\|_{L^\infty(\Omega)}$ 和 Ω.

由式 (9.1.16) 我们立即可以得到强解的惟一性. 事实上，假设 $u_1,u_2\in W^{2,p}(\Omega)\cap W_0^{1,p}(\Omega)$ 是方程 (9.1.15) 的两个强解. 令 $v=u_1-u_2$, 则 $v\in W^{2,p}(\Omega)\cap W_0^{1,p}(\Omega)$ 是齐次方程

$$-\Delta v+cv=0,\quad x\in\Omega$$

的强解. 根据估计式 (9.1.16), 我们有

$$\|v\|_{W^{2,p}(\Omega)}\leqslant 0.$$

从而 $v=0$ a.e. 于 Ω, 即 $u_1=u_2$ a.e. 于 Ω.

下面证明强解的存在性. 设 $c_k, f_k \in C^\alpha(\overline{\Omega})$, $c_k \geqslant 0$, 且 c_k 在 $L^\infty(\Omega)$ 中弱 * 收敛于 c, f_k 在 $L^p(\Omega)$ 中收敛于 f. 考虑逼近问题

$$\begin{cases} -\Delta u_k + c_k u_k = f_k(x), \quad x \in \Omega, \\ u_k\Big|_{\partial\Omega} = 0, \end{cases}$$

根据定理 8.2.7, 上述问题存在解 $u_k \in C^{2,\alpha}(\overline{\Omega})$, 更有 $u_k \in W^{2,p}(\Omega)\cap W_0^{1,p}(\Omega)$. 由估计式 (9.1.16), 我们有

$$\|u_k\|_{W^{2,p}(\Omega)} \leqslant C\|f_k\|_{L^p(\Omega)}.$$

这说明 $\{u_k\}$ 在 $W^{2,p}(\Omega)$ 中一致有界. 由 $W^{2,p}(\Omega)$ 中有界集的弱紧性和紧嵌入定理, $\{u_k\}$ 存在子列在 $W^{2,p}(\Omega)$ 中弱收敛, 而在 $W^{1,p}(\Omega)$ 中强收敛, 设极限函数为 u, 则 $u \in W^{2,p}(\Omega)\cap W_0^{1,p}(\Omega)$, 且几乎处处满足方程 (9.1.15).

注 9.1.6　定理 9.1.4 的结论对 $1 < p < 2$ 的情形也是对的. 此外, $\partial\Omega$ 具有 C^2 光滑性即可.

对于一般的线性椭圆型方程 (9.1.7). 我们有如下的定理, 证明可参看文献 [6] 的第 3 章.

定理 9.1.5　设 $\partial\Omega \in C^2$, $p > 1$, 方程 (9.1.7) 的系数满足式 (9.1.8) 和式 (9.1.9), $c \geqslant 0$, 且 $a_{ij} \in C(\overline{\Omega})$. 则对任意的函数 $f \in L^p(\Omega)$, Dirichlet 问题 (9.1.7), (9.1.14) 都存在惟一的强解 $u \in W^{2,p}(\Omega)$.

§9.2　线性抛物型方程解的 L^p 估计与强解的存在惟一性

在本节中, 我们对线性抛物型方程, 介绍与 §9.1 平行的理论.

9.2.1　立方体上的热方程解的 L^p估计

考虑热方程的第一初边值问题

$$\frac{\partial u}{\partial t} - \Delta u = f, \quad (x,t) \in Q_T, \tag{9.2.1}$$

$$u\Big|_{\partial_p Q_T} = 0, \tag{9.2.2}$$

其中 $Q_T = Q_0 \times (0,T)$, Q_0 是 $\mathbb{R}^n$ 中的立方体, 其边平行于坐标轴.

记

$$Q_R = Q_R(x^0, t_0) = B_R(x^0) \times (t_0 - R^2, t_0 + R^2),$$

$$Q_R^0 = Q_R^0(x^0, 0) = B_R(x^0) \times (0, R^2).$$

命题 9.2.1 设 $f\in L^\infty(Q_T)$, $u\in W_2^{2,1}(Q_T)\cap \overset{\bullet}{W}{}_2^{1,1}(Q_T)$ 是热方程 $\dfrac{\partial u}{\partial t}-\Delta u=f$ 在 Q_T 上的弱解, $x^0\in Q_0$, $B_{2R_0}(x^0)\subset\subset Q_0$. 则

$$\begin{aligned}&[D^2u]_{2,n+2;B_{R_0}(x^0)\times(0,T)}\\ \leqslant& C\left(\|D^2u\|_{L^2(B_{2R_0}(x^0)\times(0,T))}+\|f\|_{L^\infty(B_{2R_0}(x^0)\times(0,T))}\right),\end{aligned}\tag{9.2.3}$$

其中 C 仅依赖于 n, T 和 R_0.

证明 以 f_ε 表 f 的磨光, u_ε 表问题

$$\begin{cases}\dfrac{\partial u_\varepsilon}{\partial t}-\Delta u_\varepsilon=f_\varepsilon, & (x,t)\in Q_T,\\ u_\varepsilon\Big|_{\partial_pQ_T}=0\end{cases}$$

的解. 由 L^2 理论知, u_ε 在 $\overline{B}_{2R_0}(x^0)\times[0,T]$ 上是充分光滑的, 且

$$u_\varepsilon\to u\,(\varepsilon\to 0)\ \text{于}\,W_2^{2,1}(B_{2R_0}(x^0)\times(0,T)).$$

由此可见, 为证式 (9.2.3), 只须证

$$\begin{aligned}&[D^2u_\varepsilon]_{2,n+2;B_{R_0}(x^0)\times(0,T)}\\ \leqslant& C\left(\|D^2u_\varepsilon\|_{L^2(B_{2R_0}(x^0)\times(0,T))}+\|f_\varepsilon\|_{L^\infty(B_{2R_0}(x^0)\times(0,T))}\right),\end{aligned}$$

其中常数 C 与 ε 无关. 由于这个原因, 在以下的推理中, 可以认为 u 在 $\overline{B}_{2R_0}(x^0)\times[0,T]$ 上是充分光滑的.

先建立内估计. 对任意的 $x\in\overline{B}_{R_0}(x^0)$, $0<t<T$, 选定 $0<\hat{R}_0\leqslant R_0$, 使得 $Q_{\hat{R}_0}(x,t)\subset B_{2R_0}(x^0)\times(0,T)\subset Q_T$. 从 Schauder 内估计 (定理 7.2.3) 的证明可知: 对 $0<\rho\leqslant R\leqslant\hat{R}_0$, 有

$$\begin{aligned}&\iint_{Q_\rho(x,t)}|Dw(y,s)-(Dw)_{x,t,\rho}|^2dyds\\ \leqslant& C\left(\frac{\rho}{R}\right)^{n+4}\iint_{Q_R(x,t)}|Dw(y,s)-(Dw)_{x,t,R}|^2dyds\\ &+C\iint_{Q_R(x,t)}(f(y,s)-f_{x,t,R})^2dyds\\ \leqslant& C\left(\frac{\rho}{R}\right)^{n+4}\iint_{Q_R(x,t)}|Dw(y,s)-(Dw)_{x,t,R}|^2dyds\\ &+CR^{n+2}\|f\|^2_{L^\infty(Q_R(x,t))},\end{aligned}$$

其中 $w=D_iu\,(1\leqslant i\leqslant n)$. 由此, 利用迭代引理 (引理 6.2.1) 可推出, 对 $0<\rho\leqslant R\leqslant\hat{R}_0$, 有

$$\iint_{Q_\rho(x,t)}|Dw(y,s)-(Dw)_{x,t,\rho}|^2dyds$$

$$
\begin{aligned}
&\leqslant C\left(\frac{\rho}{R}\right)^{n+2}\Bigg(\iint_{Q_R(x,t)}|Dw(y,s)-(Dw)_{x,t,R}|^2dyds\\
&\qquad\qquad + R^{n+2}\|f\|^2_{L^\infty(Q_R(x,t))}\Bigg)\\
&\leqslant C\rho^{n+2}\left(\frac{1}{R^{n+2}}\|Dw\|^2_{L^2(Q_R(x,t))}+\|f\|^2_{L^\infty(Q_R(x,t))}\right).
\end{aligned}
$$

类似于定理 7.2.4 和定理 7.2.5 的证明，可得

$$
\begin{aligned}
&[D^2u]^{(1/2)}_{2,n+2;Q_{\hat{R}_0/2}(x,t)}\\
\leqslant& C\left(\|D^2u\|_{L^2(Q_{\hat{R}_0}(x,t))}+\|f\|_{L^\infty(Q_{\hat{R}_0}(x,t))}\right)\\
\leqslant& C\left(\|D^2u\|_{L^2(B_{2R_0}(x^0)\times(0,T))}+\|f\|_{L^\infty(B_{2R_0}(x^0)\times(0,T))}\right),
\end{aligned}
\tag{9.2.4}
$$

其中 C 仅依赖于 n 和 $\hat{R}_0$.

类似地可以得到近底边估计．对任意的 $x\in\overline{B}_{R_0}(x^0)$. 选定 $0<\hat{R}_0\leqslant R_0$, 使得 $Q^0_{\hat{R}_0}(x,0)\subset B_{2R_0}(x^0)\times(0,T)\subset Q_T$. 从 Schauder 近底边估计 (定理 7.2.9) 的证明可知：对 $0<\rho\leqslant R\leqslant\hat{R}_0$, 有

$$
\begin{aligned}
&\iint_{Q^0_\rho(x,0)}|Dw(y,s)|^2dyds\\
\leqslant& C\left(\frac{\rho}{R}\right)^{n+4}\iint_{Q^0_R(x,0)}|Dw(y,s)|^2dyds\\
&+C\iint_{Q^0_R(x,0)}(f(y,s)-f_{x,0,R})^2dyds\\
\leqslant& C\left(\frac{\rho}{R}\right)^{n+4}\iint_{Q^0_R(x,0)}|Dw(y,s)|^2dyds+CR^{n+2}\|f\|^2_{L^\infty(Q^0_R(x,0))},
\end{aligned}
$$

其中 $w=D_iu\,(1\leqslant i\leqslant n)$,

$$
v_{x,0,R}=\frac{1}{|Q^0_R(x,0)|}\iint_{Q^0_R(x,0)}v(y,s)dyds.
$$

由此，利用迭代引理 (引理 6.2.1) 可推出，对 $0<\rho\leqslant R\leqslant\hat{R}_0$, 有

$$
\begin{aligned}
&\iint_{Q^0_\rho(x,0)}|Dw(y,s)|^2dyds\\
\leqslant& C\left(\frac{\rho}{R}\right)^{n+2}\left(\iint_{Q^0_R(x,0)}|Dw(y,s)|^2dyds+R^{n+2}\|f\|^2_{L^\infty(Q^0_R(x,0))}\right)
\end{aligned}
$$

$$\leqslant C\rho^{n+2}\left(\frac{1}{R^{n+2}}\|Dw\|^2_{L^2(Q^0_R(x,0))}+\|f\|^2_{L^\infty(Q^0_R(x,0))}\right).$$

类似于定理 7.2.10 和定理 7.2.11 的证明，可得

$$\begin{aligned}&[D^2u]^{(1/2)}_{2,n+2;Q^0_{\hat{R}_0/2}(x,0)}\\ \leqslant&C\left(\|D^2u\|_{L^2(Q^0_{\hat{R}_0}(x,0))}+\|f\|_{L^\infty(Q^0_{\hat{R}_0}(x,0))}\right)\\ \leqslant&C\left(\|D^2u\|_{L^2(B_{2R_0}(x^0)\times(0,T))}+\|f\|_{L^\infty(B_{2R_0}(x^0)\times(0,T))}\right),\end{aligned}\tag{9.2.5}$$

其中 C 仅依赖于 n 和 $\hat{R}_0$.

联合内估计式 (9.2.4) 和近底边估计式 (9.2.5), 利用有限覆盖定理，并注意到 $[\cdot]_{2,n+2}\leqslant[\cdot]^{1/2}_{2,n+2}+C\|\cdot\|_{L^2}$, 便可得到式 (9.2.3).

命题 9.2.2 设 $f\in L^\infty(Q_T)$, $u\in W^{2,1}_2(Q_T)\cap\overset{\bullet}{W}{}^{1,1}_2(Q_T)$ 是第一初边值问题 (9.2.1), (9.2.2) 的弱解. 则

$$\|D^2u\|_{\mathcal{L}^{2,n+2}(Q_T)}\leqslant C\|f\|_{L^\infty(Q_T)},\tag{9.2.6}$$

其中 C 仅依赖于 n, T 和 Q_0 的边长.

证明 设

$$Q_0=Q(x^0,R)=\{x\in\mathbb{R}^n;|x_i-x^0_i|<R,i=1,2,\cdots,n\}.$$

类似于椭圆方程的相应结论 (命题 9.1.2) 的证明，对固定的 $t\in[0,T]$, 将 $u(\cdot,t)$ 和 $f(\cdot,t)$ 反对称延拓到 $\overline{Q}(x^0,3^nR)$ 上，得到在 $\overline{Q}_T(x^0,3^nR)$ 上有定义的函数，分别记为 $\tilde{u}$ 和 $\tilde{f}$, 其中

$$Q_T(x^0,3^nR)=Q(x^0,3^nR)\times(0,T).$$

显然 $\tilde{f}\in L^\infty(Q_T(x^0,3^nR))$. 不难验证 $\tilde{u}\in W^{2,1}_2(Q_T(x^0,3^nR))\cap\overset{\bullet}{W}{}^{1,1}_2(Q_T(x^0,3^nR))$, 且 $\tilde{u}$ 是方程

$$\frac{\partial\tilde{u}}{\partial t}-\Delta\tilde{u}=\tilde{f}$$

在 $Q_T(x^0,3^nR)$ 上的弱解. 注意

$$Q_0=Q(x^0,R)\subset B_{\sqrt{n}R}(x^0)\subset B_{2\sqrt{n}R}(x^0)\subset\subset Q(x^0,3^nR),$$

在 $Q_T(x^0,3^nR)$ 上利用命题 9.2.1, 便得

$$\begin{aligned}&[D^2u]_{2,n+2;Q_T}\leqslant[D^2\tilde{u}]_{2,n+2;B_{\sqrt{n}R}(x^0)\times(0,T)}\\ \leqslant&C\left(\|D^2\tilde{u}\|_{L^2(B_{2\sqrt{n}R}(x^0)\times(0,T))}+\|\tilde{f}\|_{L^\infty(B_{2\sqrt{n}R}(x^0)\times(0,T))}\right)\end{aligned}$$

$$\leqslant C\left(\|D^2\tilde{u}\|_{L^2(Q_T(x^0,3^nR))}+\|\tilde{f}\|_{L^\infty(Q_T(x^0,3^nR))}\right).$$

由此，换一个仅依赖于 n 和 R 的常数 C, 就有

$$[D^2u]_{2,n+2;Q_T}\leqslant C\left(\|D^2u\|_{L^2(Q_T)}+\|f\|_{L^\infty(Q_T)}\right). \tag{9.2.7}$$

根据 L^2 理论 (注 3.1.4, 虽然那里要求空间区域的边界具有 C^2 光滑性，但用类似于定理 8.3.2 的证明方法，可以证明结论对立方体也是成立的), 有

$$\|u\|_{W_2^{2,1}(Q_T)}\leqslant C\|f\|_{L^2(Q_T)}. \tag{9.2.8}$$

联合式 (9.2.7) 和式 (9.2.8), 就可得到式 (9.2.6).

定义算子

$$T_i: L^\infty(Q_T)\to \mathrm{BMO}(Q_T),\quad f\mapsto DD_iu,$$

其中 $1\leqslant i\leqslant n$, u 是问题 (9.2.1), (9.2.2) 的弱解. 估计式 (9.2.6) 表明：T_i $(1\leqslant i\leqslant n)$ 为 $L^\infty(Q_T)$ 到 $\mathrm{BMO}(Q_T)$ 的有界线性算子.

定理 9.2.1 设 $p\geqslant 2$, $u\in W_p^{2,1}(Q_T)\cap \overset{\bullet}{W}{}_p^{1,1}(Q_T)$ 在 Q_T 内几乎处处满足热方程 (9.2.1). 则

$$\|D^2u\|_{L^p(Q_T)}+\left\|\frac{\partial u}{\partial t}\right\|_{L^p(Q_T)}\leqslant C\|f\|_{L^p(Q_T)},$$

其中 C 仅依赖于 n, p, T 和 Q_0 的边长.

证明 由 L^2 理论知 T_i $(1\leqslant i\leqslant n)$ 是 $L^2(Q_T)$ 到 $L^2(Q_T)$ 的有界线性算子，又 T_i 也是 $L^\infty(Q_T)$ 到 $\mathrm{BMO}(Q_T)$ 的有界线性算子. 利用 Stampacchia 内插定理就知 T_i 为 $L^p(Q_T)$ 到 $L^p(Q_T)$ 的有界线性算子. 因此

$$\|D^2u\|_{L^p(Q_T)}\leqslant C\|f\|_{L^p(Q_T)}.$$

利用方程 $\dfrac{\partial u}{\partial t}=\Delta u+f$ 又可得到

$$\left\|\frac{\partial u}{\partial t}\right\|_{L^p(Q_T)}\leqslant C\|f\|_{L^p(Q_T)}.$$

注 9.2.1 在定理 9.2.1 的条件下，利用 Sobolev 空间的内插不等式，进而可得

$$\|u\|_{W_p^{2,1}(Q_T)}\leqslant C(\|f\|_{L^p(Q_T)}+\|u\|_{L^p(Q_T)}).$$

注 9.2.2 定理 9.2.1 的结论对 $1<p<2$ 的情形也是对的，证明可参看文献 [7] 的第 7 章.

注 9.2.3 定理 9.2.1 的结论可推广到关于空间变量的二阶导数项系数矩阵为常正定矩阵而无低阶项的抛物型方程; 这是因为据以证明估计式 (9.2.3) 的 Schauder 内估计对这种方程也成立，而证明估计式 (9.2.6) 所作的延拓也同样适合于这种方程.

9.2.2 一般线性抛物型方程解的 L^p估计

现在转到一般的线性抛物型方程

$$\frac{\partial u}{\partial t}-a_{ij}(x,t)D_{ij}u+b_i(x,t)D_iu+c(x,t)u=f(x,t),\quad (x,t)\in Q_T, \tag{9.2.9}$$

其中 $Q_T=\Omega\times(0,T)$, $\Omega\subset\mathbb{R}^n$ 是一有界区域, $a_{ij}=a_{ji}$, 且存在常数 $\lambda>0$, $M>0$ 使得

$$a_{ij}(x,t)\xi_i\xi_j\geqslant\lambda|\xi|^2,\quad \forall\xi\in\mathbb{R}^n,\ (x,t)\in Q_T, \tag{9.2.10}$$

$$\sum_{i,j=1}^{n}\|a_{ij}\|_{L^\infty(Q_T)}+\sum_{i=1}^{n}\|b_i\|_{L^\infty(Q_T)}+\|c\|_{L^\infty(Q_T)}\leqslant M. \tag{9.2.11}$$

类似于椭圆方程的情形，可得一般的线性抛物型方程解的 L^p 估计.

定理 9.2.2 设 $\Omega\in C^2$, $p\geqslant 2$, 方程 (9.2.9) 的系数满足式 (9.2.10) 和式 (9.2.11), 且 $a_{ij}\in C(\overline{Q}_T)$. 如果 $u\in W_p^{2,1}(Q_T)\cap \overset{\bullet}{W}{}_p^{1,1}(Q_T)$ 在 Q_T 内几乎处处满足方程 (9.2.9), 则

$$\|u\|_{W_p^{2,1}(Q_T)}\leqslant C\left(\|f\|_{L^p(Q_T)}+\|u\|_{L^p(Q_T)}\right),$$

其中 C 仅依赖于 n, p, λ, M, T, Ω 以及 a_{ij} 的连续模.

注 9.2.4 定理 9.2.2 的结论对 $1<p<2$ 的情形也成立，证明可参看文献 [7] 的第 7 章.

注 9.2.5 解的 $W_p^{2,1}$ 估计的建立，本质地依赖于 $a_{ij}\in C(\overline{Q}_T)$ 的条件，这一点在应用时必须特别小心.

现在考虑方程 (9.2.9) 的第一初边值问题，初边值条件为

$$u\Big|_{\partial_pQ_T}=\varphi, \tag{9.2.12}$$

其中 $\varphi\in W_p^{2,1}(Q_T)$.

定义 9.2.1 称 $u\in W_p^{2,1}(Q_T)$ 是方程 (9.2.9) 的强解，如果 u 在 Q_T 内几乎处处满足方程 (9.2.9); 如果还有 $u-\varphi\in\overset{\bullet}{W}{}_p^{1,1}(Q_T)$, 则称 u 是第一初边值问题 (9.2.9), (9.2.12) 的强解.

由定理 9.2.2(注意注 9.2.4) 和定义 9.2.1 不难得到

定理 9.2.3 设 $\Omega\in C^2$, $p>1$, 方程 (9.2.9) 的系数满足式 (9.2.10) 和式 (9.2.11), 且 $a_{ij}\in C(\overline{Q}_T)$. 如果 $u\in W_p^{2,1}(Q_T)$ 是第一初边值问题 (9.2.9), (9.2.12) 的强解，则

$$\|u\|_{W_p^{2,1}(Q_T)}\leqslant C\left(\|f\|_{L^p(Q_T)}+\|\varphi\|_{W_p^{2,1}(Q_T)}+\|u\|_{L^p(Q_T)}\right),$$

其中 C 仅依赖于 n, p, λ, M, T, Ω 以及 a_{ij} 的连续模.

9.2.3 线性抛物方程强解的存在惟一性

为证强解的存在惟一性，除了由定理 9.2.2 给出的 L^p 估计，还要证明解本身的 L^p 模估计. 对一般方程，和椭圆情形一样，解本身的 L^p 模估计可利用 Aleksandrov 极值原理 (可参看文献 [7]) 得到. 对于较特殊的方程，例如方程

$$\frac{\partial u}{\partial t} - \Delta u + c(x,t)u = f(x,t), \quad (x,t) \in Q_T, \tag{9.2.13}$$

则可用类似于建立 L^2 模估计的方法得到 (见下面的定理 9.2.4). 但需要指出的是，这一方法同样只能推广到具散度结构的方程，而对方程 (9.2.9) 并不适用. 另外，用这种方法也只能得到 $p \geqslant 2$ 时的估计.

定理 9.2.4 设 $\partial\Omega \in C^{2,\alpha}$, $p \geqslant 2$, $c \in L^\infty(Q_T)$. 则对任意的 $f \in L^p(Q_T)$, 方程 (9.2.13) 都存在惟一的强解 $u \in W_p^{2,1}(Q_T) \cap \overset{\bullet}{W}{}_p^{1,1}(Q_T)$.

证明 设 $u \in W_p^{2,1}(Q_T) \cap \overset{\bullet}{W}{}_p^{1,1}(Q_T)$ 是方程 (9.2.13) 的强解. 令 $w = \mathrm{e}^{-Mt}u$, 其中 $M = \|C\|_{L^\infty(Q_T)}$. 则 $w \in W_p^{2,1}(Q_T) \cap \overset{\bullet}{W}{}_p^{1,1}(Q_T)$, 且满足

$$\begin{aligned}
&\frac{\partial w}{\partial t} - \Delta w + (M+c)w \\
=&\mathrm{e}^{-Mt}\left(\frac{\partial u}{\partial t} - \Delta u + cu\right) \\
=&\mathrm{e}^{-Mt}f, \text{ a.e. 于} Q_T,
\end{aligned}$$

而 $M + c \geqslant 0$, 因此我们不妨假设在方程 (9.2.13) 中 $c \geqslant 0$.

首先建立方程 (9.2.13) 强解的 L^p 模的先验估计. 假设 $u \in W_p^{2,1}(Q_T) \cap \overset{\bullet}{W}{}_p^{1,1}(Q_T)$ 是方程 (9.2.13) 的强解. 在方程 (9.2.13) 的两端同乘以 $|u|^{p-2}u$, 然后在 Q_T 上积分，得

$$\begin{aligned}
&\iint_{Q_T} |u|^{p-2}u\frac{\partial u}{\partial t}dxdt - \iint_{Q_T} |u|^{p-2}u\Delta u dxdt \\
&+ \iint_{Q_T} c|u|^p dxdt = \iint_{Q_T} f|u|^{p-2}u dxdt.
\end{aligned}$$

经分部积分，进而有

$$\begin{aligned}
&\frac{1}{p}\iint_{Q_T} \frac{\partial |u|^p}{\partial t}dxdt + \frac{4(p-1)}{p^2}\iint_{Q_T} |\nabla(|u|^{p/2-1}u)|^2 dxdt \\
&+ \iint_{Q_T} c|u|^p dxdt = \iint_{Q_T} f|u|^{p-2}u dxdt.
\end{aligned}$$

利用 Poincaré 不等式， Hölder 不等式和带 ε 的 Young 不等式，可得

$$\frac{1}{p}\int_\Omega |u|^p\Big|_0^T dx + \frac{4(p-1)}{\mu p^2}\iint_{Q_T} |u|^p dxdt + \iint_{Q_T} c|u|^p dxdt$$

$$\leqslant \iint_{Q_T} f|u|^{p-1}dxdt \leqslant \|f\|_{L^p(Q_T)} \cdot \|u\|_{L^p(Q_T)}^{p-1}$$
$$\leqslant \varepsilon \iint_{Q_T} |u|^p dxdt + \varepsilon^{-1/(p-1)} \iint_{Q_T} |f|^p dxdt,$$

其中 $\mu > 0$ 是 Poincaré 不等式中的常数， $\varepsilon > 0$ 为任意常数. 注意到 $u \in \overset{\bullet}{W}{}_p^{1,1}(Q_T)$ 和 $c \geqslant 0$, 我们有

$$\iint_{Q_T} |u|^p dxdt \leqslant C \iint_{Q_T} |f|^p dxdt,$$

其中 C 仅依赖于 μ 和 p. 结合定理 9.2.2, 得

$$\|u\|_{W_p^{2,1}(Q_T)} \leqslant C\|f\|_{L^p(Q_T)}, \tag{9.2.14}$$

其中 C 仅依赖于 $n, p, \mu, \|C\|_{L^\infty(Q_T)}, T$ 和 Ω.

由式 (9.2.14) 我们立即可以得到强解的惟一性. 事实上, 假设 $u_1, u_2 \in W_p^{2,1}(Q_T) \cap \overset{\bullet}{W}{}_p^{1,1}(Q_T)$ 是方程 (9.2.13) 的两个强解. 令 $v = u_1 - u_2$, 则 $v \in W_p^{2,1}(Q_T) \cap \overset{\bullet}{W}{}_p^{1,1}(Q_T)$ 是齐次方程

$$\frac{\partial v}{\partial t} - \Delta v + c(x,t)v = 0, \quad (x,t) \in Q_T$$

的强解. 根据估计式 (9.2.14), 我们有

$$\|v\|_{W_p^{2,1}(Q_T)} \leqslant 0.$$

从而 $v = 0$ a.e. 于 Q_T, 即 $u_1 = u_2$ a.e. 于 Q_T.

下面证明强解的存在性. 设 $c_k, f_k \in C^{\alpha,\alpha/2}(\overline{Q}_T)$, $c_k \geqslant 0$, 且 c_k 在 $L^\infty(Q_T)$ 中弱 * 收敛于 c, f_k 在 $L^p(Q_T)$ 中收敛于 f. 考虑逼近问题

$$\begin{cases} \dfrac{\partial u_k}{\partial t} - \Delta u_k + c_k(x,t)u_k = f_k(x,t), & (x,t) \in Q_T, \\ u_k\Big|_{\partial Q_T} = 0, \end{cases}$$

根据定理 8.3.7, 上述问题存在解 $u_k \in C^{2,\alpha}(\overline{Q}_T)$, 更有 $u \in W_p^{2,1}(Q_T) \cap \overset{\bullet}{W}{}_p^{1,1}(Q_T)$. 由估计式 (9.2.14), 我们有

$$\|u_k\|_{W_p^{2,1}(Q_T)} \leqslant C\|f_k\|_{L^p(Q_T)}.$$

这说明 $\{u_k\}$ 在 $W_p^{2,1}(Q_T)$ 中一致有界. 由 $W_p^{2,1}(Q_T)$ 和 $\overset{\bullet}{W}{}_p^{1,1}(Q_T)$ 中有界集的弱紧性和紧嵌入定理， $\{u_k\}$ 存在子列在 $W_p^{2,1}(Q_T)$ 和 $\overset{\bullet}{W}{}_p^{1,1}(Q_T)$ 中弱收敛，而在 $L^p(Q_T)$ 中强收敛，设极限函数为 u, 则 $u \in W_p^{2,1}(Q_T) \cap \overset{\bullet}{W}{}_p^{1,1}(Q_T)$, 且几乎处处满足方程 (9.2.13).

注 9.2.6 与椭圆情形不同的是：定理 9.2.4 中没有 $c \geqslant 0$ 的限制.

注 9.2.7 定理 9.2.4 的结论对 $1 < p < 2$ 的情形也是对的. 此外， $\partial\Omega$ 具有 C^2 光滑性即可.

对于一般的线性抛物型方程 (9.2.9). 我们有如下的定理，证明可参看文献 [7] 的第 7 章.

定理 9.2.5 设 $\partial\Omega \in C^2$, $p > 1$, 方程 (9.2.9) 的系数满足式 (9.2.10) 和式 (9.2.11), 且 $a_{ij} \in C(\overline{Q}_T)$. 则对任意的 $f \in L^p(Q_T)$, 第一初边值问题 (9.2.9), (9.2.12) 都存在惟一的强解 $u \in W_p^{2,1}(Q_T)$.

第10章 不动点方法

不动点方法在偏微分方程特别是非线性偏微分方程解的存在性研究中有着重要的应用. 本章我们以拟线性椭圆方程为例介绍这一方法.

§10.1 解拟线性方程的不动点框架

本节简要地介绍解拟线性方程的不动点方法的基本框架.

10.1.1 Leray-Schauder 不动点定理

Leray-Schauder 不动点定理 设 U 为 Banach 空间, $T(u,\sigma)$ 为 $U\times[0,1]$ 到 U 的映射, 满足下列条件:

(i) T 为紧映射;

(ii) $T(u,0)=0,\ \forall u\in U$;

(iii) 存在常数 $M>0$, 使得对任意的 $u\in U$, 如果 $u=T(u,\sigma)$ 对某个 $\sigma\in[0,1]$ 成立, 则有 $\|u\|_U\leqslant M$.

那么 $T(\cdot,1)$ 必有不动点, 即存在 $u\in U$, 使得 $u=T(u,1)$.

10.1.2 拟线性椭圆方程的可解性

首先考虑拟线性椭圆方程的 Dirichlet 问题

$$-\operatorname{div}\boldsymbol{a}(x,u,\nabla u)+b(x,u,\nabla u)=0,\quad x\in\Omega,\tag{10.1.1}$$

$$u\Big|_{\partial\Omega}=\varphi,\tag{10.1.2}$$

其中 $\boldsymbol{a}=(a_1,a_2,\cdots,a_n)$, $\Omega\subset\mathbb{R}^n$ 是一有界区域. 假定 $\boldsymbol{a}(x,z,\eta)$, $b(x,z,\eta)$ 满足如下结构条件:

$$\frac{\partial a_i}{\partial\eta_j}\xi_i\xi_j\geqslant\lambda|\xi|^2,\quad\forall\xi\in\mathbb{R}^n,\tag{10.1.3}$$

$$|a_i(x,z,0)|\leqslant g(x),\tag{10.1.4}$$

$$\left|\frac{\partial a_i}{\partial\eta_j}\right|\leqslant\mu(|z|),\tag{10.1.5}$$

$$\left|\frac{\partial a_i}{\partial z}\right|+|a_i|\leqslant\mu(|z|)(1+|\eta|),\tag{10.1.6}$$

$$\left|\frac{\partial a_i}{\partial x_j}\right|+|b|\leqslant\mu(|z|)(1+|\eta|^2),\tag{10.1.7}$$

$$-b(x,z,\eta)\mathrm{sgn}z \leqslant \Lambda(|\eta|+h(x)), \tag{10.1.8}$$

其中 $i,j=1,2,\cdots,n$, $\lambda,\Lambda>0$, $g\in L^q(\Omega)(q>n)$, $h\in L^{q_*}(\Omega)$, $q_*=\dfrac{nq}{n+q}$, $\mu(s)$ 是 $[0,+\infty)$ 上的单调递增函数.

满足上述结构性条件 (10.1.3)~(10.1.8) 的方程的一个典型情形为

$$-\mathrm{div}(a(u)\nabla u)+b(u)=f(x), \tag{10.1.9}$$

其中 $a(u)=(u^2+1)^{m/2}$, $m>0$, $b(u)=|u|^{\gamma-1}u$, $\gamma\geqslant 1$, $f\in C^\alpha(\overline{\Omega})$. 我们常常只考虑具零边值条件

$$u\Big|_{\partial\Omega}=0 \tag{10.1.10}$$

的 Dirichlet 问题.

定理 10.1.1 *设 $0<\alpha<1$, $\partial\Omega\in C^{2,\alpha}$, $\boldsymbol{a}\in C^{1,\alpha}$, $b\in C^\alpha$, $\varphi\in C^{2,\alpha}(\overline{\Omega})$. 又设方程 (10.1.1) 满足结构性条件 (10.1.3) ~ (10.1.8). 则*

(i) 存在常数 $0<\beta<1$ 和仅依赖于 n, λ, Λ, $\|g\|_{L^q(\Omega)}$, $\|h\|_{L^{q_*}(\Omega)}$, $\mu(s)$, $|\varphi|_{2,\alpha;\Omega}$, $|\boldsymbol{a}|_{1,\alpha}$, $|b|_\alpha$ 及 Ω 的常数 $M>0$, 使得对问题 (10.1.1), (10.1.2) 的任何解 $u\in C^{2,\alpha}(\overline{\Omega})$, 都有

$$|u|_{1,\beta;\Omega}\leqslant M;$$

(ii) 问题 (10.1.1), (10.1.2) 存在解 $u\in C^{2,\alpha}(\overline{\Omega})$.

证明 我们不打算对这样一个一般性的定理进行证明. 为简单计, 我们只考虑问题 (10.1.9), (10.1.10). 在以后的几节中, 我们将证明结论 (i). 这里我们只是在假设结论 (i) 成立的前提下来证明结论 (ii).

选取 $U=C^{1,\alpha}(\overline{\Omega})$, 对任意的 $v\in U$, $0\leqslant\sigma\leqslant 1$, 考虑问题

$$-\sigma\mathrm{div}(a(v)\nabla u)-(1-\sigma)\Delta u+\sigma b(v)=\sigma f(x), \tag{10.1.11}$$

$$u\Big|_{\partial\Omega}=0. \tag{10.1.12}$$

由线性方程的 Schauder 理论, 上述问题存在惟一解 $u\in C^{2,\alpha}(\overline{\Omega})$. 定义算子

$$T: U\times[0,1]\to U,$$
$$(v,\sigma)\mapsto u.$$

下面看一下映射 T 具有哪些性质.

1) 由于 $C^{2,\alpha}(\overline{\Omega})$ 可以紧嵌入到 $C^{1,\alpha}(\overline{\Omega})$, 故 T 为紧映射.

2) 当 $\sigma=0$ 时, 问题 (10.1.11), (10.1.12) 就是 Laplace 方程的齐次 Dirichlet 问题

$$\begin{cases} -\Delta u=0, & x\in\Omega, \\ u\Big|_{\partial\Omega}=0, \end{cases}$$

它只有零解. 因此

$$T(v,0)=0,\quad \forall v\in U.$$

3) 对于所有可能的不动点 u, 即对某个 $\sigma\in[0,1]$ 满足

$$\begin{cases} -\sigma\mathrm{div}(a(u)\nabla u)-(1-\sigma)\Delta u+\sigma b(u)=\sigma f(x), & x\in\Omega,\\ u\Big|_{\partial\Omega}=0 \end{cases}$$

的 $u\in U$, 由于方程的结构性条件并没有改变, 按结论 (i), 存在 $0<\beta<1$ 以及与 u 和 σ 无关的常数 $M>0$, 使得

$$|u|_{1,\beta;\Omega}\leqslant M. \tag{10.1.13}$$

将 u 满足的方程写成非散度型

$$-(\sigma a(u)+1-\sigma)\Delta u=\sigma(a'(u)|\nabla u|^2-b(u)+f(x)). \tag{10.1.14}$$

由于有估计式 (10.1.13), 方程 (10.1.14) 的系数属于 $C^{\alpha\beta}(\overline{\Omega})$. 故按 Schauder 理论, 我们有 $u\in C^{2,\alpha\beta}(\overline{\Omega})$, 且存在与 u 和 σ 无关的常数 $C>0$, 使得

$$|u|_{2,\alpha\beta;\Omega}\leqslant C,$$

这就蕴含着

$$\|u\|_U=|u|_{1,\alpha;\Omega}\leqslant C.$$

综上所述, 映射 $T(u,\sigma)$ 满足 Leray-Schauder 不动点定理的所有条件, 故存在 $u\in U$, 使得 $T(u,1)=u$. 再由算子 T 的定义可知 $u\in C^{2,\alpha}(\overline{\Omega})$.

10.1.3 拟线性抛物方程的可解性

下面考虑拟线性抛物方程的第一初边值问题

$$\frac{\partial u}{\partial t}-\mathrm{div}\boldsymbol{a}(x,t,u,\nabla u)+b(x,t,u,\nabla u)=0,\quad (x,t)\in Q_T, \tag{10.1.15}$$

$$u\Big|_{\partial_p Q_T}=\varphi, \tag{10.1.16}$$

其中 $\boldsymbol{a}=(a_1,a_2,\cdots,a_n)$, $\Omega\subset\mathbb{R}^n$ 是一有界区域, $T>0$, $Q_T=\Omega\times(0,T)$. 假定 $\boldsymbol{a}(x,t,z,\eta)$, $b(x,t,z,\eta)$ 满足如下结构条件:

$$\lambda(|z|)|\xi|^2\leqslant\frac{\partial a_i}{\partial\eta_j}\xi_i\xi_j\leqslant\Lambda(|z|)|\xi|^2,\quad \forall\xi\in\mathbb{R}^n, \tag{10.1.17}$$

$$-zb(x,t,z,0)\leqslant b_1|z|^2+b_2, \tag{10.1.18}$$

$$\left|\frac{\partial a_i}{\partial z}\right| + |a_i| \leqslant \mu(|z|)(1+|\eta|), \tag{10.1.19}$$

$$\left|\frac{\partial a_i}{\partial x_j}\right| + |b| \leqslant \mu(|z|)(1+|\eta|^2), \tag{10.1.20}$$

其中 $i,j=1,2,\cdots,n$, $\lambda(s),\Lambda(s)$ 是 $[0,+\infty)$ 上正连续函数，b_1,b_2 是正常数，$\mu(s)$ 是 $[0,+\infty)$ 上的单调递增函数.

设 $a(u)$, $b(u)$ 为方程 (10.1.9) 中所出现的函数，$f(x,t),c(x,t)\in C^{\alpha,\alpha/2}(\overline{Q}_T)$. 则方程

$$\frac{\partial u}{\partial t} - \mathrm{div}(a(u)\nabla u) + b(u) + c(x,t)u = f(x,t)$$

满足结构条件 (10.1.17)~(10.1.20).

定理 10.1.2 设 $0<\alpha<1$, $\partial\Omega\in C^{2,\alpha}$, $\boldsymbol{a}\in C^{1,\alpha}$, $b\in C^1$, $\varphi\in C^{2+\alpha,1+\alpha/2}(\overline{Q}_T)$ 且满足一阶相容性条件

$$\frac{\partial\varphi}{\partial t} - \mathrm{div}\boldsymbol{a}(x,t,\varphi,\nabla\varphi) + b(x,t,\varphi,\nabla\varphi) = 0, \quad 当 x\in\partial\Omega, t=0.$$

又设方程 (10.1.15) 满足结构性条件 (10.1.17) ~ (10.1.20) . 则

(i) 存在常数 $0<\beta<1$ 和仅依赖于 n, b_1, b_2, $\lambda(s)$, $\Lambda(s)$, $\mu(s)$, $|\varphi|_{2+\alpha,1+\alpha/2;Q_T}$, $|\boldsymbol{a}|_{1,\alpha}$, $|b|_\alpha$, T 及 Ω 的常数 $M>0$, 使对问题 (10.1.15), (10.1.16) 的任何解 $u\in C^{2+\alpha,1+\alpha/2}(\overline{Q}_T)$, 都有

$$|u|_{\beta,\beta/2;Q_T}\leqslant M, \quad |\nabla u|_{\beta,\beta/2;Q_T}\leqslant M;$$

(ii) 问题 (10.1.15), (10.1.16) 存在解 $u\in C^{2+\alpha,1+\alpha/2}(\overline{Q}_T)$.

证明 结论 (i) 的证明比较复杂，我们不准备给出它的证明. 在结论 (i) 成立的前提下，结论 (ii) 的证明与椭圆情形是完全类似的，只是在这里空间 U 应选取为

$$U=\{u;u,\nabla u\in C^{\alpha,\alpha/2}(\overline{Q}_T)\}.$$

我们略去证明的细节.

10.1.4 先验估计的步骤

前面所述存在性定理的证明表明，为了研究拟线性方程解的存在性，只须对 $C^{2,\alpha}(\overline{\Omega})$ 解做先验估计. 本章的以后部分将主要讨论拟线性椭圆型方程解的先验估计问题，这里及以后我们所提到的解都是指 $C^{2,\alpha}(\overline{\Omega})$ 古典解. 为了清楚起见，我们将只对方程 (10.1.9) 进行讨论，并且不妨假设 $\varphi\equiv 0$. 我们总假定 $n\geqslant 2$; $n=1$ 时有些讨论需要稍加变通，但总的说，比 $n\geqslant 2$ 的情形更简单.

先验估计可分为以下六个步骤:

1) 最大模估计 $\|u\|_{L^\infty(\Omega)} \leqslant M$. 主要方法有：运用极值原理，Moser 迭代或 De Giorgi 迭代；

2) Hölder 估计 $[u]_\alpha \leqslant M$. 主要方法有：运用 Harnack 不等式或 Morrey 定理；

3) 梯度的边界估计 $\sup\limits_{\partial\Omega}|\nabla u| \leqslant M$. 主要方法是闸函数技术；

4) 梯度的全局估计 $\sup\limits_{\Omega}|\nabla u| \leqslant M$. 主要方法是 Bernstein 方法；

5) 切向导数的 Hölder 估计. 主要方法是运用 Harnack 不等式；

6) 法向导数的 Hölder 估计. 主要方法是运用 Morrey 定理.

§10.2 最大模估计

做最大模估计的方法不止一种，这里我们采用 De Giorgi 迭代技术.

定理 10.2.1 设 $u \in C^{2,\alpha}(\overline{\Omega})$ 为问题 (10.1.9),(10.1.10) 的解，则

$$\sup_{\Omega}|u| \leqslant C\|f\|_{L^\infty(\Omega)},$$

其中 C 依赖于 n, m, γ 和 Ω.

证明 我们只证明

$$\sup_{\Omega} u \leqslant C\|f\|_{L^\infty(\Omega)},$$

对于 $\inf\limits_{\Omega} u$ 的估计，可用 $-u$ 代替 u 来讨论.

采用 De Giorgi 技巧. 对于 $k \geqslant 0$, 令 $\varphi = (u-k)_+$, $A(k) = \{x \in \Omega; u(x) > k\}$. 在方程 (10.1.9) 的两端同乘以 φ, 然后在 Ω 上积分，得

$$-\int_\Omega \varphi \operatorname{div}(a(u)\nabla u)dx + \int_\Omega \varphi b(u)dx = \int_\Omega \varphi f dx.$$

注意到 $(u-k)_+\Big|_{\partial\Omega} = 0$, 经分部积分，就有

$$\int_\Omega a(u)|\nabla\varphi|^2 dx + \int_\Omega \varphi b(u)dx = \int_\Omega \varphi f dx.$$

于是

$$\int_\Omega |\nabla\varphi|^2 dx \leqslant \int_\Omega \varphi f dx \leqslant \|\varphi\|_{L^p(A(k))} \cdot \|f\|_{L^q(A(k))},$$

其中

$$2 < p < \begin{cases} +\infty, & n = 1, 2, \\ \dfrac{2n}{n-2}, & n > 2, \end{cases} \qquad \frac{1}{p} + \frac{1}{q} = 1.$$

再利用嵌入定理，得

$$\|\varphi\|_{L^p(A(k))}^2 \leqslant C\int_\Omega |\nabla\varphi|^2 dx \leqslant C\|f\|_{L^q(A(k))}\cdot\|\varphi\|_{L^p(A(k))},$$

即

$$\|\varphi\|_{L^p(A(k))} \leqslant C\|f\|_{L^q(A(k))} \leqslant C\|f\|_{L^\infty(\Omega)}\cdot|A(k)|^{1/q}.$$

因此对任意的 $h>k$, 有

$$(h-k)|A(h)|^{1/p} \leqslant \|\varphi\|_{L^p(A(k))} \leqslant C\|f\|_{L^\infty(\Omega)}\cdot|A(k)|^{1/q},$$

即

$$|A(h)| \leqslant \left(\frac{C\|f\|_{L^\infty(\Omega)}}{h-k}\right)^p |A(k)|^{p/q}.$$

类似于线性方程的情形，由迭代引理 (引理 4.1.1) 便可得到

$$\sup_\Omega u \leqslant C\|f\|_{L^\infty(\Omega)}.$$

§10.3 Hölder 内估计

本节我们利用 Harnack 不等式来做解的 Hölder 内估计. 由于证明比较复杂，我们将其分为以下几个步骤来进行:

1) $\sup\limits_{B_{\theta R}} u$ 的估计;
2) $\inf\limits_{B_{\theta R}} u$ 的估计 (弱 Harnack 不等式);
3) Harnack 不等式;
4) $[u]_\alpha$ 的估计.

下面的定理 10.3.1~10.3.4 分别实现了以上几个步骤.

定理 10.3.1 设 $u\in C^{2,\alpha}(\overline{B}_R)$ 是方程 (10.1.9) 在 B_R 上的非负解, $F_0=R^2\|f\|_{L^\infty(B_R)}$, $\tilde{u}=u+F_0$. 则对任意的 $p>0$, $0<\theta<1$, 有

$$\sup_{B_{\theta R}}\tilde{u} \leqslant C\left(\frac{1}{|B_R|}\int_{B_R}\tilde{u}^p dx\right)^{1/p},$$

其中 C 仅依赖于 $n,m,\gamma,(1-\theta)^{-1}$ 和 $\|u\|_{L^\infty(B_R)}$.

证明 不妨设 $R=1$. 先考虑 $p\geqslant 2$ 的情形. 设 $\zeta(x)$ 为 B_1 上的切断函数，在方程 (10.1.9) 的两端同乘以 $\zeta^2\tilde{u}^{p-1}$, 然后在 B_1 上积分，经分部积分，我们有

$$\int_{B_1} a(u)\nabla u\cdot\nabla(\zeta^2\tilde{u}^{p-1})dx+\int_{B_1} b(u)\zeta^2\tilde{u}^{p-1}dx=\int_{B_1} f\zeta^2\tilde{u}^{p-1}dx.$$

注意到 $a(u), b(u)$ 的结构，由 u 的有界性和带 ε 的 Cauchy 不等式，可得

$$\begin{aligned}
&(p-1)\int_{B_1}\zeta^2\tilde{u}^{p-2}|\nabla u|^2dx\\
\leqslant&-2\int_{B_1}\zeta a(u)\tilde{u}^{p-1}\nabla u\cdot\nabla\zeta dx\\
&-\int_{B_1}b(u)\zeta^2\tilde{u}^{p-1}dx+\int_{B_1}f\zeta^2\tilde{u}^{p-1}dx\\
\leqslant&\varepsilon\int_{B_1}\zeta^2\tilde{u}^{p-2}|\nabla u|^2dx+\frac{C}{\varepsilon}\int_{B_1}|\nabla\zeta|^2\tilde{u}^pdx\\
&+\frac{1}{2}\int_{B_1}\zeta^2\tilde{u}^pdx+\frac{1}{2}\int_{B_1}|f|^2\zeta^2\tilde{u}^{p-2}dx,
\end{aligned}$$

其中 $\varepsilon>0$ 为任意常数. 因此

$$\begin{aligned}
\int_{B_1}\zeta^2\tilde{u}^{p-2}|\nabla u|^2dx\leqslant&C\int_{B_1}|\nabla\zeta|^2\tilde{u}^pdx+C\int_{B_1}\zeta^2\tilde{u}^pdx\\
&+C\int_{B_1}|f|^2\zeta^2\tilde{u}^{p-2}dx.
\end{aligned}\tag{10.3.1}$$

注意到 $\tilde{u}\geqslant F_0=\|f\|_{L^\infty(B_1)}$ 包含

$$\int_{B_1}|f|^2\zeta^2\tilde{u}^{p-2}dx\leqslant\int_{B_1}\zeta^2\tilde{u}^pdx,$$

由式 (10.3.1) 便得

$$\int_{B_1}\zeta^2\tilde{u}^{p-2}|\nabla u|^2dx\leqslant C(1+\sup_{B_1}|\nabla\zeta|^2)\int_{B_1}\tilde{u}^pdx,$$

从而

$$\int_{B_1}|\nabla(\zeta\tilde{u}^{p/2})|^2dx\leqslant C(1+\sup_{B_1}|\nabla\zeta|^2)\int_{B_1}\tilde{u}^pdx.$$

利用嵌入定理，可得

$$\left(\int_{B_1}\zeta^{2q}\tilde{u}^{pq}dx\right)^{1/q}\leqslant C(1+\sup_{B_1}|\nabla\zeta|^2)\int_{B_1}\tilde{u}^pdx,$$

其中

$$1<q<\begin{cases}+\infty, & n=1,2,\\ \dfrac{n}{n-2}, & n>2.\end{cases}$$

再利用标准的 Moser 迭代技术，就可以得到 $p\geqslant 2$ 时的结论. 对 $0<p<2$ 的情形，类似于 Laplace 方程解的 Harnack 不等式的相应结论 (定理 5.1.3) 的证明，利用 $p=2$ 时的结论就可得到要证明的结论.

定理 10.3.2 设 $u\in C^{2,\alpha}(\overline{B}_R)$ 是方程 (10.1.9) 在 B_R 上的非负解, $F_0=R^2\|f\|_{L^\infty(B_R)}$, $\tilde{u}=u+F_0$. 则存在 $p_0>0$, 使得对任意的 $0<\theta<1$, 有

$$\inf_{B_{\theta R}}\tilde{u}\geqslant C\left(\frac{1}{|B_R|}\int_{B_R}\tilde{u}^{p_0}dx\right)^{1/p_0},$$

其中 C 仅依赖于 $n,m,\gamma,(1-\theta)^{-1}$ 和 $\|u\|_{L^\infty(B_R)}$.

证明 不妨设 $F_0>0$, 否则以 $F_0+\varepsilon$ 代替 F_0. 又设 $R=1$, ζ 是 B_1 上的切断函数. 在方程 (10.1.9) 的两端同乘以 $\zeta^2\tilde{u}^{-(p+1)}$, 类似于上界估计, 可得

$$\sup_{B_\theta}\tilde{u}^{-p}\leqslant C\int_{B_1}\tilde{u}^{-p}dx.$$

于是

$$\begin{aligned}\inf_{B_\theta}\tilde{u}\geqslant&\frac{1}{C^{1/p}}\left(\int_{B_1}\tilde{u}^{-p}dx\right)^{-1/p}\\=&\frac{1}{C^{1/p}}\left(\int_{B_1}\tilde{u}^{-p}dx\int_{B_1}\tilde{u}^{p}dx\right)^{-1/p}\cdot\left(\int_{B_1}\tilde{u}^{p}dx\right)^{1/p}.\end{aligned}$$

因此, 为了证明定理的结论, 只须证明对某个 $p_0>0$, 有

$$\int_{B_1}\mathrm{e}^{p_0|w|}dx\leqslant C,\quad w=\ln\tilde{u}-\frac{1}{|B_2|}\int_{B_2}\ln\tilde{u}dx,$$

其证明完全类似于线性方程的情形.

由定理 10.3.1 和定理 10.3.2 可得

定理 10.3.3 设 $u\in C^{2,\alpha}(\overline{B}_R)$ 是方程 (10.1.9) 在 B_R 上的非负解, $F_0=R^2\|f\|_{L^\infty(B_R)}$, $\tilde{u}=u+F_0$. 则对任意的 $0<\theta<1$, 有

$$\sup_{B_{\theta R}}\tilde{u}\leqslant C\inf_{B_{\theta R}}\tilde{u},$$

其中 C 仅依赖于 $n,m,\gamma,(1-\theta)^{-1}$ 和 $\|u\|_{L^\infty(B_R)}$.

类似于线性方程的情形, 由 Harnack 不等式可以推出 Hölder 模估计.

定理 10.3.4 设 $u\in C^{2,\alpha}(\overline{\Omega})$ 是方程 (10.1.9) 在 Ω 上的解. 则存在 $0<\beta<1$, 使得对任意的 $\Omega'\subset\subset\Omega$, 有

$$[u]_{\beta;\Omega'}\leqslant C,$$

其中 C 仅依赖于 n,m,γ,Ω' 和 $\|u\|_{L^\infty(\Omega)}$.

§10.4 Poisson 方程解的近边 Hölder 估计与梯度估计

对于拟线性方程而言，做解的近边估计往往是比较细致而复杂的. 我们在这一节里对简单的 Poisson 方程阐述这种估计的要点，而将一般情形的讨论放在下一节进行.

定理 10.4.1 设 $\Omega \subset \mathbb{R}^n$ 是一具有一致外球性质的有界区域，$u \in C^{2,\alpha}(\overline{\Omega})$ 满足 $-\Delta u = f$ 于 Ω, $u\Big|_{\partial\Omega} = 0$. 则

$$\sup_{\partial\Omega} |\nabla u| \leqslant C|f|_{0;\Omega},$$

其中 C 仅依赖于 n, $\mathrm{diam}\Omega$ 和 Ω 的外球半径.

证明 对固定的 $x^0 \in \partial\Omega$, 设法构造连续可微函数 $w^{\pm}(x)$, 使得 $w^{\pm}(x^0) = 0$, 且在 x^0 的某个邻域与 Ω 的交集 D 上有

$$w^-(x) \leqslant u(x) \leqslant w^+(x). \tag{10.4.1}$$

假如这样的函数 $w^{\pm}(x)$ 存在，则

$$\frac{w^-(x) - w^-(x^0)}{|x - x^0|} \leqslant \frac{u(x) - u(x^0)}{|x - x^0|} \leqslant \frac{w^+(x) - w^+(x^0)}{|x - x^0|}, \quad \forall x \in D.$$

令 x 沿着点 x^0 处的法线趋于 x^0, 便得

$$\frac{\partial w^-}{\partial \boldsymbol{n}}\bigg|_{x^0} \leqslant \frac{\partial u}{\partial \boldsymbol{n}}\bigg|_{x^0} \leqslant \frac{\partial w^+}{\partial \boldsymbol{n}}\bigg|_{x^0}, \tag{10.4.2}$$

其中 $\boldsymbol{n}$是 $\partial\Omega$ 的单位内法向量. 假如 $w^{\pm}(x)$ 能使

$$-C|f|_{0;\Omega} \leqslant \frac{\partial w^-}{\partial \boldsymbol{n}}\bigg|_{x^0}, \quad \frac{\partial w^+}{\partial \boldsymbol{n}}\bigg|_{x^0} \leqslant C|f|_{0;\Omega}, \tag{10.4.3}$$

其中常数 C 与 x^0 无关，则由式 (10.4.2) 便有

$$\left|\frac{\partial u}{\partial \boldsymbol{n}}\right|\bigg|_{x^0} \leqslant C|f|_{0;\Omega}.$$

从而由于 $u\Big|_{\partial\Omega} = 0$ 蕴含了 u 的所有切向导数为零，我们得到

$$|\nabla u|\Big|_{x^0} \leqslant C|f|_{0;\Omega}.$$

根据极值原理，为使式 (10.4.1) 成立，只须

$$-\Delta w^- \leqslant -\Delta u \leqslant -\Delta w^+, \quad 于 D 内, \tag{10.4.4}$$

$$w^-\Big|_{\partial D} \leqslant u\Big|_{\partial D} \leqslant w^+\Big|_{\partial D}. \tag{10.4.5}$$

我们将在形如

$$w^+(x) = A\left(\frac{1}{r^{n-1}} - \frac{1}{|x-y|^{n-1}}\right)$$

的函数中来探求符合上述各项要求的函数，这里 y 为 x^0 点处的外球的球心， r 为外球的半径，常数 $A>0$ 待定.

对任何 $A>0$, 都有

$$u\Big|_{\partial\Omega} \leqslant w^+\Big|_{\partial\Omega}.$$

由于

$$-\Delta w^+ = \frac{A(n-1)}{|x-y|^{n+1}} \geqslant \frac{A(n-1)}{(r+\mathrm{diam}\Omega)^{n+1}},$$

故只须选 A, 使得

$$\frac{A(n-1)}{(r+\mathrm{diam}\Omega)^{n+1}} \geqslant |f|_{0;\Omega},$$

即

$$A \geqslant \frac{(r+\mathrm{diam}\Omega)^{n+1}}{n-1}|f|_{0;\Omega},$$

就有

$$-\Delta w^+ \geqslant |f|_{0;\Omega} \geqslant f = -\Delta u, \quad 于\Omega 内.$$

于是我们取

$$A = \frac{(r+\mathrm{diam}\Omega)^{n+1}}{n-1}|f|_{0;\Omega}. \tag{10.4.6}$$

对于这样选取的 A, 我们还有

$$\frac{\partial w^+}{\partial \boldsymbol{n}}\Big|_{x^0} = \frac{A(n-1)}{r^n} = \frac{(r+\mathrm{diam}\Omega)^{n+1}}{r^n}|f|_{0;\Omega},$$

这表明 $w^+(x)$ 还满足 (10.4.3).

同理，如取

$$w^-(x) = -A\left(\frac{1}{r^{n-1}} - \frac{1}{|x-y|^{n-1}}\right),$$

其中 A 为式 (10.4.6) 中的数，则 $w^-(x)$ 满足式 (10.4.4), 式 (10.4.5) 和式 (10.4.3), 这里 D 取为 Ω.

注 10.4.1 上述方法可以用来做近边的 Hölder 估计. 事实上

$$|u(x)-u(x^0)| \leqslant |w^{\pm}(x)-w^{\pm}(x^0)| \leqslant [w^{\pm}]_\alpha |x-x^0|^\alpha,$$

由此可得

$$[u]_\alpha \leqslant [w^{\pm}]_\alpha.$$

§10.5 近边 Hölder 估计与梯度估计

前一节我们利用闸函数技术对特殊形式的方程，即 Poisson 方程建立了解的近边估计. 这一重要技术同样适用于具非散度结构的拟线性方程.

下面考虑问题 (10.1.9), (10.1.2) 的解的近边估计. 先建立近边的 Hölder 模估计.

定理 10.5.1 设 $\Omega\subset\mathbb{R}^n$ 是一具有一致外球性质的有界区域, $u\in C^{2,\alpha}(\overline{\Omega})$ 为问题 (10.1.9), (10.1.2) 的解. 则对任意的 $x^0\in\partial\Omega$ 和 $x^1\in\Omega$, 有

$$|u(x^1)-u(x^0)|\leqslant C|x^1-x^0|^{\alpha/(\alpha+1)}([u]_{\alpha;\partial\Omega}+1),$$

其中 C 仅依赖于 $n, m, \gamma, |f|_{0;\Omega}, |u|_{0;\Omega}, \alpha, \mathrm{diam}\Omega$ 以及 Ω 的外球半径 ρ.

证明 显然可以将结论分解为两个不等式. 这里我们只证明

$$u(x^1)-u(x^0)\leqslant C|x^1-x^0|^{\alpha/(\alpha+1)}([u]_{\alpha;\partial\Omega}+1), \tag{10.5.1}$$

另一个不等式同理可证. 此外, 我们不妨做以下假设:

1) 不妨设

$$|x^1-x^0|=\mathrm{dist}(x^1,\partial\Omega).$$

否则, 可以选一个点 $x^2\in\partial\Omega$, 使得 $|x^1-x^2|=\mathrm{dist}(x^1,\partial\Omega)$. 这时

$$|x^1-x^2|\leqslant|x^1-x^0|,$$

$$|x^2-x^0|\leqslant|x^2-x^1|+|x^1-x^0|\leqslant 2|x^1-x^0|.$$

若已证明

$$u(x^1)-u(x^2)\leqslant C|x^1-x^2|^{\alpha/(\alpha+1)}([u]_{\alpha;\partial\Omega}+1),$$

则

$$\begin{aligned}u(x^1)-u(x^0)=&u(x^1)-u(x^2)+u(x^2)-u(x^0)\\ \leqslant&C|x^1-x^2|^{\alpha/(\alpha+1)}([u]_{\alpha;\partial\Omega}+1)\\ &+C|x^2-x^0|^{\alpha}[u]_{\alpha;\partial\Omega}\\ \leqslant&C|x^1-x^0|^{\alpha/(\alpha+1)}([u]_{\alpha;\partial\Omega}+1).\end{aligned}$$

2) 不妨设 $|x^1-x^0|\leqslant\rho$. 因为式 (10.5.1) 中的常数 C 可以依赖于 ρ, 当 $|x^1-x^0|>\rho$ 时, 要证明的结论可由 $|u|_{0;\Omega}\leqslant C$ 直接得到.

证明的基本思路与 §10.4 类似, 是要在 x^0 的某邻域与 Ω 的交集 D 上去构造一个闸函数 $w(x)$, 使得

$$u(x)\leqslant w(x),\quad 于D内. \tag{10.5.2}$$

而根据极值原理，为使式 (10.5.2) 成立，只须构造一个适当的二阶椭圆算子 L, 使得

$$Lu \leqslant Lw, \quad 于 D 内, \tag{10.5.3}$$

$$u\Big|_{\partial D} \leqslant w\Big|_{\partial D}. \tag{10.5.4}$$

我们希望在形如

$$w(x) = \psi(|x-y|-r) \tag{10.5.5}$$

的函数中去选取符合要求的闸函数, 这里 $r \in (0,\rho]$ 为待定常数，y 为点 x^0 处以 r 为半径的外球的球心，ψ 为待定函数. 同时, 我们考虑点 x^0 的形如 $\{x \in \mathbb{R}^n; |x-y| < r+\delta\}$ 的邻域，其中 $\delta > 0$ 为待定常数. 于是

$$D = \{x \in \mathbb{R}^n; |x-y| < r+\delta\} \cap \Omega.$$

下面分几步来完成式 (10.5.1) 的证明.

第一步　构造算子 L.

将方程 (10.1.9) 改写成

$$-a(u)\Delta u - a'(u)|\nabla u|^2 + b(x,u) = 0,$$

其中 $b(x,u) = b(u) - f(x)$. 按假设，$u \in C^{2,\alpha}(\overline{\Omega})$ 为问题 (10.1.9), (10.1.2) 的解. 注意到 $|u|_{0;\Omega} \leqslant C$, 就知存在仅依赖于 $m, \gamma, |f|_{0;\Omega}$ 和 $|u|_{0;\Omega}$ 的常数 $\mu_0, \mu_1 \geqslant 1$, 使得

$$1 \leqslant a(x) \leqslant \mu_0, \tag{10.5.6}$$

$$-a(x)\Delta u \leqslant \mu_1(|\nabla u|^2 + 1), \tag{10.5.7}$$

其中 $a(x) = a(u(x))$.

定义

$$Lv = -a(x)\Delta v - \mu_1(|\nabla v|^2 + 1),$$

则由式 (10.5.7) 知

$$Lu \leqslant 0, \quad 于 D 内. \tag{10.5.8}$$

第二步　构造函数 ψ.

直接计算可得

$$\begin{aligned}
\frac{\partial w}{\partial x_i} &= \frac{x_i - y_i}{|x-y|}\psi', \\
\frac{\partial^2 w}{\partial x_i^2} &= \frac{(x_i-y_i)^2}{|x-y|^2}\psi'' + \left(\frac{1}{|x-y|} - \frac{(x_i-y_i)^2}{|x-y|^3}\right)\psi',
\end{aligned}$$

$$\Delta w = \psi'' + \frac{n-1}{|x-y|}\psi',$$
$$|\nabla w|^2 = (\psi')^2.$$

于是

$$Lw = -a(x)\psi'' - a(x)\frac{n-1}{|x-y|}\psi' - \mu_1[(\psi')^2 + 1].$$

若要求

$$\psi' > 0, \quad \psi'' < 0, \tag{10.5.9}$$

则注意到式 (10.5.6) 就有

$$\begin{aligned} Lw \geqslant & -\psi'' - \frac{(n-1)\mu_0}{r}\psi' - \mu_1[(\psi')^2 + 1] \\ = & -(\psi')^2\left(\frac{\psi''}{(\psi')^2} + \frac{(n-1)\mu_0}{r\psi'} + \mu_1 + \frac{\mu_1}{(\psi')^2}\right), \end{aligned}$$

其中 r 待定. 若再要求

$$\psi' \geqslant \frac{(n-1)\mu_0}{\mu_1 r} + 1, \tag{10.5.10}$$

则

$$Lw > -(\psi')^2\left(\frac{\psi''}{(\psi')^2} + 2\mu_1\right).$$

为使 w 满足式 (10.5.3), 由于有式 (10.5.8), 只须 $Lw \geqslant 0$. 而为使 $Lw \geqslant 0$, 又只须要求 ψ 还满足

$$\psi'' + 2\mu_1(\psi')^2 \leqslant 0. \tag{10.5.11}$$

总之, 为使 $Lw \geqslant 0$ 于 D 内, 按 D 的定义就知, 只须选取 $\psi(d)$, 使得当 $d < \delta$ 时, $\psi(d)$ 满足式 (10.5.9), 式 (10.5.10) 和式 (10.5.11).

不难验知, 对任何 $k > 0$, 函数

$$\psi(d) = \frac{1}{2\mu_1}\ln(1 + kd) \tag{10.5.12}$$

都满足式 (10.5.9) 和式 (10.5.11).

下面说明选取适当 r, δ 和 k, 可以使得式 (10.5.10) 成立. 由于当 $d < \delta$ 时,

$$\psi'(d) = \frac{k}{2\mu_1(1 + kd)} \geqslant \frac{1}{2\mu_1\delta}\cdot\frac{k\delta}{(1 + k\delta)},$$

故若 $k\delta \geqslant 1$, 即

$$k \geqslant \frac{1}{\delta}, \tag{10.5.13}$$

则 $\psi' \geqslant \dfrac{1}{4\mu_1\delta}$. 若取

$$0<\delta\leqslant\frac{r}{4[(n-1)\mu_0+\mu_1 r]},\tag{10.5.14}$$

则 ψ 满足式 (10.5.10). 总之, 依次取 $r\in(0,\rho]$, δ 满足式 (10.5.14), k 满足式 (10.5.13), 则由式 (10.5.12) 给出的函数 ψ, 当 $d<\delta$ 时便满足式 (10.5.9), 式 (10.5.10) 和式 (10.5.11), 从而由式 (10.5.5) 给出的函数 w 满足式 (10.5.3).

第三步 构造所需的闸函数.

以上构造的函数 $w(x)$ 满足式 (10.5.3), 但不一定满足式 (10.5.4). 为了得到同时还满足式 (10.5.4) 的函数，我们考虑

$$\tilde{w}(x)=w(x)+u(x^0)+(3r)^\alpha[u]_{\alpha;\partial\Omega},$$

其中 $w(x)$ 为前面所构造的函数，即

$$w(x)=\psi(d(x))=\frac{1}{2\mu_1}\ln(1+kd(x)),\quad d(x)=|x-y|-r.$$

由于 $L\tilde{w}=Lw\geqslant 0$, 我们有

$$Lu\leqslant L\tilde{w},\quad 于D 内.\tag{10.5.15}$$

令

$$v(x)=\tilde{w}(x)-u(x)=w(x)-(u(x)-u(x^0))+(3r)^\alpha[u]_{\alpha;\partial\Omega}.$$

如果要求 $\delta\leqslant r$, 则

$$|x-x^0|\leqslant|x-y|+|y-x^0|\leqslant 3r,\quad \forall x\in D.$$

故

$$v(x)\geqslant-[u(x)-u(x^0)]+(3r)^\alpha[u]_{\alpha;\partial\Omega}\geqslant 0,\quad \forall x\in\partial\Omega\cap\overline{D},$$

即在 $\partial\Omega\cap\overline{D}$ 上 $v(x)\geqslant 0$. 为使 $v(x)\geqslant 0$ 在 $\partial D\cap\Omega$ 上成立，只须 $w\Big|_{\partial D\cap\Omega}\geqslant 2|u|_{0;\Omega}$, 即

$$\psi(\delta)=\frac{1}{2\mu_1}\ln(1+k\delta)\geqslant 2|u|_{0;\Omega},$$

或

$$k\delta\geqslant \mathrm{e}^{4\mu_1|u|_{0;\Omega}}-1.$$

因此，当 δ 满足式 (10.5.14)(更有 $\delta\leqslant r$), 而

$$k\geqslant\frac{1}{\delta}\left(\mathrm{e}^{4\mu_1|u|_{0;\Omega}}-1\right)\tag{10.5.16}$$

时，我们有 $v\Big|_{\partial D} \geqslant 0$, 即

$$u\Big|_{\partial D} \leqslant \tilde{w}\Big|_{\partial D}. \tag{10.5.17}$$

根据式 (10.5.15) 和式 (10.5.17), 我们有

$$\begin{cases} \tilde{L}v = -a(x)(\Delta\tilde{w} - \Delta u) - \mu_1(|\nabla\tilde{w}|^2 - |\nabla u|^2) \\ \quad = -a(x)\Delta v - \mu_1\nabla(\tilde{w}+u)\cdot\nabla v \geqslant 0, \quad 于 D \text{ 内}, \\ v\Big|_{\partial D} \geqslant 0, \end{cases}$$

利用极值原理便得

$$v(x) \geqslant 0, \quad x \in D,$$

即

$$u(x) - u(x^0) \leqslant \frac{1}{2\mu_1}\ln(1 + k(|x-y| - r)) + (3r)^\alpha[u]_{\alpha;\partial\Omega}, \quad \forall x \in D. \tag{10.5.18}$$

第四步 建立 Hölder 估计.

对任一 $x_1 \in \Omega$, 前面我们知道，D 的选取依赖于 r 和 δ, 在下面的论述中，我们还会发现 δ 依赖于 r, 而 r 又依赖于 x^1, 因而 D 依赖于 x^1. 但是，后面我们会论证在条件

$$|x^1 - x^0| < C(\rho) \tag{10.5.19}$$

($C(\rho)$ 为某一仅依赖于 ρ 的常数) 下，有 $x_1 \in D$. 这样，我们只须对 $x_1 \in D$ 的情形证明式 (10.5.1). 这是因为，如果 $x_1 \notin D$, 则必有 $|x^1 - x^0| \geqslant C(\rho)$, 由于式 (10.5.1) 右端的常数可以依赖于 ρ 和 $|u|_{0;\Omega}$, 故式 (10.5.1) 自然成立.

设 $x_1 \in D$, 在式 (10.5.18) 中令 $x = x^1$, 并注意到开始时曾假设 $|x^1 - x^0| = \mathrm{dist}(x^1, \partial\Omega)$, 因而 $|x^1 - y| - r = |x^1 - x^0|$, 故我们有

$$\begin{aligned} u(x^1) - u(x^0) &\leqslant \frac{1}{2\mu_1}\ln(1 + k|x^1 - x^0|) + (3r)^\alpha[u]_{\alpha;\partial\Omega} \\ &\leqslant \frac{k}{2\mu_1}|x^1 - x^0| + (3r)^\alpha[u]_{\alpha;\partial\Omega}. \end{aligned}$$

若 $k\delta = \mathrm{e}^{4\mu_1|u|_{0;\Omega}}$, 即

$$k = \frac{1}{\delta}\mathrm{e}^{4\mu_1|u|_{0;\Omega}}, \tag{10.5.20}$$

则

$$u(x^1) - u(x^0) \leqslant \frac{C}{\delta}|x^1 - x^0| + (3r)^\alpha[u]_{\alpha;\partial\Omega}.$$

又若

$$\delta = k_1 r, \tag{10.5.21}$$

则上式变为

$$u(x^1)-u(x^0)\leqslant \frac{C}{k_1 r}|x^1-x^0|+(3r)^\alpha[u]_{\alpha;\partial\Omega}.$$

最后，若

$$r=k_2|x^1-x^0|^{1/(\alpha+1)}, \tag{10.5.22}$$

则进而可得

$$u(x^1)-u(x^0)\leqslant \frac{C}{k_1 k_2}|x^1-x^0|^{\alpha/(\alpha+1)}([u]_{\alpha;\partial\Omega}+1),$$

这就是我们要证明的式 (10.5.1).

现在先取 $k_2=\rho^{\alpha/(\alpha+1)}$, 则由式 (10.5.22) 确定的 $r\in(0,\rho]$, 这是因为我们在证明开始时假设 $|x^1-x^0|\leqslant\rho$.

再取 $k_1=\dfrac{1}{4[(n-1)\mu_0+\mu_1\rho]}$, 则由式 (10.5.21) 确定的 δ 便满足式 (10.5.14).

最后，由式 (10.5.20) 确定的常数 k 显然同时满足式 (10.5.13) 和式 (10.5.16).

总之，只须按上述顺序和方式依次选取 k_2, r, k_1, δ 和 k, 便可得到式 (10.5.1).

下面我们在条件 (10.5.19) 下，验证 $x_1\in D$. 由于开始时我们曾假设 $|x^1-x^0|=\operatorname{dist}(x^1,\partial\Omega)$, 所以我们只须验证 $|x^1-x^0|<\delta$. 而由 r 和 δ 的取法可知

$$\delta=k_1 r=k_1k_2|x^1-x^0|^{1/(\alpha+1)}.$$

于是，当 $|x^1-x^0|<(k_1k_2)^{(\alpha+1)/\alpha}$ 时，就有 $|x^1-x^0|<\delta$. 在式 (10.5.19) 中取 $C(\rho)=(k_1k_2)^{(\alpha+1)/\alpha}$, 则在条件 (10.5.19) 下就有 $x_1\in D$. 这样我们就完成了式 (10.5.1) 的证明.

类似地我们也可以建立近边的梯度估计.

定理 10.5.2 设 $\Omega\subset\mathbb{R}^n$ 是一具有一致外球性质的有界区域，$u\in C^{2,\alpha}(\overline{\Omega})$ 为问题 (10.1.9), (10.1.10) 的解. 则

$$\left|\frac{\partial u}{\partial \boldsymbol{n}}\right|\bigg|_{\partial\Omega}\leqslant C,$$

其中 $\boldsymbol{n}$是 $\partial\Omega$ 的单位内法向量，C 仅依赖于 n, m, γ, $|f|_{0;\Omega}$ 以及 Ω 的外球半径.

证明 由式 (10.5.18), 我们有

$$u(x)-u(x^0)\leqslant\frac{1}{2\mu_1}\ln(1+k(|x-y|-r))+(3r)^\alpha[u]_{\alpha;\partial\Omega},\quad \forall x\in D,$$

而 $u\Big|_{\partial\Omega}=0$ 蕴含了 $[u]_{\alpha;\partial\Omega}=0$, 故

$$u(x)-u(x^0)\leqslant\frac{1}{2\mu_1}\ln(1+k(|x-y|-r))\leqslant C(|x-y|-r),\quad \forall x\in D.$$

同理可得相反的不等式. 总之, 我们有

$$\left|\frac{u(x)-u(x^0)}{x-x^0}\right| \leqslant C\frac{|x-y|-r}{|x-x^0|}, \quad \forall x\in D.$$

令 x 沿着点 x^0 处的法线趋于 x^0, 并注意对这样的 x 有 $|x-y|-r=|x-x^0|$, 即可得到定理的结论.

§10.6 梯度的全局估计

本节我们介绍做梯度全局估计的 Bernstein 方法. 为了更清晰的阐述这种方法的要点, 我们先对 Poisson 方程进行讨论.

定理 10.6.1 设 $\Omega\subset\mathbb{R}^n$ 是一具有一致外球性质的有界区域, $u\in C^{2,\alpha}(\overline{\Omega})$ 满足 $-\Delta u=f$ 于 Ω, $u\Big|_{\partial\Omega}=0$. 则

$$\sup_{\Omega}|\nabla u|\leqslant C(|f|_{0;\Omega}+|\nabla f|_{0;\Omega}+|u|_{0;\Omega}),$$

其中 C 仅依赖于 n 和 Ω 的外球半径.

证明 证明的基本思路是对形如

$$w(x)=|\nabla u|^2+u^2$$

的函数运用符号法则来估计其最大值, 这一方法称为 Bernstein 方法.

因为 $u\in C^{2,\alpha}(\overline{\Omega})$, 故存在 $x^0\in\overline{\Omega}$, 使得 $w(x^0)=\max\limits_{\overline{\Omega}}w$. 如果 $x^0\in\partial\Omega$, 则由于已经作出了边界梯度估计, 故结论显然成立. 因此, 不妨设 $x^0\in\Omega$. 则有 $\Delta w(x^0)\leqslant 0$. 直接计算, 得

$$\begin{aligned}
&-\Delta w\\
=&-\Delta\left(\sum_{i=1}^n(D_iu)^2+u^2\right)\\
=&-2\sum_{i=1}^n D_iu\cdot D_i\Delta u-2\sum_{i,j=1}^n(D_{ij}u)^2-2u\Delta u-2|\nabla u|^2\\
=&2\sum_{i=1}^n D_iu\cdot D_if-2\sum_{i,j=1}^n(D_{ij}u)^2+2uf-2|\nabla u|^2.
\end{aligned}$$

故

$$\begin{aligned}
&|\nabla u(x^0)|^2\\
\leqslant&\sum_{i=1}^n D_iu(x^0)\cdot D_if(x^0)+u(x^0)f(x^0)
\end{aligned}$$

$$\leqslant \frac{1}{2}|\nabla u(x^0)|^2 + \frac{1}{2}|\nabla f(x^0)|^2 + \frac{1}{2}u^2(x^0) + \frac{1}{2}f^2(x^0).$$

从而

$$|\nabla u(x^0)|^2 \leqslant |\nabla f(x^0)|^2 + u^2(x^0) + f^2(x^0).$$

因此，对任意的 $x \in \Omega$, 有

$$\begin{aligned}|\nabla u(x)|^2 \leqslant & w(x) \leqslant w(x^0) \\ = & |\nabla u(x^0)|^2 + u^2(x^0) \\ \leqslant & |\nabla f(x^0)|^2 + 2u^2(x^0) + f^2(x^0) \\ \leqslant & |\nabla f|_{0;\Omega}^2 + 2|u|_{0;\Omega}^2 + |f|_{0;\Omega}^2.\end{aligned}$$

由此可得定理的结论.

现在转到问题 (10.1.9), (10.1.10).

定理 10.6.2 设 $\Omega \subset \mathbb{R}^n$ 是一具有一致外球性质的有界区域， $u \in C^{2,\alpha}(\overline{\Omega})$ 为问题 (10.1.9), (10.1.10) 的解. 则

$$\sup_{\Omega} |\nabla u| \leqslant C,$$

其中 C 仅依赖于 $n, m, \gamma, |f|_{0;\Omega}, |u|_{\alpha;\Omega}$ 和 Ω 的外球半径.

证明 设 $\varphi \in C_0^\infty(\Omega)$. 在方程 (10.1.9) 的两端同乘以 $D_k\varphi\,(k = 1, 2, \cdots, n)$, 然后在 Ω 上积分，得

$$-\int_\Omega D_i(a(u)D_iu) \cdot D_k\varphi dx + \int_\Omega (b(u) - f(x))D_k\varphi dx = 0.$$

对上式左端第一项进行分部积分，进而得

$$-\int_\Omega D_k(a(u)D_iu) \cdot D_i\varphi dx + \int_\Omega (b(u) - f(x))D_k\varphi dx = 0,$$

即对任意的 $\varphi \in C_0^\infty(\Omega)$, 有

$$\int_\Omega a(u)D_{ik}uD_i\varphi dx + \int_\Omega f_k^iD_i\varphi dx = 0, \tag{10.6.1}$$

其中 $f_k^i = a'(u)D_kuD_iu - \delta_{ik}(b(u) - f)$. 由于 $C_0^\infty(\Omega)$ 在 $H_0^1(\Omega)$ 中稠密, 故式 (10.6.1) 对任意的 $\varphi \in H_0^1(\Omega)$ 也是成立的. 由 $a(u)$ 和 $b(u)$ 的结构条件， u 的最大模估计以及 f 的有界性，可得

$$|f_k^i| \leqslant C(1 + |Du|^2).$$

令 $v=|Du|^2$. 由于 $u\in C^{2,\alpha}(\overline{\Omega})$, 故存在 $x^0\in\overline{\Omega}$, 使得 $N=\sqrt{v(x^0)}=\max\limits_{\overline{\Omega}}|Du|$. 如果 $x^0\in\partial\Omega$, 则由于已经作出了边界梯度估计，故结论显然成立. 因此，不妨设 $x^0\in\Omega$, 也不妨设 $N>1$. 记 $R=\dfrac{1}{N}$. 设 ζ 为 $B_R(x^0)$ 上的切断函数，满足

$$\zeta\in C_0^\infty(B_R(x^0)),\quad 0\leqslant\zeta\leqslant 1,\quad \zeta(x^0)=1,\quad |D\zeta|\leqslant\frac{2}{R}=2N.$$

又设 $0\leqslant\varphi\in C_0^\infty(\Omega)$. 在式 (10.6.1) 中取检验函数为 $\zeta^2\varphi D_k u$, 并关于 k 求和，得

$$\begin{aligned}&\int_\Omega\zeta^2\varphi a(u)D_{ik}u\cdot D_{ik}udx+\int_\Omega\zeta^2\varphi f_k^iD_{ik}udx\\&\quad+\int_\Omega\left(\frac{1}{2}a(u)D_iv+f_k^iD_ku\right)(2\zeta\varphi D_i\zeta+\zeta^2D_i\varphi)dx=0.\end{aligned}$$

利用 $a(u)$ 的结构条件并令 $w=\zeta^2v$, 可得

$$\begin{aligned}&\int_\Omega\zeta^2\varphi|D^2u|^2dx\\&+\int_\Omega\left(\zeta^2f_k^iD_{ik}u+2(a(u)D_ku\cdot D_{ik}u+f_k^iD_ku)\zeta D_i\zeta\right)\varphi dx\\&+\int_\Omega\left(\frac{1}{2}a(u)D_iw-\zeta a(u)vD_i\zeta+\zeta^2f_k^iD_ku\right)D_i\varphi dx\leqslant 0.\end{aligned}$$

再利用带 ε 的 Cauchy 不等式，进而可得

$$\begin{aligned}&\int_\Omega\left(a(u)D_iw-2\zeta a(u)vD_i\zeta+2\zeta^2f_k^iD_ku\right)D_i\varphi dx\\\leqslant&C\int_\Omega\left(\zeta^2|f_k^i|^2+|D\zeta|^2(1+|Du|^2)\right)\varphi dx,\quad\forall 0\leqslant\varphi\in C_0^\infty(\Omega).\end{aligned}$$

这一不等式说明 w 是某线性方程在 $\Omega_R=B_R(x^0)\cap\Omega$ 上的弱下解. 根据弱解的极值原理 (定理 4.1.2, 虽然那里我们是对 Poisson 方程得到的结论，但类似地可以证明对一般的具散度结构的椭圆型方程也有相同的结论), 对 $p>n$, 有

$$\sup_{\Omega_R}w\leqslant\sup_{\partial\Omega_R}w+C(\|\tilde f\|_{L^{p_*}(\Omega_R)}+\|\boldsymbol{g}\|_{L^p(\Omega_R)})|\Omega_R|^{1/n-1/p},$$

其中 $\tilde f=\zeta^2|f_k^i|^2+|D\zeta|^2(1+|Du|^2)$, $p_*=\dfrac{np}{n+p}$, $\boldsymbol{g}=(g_1,g_2,\cdots,g_n)$,

$$g_i=2\zeta a(u)vD_i\zeta-2\zeta^2f_k^iD_ku,\quad i=1,2,\cdots,n.$$

因为

$$\|\tilde f\|_{L^{p_*}(\Omega_R)}$$

$$
\begin{aligned}
&\leqslant\|(\zeta^2|f_k^i|^2)\|_{L^{p_*}(\Omega_R)}+\|(|D\zeta|^2(1+|Du|^2))\|_{L^{p_*}(\Omega_R)}\\
&\leqslant C\|(1+|Du|^2)^2\|_{L^{p_*}(\Omega_R)}+\|(4N^2(1+|Du|^2))\|_{L^{p_*}(\Omega_R)}\\
&\leqslant CN^2\|(1+|Du|^2)\|_{L^{p_*}(\Omega_R)}\\
&\leqslant CN^2|\Omega_R|^{1/p_*}+CN^2\|(|Du|^2)\|_{L^{p_*}(\Omega_R)},
\end{aligned}
$$

$$
\begin{aligned}
&\|\boldsymbol{g}\|_{L^p(\Omega_R)}\\
\leqslant&2\|\zeta a(u)vD_i\zeta\|_{L^p(\Omega_R)}+2\|\zeta^2 f_k^i D_k u\|_{L^p(\Omega_R)}\\
\leqslant&CN\|(|Du|^2)\|_{L^p(\Omega_R)}+CN\|(1+|Du|^2)\|_{L^p(\Omega_R)}\\
\leqslant&CN\|(1+|Du|^2)\|_{L^p(\Omega_R)}\\
\leqslant&CN|\Omega_R|^{1/p}+CN\|(|Du|^2)\|_{L^p(\Omega_R)},
\end{aligned}
$$

故

$$
\begin{aligned}
\sup_{\Omega_R} w\leqslant&\sup_{\partial\Omega\bigcap B_R(x^0)} w\\
&+C\Big(1+N^{1+n/p}\|(|Du|^2)\|_{L^{p_*}(\Omega_R)}\\
&+N^{n/p}\|(|Du|^2)\|_{L^p(\Omega_R)}\Big).
\end{aligned}
\tag{10.6.2}
$$

下面我们估计 $\|Du\|_{L^2(\Omega_R)}$. 设 ξ 为 $B_{2R}(x^0)$ 相对于 $B_R(x^0)$ 的切断函数，即 $\xi\in C_0^\infty(B_{2R}(x^0))$, $0\leqslant\xi\leqslant 1$, $\xi=1$ 于 $B_R(x^0)$, 且

$$
|D\xi|\leqslant\frac{C}{R}=CN.
$$

在方程 (10.1.9) 的两端同乘以 $\xi^2(u(x)-u(x^0))$, 然后在 Ω 上积分，经分部积分，得

$$
\begin{aligned}
&\int_{\Omega_{2R}}a(u)\xi^2|Du|^2dx+2\int_{\Omega_{2R}}a(u)\xi(u(x)-u(x^0))Du\cdot D\xi dx\\
&-\int_{\partial\Omega_{2R}}a(u)\xi^2(u(x)-u(x^0))Du\cdot\boldsymbol{n}ds\\
&+\int_{\Omega_{2R}}(b(u)-f)\xi^2(u(x)-u(x^0))dx=0,
\end{aligned}
$$

其中 $\boldsymbol{n}$是 $\partial\Omega_{2R}$ 的单位外法向量. 利用带 ε 的 Cauchy 不等式，并注意到

$$
|u(x)-u(x^0)|\leqslant[u]_{\alpha;\Omega}(2R)^\alpha,\quad\forall x\in\Omega_{2R},
$$

我们有

$$
\|Du\|_{L^2(\Omega_R)}^2\leqslant\int_{\Omega_{2R}}\xi^2|Du|^2dx
$$

$$\leqslant C(N^2R^{n+2\alpha}+NR^{n-1+\alpha}+R^{n+\alpha})\leqslant CN^{2-n-\alpha}.$$

于是

$$\|(|Du|^2)\|_{L^{p_*}(\Omega_R)}\leqslant N^{2(p_*-1)/p_*}\|Du\|^{2/p_*}_{L^2(\Omega_R)}\leqslant CN^{2-(n+\alpha)/p_*},$$

$$\|(|Du|^2)\|_{L^{p}(\Omega_R)}\leqslant N^{2(p-1)/p}\|Du\|^{2/p}_{L^2(\Omega_R)}\leqslant CN^{2-(n+\alpha)/p}.$$

代入式 (10.6.2), 得

$$N^2=w(x^0)=\sup_{\Omega_R}w\leqslant\sup_{\partial\Omega\bigcap B_R(x^0)}w+C\big(1+N^{2-\alpha/p_*}+N^{2-\alpha/p}\big).$$

再利用带 ε 的 Young 不等式，可得

$$N^2\leqslant\sup_{\partial\Omega\bigcap B_R(x^0)}w+C.$$

从而

$$\sup_{\Omega}|Du|=N\leqslant C.$$

§10.7 一个线性方程解的 Hölder 估计

为了对方程 (10.1.9) 建立解的梯度的 Hölder 模估计，我们先研究一个特殊的具散度结构的线性方程解的 Hölder 模估计.

10.7.1 迭代引理

我们先介绍一个有用的迭代引理.

引理 10.7.1 设 $\Phi(\rho)$ 是 $[0,R_0]$ 上的非负单调不减函数，且满足

$$\Phi(\rho)\leqslant A\left[\left(\frac{\rho}{R}\right)^{\alpha}+\varepsilon\right]\Phi(R)+BR^{\beta},\quad\forall 0<\rho\leqslant R\leqslant R_0,$$

其中 $A,B>0$, $0<\beta<\alpha$. 则存在仅依赖于 A, α, β 的常数 $\varepsilon_0>0$ 和 $C>0$, 使得当 $0\leqslant\varepsilon\leqslant\varepsilon_0$ 时，上面的不等式蕴含

$$\Phi(\rho)\leqslant C\left[\left(\frac{\rho}{R}\right)^{\beta}\Phi(R)+B\rho^{\beta}\right],\quad\forall 0<\rho\leqslant R\leqslant R_0.$$

证明 由假设知，对任意的 $\tau\in(0,1)$, 有

$$\Phi(\tau R)\leqslant A\tau^{\alpha}(1+\varepsilon\tau^{-\alpha})\Phi(R)+BR^{\beta},\quad\forall 0<R\leqslant R_0.$$

这里，我们不妨假设 $A\geqslant 1$.

先任取实数 $\nu\in(\beta,\alpha)$, 然后选取 τ, 使得 $2A\tau^{\alpha}=\tau^{\nu}$, 即取

$$\tau=\exp\left\{-\frac{\ln(2A)}{\alpha-\nu}\right\}\in(0,1).$$

最后选取 $\varepsilon_0>0$, 使得 $\varepsilon_0\tau^{-\alpha}\leqslant 1$, 即

$$0<\varepsilon_0\leqslant\exp\left\{-\alpha\frac{\ln(2A)}{\alpha-\nu}\right\}.$$

对于这样选定的 ν,τ 和 ε_0, 当 $0\leqslant\varepsilon\leqslant\varepsilon_0$ 时，有

$$\begin{aligned}\phi(\tau R)\leqslant&2A\tau^{\alpha}\Phi(R)+BR^{\beta}\\ \leqslant&\tau^{\nu}\Phi(R)+BR^{\beta},\quad\forall 0<R\leqslant R_0.\end{aligned}$$

以下的论证完全类似于引理 6.2.1.

注 10.7.1 当 $\varepsilon=0$ 时，引理 10.7.1 就是引理 6.2.1.

10.7.2 Morrey 定理

在第 6 章中，我们利用 Campanato 空间刻画了 Hölder 函数的积分特征 (定理 6.1.1). 下面我们介绍同样可以刻画 Hölder 函数的积分特征的 Morrey 定理.

Morrey 定理 设 $p>1$, $0<\alpha<1$, $\Omega\subset\mathbb{R}^n$ 是一边界适当光滑的有界区域 (比如$\partial\Omega\in C^{1,\alpha}$).

(i) 如果 $u\in W^{1,p}_{\rm loc}(\mathbb{R}^n)$, 且对任意的 $x\in\mathbb{R}^n$ 和 $\rho>0$, 都有

$$\int_{B_\rho(x)}|\nabla u(y)|^p dy\leqslant C\rho^{n-p+p\alpha},$$

则 $u\in C^{\alpha}(\mathbb{R}^n)$;

(ii) 如果 $u\in W^{1,p}(\Omega)$, 且对任意的 $x\in\Omega$ 和 $0<\rho<{\rm diam}\Omega$, 都有

$$\int_{\Omega_\rho(x)}|\nabla u(y)|^p dy\leqslant C\rho^{n-p+p\alpha},$$

其中 $\Omega_\rho(x)=B_\rho(x)\cap\Omega$, 则 $u\in C^{\alpha}(\overline{\Omega})$.

证明 上述两个结论的证明类似, 我们只证明第二个. 设 $x\in\Omega$, $0<\rho<{\rm diam}\Omega$. 由 Poincaré 不等式，我们有

$$\int_{\Omega_\rho(x)}|u(y)-u_{x,\rho}|^p dy\leqslant C\rho^p\int_{\Omega_\rho(x)}|\nabla u(y)|^p dy\leqslant C\rho^{n+p\alpha},$$

因此 $u\in\mathcal{L}^{p,n+p\alpha}(\Omega)$. 由定理 6.1.1 可知， $u\in C^{\alpha}(\overline{\Omega})$.

10.7.3 Hölder 估计

考虑线性方程

$$-\mathrm{div}(a(x)\nabla u) = \mathrm{div}\boldsymbol{f}, \quad x \in \mathbb{R}^n_+, \tag{10.7.1}$$

其中 $a \in C^\alpha(\overline{\mathbb{R}}^n_+)$, $\boldsymbol{f} \in L^\infty(\mathbb{R}^n_+, \mathbb{R}^n)$, 且 $a(x) \geqslant \lambda > 0$.

定理 10.7.1 设 $u \in C^{1,\alpha}(\overline{\mathbb{R}}^n_+)$ 为方程 (10.7.1) 的弱解, $\beta \in (0,1)$. 则对任意的有界区域 $\Omega \subset\subset \mathbb{R}^n_+$, 有

$$[u]_{\beta;\Omega} \leqslant C\left(|\boldsymbol{f}|_{0;\mathbb{R}^n_+} + |u|_{0;\mathbb{R}^n_+}\right),$$

其中 C 仅依赖于 $|a|_{\alpha;\mathbb{R}^n_+}$, λ, n, β 和 Ω.

证明 对任意固定的 $x^0 \in \mathbb{R}^n$, 设 $R_0 > 0$, 满足 $B_{2R_0}(x^0) \subset\subset \mathbb{R}^n_+$.

先考虑方程

$$-\mathrm{div}(a(x^0)\nabla u) = \mathrm{div}\boldsymbol{f}, \quad x \in \mathbb{R}^n_+, \tag{10.7.2}$$

设 $u \in C^{1,\alpha}(\overline{\mathbb{R}}^n_+)$ 为它的弱解. 不妨设在 $\mathbb{R}^n_+$ 内 u 是光滑的. 将 u 做如下分解, $u = u_1 + u_2$, 其中 u_1 和 u_2 分别满足

$$\begin{cases} -\mathrm{div}(a(x^0)\nabla u_1) = 0, & x \in B_R, \\ u_1\Big|_{\partial B_R} = u, \end{cases}$$

$$\begin{cases} -\mathrm{div}(a(x^0)\nabla u_2) = \mathrm{div}\boldsymbol{f}, & x \in B_R, \\ u_2\Big|_{\partial B_R} = 0, \end{cases}$$

这里 $0 < R \leqslant R_0$. 由线性方程的 Schauder 估计知, 对 u_1 有

$$\int_{B_\rho} |\nabla u_1|^2 dx \leqslant C\left(\frac{\rho}{R}\right)^n \int_{B_R} |\nabla u_1|^2 dx, \quad 0 < \rho \leqslant R \leqslant R_0.$$

为了估计 u_2, 用 u_2 乘以 u_2 所满足的方程, 然后在 B_R 上积分, 经分部积分并利用带 ε 的 Cauchy 不等式, 得

$$\begin{aligned} a(x^0)\int_{B_R} |\nabla u_2|^2 dx &= -\int_{B_R} \boldsymbol{f}\cdot\nabla u_2 dx \\ &\leqslant \frac{\varepsilon}{2}\int_{B_R} |\nabla u_2|^2 dx + \frac{1}{2\varepsilon}\int_{B_R} |\boldsymbol{f}|^2 dx, \end{aligned}$$

其中 $\varepsilon > 0$ 为任意常数. 注意到 $a(x^0) \geqslant \lambda$, 我们有

$$\int_{B_R} |\nabla u_2|^2 dx \leqslant C\int_{B_R} |\boldsymbol{f}|^2 dx \leqslant C|\boldsymbol{f}|^2_{0;\mathbb{R}^n_+} R^n.$$

因此，对任意的 $0<\rho\leqslant R\leqslant R_0$, 有

$$\begin{aligned}
&\int_{B_\rho}|\nabla u|^2dx\\
\leqslant&2\int_{B_\rho}|\nabla u_1|^2dx+2\int_{B_\rho}|\nabla u_2|^2dx\\
\leqslant&C\left(\frac{\rho}{R}\right)^n\int_{B_R}|\nabla u_1|^2dx+2\int_{B_R}|\nabla u_2|^2dx\\
\leqslant&C\left(\frac{\rho}{R}\right)^n\int_{B_R}|\nabla u|^2dx+C\int_{B_R}|\nabla u_2|^2dx\\
\leqslant&C\left(\frac{\rho}{R}\right)^n\int_{B_R}|\nabla u|^2dx+C|\boldsymbol{f}|^2_{0;\mathbb{R}^n_+}R^n\\
\leqslant&C\left(\frac{\rho}{R}\right)^n\int_{B_R}|\nabla u|^2dx+C|\boldsymbol{f}|^2_{0;\mathbb{R}^n_+}R^{n-2+2\beta}.
\end{aligned}$$

应用迭代引理 (引理 6.2.1) 就知，对任意的 $0<\rho\leqslant R\leqslant R_0$,

$$\begin{aligned}
&\int_{B_\rho}|\nabla u|^2dx\\
\leqslant&C\left(\frac{\rho}{R}\right)^{n-2+2\beta}\left(\int_{B_R}|\nabla u|^2dx+C|\boldsymbol{f}|^2_{0;\mathbb{R}^n_+}R^{n-2+2\beta}\right).
\end{aligned}$$

特别地，取 $R=R_0$ 进而推出，对任意的 $0<\rho\leqslant R_0$,

$$\begin{aligned}
&\int_{B_\rho}|\nabla u|^2dx\\
\leqslant&C\rho^{n-2+2\beta}\left(\frac{1}{R_0^{n-2+2\beta}}\int_{B_{R_0}}|\nabla u|^2dx+|\boldsymbol{f}|^2_{0;\mathbb{R}^n_+}\right).
\end{aligned}\tag{10.7.3}$$

下面我们估计 $\int_{B_{R_0}}|\nabla u|^2dx$. 设 ξ 为 B_{2R_0} 上相对于 B_{R_0} 的切断函数，即 $\xi\in C_0^\infty(B_{2R_0})$, 满足

$$0\leqslant\xi(x)\leqslant1,\quad\xi(x)=1\text{ 于}B_{R_0},\quad|\nabla\xi|\leqslant\frac{C}{R_0}.$$

在方程 (10.7.2) 的弱解的定义中取检验函数为 ξ^2u, 得

$$\begin{aligned}
&\int_{B_{2R_0}}a(x^0)\xi^2\nabla u\cdot\nabla udx+2\int_{B_{2R_0}}a(x^0)\xi u\nabla u\cdot\nabla\xi dx\\
=&-\int_{B_{2R_0}}\xi^2\boldsymbol{f}\cdot\nabla udx-2\int_{B_{2R_0}}\xi u\boldsymbol{f}\cdot\nabla\xi dx.
\end{aligned}$$

利用 $a(x^0)\geqslant\lambda$ 和带 ε 的 Cauchy 不等式，我们有

$$\int_{B_{R_0}}|\nabla u|^2dx\leqslant C\left(\int_{B_{2R_0}}|\boldsymbol{f}|^2dx+\int_{B_{2R_0}}u^2dx\right)$$

$$\leqslant C\left(|\boldsymbol{f}|_{0;\mathbb{R}_+^n}^2+|u|_{0;\mathbb{R}_+^n}^2\right). \tag{10.7.4}$$

代入式 (10.7.3) 可知

$$\int_{B_\rho}|\nabla u|^2dx\leqslant C\rho^{n-2+2\beta}\left(|\boldsymbol{f}|_{0;\mathbb{R}_+^n}^2+|u|_{0;\mathbb{R}_+^n}^2\right),\quad 0<\rho\leqslant R_0.$$

从而利用 Morrey 定理，得到

$$[u]_{\beta;B_{R_0}}\leqslant C\left(|\boldsymbol{f}|_{0;\mathbb{R}_+^n}+|u|_{0;\mathbb{R}_+^n}\right).$$

对方程 (10.7.1), 采用凝固系数法. 将它改写为

$$-\mathrm{div}(a(x^0)\nabla u)=\mathrm{div}\boldsymbol{g},$$

其中 $\boldsymbol{g}=(a(x)-a(x^0))\nabla u+\boldsymbol{f}$. 由前面已经证明的结论可知, 对任意的 $0<\rho\leqslant R\leqslant R_0$,

$$\int_{B_\rho}|\nabla u|^2dx\leqslant C\left(\frac{\rho}{R}\right)^n\int_{B_R}|\nabla u|^2dx+C\int_{B_R}|\boldsymbol{g}|^2dx.$$

而

$$\begin{aligned}|\boldsymbol{g}|^2&\leqslant 2|(a(x)-a(x^0))\nabla u|^2+2|\boldsymbol{f}|^2\\&\leqslant 2[a]_{\alpha;\mathbb{R}_+^n}^2R^{2\alpha}|\nabla u|^2+2|\boldsymbol{f}|_{0;\mathbb{R}_+^n}^2,\quad \forall x\in B_R,\end{aligned}$$

故对任意的 $0<\rho\leqslant R\leqslant R_0$, 有

$$\begin{aligned}&\int_{B_\rho}|\nabla u|^2dx\\\leqslant&C\left(\frac{\rho}{R}\right)^n\int_{B_R}|\nabla u|^2dx+CR^{2\alpha}\int_{B_R}|\nabla u|^2dx\\&+C|\boldsymbol{f}|_{0;\mathbb{R}_+^n}^2R^n\\\leqslant&C\left[\left(\frac{\rho}{R}\right)^n+R_0^{2\alpha}\right]\int_{B_R}|\nabla u|^2dx+C|\boldsymbol{f}|_{0;\mathbb{R}_+^n}^2R^{n-2+2\beta}.\end{aligned}$$

令 $\Phi(\rho)=\int_{B_\rho}|\nabla u|^2dx$, 则对任意的 $0<\rho\leqslant R\leqslant R_0$,

$$\Phi(\rho)\leqslant C\left[\left(\frac{\rho}{R}\right)^n+R_0^{2\alpha}\right]\Phi(R)+C|\boldsymbol{f}|_{0;\mathbb{R}_+^n}^2R^{n-2+2\beta}.$$

由引理 10.7.1, 只要 $R_0>0$ 充分小, 则对任意的 $0<\rho\leqslant R\leqslant R_0$, 有

$$\Phi(\rho)\leqslant C\left[\left(\frac{\rho}{R}\right)^{n-2+2\beta}\Phi(R)+|\boldsymbol{f}|_{0;\mathbb{R}_+^n}^2\rho^{n-2+2\beta}\right].$$

特别地，取 $R=R_0$ 进而推出，对任意的 $0<\rho\leqslant R_0$,

$$\int_{B_\rho}|\nabla u|^2dx \leqslant C\rho^{n-2+2\beta}\left(\frac{1}{R_0^{n-2+2\beta}}\int_{B_{R_0}}|\nabla u|^2dx+|\boldsymbol{f}|^2_{0;\mathbb{R}^n_+}\right). \tag{10.7.5}$$

类似于式 (10.7.4) 的证明，可得

$$\int_{B_{R_0}}|\nabla u|^2dx\leqslant C\left(|\boldsymbol{f}|^2_{0;\mathbb{R}^n_+}+|u|^2_{0;\mathbb{R}^n_+}\right).$$

代入式 (10.7.5) 可知

$$\int_{B_\rho}|\nabla u|^2dx\leqslant C\rho^{n-2+2\beta}\left(|\boldsymbol{f}|^2_{0;\mathbb{R}^n_+}+|u|^2_{0;\mathbb{R}^n_+}\right),\quad 0<\rho\leqslant R_0.$$

于是由 Morrey 引理推出

$$[u]_{\beta;B_{R_0}}\leqslant C\left(|\boldsymbol{f}|_{0;\mathbb{R}^n_+}+|u|_{0;\mathbb{R}^n_+}\right).$$

对 $\overline{\Omega}$ 应用有限开覆盖定理即得定理的结论.

类似地，还可以建立近边 Hölder 估计. 于是，我们可以得到

定理 10.7.2 设 $u\in C^{1,\alpha}(\overline{\mathbb{R}}^n_+)$ 为方程 (10.7.1) 的弱解，$u\Big|_{\partial\mathbb{R}^n_+}=0$, $\beta\in(0,1)$. 则

$$[u]_{\beta;\mathbb{R}^n_+}\leqslant C\left(|\boldsymbol{f}|_{0;\mathbb{R}^n_+}+|u|_{0;\mathbb{R}^n_+}\right),$$

其中 C 仅依赖于 $|a|_{\alpha;\mathbb{R}^n_+}$, λ, n 和 β.

§10.8 梯度的 Hölder 估计

在前几节中，我们已经得到了 Dirichlet 问题 (10.1.9), (10.1.10) 的解的 Hölder 估计和梯度的最大模估计. 本节我们进一步建立解的梯度的 Hölder 估计.

10.8.1 梯度的内部 Hölder 估计

定理 10.8.1 设 $u\in C^{2,\alpha}(\overline{\Omega})$ 为方程 (10.1.9) 的解. 则对任意的 $\Omega'\subset\subset\Omega$, 有

$$[D_ku]_{\alpha;\Omega'}\leqslant C,\quad k=1,2,\cdots,n,$$

其中 C 仅依赖于 n, m, γ, $|f|_{0;\Omega}$, $|u|_{\alpha;\Omega}$, $|\nabla u|_{0;\Omega}$ 和 Ω'.

证明 设 $\varphi \in C_0^\infty(\Omega)$. 在方程 (10.1.9) 的两端同乘以 $D_k\varphi\,(k=1,2,\cdots,n)$, 然后在 Ω 上积分，得

$$-\int_\Omega D_i(a(u)D_iu)D_k\varphi dx + \int_\Omega (b(u)-f(x))D_k\varphi dx = 0.$$

对上式左端第一项进行分部积分，进而得

$$-\int_\Omega D_k(a(u)D_iu)D_i\varphi dx + \int_\Omega (b(u)-f(x))D_k\varphi dx = 0,$$

即

$$\int_\Omega a(u)D_{ik}uD_i\varphi dx + \int_\Omega f_k^iD_i\varphi dx = 0, \quad \forall \varphi \in C_0^\infty(\Omega),$$

其中 $f_k^i = a'(u)D_kuD_iu - \delta_{ik}(b(u)-f)$. 这表明 $D_ku \in C^{1,\alpha}(\overline{\Omega})$ 是方程

$$-\mathrm{div}(a(x)\nabla v) = \mathrm{div}\boldsymbol{f}(x), \quad x \in \Omega$$

的弱解，其中 $a(x) = a(u(x)) \in C^\alpha(\overline{\Omega})$, $\boldsymbol{f} = (f_k^1, f_k^2, \cdots, f_k^n) \in L^\infty(\Omega)$. 故由前一节关于线性方程解的梯度的内部 Hölder 估计，就可得到定理的结论.

10.8.2 梯度的近边 Hölder 估计

定理 10.8.2 设 $\partial\Omega \in C^{2,\alpha}$, $u \in C^{2,\alpha}(\overline{\Omega})$ 为问题 (10.1.9), (10.1.10) 的解. 则对任意的 $x^0 \in \partial\Omega$, 存在 $R>0$, 使得

$$[D_ku]_{\alpha;\Omega_R} \leqslant C, \quad k=1,2,\cdots,n,$$

其中 $\Omega_R = \Omega \cap B_R(x^0)$, C 仅依赖于 n, m, γ, $|f|_{0;\Omega}$, $|u|_{\alpha;\Omega}$ 和 $|\nabla u|_{0;\Omega}$.

证明 我们分以下四步来证明这个定理.

第一步 局部拉平.

对固定的 $x^0 \in \partial\Omega$, 由 $\partial\Omega \in C^{2,\alpha}$ 可知，存在 x_0 的一个邻域 U 和一个 $C^{2,\alpha}$ 的可逆映射 $\Psi: U \to B_1(0)$, 使得

$$\Psi(U\cap\Omega) = B_1^+(0) = \{y \in B_1(0); y_n > 0\},$$

$$\Psi(U\cap\partial\Omega) = \partial B_1^+ \cap \{y; y_n = 0\}.$$

于是问题 (10.1.9), (10.1.10) 在局部 $U\cap\Omega$ 上便化成

$$-\hat{D}_j(a_{ij}(y,\hat{u})\hat{D}_i\hat{u}) = \tilde{f}(y,\hat{u},\hat{D}\hat{u}), \quad y \in B_1^+(0), \tag{10.8.1}$$

$$\hat{u}\Big|_{\partial B_1^+\cap\{y;y_n=0\}} = 0, \tag{10.8.2}$$

其中 $\hat{D}_i = \dfrac{\partial}{\partial y_i}$, $\hat{u}(y) = u(\Psi^{-1}(y))$. 可以验证 x 空间和 y 空间的距离是等价的.

第二步 切向导数的 Hölder 估计.

设 $1 \leqslant k < n$. 可以证明 $\hat{D}_k \hat{u} \in C^{1,\alpha}(\overline{B_1^+})$ 是某线性方程

$$-\hat{D}_j(a_{ij}(y, \hat{u}(y))\hat{D}_i\hat{D}_k\hat{u}) = \operatorname{div}\boldsymbol{g}(y), \quad y \in B_1^+$$

的弱解. 注意到

$$|a_{ij}(y, \hat{u}(y))|_{\alpha; B_1^+(0)} \leqslant C, \quad |\boldsymbol{g}|_{0; B_1^+(0)} \leqslant C,$$
$$\hat{D}_k\hat{u}\Big|_{\partial B_1^+ \cap \{y; y_n = 0\}} = 0,$$

故由线性方程解的梯度的近边 Hölder 估计，可得

$$[\hat{D}_k\hat{u}]_{\alpha; B_1^+(0)} \leqslant C, \quad k = 1, 2, \cdots, n-1.$$

第三步 法向导数的 Hölder 估计.

由第二步的结果，我们有

$$\sum_{i+j<2n} \int_{B_R^+} |\hat{D}_{ij}\hat{u}|^2 dy \leqslant CR^{n-2+2\alpha}, \quad \forall 0 < R \leqslant 1,$$

其中 $\hat{D}_{ij} = \dfrac{\partial^2}{\partial y_i \partial y_j}$. 利用方程 (10.8.1), 进而得

$$\int_{B_R^+} |\hat{D}_{nn}\hat{u}|^2 dy \leqslant CR^{n-2+2\alpha}, \quad \forall 0 < R \leqslant 1.$$

因此

$$\int_{B_R^+} |\hat{D}\hat{D}_n\hat{u}|^2 dy \leqslant CR^{n-2+2\alpha}, \quad \forall 0 < R \leqslant 1.$$

由 Morrey 定理可得

$$[\hat{D}_n\hat{u}]_{\alpha; B_1^+} \leqslant C.$$

第四步 还原到原始坐标.

还原到 x 坐标，可得

$$[D_k u]_{\alpha; U \cap \Omega} \leqslant C, \quad k = 1, 2, \cdots, n.$$

由此即得定理的结论.

10.8.3 梯度的全局 Hölder 估计

结合梯度的内部 Hölder 估计和梯度的近边 Hölder 估计，并利用有限开覆盖定理，我们可得

定理 10.8.3 设 $\partial\Omega \in C^{2,\alpha}$, $u \in C^{2,\alpha}(\overline{\Omega})$ 为问题 (10.1.9), (10.1.10) 的解. 则

$$[D_k u]_{\alpha;\Omega} \leqslant C, \quad k = 1, 2, \cdots, n,$$

其中 C 仅依赖于 n, m, γ, $|f|_{0;\Omega}$, $|u|_{\alpha;\Omega}$ 和 $|\nabla u|_{0;\Omega}$.

§10.9 更一般的拟线性方程的可解性

前面我们研究了满足结构性条件 (10.1.3)~(10.1.8) 的拟线性椭圆方程 (10.1.1) 和满足结构性条件 (10.1.17)~(10.1.20) 的拟线性抛物方程 (10.1.15) 的可解性. 但是，一些重要的拟线性方程并不满足这些结构性条件，例如拟线性椭圆方程

$$\operatorname{div}((|\nabla u|^2 + 1)^{p/2-1}\nabla u) = 0 \tag{10.9.1}$$

和拟线性抛物方程

$$\frac{\partial u}{\partial t} - \operatorname{div}((|\nabla u|^2 + 1)^{p/2-1}\nabla u) = 0, \tag{10.9.2}$$

其中 $p > 1$. 本节我们不加证明地给出一类更一般的拟线性方程的可解性.

10.9.1 更一般的拟线性椭圆方程的可解性

考虑如下的拟线性椭圆方程的 Dirichlet 问题

$$-\operatorname{div}\boldsymbol{a}(x, u, \nabla u) + b(x, u, \nabla u) = 0, \quad x \in \Omega, \tag{10.9.3}$$

$$u\Big|_{\partial\Omega} = \varphi, \tag{10.9.4}$$

其中 $\boldsymbol{a} = (a_1, a_2, \cdots, a_n)$, $\Omega \subset \mathbb{R}^n$ 是一有界区域. 假定 $\boldsymbol{a}(x, z, \eta)$, $b(x, z, \eta)$ 满足如下结构条件:

$$\lambda(|z|)(1 + |\eta|^{p-2})|\xi|^2 \leqslant \frac{\partial a_i}{\partial \eta_j}\xi_i\xi_j \leqslant \Lambda(|z|)(1 + |\eta|^{p-2})|\xi|^2, \tag{10.9.5}$$

$$|a_i(x, z, 0)| \leqslant g(x), \tag{10.9.6}$$

$$\left|\frac{\partial a_i}{\partial z}\right| + |a_i| \leqslant \mu(|z|)(1 + |\eta|^{p-1}), \tag{10.9.7}$$

$$\left|\frac{\partial a_i}{\partial x_j}\right| + |b| \leqslant \mu(|z|)(1 + |\eta|^{p}), \tag{10.9.8}$$

$$-b(x,z,\eta)\mathrm{sgn}z \leqslant b_0(|\eta|^{p-1}+h(x)), \tag{10.9.9}$$

其中 $\xi\in\mathbb{R}^n$, $i,j=1,2,\cdots,n$, $p>1$, $\lambda(s),\Lambda(s)$ 是 $[0,+\infty)$ 上的正连续函数， $\mu(s)$ 是 $[0,+\infty)$ 上的单调递增函数， $g\in L^q(\Omega)$, $q>\dfrac{n}{p-1}$, $h\in L^{q_*}(\Omega)$, $q_*=\dfrac{nq}{n+q}$, b_0 是正常数.

方程 (10.9.1) 和稍稍一般的方程

$$-\mathrm{div}(a(\nabla u)\nabla u)+c(x)u=f(x) \tag{10.9.10}$$

都满足上述结构性条件，其中 $a(\eta)=\left(|\eta|^2+1\right)^{p/2-1}\eta$, $p>1$, $f(x),c(x)\in C^\alpha(\overline{\Omega})$ 且 $c(x)\geqslant 0$.

定理 10.9.1 设 $0<\alpha<1$, $\partial\Omega\in C^{2,\alpha}$, $\boldsymbol{a}\in C^{1,\alpha}$, $b\in C^\alpha$, $\varphi\in C^{2,\alpha}(\overline{\Omega})$. 又设方程 (10.9.3) 满足结构性条件 (10.9.5) ~ (10.9.9). 则问题 (10.9.3),(10.9.4) 存在解 $u\in C^{2,\alpha}(\overline{\Omega})$.

10.9.2 更一般的拟线性抛物方程的可解性

考虑如下的拟线性抛物方程的第一初边值问题

$$\frac{\partial u}{\partial t}-\mathrm{div}\boldsymbol{a}(x,t,u,\nabla u)+b(x,t,u,\nabla u)=0,\quad (x,t)\in Q_T, \tag{10.9.11}$$

$$u\Big|_{\partial_p Q_T}=\varphi, \tag{10.9.12}$$

其中 $\boldsymbol{a}=(a_1,a_2,\cdots,a_n)$, $Q_T=\Omega\times(0,T)$, $\Omega\subset\mathbb{R}^n$ 是一有界区域， $T>0$. 假定 $\boldsymbol{a}(x,t,z,\eta)$, $b(x,t,z,\eta)$ 满足如下结构条件：

$$\lambda(|z|)(1+|\eta|^{p-2})|\xi|^2\leqslant\frac{\partial a_i}{\partial\eta_j}\xi_i\xi_j\leqslant\Lambda(|z|)(1+|\eta|^{p-2})|\xi|^2, \tag{10.9.13}$$

$$-zb(x,t,z,0)\leqslant b_1|z|^2+b_2, \tag{10.9.14}$$

$$\left(\left|\frac{\partial a_i}{\partial z}\right|+|a_i|\right)(1+|\eta|)+\left|\frac{\partial a_i}{\partial x_j}\right|\leqslant\Psi(|z|,|\eta|)(1+|\eta|^p), \tag{10.9.15}$$

$$\left|\frac{\partial b}{\partial\eta_j}\right|(1+|\eta|)+|b|\leqslant\mu(|z|)(1+|\eta|^p), \tag{10.9.16}$$

$$\left|\frac{\partial b}{\partial x_j}\right|-\frac{\partial b}{\partial z}(1+|\eta|)\leqslant\Psi(|z|,|\eta|)(1+|\eta|^{p+1}), \tag{10.9.17}$$

其中 $\xi\in\mathbb{R}^n$, $i,j=1,2,\cdots,n$, $p>1$, $\lambda(s),\Lambda(s)$ 是 $[0,+\infty)$ 上的正连续函数， b_1,b_2 是正常数， $\mu(s)$ 是 $[0,+\infty)$ 上的单调递增函数， $\Psi(\tau,\rho)$ 是 $[0,+\infty)\times[0,+\infty)$ 上

的连续函数，且满足：对固定的 $\rho \in [0,+\infty)$, $\Psi(\cdot,\rho)$ 在 $[0,+\infty)$ 上单调递增，当 $\rho \to +\infty$ 时 $\Psi(\tau,\rho)$ 关于 τ 局部一致收敛于 0.

方程 (10.9.2) 和稍稍一般的方程

$$\frac{\partial u}{\partial t} - \operatorname{div}(a(\nabla u)\nabla u) + c(x,t)u = f(x,t)$$

都满足上述结构性条件，其中 $a(\eta)$ 为 (10.9.10) 中出现的函数， $f(x,t), c(x,t) \in C^{\alpha,\alpha/2}(\overline{Q}_T)$.

定理 10.9.2 设 $0<\alpha<1, \partial\Omega \in C^{2,\alpha}$, $\boldsymbol{a} \in C^{1,\alpha}, b \in C^1$, $\varphi \in C^{2+\alpha,1+\alpha/2}(\overline{Q}_T)$ 且满足一阶相容性条件

$$\frac{\partial \varphi}{\partial t} - \operatorname{div}\boldsymbol{a}(x,t,\varphi,\nabla\varphi) + b(x,t,\varphi,\nabla\varphi) = 0, \quad 当 x \in \partial\Omega, t=0.$$

又设方程 (10.9.11) 满足结构性条件 (10.9.13) ~ (10.9.17). 则问题 (10.9.11), (10.9.12) 存在解 $u \in C^{2+\alpha,1+\alpha/2}(\overline{Q}_T)$.

第11章　压缩半群方法

压缩半群方法在偏微分方程特别是发展方程的研究中有着重要的应用，本章我们以一个二阶拟线性退化抛物方程的 Cauchy 问题为例介绍这一方法.

§11.1　Banach 空间上的压缩半群

本节我们简要地介绍 Banach 空间上的压缩半群的定义和指数公式，详细的理论与证明读者可参看文献 [12].

11.1.1　集值映射与耗散集

定义 11.1.1　设 X 和 Y 为两个线性空间，称映射 A 为 X 到 Y 的集值映射，如果

$$Ax \subset Y, \quad \forall x \in X.$$

我们可以把 X 到 Y 的集值映射等价地看作 X 与 Y 的乘积空间 $X \times Y$ 的一个子集. 如果 A 为 X 到 Y 的集值映射，则

$$\{(x, y) \in X \times Y; x \in X, y \in Ax\}$$

是 $X \times Y$ 的一个子集；反之，如果 $A \subset X \times Y$, 则我们可以定义 X 到 Y 的集值映射 A 为

$$Ax = \{y \in Y; (x, y) \in A\}.$$

设 $A \subset X \times Y$, 定义 A 的定义域为

$$D(A) = \{x \in X; Ax \neq \phi\},$$

值域为

$$R(A) = \bigcup_{x \in D(A)} A(x),$$

并定义 A 的逆为

$$A^{-1} = \{(y, x); (x, y) \in A\}.$$

设 X, Y, Z 是三个线性空间，　$A, B \subset X \times Y, C \subset Y \times Z, \lambda \in \mathbb{R}$, 我们定义

$$\lambda A = \{(x, \lambda y); (x, y) \in A\},$$

$$A + B = \{(x, y_1 + y_2); (x, y_1) \in A, (x, y_2) \in B\},$$

$$CA = \{(x,z); \text{存在} y \in Y, \text{ 使得} (x,y) \in A, (y,z) \in C\}.$$

以下我们设 X 是一个实的 Banach 空间，其对偶空间记为 X^*, $\langle \cdot\,, \cdot \rangle$ 表示对偶积， X 和 X^* 上的范数分别记为 $\|\cdot\|$ 和 $\|\cdot\|_*$. 对任意的 $x \in X$, 令

$$F(x) = \{x^* \in X^*; \langle x, x^* \rangle = \|x\|^2 = \|x^*\|_*^2\}.$$

由 Hahn-Banach 定理可知 $F(x) \neq \phi$.

定义 11.1.2 集值映射 $F: X \to X^*$ 称为 X 的对偶映射.

定义 11.1.3 设 $A \subset X \times X$. 如果对任意的 $(x_1, y_1), (x_2, y_2) \in A$, 都存在 $f \in F(x_1 - x_2)$, 使得

$$\langle y_1 - y_2, f \rangle \leqslant 0,$$

则称 A 为耗散的. 如果 A 还满足

$$R(I - A) = X,$$

其中 I 表示 X 上的单位映射，则称 A 为 m 耗散的.

命题 11.1.1 设 $A \subset X \times X$, 则 A 为耗散的，当且仅当对任意的 (x_1, y_1), $(x_2, y_2) \in A$, 都有

$$\|x_1 - x_2\| \leqslant \|(x_1 - x_2) - \lambda(y_1 - y_2)\|, \quad \forall \lambda > 0.$$

11.1.2 压缩半群

定义 11.1.4 设 C 是 X 的一个闭子集，如果映射 $S: [0, +\infty) \times C \to C$ 满足

(i) $S(t+s)x = S(t)S(s)x, \quad \forall x \in C,\ t, s \geqslant 0$;

(ii) $S(0)x = x, \quad \forall x \in C$;

(iii) 对任意的 $x \in C$, $S(t)x$ 在 $[0, +\infty)$ 上是连续的;

(iv) $\|S(t)x - S(t)y\| \leqslant \|x - y\|, \quad \forall t > 0,\ x, y \in C$.

则称 S 是 C 上的压缩半群.

11.1.3 指数公式

指数公式 设 X 是一个实的 Banach 空间， $A \subset X \times X$ 是耗散的，且对充分小的 $\lambda > 0$, 有

$$\overline{D(A)} \subset R(I - \lambda A).$$

则对任意的 $x \in \overline{D(A)}$, 极限

$$S(t)x = \lim_{\lambda \to 0^+} (I - \lambda A)^{-[t/\lambda]-1} x, \quad \forall t \geqslant 0$$

存在，且上述极限在 $[0,+\infty)$ 上关于 t 是局部一致的，其中 $[\cdot]$ 是取整数的函数，即

$$[t]=k,\quad \text{当} k\leqslant t<k+1\text{时},$$

这里 k 是整数．此外， $S(t)$ 是 $\overline{D(A)}$ 上的压缩半群．

§11.2 二阶拟线性退化抛物方程的 Cauchy 问题

作为压缩半群方法的应用之一例，我们考虑如下的二阶拟线性方程的 Cauchy 问题

$$\frac{\partial u}{\partial t}=\frac{\partial^2\Phi(u)}{\partial x^2},\qquad (x,t)\in\mathbb{R}\times\mathbb{R}^+,\tag{11.2.1}$$

$$u(x,0)=u_0(x),\qquad x\in\mathbb{R}.\tag{11.2.2}$$

其中 $\Phi(s)\in C^2(\mathbb{R})$, $\Phi(0)=0$, $\Phi'(s)\geqslant 0$, 且集合 $\{s\in\mathbb{R};\Phi'(s)=0\}$ 不含有内点．由于这里要求 $\Phi'(s)\geqslant 0$, 但允许 $\Phi'(s)$ 有零点，故方程 (11.2.1) 是一退化抛物方程.

11.2.1 弱解的定义

定义 11.2.1 称 $u\in L^1_{\text{loc}}(\mathbb{R}\times\mathbb{R}^+)$ 为 Cauchy 问题 (11.2.1), (11.2.2) 的弱解，如果 $\Phi(u)\in L^1_{\text{loc}}(\mathbb{R}\times\mathbb{R}^+)$, 且对任意的 $\varphi\in C_0^\infty(\mathbb{R}\times\mathbb{R}^+)$ 和 $h\in C_0^\infty(\mathbb{R})$, 有

$$\iint_{\mathbb{R}\times\mathbb{R}^+}\left(u\frac{\partial\varphi}{\partial t}+\Phi(u)\frac{\partial^2\varphi}{\partial x^2}\right)dxdt=0,$$

$$\operatorname{ess}\lim_{t\to 0^+}\int_{\mathbb{R}}u(x,t)h(x)dx=\int_{\mathbb{R}}u_0(x)h(x)dx.$$

11.2.2 弱解的存在性

下面我们利用压缩半群理论证明 Cauchy 问题 (11.2.1), (11.2.2) 弱解的存在性.

记 $D(A_0)=\{u\in L^1(\mathbb{R});\Phi(u)\in W^{2,1}(\mathbb{R})\}$. 由

$$A_0u=\frac{d^2\Phi(u)}{dx^2}$$

定义算子

$$A_0:D(A_0)\to L^1(\mathbb{R}).$$

算子 A_0 的闭包记为 A.

命题 11.2.1 算子 A_0, 从而算子 A 是耗散的.

证明 设 $u_1, u_2 \in D(A_0)$, $v_1 = A_0u_1$, $v_2 = A_0u_2$. 为证算子 A_0 是耗散的，根据命题 11.1.1, 只须证明

$$J(u_1, u_2) = \int_{\mathbb{R}} \mathrm{sgn}(u_1 - u_2)(v_1 - v_2)dx \leqslant 0. \tag{11.2.3}$$

这是因为，假如这一不等式得到了证明，则对任意的 $\lambda > 0$, 有

$$\begin{aligned}
&\|u_1 - u_2\|_{L^1(\mathbb{R})} \\
=&\int_{\mathbb{R}} \mathrm{sgn}(u_1 - u_2)(u_1 - u_2)dx \\
\leqslant&\int_{\mathbb{R}} \mathrm{sgn}(u_1 - u_2)(u_1 - u_2)dx \\
&- \lambda \int_{\mathbb{R}} \mathrm{sgn}(u_1 - u_2)(v_1 - v_2)dx \\
=&\int_{\mathbb{R}} \mathrm{sgn}(u_1 - u_2)((u_1 - u_2) - \lambda(v_1 - v_2))dx \\
\leqslant&\int_{\mathbb{R}} |(u_1 - u_2) - \lambda(v_1 - v_2)|dx \\
=&\|(u_1 - u_2) - \lambda(v_1 - v_2)\|_{L^1(\mathbb{R})}.
\end{aligned}$$

为证式 (11.2.3), 我们首先令 $z = u_1 - u_2$, 而将 $J(u_1, u_2)$ 化成

$$J(u_1, u_2) = \int_{\mathbb{R}} \mathrm{sgn} z \frac{d^2(az)}{dx^2} dx,$$

其中

$$a(x) = \int_0^1 \Phi'(\sigma u_1 + (1 - \sigma)u_2)d\sigma.$$

然后考虑

$$J_\varepsilon(u_1, u_2) = \int_{\mathbb{R}} H_\varepsilon(az) \frac{d^2(az)}{dx^2} dx,$$

其中 $H_\varepsilon(az)$ 是 $\mathrm{sgn} z$ 的光滑逼近，其定义如下

$$H_\varepsilon(s) = \int_0^s h_\varepsilon(t)dt,$$

$$h_\varepsilon(s) = \begin{cases} \dfrac{2}{\varepsilon}\left(1 - \dfrac{|s|}{\varepsilon}\right), & |s| < \varepsilon, \\ 0, & |s| \geqslant \varepsilon. \end{cases}$$

易见

$$h_\varepsilon(s) \geqslant 0, \quad |H_\varepsilon(s)| \leqslant 1, \quad \lim_{\varepsilon \to 0^+} H_\varepsilon(s) = \mathrm{sgn}(s).$$

再注意到由假设可知 $\Phi(s)$ 是严格单调递增的，故当 $z\neq 0$, 即 $u_1\neq u_2$ 时， az 与 z 同号，即 $\mathrm{sgn}(az)=\mathrm{sgn}z$. 因此我们有

$$\lim_{\varepsilon\to 0^+} J_\varepsilon(u_1,u_2)=J(u_1,u_2).$$

经分部积分，注意到

$$H_\varepsilon(az)\frac{d(az)}{dx}=H_\varepsilon(az)\left(\frac{d\Phi(u_1)}{dx}-\frac{d\Phi(u_2)}{dx}\right)\in L^1(\mathbb{R}),$$

可得

$$J_\varepsilon(u_1,u_2)=-\int_{\mathbb{R}} h_\varepsilon(az)\left(\frac{d(az)}{dx}\right)^2 dx\leqslant 0.$$

令 $\varepsilon\to 0^+$ 取极限即得式 (11.2.3).

为了应用压缩半群理论，还要证明对充分小的 $\lambda>0$, 有

$$\overline{D(A)}\subset R(I-\lambda A).$$

事实上，我们可以证明

$$R(I-\lambda A)=L^1(\mathbb{R}),\quad \forall\lambda>0.$$

为此，又只须证明

$$L^1(\mathbb{R})\cap L^\infty(\mathbb{R})\subset R(I-\lambda A_0),\quad \forall\lambda>0. \tag{11.2.4}$$

这是因为由式 (11.2.4) 可推出

$$\begin{aligned}L^1(\mathbb{R})=&\overline{L^1(\mathbb{R})\cap L^\infty(\mathbb{R})}\subset\overline{R(I-\lambda A_0)}\\ \subset&\overline{R(I-\lambda A)}\subset R(I-\lambda A).\end{aligned}$$

而证明式 (11.2.4), 就是证明：对任意的 $\lambda>0$ 和 $v\in L^1(\mathbb{R})\cap L^\infty(\mathbb{R})$, 算子方程

$$u-\lambda A_0u=v$$

有解，即存在函数 $u\in D(A_0)$, 使得 $u-\lambda A_0u=v$.

命题 11.2.2 对任意的 $\lambda>0$ 和 $v\in L^1(\mathbb{R})\cap L^\infty(\mathbb{R})$, 存在惟一的函数 $u\in D(A_0)$, 使得 $u-\lambda A_0u=v$, 且

$$\|u\|_{L^\infty(\mathbb{R})}\leqslant\|v\|_{L^\infty(\mathbb{R})},\quad \|u\|_{L^1(\mathbb{R})}\leqslant\|v\|_{L^1(\mathbb{R})}. \tag{11.2.5}$$

证明 设 $v_n \in C_0^\infty(\mathbb{R})$, $\mathrm{supp} v_n \subset (-n,n)$, $\|v_n\|_{L^\infty(\mathbb{R})} \leqslant \|v\|_{L^\infty(\mathbb{R})}$, 且 v_n 在 $L^1(\mathbb{R})$ 中收敛于 v. 考虑正则化问题

$$u_n - \lambda \frac{d^2\Phi_n(u_n)}{dx^2} = v_n, \quad x \in (-n,n), \tag{11.2.6}$$

$$u_n(n) = u_n(-n) = 0, \tag{11.2.7}$$

其中 $\Phi_n(s) = \Phi(s) + \frac{1}{n}s$. 根据椭圆方程的理论, 这一问题存在古典解 $u_n \in C^2(-n,n) \cap C([-n,n])$. 以下我们对 u_n 做必要的估计.

首先, 由极值原理易见

$$\|u_n\|_{L^\infty(-n,n)} \leqslant \|v_n\|_{L^\infty(-n,n)} \leqslant \|v\|_{L^\infty(\mathbb{R})}. \tag{11.2.8}$$

其次, 在方程 (11.2.6) 两端同乘以 $H_\varepsilon(u_n)$ 并在 $[-n,n]$ 上积分, 经分部积分, 并利用式 (11.2.7), 我们有

$$\begin{aligned}
&\int_{-n}^{n} u_n H_\varepsilon(u_n)dx \\
=&\lambda \int_{-n}^{n} \frac{d^2\Phi_n(u_n)}{dx^2} H_\varepsilon(u_n)dx + \int_{-n}^{n} v_n H_\varepsilon(u_n)dx \\
=&-\lambda \int_{-n}^{n} \Phi_n'(u_n)h_\varepsilon(u_n)\left(\frac{du_n}{dx}\right)^2 dx + \int_{-n}^{n} v_n H_\varepsilon(u_n)dx \\
\leqslant& \int_{-n}^{n} |v_n|dx,
\end{aligned}$$

其中 H_ε 和 h_ε 是命题 11.2.1 的证明中定义的函数. 令 $\varepsilon \to 0^+$, 注意到 v_n 在 $L^1(\mathbb{R})$ 中收敛于 v, 可得

$$\|u_n\|_{L^1(-n,n)} \leqslant \|v_n\|_{L^1(-n,n)} \leqslant C, \tag{11.2.9}$$

其中 C 是与 n 无关的常数.

再次, 在方程 (11.2.6) 两端同乘以 $\Phi_n(u_n)$ 并在 $[-n,n]$ 上积分, 经分部积分, 并利用式 (11.2.7), 同时注意到 $\Phi_n(0) = 0$, 进而可得

$$\begin{aligned}
&\int_{-n}^{n} u_n \Phi_n(u_n)dx + \lambda \int_{-n}^{n} \left(\frac{d\Phi_n(u_n)}{dx}\right)^2 dx \\
=&\int_{-n}^{n} v_n \Phi_n(u_n)dx \\
\leqslant&\|v_n\|_{L^1(-n,n)} \cdot \|\Phi_n(u_n)\|_{L^\infty(-n,n)}.
\end{aligned}$$

由于 $\Phi_n(0) = 0$, $\Phi_n'(s) \geqslant 0$, 故 $\int_{-n}^{n} u_n \Phi_n(u_n)dx \geqslant 0$. 因此

$$\lambda \int_{-n}^{n} \left(\frac{d\Phi_n(u_n)}{dx}\right)^2 dx \leqslant \|v_n\|_{L^1(-n,n)} \cdot \|\Phi_n(u_n)\|_{L^\infty(-n,n)}.$$

利用式 (11.2.8), 并注意到 $\Phi\in C^2(\mathbb{R})$ 和 v_n 在 $L^1(\mathbb{R})$ 中收敛于 v, 可知上式右端是有界的，故

$$\int_{-n}^{n}\left(\frac{d\Phi_n(u_n)}{dx}\right)^2 dx\leqslant C(\lambda), \tag{11.2.10}$$

其中 $C(\lambda)$ 是一个仅依赖于 λ 而与 n 无关的常数.

利用式 (11.2.8), 式 (11.2.9), 式 (11.2.10) 和对角线方法，易见存在 $\{u_n\}$ 的子列 $\{u_{n_k}\}$ 和函数 $u\in L^1(\mathbb{R})\cap L^\infty(\mathbb{R})$, $w\in L^1(\mathbb{R})\cap L^\infty(\mathbb{R})\cap H^1(\mathbb{R})$, 使得对任何 $l>0$, 有

$$u_{n_k}\rightharpoonup u \qquad 于L^2(-l,l), \tag{11.2.11}$$

$$\Phi_{n_k}(u_{n_k})\to w \qquad 于L^2(-l,l), \tag{11.2.12}$$

$$\frac{d\Phi_{n_k}(u_{n_k})}{dx}\rightharpoonup\frac{dw}{dx} \quad 于L^2(-l,l).$$

由式 (11.2.12) 知， $\{u_{n_k}\}$ 存在子列，不妨设就是 $\{u_{n_k}\}$, 使得

$$\Phi_{n_k}(u_{n_k})\to w \quad \text{a.e. 于}\mathbb{R},$$

它显然包含

$$\Phi(u_{n_k})\to w \quad \text{a.e. 于}\mathbb{R}.$$

从而

$$u_{n_k}\to\Phi^{-1}(w) \quad \text{a.e. 于}\mathbb{R}.$$

与式 (11.2.11) 联合便得 $u=\Phi^{-1}(w)$, 即

$$w=\Phi(u).$$

对任意的 $\varphi\in C_0^\infty(\mathbb{R})$, 记 $l=\sup\{|x|;x\in\mathbb{R},\varphi(x)\neq0\}$. 由于 u_{n_k} 是问题

$$\begin{cases} u_{n_k}-\lambda\dfrac{d^2\Phi_{n_k}(u_{n_k})}{dx^2}=v_{n_k}, \quad x\in(-n_k,n_k),\\ u_{n_k}(n_k)=u_{n_k}(-n_k)=0\end{cases}$$

的古典解，故当 $n_k>l$ 时，有

$$\int_{\mathbb{R}}u_{n_k}\varphi dx-\lambda\int_{\mathbb{R}}\Phi_{n_k}(u_{n_k})\varphi'' dx=\int_{\mathbb{R}}v_{n_k}\varphi dx.$$

令 $k\to\infty$, 得

$$\int_{\mathbb{R}}u\varphi dx-\lambda\int_{\mathbb{R}}\Phi(u)\varphi'' dx=\int_{\mathbb{R}}v\varphi dx, \quad \forall\varphi\in C_0^\infty(\mathbb{R}). \tag{11.2.13}$$

这表明 u 是方程

$$u-\lambda\frac{d^2\Phi(u)}{dx^2}=v,\quad x\in\mathbb{R}$$

的弱解. 由式 (11.2.13) 知

$$\frac{d^2\Phi(u)}{dx^2}=\frac{u-v}{\lambda}\in L^1(\mathbb{R}),$$

而 $\Phi(u)\in L^1(\mathbb{R})$ 和 $\dfrac{d^2\Phi(u)}{dx^2}\in L^1(\mathbb{R})$ 又包含 $\dfrac{d\Phi(u)}{dx}\in L^1(\mathbb{R})$, 故 $u\in D(A_0)$, 且

$$u-\lambda A_0u=v.$$

不等式 (11.2.5) 由式 (11.2.8) 和式 (11.2.9) 即可推出.

下面我们证明惟一性. 实际上, 我们可以证明: 设 $v_1,v_2\in L^1(\mathbb{R})\cap L^\infty(\mathbb{R})$, $u_1,u_2\in D(A_0)$, 满足

$$u_1-\lambda A_0u_1=v_1,\quad u_2-\lambda A_0u_2=v_2,$$

则

$$\|u_1-u_2\|_{L^1(\mathbb{R})}\leqslant\|v_1-v_2\|_{L^1(\mathbb{R})}.$$

为此, 将 u_1 和 u_2 所满足的算子方程相减, 得

$$(u_1-u_2)-\lambda(A_0u_1-A_0u_2)=(v_1-v_2).$$

在上式两端同乘以 $\mathrm{sgn}(u_1-u_2)$, 然后在 $\mathbb{R}$ 上积分, 得

$$\begin{aligned}&\int_{\mathbb{R}}\mathrm{sgn}(u_1-u_2)(u_1-u_2)dx\\&-\lambda\int_{\mathbb{R}}\mathrm{sgn}(u_1-u_2)(A_0u_1-A_0u_2)dx\\=&\int_{\mathbb{R}}\mathrm{sgn}(u_1-u_2)(v_1-v_2)dx.\end{aligned}$$

由命题 11.2.1 的证明知, $\displaystyle\int_{\mathbb{R}}\mathrm{sgn}(u_1-u_2)(A_0u_1-A_0u_2)\leqslant 0$. 故

$$\|u_1-u_2\|_{L^1(\mathbb{R})}\leqslant\|v_1-v_2\|_{L^1(\mathbb{R})}.$$

定理 11.2.1 算子 A 生成 $L^1(\mathbb{R})$ 上的一个压缩半群 S, 如果 $v\in L^1(\mathbb{R})\cap L^\infty(\mathbb{R})$, 则对任意的 $t\geqslant 0$, 有 $S(t)v\in L^1(\mathbb{R})\cap L^\infty(\mathbb{R})$, 且

$$\|S(t)v\|_{L^1(\mathbb{R})}\leqslant\|v\|_{L^1(\mathbb{R})},\quad \|S(t)v\|_{L^\infty(\mathbb{R})}\leqslant\|v\|_{L^\infty(\mathbb{R})},\quad \forall t\geqslant 0.\tag{11.2.14}$$

证明 由算子 A_0 的定义可知, $\overline{D(A_0)} = L^1(\mathbb{R})$, 从而 $\overline{D(A)} = L^1(\mathbb{R})$. 于是, 由命题 11.2.1, 命题 11.2.2 和指数公式可知, 对任意的 $v \in L^1(\mathbb{R})$, 在 $L^1(\mathbb{R})$ 中极限

$$S(t)v = \lim_{\lambda \to 0^+} (I - \lambda A)^{-[t/\lambda]-1} v, \quad \forall t \geqslant 0$$

存在, 且上述极限在 $[0, +\infty)$ 上关于 t 是局部一致的. 此外, $S(t)$ 是 $L^1(\mathbb{R})$ 上的压缩半群.

设 $v \in L^1(\mathbb{R}) \cap L^\infty(\mathbb{R})$, $t \geqslant 0$. 由命题 11.2.2, 可得

$$(I - \lambda A)^{-[t/\lambda]-1} v = (I - \lambda A_0)^{-[t/\lambda]-1} v.$$

反复利用命题 11.2.2 中的不等式, 可知对任意的 $\lambda > 0$, 有

$$\left\| (I - \lambda A)^{-[t/\lambda]-1} v \right\|_{L^1(\mathbb{R})} \leqslant \|v\|_{L^1(\mathbb{R})},$$

$$\left\| (I - \lambda A)^{-[t/\lambda]-1} v \right\|_{L^\infty(\mathbb{R})} \leqslant \|v\|_{L^\infty(\mathbb{R})}.$$

令 $\lambda \to 0^+$, 即得式 (11.2.14).

定理 11.2.2 设 $u_0 \in L^1(\mathbb{R}) \cap L^\infty(\mathbb{R})$, 则 $u(x,t) = S(t)u_0(x)$ 为 Cauchy 问题 (11.2.1), (11.2.2) 的弱解.

证明 记

$$\begin{aligned} u_\lambda(x,t) &= (I - \lambda A)^{-[t/\lambda]-1} u_0(x) \\ &= (I - \lambda A_0)^{-[t/\lambda]-1} u_0(x), \quad \lambda > 0. \end{aligned}$$

由定理 11.2.1 的证明可知, u_λ 在 $L^1(\mathbb{R} \times \mathbb{R}^+)$ 中局部一致收敛于 u, 且对任意的 $t \geqslant 0$, 有

$$\|u(\cdot,t)\|_{L^1(\mathbb{R})} \leqslant \|u_0\|_{L^1(\mathbb{R})}, \quad \|u(\cdot,t)\|_{L^\infty(\mathbb{R})} \leqslant \|u_0\|_{L^\infty(\mathbb{R})},$$

$$\|u_\lambda(\cdot,t)\|_{L^1(\mathbb{R})} \leqslant \|u_0\|_{L^1(\mathbb{R})}, \quad \|u_\lambda(\cdot,t)\|_{L^\infty(\mathbb{R})} \leqslant \|u_0\|_{L^\infty(\mathbb{R})}.$$

由于 $\Phi(s)$ 是光滑的, 而 u_λ 又一致有界, 故 $\Phi(u_\lambda)$ 在 $L^1(\mathbb{R} \times \mathbb{R}^+)$ 中局部一致收敛于 $\Phi(u)$.

由命题 11.2.2 和 u_λ 的定义可知, 对任意的 $t > 0$, $u_\lambda(\cdot,t) \in D(A_0)$, 且

$$\begin{aligned} u_\lambda(x,t) - \lambda A_0 u_\lambda(x,t) &= (I - \lambda A_0)^{-[t/\lambda]} u_0(x) \\ &= u_\lambda(x, t-\lambda), \quad 0 < \lambda < t, \end{aligned}$$

即对任意的 $t > 0$ 和 $0 < \lambda < t$, 有

$$\frac{u_\lambda(x,t) - u_\lambda(x,t-\lambda)}{\lambda} = \frac{\partial^2 \Phi(u_\lambda(x,t))}{\partial x^2}.$$

设 $\varphi(x,t)\in C_0^\infty(\mathbb{R}\times\mathbb{R}^+)$. 上式两端同乘以 φ, 然后在 $\mathbb{R}\times\mathbb{R}^+$ 上积分，经分部积分，得

$$\begin{aligned}&\frac{1}{\lambda}\iint_{\mathbb{R}\times\mathbb{R}^+}(u_\lambda(x,t)-u_\lambda(x,t-\lambda))\varphi(x,t)dxdt\\=&\iint_{\mathbb{R}\times\mathbb{R}^+}\Phi(u_\lambda(x,t))\frac{\partial^2\varphi(x,t)}{\partial x^2}dxdt.\end{aligned}$$

由于 $\varphi(x,t)\in C_0^\infty(\mathbb{R}\times\mathbb{R}^+)$, 故当 $\lambda>0$ 充分小时，有 $\mathrm{supp}\varphi\in\mathbb{R}\times[\lambda,+\infty)$, 这时有

$$\begin{aligned}&\iint_{\mathbb{R}\times\mathbb{R}^+}u_\lambda(x,t-\lambda)\varphi(x,t)dxdt\\=&\iint_{\mathbb{R}\times\mathbb{R}^+}u_\lambda(x,t)\varphi(x,t+\lambda)dxdt.\end{aligned}$$

因此，当 $\lambda>0$ 充分小时，有

$$\begin{aligned}&\iint_{\mathbb{R}\times\mathbb{R}^+}u_\lambda(x,t)\frac{\varphi(x,t)-\varphi(x,t+\lambda)}{\lambda}dxdt\\=&\iint_{\mathbb{R}\times\mathbb{R}^+}\Phi(u_\lambda(x,t))\frac{\partial^2\varphi(x,t)}{\partial x^2}dxdt.\end{aligned}$$

令 $\lambda\to0^+$, 得

$$-\iint_{\mathbb{R}\times\mathbb{R}^+}u(x,t)\frac{\partial\varphi(x,t)}{\partial t}dxdt=\iint_{\mathbb{R}\times\mathbb{R}^+}\Phi(u(x,t))\frac{\partial^2\varphi(x,t)}{\partial x^2}dxdt,$$

即

$$\iint_{\mathbb{R}\times\mathbb{R}^+}\left(u\frac{\partial\varphi}{\partial t}+\Phi(u)\frac{\partial^2\varphi}{\partial x^2}\right)dxdt=0,\quad\forall\varphi\in C_0^\infty(\mathbb{R}\times\mathbb{R}^+).$$

又由于 $u(x,t)=S(t)u_0(x)\in C([0,+\infty),L^1(\mathbb{R}))$, $u(x,0)=u_0(x)$, 故

$$\lim_{t\to0^+}\int_{\mathbb{R}}u(x,t)h(x)dx=\int_{\mathbb{R}}u_0(x)h(x)dx,\quad\forall h\in C_0^\infty(\mathbb{R}).$$

这就说明了 u 是 Cauchy 问题 (11.2.1), (11.2.2) 的弱解.

第12章 拓扑度方法

拓扑度的概念首先由 L. E. J. Brouwer 对有限维空间中的连续映射建立. 之后, J. Leray 和 J. Schauder 将这一概念推广到 Banach 空间中的紧连续场, 使拓扑度理论形成了比较完整的体系, 并且在偏微分方程和积分方程的研究中获得了广泛的应用. 本章我们以具强非线性源的热方程为例介绍拓扑度方法.

§12.1 拓 扑 度

拓扑度是一个与映射 f 和区域 Ω 有关的整值函数, 它表示 f 在 Ω 内的零点的某种"代数个数", 并且这个"代数个数"具有一些基本性质, 像区域可加性, 同伦不变性以及当这个"代数个数"不为零时, f 在 Ω 内必有零点等. 本节我们简要地介绍拓扑度的定义和基本性质, 详细的理论与证明读者可参看文献 [14].

12.1.1 C^2映射的 Brouwer 度

设 Ω 为 $\mathbb{R}^n$ 中的开集, $f\in C^1(\Omega,\mathbb{R}^n)$. 则对每一个 $x\in\Omega$, f 在 x 处的 Frechet 导算子 $f'(x):\mathbb{R}^n\to\mathbb{R}^n$ 是一线性算子, 且

$$f'(x)=\left(\frac{\partial f_i(x)}{\partial x_j}\right)_{n\times n},$$

其中 $f=(f_1,f_2,\cdots,f_n)$.

定义 12.1.1 称 $x\in\Omega$ 为 f 的正则点, 如果 Frechet 导算子 $f'(x)$ 满秩; 反之, 称 x 为 f 的临界点. 称 $y\in\mathbb{R}^n$ 为 f 的临界值, 如果存在 f 的临界点 $x\in\Omega$ 使得 $f(x)=y$; 反之, 称 y 为 f 的正则值.

定理 12.1.1 设 Ω 为 $\mathbb{R}^n$ 中的开集, $f\in C^1(\Omega,\mathbb{R}^n)$, 则 f 的临界值集在 $\mathbb{R}^n$ 中的 Lebesgue 测度为 0.

定义 12.1.2 设 Ω 为 $\mathbb{R}^n$ 中的有界开集, $f\in C^2(\overline{\Omega},\mathbb{R}^n)$, $p\in\mathbb{R}^n\backslash f(\partial\Omega)$. 按下述方式定义映射 f 在 Ω 中关于 p 点的 Brouwer 度 $\deg(f,\Omega,p)$:

当 p 是 f 的正则值时, 令

$$\deg(f,\Omega,p)=\sum_{x\in f^{-1}(p)}\mathrm{sgn}J_f(x),$$

其中 $J_f(x)$ 表示 f 在 x 处的 Frechet 导算子 $f'(x)$ 的行列式;

当 p 是 f 的临界值时, 取 f 的正则值 p_1, 它满足 $\|p_1-p\|<\mathrm{dist}(p,f(\partial\Omega))$, 并令

$$\deg(f,\Omega,p)=\deg(f,\Omega,p_1),$$

可以证明上述定义与 p_1 的选择无关.

12.1.2 连续函数的 Brouwer 度

定义 12.1.3 设 Ω 为 $\mathbb{R}^n$ 中的有界开集, $f \in C(\overline{\Omega}, \mathbb{R}^n)$, $p \in \mathbb{R}^n \backslash f(\partial\Omega)$. 取 $f_1 \in C^2(\overline{\Omega}, \mathbb{R}^n)$, 使得

$$\sup_{x\in\Omega} \|f(x) - f_1(x)\| < \operatorname{dist}(p, f(\partial\Omega)).$$

定义 f 在 Ω 上关于 p 点的 Brouwer 度为

$$\deg(f, \Omega, p) = \deg(f_1, \Omega, p),$$

可以证明上述定义与 f_1 的选择无关.

12.1.3 Brouwer 度的基本性质

定理 12.1.2 设 Ω 为 $\mathbb{R}^n$ 中的有界开集, $f \in C(\overline{\Omega}, \mathbb{R}^n)$, $p \in \mathbb{R}^n \backslash f(\partial\Omega)$. Brouwer 度 $\deg(f, \Omega, p)$ 具有如下性质:

(i) (规范性)

$$\deg(\mathrm{id}, \Omega, p) = \begin{cases} 1, & p \in \Omega, \\ 0, & p \notin \overline{\Omega}, \end{cases}$$

其中 id 表恒等映射;

(ii) (区域可加性) 若 Ω_1, Ω_2 为 Ω 中的两个不相交的开子集, 且 $p \notin f(\overline{\Omega} \backslash (\Omega_1 \cup \Omega_2))$, 则

$$\deg(f, \Omega, p) = \deg(f, \Omega_1, p) + \deg(f, \Omega_2, p);$$

(iii) (同伦不变性) 设 $H : \overline{\Omega} \times [0, 1] \to \mathbb{R}^n$ 连续, 记 $h_t(x) = H(x, t)$. 再设 $p : [0, 1] \to \mathbb{R}^n$ 连续, 且当 $t \in [0, 1]$ 时, $p(t) \notin h_t(\partial\Omega)$. 则 $\deg(h_t, \Omega, p(t))$ 与 t 无关.

根据这三条基本性质, 可引申出关于度数的许多重要性质. 例如我们可以得到下面的定理.

定理 12.1.3 (Kronecker 存在性定理) 设 Ω 为 $\mathbb{R}^n$ 中的有界开集, $f \in C(\overline{\Omega}, \mathbb{R}^n)$, $p \in \mathbb{R}^n \backslash f(\partial\Omega)$. 当 $p \notin f(\overline{\Omega})$ 时, $\deg(f, \Omega, p) = 0$. 因此, 若 $\deg(f, \Omega, p) \neq 0$, 则方程 $f(x) = p$ 在 Ω 内必有解存在.

12.1.4 Leray-Schauder 度

由于分析中所考虑的许多问题都是在无限维空间中进行的, 因此, 人们自然希望将 Brouwer 度推广到无限维空间. 但由于无限维空间中的单位球缺乏紧性, 所

以不可能在无限维空间中对一般的连续映射建立度数. Leray 和 Schauder 从偏微分方程和积分方程的研究中，抽象出一类很重要的映射，即恒等映射经全连续摄动 (又称紧连续场), 并利用有限维逼近的方法，对这类映射建立了 Leray-Schauder 度, 从而使拓扑度理论形成了比较完整的体系，并且在偏微分方程和积分方程的研究中获得了广泛的应用.

定义 12.1.4 设 X, Y 为线性赋范空间， $D\subset X$, 称映射 $F:D\to Y$ 为紧映射，如果 F 将 D 中的任何有界集 S 映成 Y 中的相对紧集 $F(S)$, 即 $\overline{F(S)}$ 是 Y 的紧集. 进一步，如果映射 F 还是连续的，则称 F 为紧连续映射，或全连续映射.

定理 12.1.4 设 X, Y 为线性赋范空间， M 是 X 中的有界闭集，映射 $F: M\to Y$ 连续，则 F 是全连续映射的必要条件为对任何 $\varepsilon>0$, 存在值域为有限维的有界连续映射 $F_n: M\to Y_n$ 使得

$$\sup_{x\in M}\|F(x)-F_n(x)\|<\varepsilon,$$

其中 $Y_n\subset Y$ 是有限维子空间. 进一步，当 Y 完备时，上述条件还是充分的.

定义 12.1.5 设 X 为实线性赋范空间， $D\subset X$, 如果映射 $F:D\to X$ 是全连续映射，则称 $f=\mathrm{id}-F$ 为 D 上的全连续场，或紧连续场.

设 X 为实线性赋范空间， Ω 为 X 中的有界开集， $F:\overline{\Omega}\to X$ 为全连续映射， $f=\mathrm{id}-F$ 为全连续场， $p\in X\backslash f(\partial\Omega)$. 由定理 12.1.4, 存在 X 的有限维子空间 X_n, $p_n\in X_n$ 以及有界的连续映射 $F_n:\overline{\Omega}\to X_n$ 满足

$$\|p-p_n\|+\sup_{x\in\Omega}\|F(x)-F_n(x)\|<\mathrm{dist}(p,f(\partial\Omega)).$$

记 $\Omega_n=X_n\cap\Omega$, $f_n(x)=x-F_n(x)$. 则 $f_n\in C(\overline{\Omega}_n,X_n)$, $p_n\in X_n\backslash f_n(\partial\Omega_n)$, 因此 Brouwer 度 $\deg(f_n,\Omega_n,p_n)$ 有意义.

定义 12.1.6 定义全连续场 f 在 Ω 上关于 p 点的 Leray-Schauder 度为

$$\deg(f,\Omega,p)=\deg(f_n,\Omega_n,p_n),$$

可以证明上述定义与 X_n, p_n 和 F_n 的选择无关.

12.1.5 Leray-Schauder 度的基本性质

由于 Leray-Schauder 度是利用 Brouwer 度来逼近的，因此，它基本上保持了 Brouwer 度所具有的性质.

定理 12.1.5 设 Ω 是实线性赋范空间 X 中的有界开集， $f=\mathrm{id}-F$ 是 $\overline{\Omega}$ 上的全连续场， $p\in X\backslash f(\partial\Omega)$. Leray-Schauder 度 $\deg(f,\Omega,p)$ 具有如下性质:

(i) (规范性)

$$\deg(\mathrm{id},\Omega,p)=\begin{cases}1, & p\in\Omega,\\ 0, & p\notin\overline{\Omega};\end{cases}$$

(ii) (区域可加性) 若 Ω_1, Ω_2 为 Ω 中的两个不相交的开子集，且 $p \notin f(\overline{\Omega}\backslash(\Omega_1 \cup \Omega_2))$，则

$$\deg(f,\Omega,p) = \deg(f,\Omega_1,p) + \deg(f,\Omega_2,p);$$

(iii) (紧同伦不变性) 设 $H : \overline{\Omega} \times [0,1] \to X$ 紧连续，记 $h_t(x) = x - H(x,t)$. 再设 $p : [0,1] \to X$ 连续，且当 $t \in [0,1]$ 时，$p(t) \notin h_t(\partial\Omega)$. 则 $\deg(h_t,\Omega,p(t))$ 与 t 无关.

定理 12.1.6 (Kronecker 存在性定理） 设 Ω 是实线性赋范空间 X 中的有界开集，$f = \mathrm{id} - F$ 是 $\overline{\Omega}$ 上的全连续场，$p \in X\backslash f(\partial\Omega)$. 当 $p \notin f(\overline{\Omega})$ 时，$\deg(f,\Omega,p) = 0$. 因此，若 $\deg(f,\Omega,p) \neq 0$，则方程 $f(x) = p$ 在 Ω 内存在解.

§12.2 具强非线性源的热方程解的存在性

作为拓扑度方法的应用之一例，我们考虑具强非线性源的热方程

$$\frac{\partial u}{\partial t} - \Delta u = |u|^p, \quad (x,t) \in Q_T \tag{12.2.1}$$

的第一初边值问题，初边值条件为

$$u(x,t) = \varphi, \quad (x,t) \in \partial_p Q_T, \tag{12.2.2}$$

其中 $p > 1$, $Q_T = \Omega \times (0,T)$, $\Omega \subset \mathbb{R}^n$ 是一边界具有 $C^{2,\alpha}$ 光滑性的有界区域，$T > 0$.

当方程 (12.2.1) 的右端为一与解本身无关的函数 $f(x,t)$ 时，我们得到的就是非齐次热方程

$$\frac{\partial u}{\partial t} - \Delta u = f, \quad (x,t) \in Q_T. \tag{12.2.3}$$

由非齐次热方程的古典解理论可知：当 $f(x,t) \in C^{\alpha,\alpha/2}(\overline{Q}_T)$, $\varphi \in C^{2+\alpha,1+\alpha/2}(\overline{Q}_T)$ 时，第一初边值问题 (12.2.3), (12.2.2) 存在惟一解 $u \in C^{2+\alpha,1+\alpha/2}(\overline{Q}_T)$, 且

$$|u|_{2+\alpha,1+\alpha/2;Q_T} \leqslant C_0 \left(|f|_{\alpha,\alpha/2;Q_T} + |\varphi|_{2+\alpha,1+\alpha/2;Q_T}\right), \tag{12.2.4}$$

其中 C_0 仅依赖于 n, Ω 和 T. 我们的目标是在一定条件下也得到第一初边值问题 (12.2.1), (12.2.2) 的 $C^{2+\alpha,1+\alpha/2}(\overline{Q}_T)$ 解的存在性. 下面我们利用拓扑度方法来实现这一目标.

设 $\varphi \in C^{2+\alpha,1+\alpha/2}(\overline{Q}_T)$. 定义映射

$$F : C^{\alpha,\alpha/2}(\overline{Q}_T) \times [0,1] \to C^{\alpha,\alpha/2}(\overline{Q}_T)$$

$$(f,\sigma) \mapsto u,$$

其中 u 是第一初边值问题

$$\begin{cases} \dfrac{\partial u}{\partial t} - \Delta u = \sigma f, & (x,t) \in Q_T, \\ u(x,t) = \varphi, & (x,t) \in \partial_p Q_T \end{cases}$$

的 $C^{2+\alpha,1+\alpha/2}(\overline{Q}_T)$ 解. 下面我们证明映射 F 是全连续的.

引理 12.2.1 映射 F 是紧的.

证明 设 $\{f_k\}_{k=1}^{\infty} \subset C^{\alpha,\alpha/2}(\overline{Q}_T)$, $\{\sigma_k\}_{k=1}^{\infty} \subset [0,1]$, 且存在常数 $M > 0$, 使得

$$|f_k|_{\alpha,\alpha/2;Q_T} \leqslant M, \quad \forall k \geqslant 1.$$

记 $u_k = F(f_k, \sigma_k)$, 即 u_k 是第一初边值问题

$$\begin{cases} \dfrac{\partial u_k}{\partial t} - \Delta u_k = \sigma_k f_k, & (x,t) \in Q_T, \\ u_k(x,t) = \varphi, & (x,t) \in \partial_p Q_T \end{cases}$$

的 $C^{2+\alpha,1+\alpha/2}(\overline{Q}_T)$ 解. 由非齐次热方程的古典解理论，我们有

$$|u_k|_{2+\alpha,1+\alpha/2;Q_T} \leqslant C_0 \left(|\sigma_k f_k|_{\alpha,\alpha/2;Q_T} + |\varphi|_{2+\alpha,1+\alpha/2;Q_T} \right),$$

其中 C_0 为式 (12.2.4) 中的常数. 这表明 $\{u_k\}_{k=1}^{\infty}$ 在 $C^{2+\alpha,1+\alpha/2}(\overline{Q}_T)$ 中一致有界，从而 $\{u_k\}_{k=1}^{\infty}$ 在 $C^{\alpha,\alpha/2}(\overline{Q}_T)$ 中存在收敛的子列. 因此，映射 F 是紧的.

引理 12.2.2 映射 F 是连续的.

证明 设 $\{f_k\}_{k=1}^{\infty} \subset C^{\alpha,\alpha/2}(\overline{Q}_T)$, $\{\sigma_k\}_{k=1}^{\infty} \subset [0,1]$, $f \in C^{\alpha,\alpha/2}(\overline{Q}_T)$, $\sigma \in [0,1]$, 且

$$\lim_{k\to\infty} |f_k - f|_{\alpha,\alpha/2;Q_T} = 0, \quad \lim_{k\to\infty} \sigma_k = \sigma.$$

记 $u_k = F(f_k, \sigma_k)$, $u = F(f, \sigma)$. 由映射 F 的定义，可知 $u_k - u$ 是第一初边值问题

$$\begin{cases} \dfrac{\partial w}{\partial t} - \Delta w = \sigma_k f_k - \sigma f, & (x,t) \in Q_T, \\ w(x,t) = 0, \quad (x,t) \in \partial_p Q_T \end{cases}$$

的 $C^{2+\alpha,1+\alpha/2}(\overline{Q}_T)$ 解. 由非齐次热方程的古典解理论，我们有

$$\begin{aligned} & |u_k - u|_{2+\alpha,1+\alpha/2;Q_T} \\ \leqslant & C_0 |\sigma_k f_k - \sigma f|_{\alpha,\alpha/2;Q_T} \\ \leqslant & C_0 \left(\sigma_k |f_k - f|_{\alpha,\alpha/2;Q_T} + |\sigma_k - \sigma| \cdot |f|_{\alpha,\alpha/2;Q_T} \right) \\ \leqslant & C_0 \left(|f_k - f|_{\alpha,\alpha/2;Q_T} + |\sigma_k - \sigma| \cdot |f|_{\alpha,\alpha/2;Q_T} \right), \end{aligned}$$

其中 C_0 为式 (12.2.4) 中的常数. 因此

$$\lim_{k\to\infty}|u_k-u|_{2+\alpha,1+\alpha/2;Q_T}=0,$$

更有

$$\lim_{k\to\infty}|u_k-u|_{\alpha,\alpha/2;Q_T}=0,$$

即映射 F 是连续的.

由引理 12.2.1 和引理 12.2.2 知映射 F 是全连续的.

定理 12.2.1 设 $\varphi\in C^{2+\alpha,1+\alpha/2}(\overline{Q}_T)$, 且

$$|\varphi|_{2+\alpha,1+\alpha/2;Q_T}<\frac{1}{2C_0}(2(p+1)C_0)^{1/(1-p)},$$

其中 C_0 为式 (12.2.4) 中的常数. 则第一初边值问题 (12.2.1), (12.2.2) 至少存在一个 $C^{2+\alpha,1+\alpha/2}(\overline{Q}_T)$ 解.

证明 令 $\Phi(v)=|v|^p$, 由于映射 F 是全连续的, 又 $p>1$, 易见映射

$$F(\Phi(\cdot),\cdot):C^{\alpha,\alpha/2}(\overline{Q}_T)\times[0,1]\to C^{\alpha,\alpha/2}(\overline{Q}_T)$$

也是全连续的.

根据非齐热方程的古典解理论, 在 $C^{2+\alpha,1+\alpha/2}(\overline{Q}_T)$ 中解第一初边值问题 (12.2.1), (12.2.2), 等价于在 $C^{\alpha,\alpha/2}(\overline{Q}_T)$ 中解方程

$$u-F(\Phi(u),1)=0. \tag{12.2.5}$$

为证式 (12.2.5) 在 $C^{\alpha,\alpha/2}(\overline{Q}_T)$ 中有解, 我们应用 Leray-Schauder 拓扑度理论. 首先适当选取 $R>0$, 使得

$$0\neq(\mathrm{id}-F(\Phi(\cdot),\sigma))\,(\partial\hat{B}_R(0)),\quad\forall\sigma\in[0,1], \tag{12.2.6}$$

其中 $\hat{B}_R(0)$ 为 $C^{\alpha,\alpha/2}(\overline{Q}_T)$ 中以 0 为球心 R 为半径的球.

假如式 (12.2.6) 成立, 则按定理 12.1.6, 为证式 (12.2.5) 在 $C^{\alpha,\alpha/2}(\overline{Q}_T)$ 中有解, 只须证明

$$\deg(\mathrm{id}-F(\Phi(\cdot),1),\hat{B}_R(0),0)\neq 0. \tag{12.2.7}$$

又若式 (12.2.6) 成立, 则由定理 12.1.5 (iii), 有

$$\deg(\mathrm{id}-F(\Phi(\cdot),1),\hat{B}_R(0),0)=\deg(\mathrm{id}-F(\Phi(\cdot),0),\hat{B}_R(0),0).$$

按映射 F 的定义可知

$$F(\Phi(\cdot),0):C^{\alpha,\alpha/2}(\overline{Q}_T)\to C^{\alpha,\alpha/2}(\overline{Q}_T)$$

是一常值映射，即

$$F(\Phi(v),0)\equiv\hat{u},\quad\forall v\in C^{\alpha,\alpha/2}(\overline{Q}_T),$$

其中 $\hat{u}$ 是第一初边值问题

$$\frac{\partial\hat{u}}{\partial t}-\Delta\hat{u}=0,\quad(x,t)\in Q_T,\tag{12.2.8}$$

$$\hat{u}(x,t)=\varphi,\quad(x,t)\in\partial_pQ_T\tag{12.2.9}$$

的 $C^{2+\alpha,1+\alpha/2}(\overline{Q}_T)$ 解.

考虑带参数 $\sigma\in[0,1]$ 的映射

$$G(v,\sigma)=v-\sigma\hat{u}.$$

假如

$$0\neq G(\partial\hat{B}_R(0),\sigma),\quad\forall\sigma\in[0,1],\tag{12.2.10}$$

则将定理 12.1.5 (iii) 用于 $G(v,\sigma)$ 便得

$$\deg(\mathrm{id}-F(\Phi(\cdot),0),\hat{B}_R(0),0)=\deg(\mathrm{id},\hat{B}_R(0),0)=1.$$

从而式 (12.2.7) 成立.

总之，假如 $R>0$ 能选得使式 (12.2.6) 和式 (12.2.10) 成立，则定理的结论就得到了证明.

下面证明：若取

$$R=(2(p+1)C_0)^{1/(1-p)},$$

其中 C_0 为式 (12.2.4) 中的常数，则式 (12.2.6) 和式 (12.2.10) 都满足. 至于怎么想到选这样的 R, 自然是通过估算摸索出来的.

设 $v\in\partial\hat{B}_R(0)$, 即 $v\in C^{\alpha,\alpha/2}(\overline{Q}_T)$ 且 $|v|_{\alpha,\alpha/2;Q_T}=R$. 对任意的 $\sigma\in[0,1]$, 由非齐次热方程的古典解理论，我们有

$$\begin{aligned}&|F(\Phi(v),\sigma)|_{2+\alpha,1+\alpha/2;Q_T}\\\leqslant&C_0\left(|\sigma\Phi(v)|_{\alpha,\alpha/2;Q_T}+|\varphi|_{2+\alpha,1+\alpha/2;Q_T}\right)\\\leqslant&C_0\left(|(|v|^p)|_{\alpha,\alpha/2;Q_T}+|\varphi|_{2+\alpha,1+\alpha/2;Q_T}\right).\end{aligned}$$

而

$$\begin{aligned}&|(|v|^p)|_{\alpha,\alpha/2;Q_T}\\=&|(|v|^p)|_{0;Q_T}+[(|v|^p)]_{\alpha,\alpha/2;Q_T}\\\leqslant&|v|^p_{0;Q_T}+p|v|^{p-1}_{0;Q_T}[v]_{\alpha,\alpha/2;Q_T}\end{aligned}$$

$$\begin{aligned}&\leqslant R^p + pR^{p-1}R\\&=(p+1)R^p = \frac{1}{2C_0}R,\end{aligned}$$

$$|\varphi|_{2+\alpha,1+\alpha/2;Q_T} < \frac{1}{2C_0}(2(p+1)C_0)^{1/(1-p)} = \frac{1}{2C_0}R,$$

故

$$|F(\Phi(v),\sigma)|_{2+\alpha,1+\alpha/2;Q_T} < R.$$

更有

$$|F(\Phi(v),\sigma)|_{\alpha,\alpha/2;Q_T} < R, \quad \forall v \in \partial\hat{B}_R(0), \sigma \in [0,1].$$

因此

$$F(\Phi(v),\sigma) \neq v, \quad \forall v \in \partial\hat{B}_R(0), \sigma \in [0,1].$$

这表明式 (12.2.6) 成立.

又 $\hat{u}$ 作为问题 (12.2.8), (12.2.9) 的 $C^{2+\alpha,1+\alpha/2}(\overline{Q}_T)$ 解，它满足

$$|\hat{u}|_{\alpha,\alpha/2;Q_T} \leqslant |\hat{u}|_{2+\alpha,1+\alpha/2;Q_T} \leqslant C_0|\varphi|_{2+\alpha,1+\alpha/2;Q_T} < \frac{R}{2},$$

故由 $G(v,\sigma)$ 的定义可知式 (12.2.10) 成立.

至此，定理得到了完全的证明.

参考文献

[1] Ladyženskaja OA, Ural'ceva NN. Linear and quasilinear elliptic equations. English Transl. New York: Academic Press, 1968 (中译本： OA 拉迪任斯卡娅， HH 乌拉利采娃. 线性和拟线性椭圆型方程. 北京：科学出版社， 1987)

[2] Gilbarg D, Trudinger NS. Elliptic partial differential equations of second order. Springer-Verlag. New York: Heidelberg, 1977 (中译本： D 吉尔巴格， NS 塔丁格. 二阶椭圆型偏微分方程. 上海科学技术出版社， 1981)

[3] Ladyženskaja OA, Solonnikov VA, Ural'ceva NN. Linear and quasilinear equations of parabolic type. Transl. Math. Mono., 23, AMS. Providence RI, 1968

[4] Friedman A. Partial differential equations of parabolic type. Pentice-Hall, Inc., 1964 (中译本： A 弗里德曼. 抛物型偏微分方程. 北京：科学出版社， 1984)

[5] Lieberman GM. Second order parabolic differential equations. World Scientific Publishing Co Inc River Edge, NJ, 1996

[6] 陈亚浙，吴兰成. 二阶椭圆型方程与椭圆型方程组. 北京：科学出版社， 1997

[7] 辜联崑. 二阶抛物型微分方程. 厦门大学出版社， 1995

[8] Oleǐnik OA, Radkevič EV. Second Order Differential Equations with Nonnegative Characteristic Form. New York: American Mathematical Society, Rhode Island and Plenum Press, 1973 (中译本： OA 奥列尼克， EB 拉德克维奇. 具非负特征形式的二阶微分方程. 北京：科学出版社， 1986)

[9] Adams RA. Sobolev space. New York-San Francisco-London: Academic Press, 1975 (中译本： RA Adams. 索伯列夫空间. 人民教育出版社， 1981)

[10] Maz'ja VG. Sobolev spaces. English Transl. Springer-Verlag, Berlin, Heidelberg, 1985

[11] 崔志勇，金德俊，卢喜观. 线性偏微分方程引论. 吉林大学出版社， 1991

[12] Barbu V. Nonlinear semigroups and differential equations in Banach spaces, 1976

[13] 江泽坚，孙善利. 泛函分析. 高等教育出版社， 1994

[14] 钟承奎，范先令，陈文嵘. 非线性泛函分析引论. 兰州大学出版社， 1998

[15] Evans L. Weak convergence methods for nonlinear partial differential equations. CBMS 74, American Mathematical Society, Providence, RI, 1990

《现代数学基础丛书》已出版书目

1 数理逻辑基础(上册) 1981.1 胡世华 陆钟万 著
2 数理逻辑基础(下册) 1982.8 胡世华 陆钟万 著
3 紧黎曼曲面引论 1981.3 伍鸿熙 吕以辇 陈志华 著
4 组合论(上册) 1981.10 柯 召 魏万迪 著
5 组合论(下册) 1987.12 魏万迪 著
6 数理统计引论 1981.11 陈希孺 著
7 多元统计分析引论 1982.6 张尧庭 方开泰 著
8 有限群构造(上册) 1982.11 张远达 著
9 有限群构造(下册) 1982.12 张远达 著
10 测度论基础 1983.9 朱成熹 著
11 分析概率论 1984.4 胡迪鹤 著
12 微分方程定性理论 1985.5 张芷芬 丁同仁 黄文灶 董镇喜 著
13 傅里叶积分算子理论及其应用 1985.9 仇庆久 陈恕行 是嘉鸿 刘景麟 蒋鲁敏 编
14 辛几何引论 1986.3 J.柯歇尔 邹异明 著
15 概率论基础和随机过程 1986.6 王寿仁 编著
16 算子代数 1986.6 李炳仁 著
17 线性偏微分算子引论(上册) 1986.8 齐民友 编著
18 线性偏微分算子引论(下册) 1992.1 齐民友 徐超江 编著
19 实用微分几何引论 1986.11 苏步青 华宣积 忻元龙 著
20 微分动力系统原理 1987.2 张筑生 著
21 线性代数群表示导论(上册) 1987.2 曹锡华 王建磐 著
22 模型论基础 1987.8 王世强 著
23 递归论 1987.11 莫绍揆 著
24 拟共形映射及其在黎曼曲面论中的应用 1988.1 李 忠 著
25 代数体函数与常微分方程 1988.2 何育赞 萧修治 著
26 同调代数 1988.2 周伯壎 著
27 近代调和分析方法及其应用 1988.6 韩永生 著
28 带有时滞的动力系统的稳定性 1989.10 秦元勋 刘永清 王 联 郑祖庥 著
29 代数拓扑与示性类 1989.11 [丹麦] I.马德森 著
30 非线性发展方程 1989.12 李大潜 陈韵梅 著

31　仿微分算子引论　1990.2　陈恕行　仇庆久　李成章　编
32　公理集合论导引　1991.1　张锦文　著
33　解析数论基础　1991.2　潘承洞　潘承彪　著
34　二阶椭圆型方程与椭圆型方程组　1991.4　陈亚浙　吴兰成　著
35　黎曼曲面　1991.4　吕以辇　张学莲　著
36　复变函数逼近论　1992.3　沈燮昌　著
37　Banach 代数　1992.11　李炳仁　著
38　随机点过程及其应用　1992.12　邓永录　梁之舜　著
39　丢番图逼近引论　1993.4　朱尧辰　王连祥　著
40　线性整数规划的数学基础　1995.2　马仲蕃　著
41　单复变函数论中的几个论题　1995.8　庄圻泰　杨重骏　何育赞　闻国椿　著
42　复解析动力系统　1995.10　吕以辇　著
43　组合矩阵论(第二版)　2005.1　柳柏濂　著
44　Banach 空间中的非线性逼近理论　1997.5　徐士英　李　冲　杨文善　著
45　实分析导论　1998.2　丁传松　李秉彝　布　伦　著
46　对称性分岔理论基础　1998.3　唐　云　著
47　Gel'fond-Baker 方法在丢番图方程中的应用　1998.10　乐茂华　著
48　随机模型的密度演化方法　1999.6　史定华　著
49　非线性偏微分复方程　1999.6　闻国椿　著
50　复合算子理论　1999.8　徐宪民　著
51　离散鞅及其应用　1999.9　史及民　编著
52　惯性流形与近似惯性流形　2000.1　戴正德　郭柏灵　著
53　数学规划导论　2000.6　徐增堃　著
54　拓扑空间中的反例　2000.6　汪　林　杨富春　编著
55　序半群引论　2001.1　谢祥云　著
56　动力系统的定性与分支理论　2001.2　罗定军　张　祥　董梅芳　著
57　随机分析学基础(第二版)　2001.3　黄志远　著
58　非线性动力系统分析引论　2001.9　盛昭瀚　马军海　著
59　高斯过程的样本轨道性质　2001.11　林正炎　陆传荣　张立新　著
60　光滑映射的奇点理论　2002.1　李养成　著
61　动力系统的周期解与分支理论　2002.4　韩茂安　著
62　神经动力学模型方法和应用　2002.4　阮　炯　顾凡及　蔡志杰　编著
63　同调论——代数拓扑之一　2002.7　沈信耀　著
64　金兹堡-朗道方程　2002.8　郭柏灵　黄海洋　蒋慕容　著

65 排队论基础 2002.10 孙荣恒 李建平 著
66 算子代数上线性映射引论 2002.12 侯晋川 崔建莲 著
67 微分方法中的变分方法 2003.2 陆文端 著
68 周期小波及其应用 2003.3 彭思龙 李登峰 谌秋辉 著
69 集值分析 2003.8 李 雷 吴从炘 著
70 强偏差定理与分析方法 2003.8 刘 文 著
71 椭圆与抛物型方程引论 2003.9 伍卓群 尹景学 王春朋 著
72 有限典型群子空间轨道生成的格(第二版) 2003.10 万哲先 霍元极 著
73 调和分析及其在偏微分方程中的应用(第二版) 2004.3 苗长兴 著
74 稳定性和单纯性理论 2004.6 史念东 著
75 发展方程数值计算方法 2004.6 黄明游 编著
76 传染病动力学的数学建模与研究 2004.8 马知恩 周义仓 王稳地 靳 祯 著
77 模李超代数 2004.9 张永正 刘文德 著
78 巴拿赫空间中算子广义逆理论及其应用 2005.1 王玉文 著
79 巴拿赫空间结构和算子理想 2005.3 钟怀杰 著
80 脉冲微分系统引论 2005.3 傅希林 闫宝强 刘衍胜 著
81 代数学中的 Frobenius 结构 2005.7 汪明义 著
82 生存数据统计分析 2005.12 王启华 著
83 数理逻辑引论与归结原理(第二版) 2006.3 王国俊 著
84 数据包络分析 2006.3 魏权龄 著
85 代数群引论 2006.9 黎景辉 陈志杰 赵春来 著
86 矩阵结合方案 2006.9 王仰贤 霍元极 麻常利 著
87 椭圆曲线公钥密码导引 2006.10 祝跃飞 张亚娟 著
88 椭圆与超椭圆曲线公钥密码的理论与实现 2006.12 王学理 裴定一 著
89 散乱数据拟合的模型、方法和理论 2007.1 吴宗敏 著
90 非线性演化方程的稳定性与分歧 2007.4 马 天 汪宁宏 著
91 正规族理论及其应用 2007.4 顾永兴 庞学诚 方明亮 著
92 组合网络理论 2007.5 徐俊明 著
93 矩阵的半张量积:理论与应用 2007.5 程代展 齐洪胜 著
94 鞅与 Banach 空间几何学 2007.5 刘培德 著
95 非线性常微分方程边值问题 2007.6 葛渭高 著
96 戴维-斯特瓦尔松方程 2007.5 戴正德 蒋慕蓉 李栋龙 著
97 广义哈密顿系统理论及其应用 2007.7 李继彬 赵晓华 刘正荣 著
98 Adams 谱序列和球面稳定同伦群 2007.7 林金坤 著

99 矩阵理论及其应用 2007.8 陈公宁 编著
100 集值随机过程引论 2007.8 张文修 李寿梅 汪振鹏 高 勇 著
101 偏微分方程的调和分析方法 2008.1 苗长兴 张 波 著
102 拓扑动力系统概论 2008.1 叶向东 黄 文 邵 松 著
103 线性微分方程的非线性扰动(第二版) 2008.3 徐登洲 马如云 著
104 数组合地图论(第二版) 2008.3 刘彦佩 著
105 半群的 S-系理论(第二版) 2008.3 刘仲奎 乔虎生 著
106 巴拿赫空间引论(第二版) 2008.4 定光桂 著
107 拓扑空间论(第二版) 2008.4 高国士 著
108 非经典数理逻辑与近似推理(第二版) 2008.5 王国俊 著
109 非参数蒙特卡罗检验及其应用 2008.8 朱力行 许王莉 著
110 Camassa-Holm 方程 2008.8 郭柏灵 田立新 杨灵娥 殷朝阳 著
111 环与代数(第二版) 2009.1 刘绍学 郭晋云 朱 彬 韩 阳 著
112 泛函微分方程的相空间理论及应用 2009.4 王 克 范 猛 著
113 概率论基础(第二版) 2009.8 严士健 王隽骧 刘秀芳 著
114 自相似集的结构 2010.1 周作领 瞿成勤 朱智伟 著
115 现代统计研究基础 2010.3 王启华 史宁中 耿 直 主编
116 图的可嵌入性理论(第二版) 2010.3 刘彦佩 著
117 非线性波动方程的现代方法(第二版) 2010.4 苗长兴 著
118 算子代数与非交换 L_p 空间引论 2010.5 许全华 吐尔德别克 陈泽乾 著
119 非线性椭圆型方程 2010.7 王明新 著
120 流形拓扑学 2010.8 马 天 著
121 局部域上的调和分析与分形分析及其应用 2011.4 苏维宜 著
122 Zakharov 方程及其孤立波解 2011.6 郭柏灵 甘在会 张景军 著
123 反应扩散方程引论(第二版) 2011.9 叶其孝 李正元 王明新 吴雅萍 著
124 代数模型论引论 2011.10 史念东 著
125 拓扑动力系统——从拓扑方法到遍历理论方法 2011.12 周作领 尹建东 许绍元 著
126 Littlewood-Paley 理论及其在流体动力学方程中的应用 2012.3 苗长兴 吴家宏 章志飞 著
127 有约束条件的统计推断及其应用 2012.3 王金德 著
128 混沌、Mel'nikov 方法及新发展 2012.6 李继彬 陈凤娟 著
129 现代统计模型 2012.6 薛留根 著
130 金融数学引论 2012.7 严加安 著
131 零过多数据的统计分析及其应用 2013.1 解锋昌 韦博成 林金官 著

132　分形分析引论　2013.6　胡家信　著

133　索伯列夫空间导论　2013.8　陈国旺　编著

134　广义估计方程估计方程　2013.8　周　勇　著

135　统计质量控制图理论与方法　2013.8　王兆军　邹长亮　李忠华　著

136　有限群初步　2014.1　徐明曜　著

137　拓扑群引论(第二版)　2014.3　黎景辉　冯绪宁　著

138　现代非参数统计　2015.1　薛留根　著